让淘宝店铺更吸引人

# 精通Photoshop网页美工设计（第2版）

缪亮　刘洪霞　主编　　傅荣会　副主编

清華大學出版社
北京

## 内容简介

这是一本介绍淘宝网店装修实用技术的教材，书中全方位介绍使用Photoshop进行淘宝网店装修的技巧和流程，包括使用Photoshop CC的基本知识、处理网店照片的技巧、网店照片的合成技巧、网店照片常见的特效以及店铺店标、宝贝分类和店铺公告等店铺元素的设计方法；同时，通过3个综合网店制作实例展示典型店铺的设计制作效果。

本书内容丰富，图文并茂，内容深入浅出，具有极强的实用性和观赏性。为了让读者更轻松地掌握淘宝美工设计技术，作者制作了配套微课视频。微课视频包括本书的全部内容，全程语音讲解，真实操作演示，可让读者一学就会。

本书面向学习淘宝美工设计与制作的初、中级读者，可作为各类院校的电子商务、网页设计和平面设计等相关专业的教材，以及各层次职业培训教材，同时也是广大平面设计和网页设计爱好者的参考用书。



**图书在版编目(CIP)数据**

让淘宝店铺更吸引人：精通Photoshop网页美工设计/缪亮，刘洪霞主编. —2版. —北京：清华大学出版社，2019
(2021.8重印)
ISBN 978-7-302-52933-0

Ⅰ. ①让… Ⅱ. ①缪… ②刘… Ⅲ. ①图像处理软件 Ⅳ. ①TP391.413

中国版本图书馆CIP数据核字(2019)第083560号

**策划编辑**：魏江江
**责任编辑**：王冰飞
**封面设计**：刘　键
**责任校对**：白　蕾
**责任印制**：丛怀宇

**出版发行**：清华大学出版社
**网　　址**：http://www.tup.com.cn，http://www.wqbook.com
**地　　址**：北京清华大学学研大厦A座　　**邮　　编**：100084
**社 总 机**：010-62770175　　**邮　　购**：010-83470235
**投稿与读者服务**：010-62776969，c-service@tup.tsinghua.edu.cn
**质量反馈**：010-62772015，zhiliang@tup.tsinghua.edu.cn
**课件下载**：http://www.tup.com.cn，010-83470236
**印 装 者**：三河市铭诚印务有限公司
**经　　销**：全国新华书店
**开　　本**：210mm×285mm　　**印　　张**：16.75　　**字　　数**：567千字
**版　　次**：2015年6月第1版　2019年9月第2版　　**印　　次**：2021年8月第2次印刷
**印　　数**：11501～12500
**定　　价**：69.00元

产品编号：083070-01

# 前言

随着互联网的飞速发展，网络购物日益为人们熟悉和接受。网络购物方式的流行，也为更多的普通人提供了创业的契机。淘宝作为人气极高的专业平台，在淘宝开一家网店，已经成为网上创业的首选。

对于在淘宝网开店的广大卖家来说，可以说是赶上了一个好时代，网络技术飞速发展，网民数量持续增加。同时，这也是一个充满挑战的时代，淘宝店铺多如牛毛，淘宝卖家如过江之鲫，开设一家网店容易，但如何让自己的网店生存下去、在同类网店中脱颖而出，这是困扰每个淘宝卖家的问题。

对于一个将淘宝店铺作为一项事业的人来说，要想取得成功，必须考虑如下的问题：如何积攒人气、培养回头客；如何打造品牌、让店铺口碑相传；如何让宝贝照片吸引眼球；如何让店铺具有独特风格。要解决这些问题，对店铺进行包装是一个重要手段，这就是店铺装修。

店铺的装修并不是一件很困难的事情，掌握一定的软件知识，具有一定的设计理念，普通卖家完全能够根据需要对自己的网店进行装修。为了帮助广大的淘宝卖家，特别是中小卖家更好地经营网上店铺，给买家带来更好的网上购物体验，顺利地进行店铺装修，笔者编写了这本书。

在进行店铺装修时，最常用的页面设计软件是Photoshop。Photoshop功能强大，使用它可以对宝贝照片进行处理，修补照片的瑕疵，为照片添加特效，从而将宝贝最吸引人的一面展示给买家。同时，Photoshop又能方便地对整个网页的页面进行设置，与Dreamweaver配合使用能够方便地实现整个店铺的设计。

本书结合笔者多年网店设计的经验和体会，着重介绍使用Photoshop CC进行淘宝店铺装修的方法和技巧。全书通过通俗易懂的语言，依据淘宝网店装修要求，全面介绍淘宝网店中照片处理技巧和网店各个区域的设计原则和技巧，详细介绍淘宝特色网店的装修过程。本书力求帮助淘宝店主减少在线摸索的时间，帮助读者快速学习并掌握使用Photoshop进行网店装修的知识和技巧。

## 1. 主要内容

淘宝店铺装修内容繁杂，技术含量较高，内容涉及网页制作和图像处理，针对具体销售产品的不同，装修的方式各有差异。Photoshop功能强大，初学者往往感觉无从入手，但入门后就能领会到操作的方便和实用。本书针对淘宝网店装修的需要，系统介绍Photoshop最新版本Photoshop CC在淘宝网店装修中的运用技巧，是一本为淘宝卖家量身定做的提升淘宝网店装修能力的图书。

全书共分8章，各章内容如下。

第1章介绍Photoshop CC网店装修必备的基础知识，包括认识Photoshop的操作界面、Photoshop网店装修所必须掌握的基本操作和素材图片管理。

第 2 章介绍宝贝照片润饰技巧，包括对宝贝照片二次构图的方法、调整宝贝照片色彩的技巧和对宝贝照片进行处理以使其适合网店发布的方法。

第 3 章介绍宝贝照片的合成方法，包括使用 Photoshop 抠图的方法和技巧、宝贝照片的叠加方法以及合成照片时的仿真技巧。

第 4 章介绍对宝贝照片运用特效的方法，包括常见的突出宝贝的特效制作方法和常见的宝贝创意特效的制作方法。

第 5 章介绍使用 Photoshop 设计店铺元素的知识，从设计理念和实例展示这两个方面分别介绍店铺店标、宝贝分列、店铺公告以及旺铺店招和宝贝促销区的设计和制作方法。

第 6～8 章分别介绍 3 个实用淘宝店铺首页案例的制作过程，它们是服装类网店、化妆品类网店和数码类产品网店。

## 2. 本书的特点

1）实例引领，直接解决实际问题

本书精选网店装修应用中的热点和难点问题，摒弃枯燥的教科书似的理论说明，以实例的形式进行讲解。通过实例的分析和讲解，帮助读者了解网店设计趋势，掌握流行的设计技巧。全书精选实例，使读者能够轻松上手，读者只需根据介绍一步一步地操作就能在练习的同时快速掌握有关的方法。

2）实用为先，合理设计图片结构

本书依托主流图像设计软件 Photoshop，依据淘宝网店的装修要求，结合店铺商品的类型和特点，来安排全书内容。本书是淘宝网店装修的一本最新且最全面的实战宝典，既包含 Photoshop CC 的基本操作知识，也涉及宝贝照片的润饰、合成和美化技巧，同时还介绍了淘宝普通店铺和旺铺的可装修区域的设计和制作技巧。

3）图文并茂，让学习更加轻松

全书配有大量的图例，对操作步骤的讲解均结合图例进行，降低了阅读门槛。读者能够直观地了解操作过程和每一步操作的效果，无论是熟悉 Photoshop 的老手还是不熟悉 Photoshop 的新手，都能够方便地阅读并理解。

4）配套微课视频，让教学更加轻松

为了让读者更轻松地掌握 Photoshop 淘宝美工设计与制作技术，作者精心制作了配套微课视频。微课视频完全和教材内容同步，共 800 分钟超大容量的教学内容，全程语音讲解，真实操作演示，让读者一学就会。

不管是教师还是学生，扫描书中二维码即可在线播放微课视频，这样更加有利于教师的教和学生的学。

## 3. 本书作者

参加本书编写的作者是多年从事教学工作的资深教师和从事网页美工设计的专业技术人员，具有丰富的教学经验和淘宝网店装修设计经验。

本书主编为缪亮（负责编写第 1 和第 2 章）、刘洪霞（负责编写第 3～5 章），副主编为傅荣会（负责编写第 6～8 章）。

李敏、郭刚参与了微课视频的创作和编辑工作，在此表示感谢。另外，感谢开封文化艺术职业学院、大庆职业学院、内江师范学院对本书创作给予的支持和帮助。

### 4. 相关资源

立体出版计划，为读者建构全方位的学习环境。最先进的建构主义学习理论告诉我们，建构一个真正意义上的学习环境是学习成功的关键。学习环境中有真情实境、有协商和对话、有共享资源的支持，才能使读者高效率地学习，并且学有所成。因此，为了帮助读者建构真正意义上的学习环境，作者以图书为基础，为读者专门设置了一个图书服务网站。

网站提供相关图书资讯，以及相关资料下载和读者俱乐部。在这里读者可以得到更多、更新的共享资源，还可以交到志同道合的朋友，相互交流、共同进步。

资源网站网址：http://www.cai8.net

微信公众号：itstudy

编者

2019年5月

# 目录

源文件下载

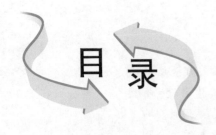

## 第3章 拼合出来的宝贝效果



## 第4章 制作吸引买家眼球的照片

## 第 5 章　用 Photoshop 设计店铺元素



## 第 6 章　服装类网店的设计和制作

## 第7章 化妆品类网店的设计和制作



## 第8章 数码类产品网店的设计和制作

# Chapter 1

# 第1章　网店装修之图片处理知识

网店的装修离不开大量的图片素材，图片既可以是宝贝的展示图片，也可以是用于装饰的图片。当前对图片进行处理的最有效的工具就是Photoshop，它功能强大，在图片处理方面可以说是"只有想不到的，没有做不到的"。要充分发挥Photoshop的功能，首先要对软件有一个基本的认识。本章介绍Photoshop的界面元素以及基本操作知识，同时介绍对素材图片进行管理的技巧。

## 1.1 认识 Photoshop 的界面元素

Photoshop 是当前最优秀的图像处理软件，其功能强大，界面友好，在平面设计、数码艺术和网页设计等诸多领域得到广泛应用，Photoshop 现在已经成为图像处理领域的行业标准。作为图像处理的利器，Photoshop 以其在图像处理上无所不能的能力成为网店装修的最有效的工具。本节介绍 Photoshop CC 程序界面的主要构成元素及其有关操作技巧。

### 1.1.1 布局操作界面

视频讲解

**生**：老师，Photoshop 好复杂呀，启动 Photoshop 后，程序窗口给我一种眼花缭乱的感觉。

**师**：相对于普通的软件，Photoshop 的程序窗口中界面元素确实多了点，不过这也是 Photoshop 功能强大的表现。下面首先给你介绍一下 Photoshop CC 的界面构成以及根据需要布局界面的方法吧。

（1）启动 Photoshop CC，打开一个图像文件，此时程序窗口主要包括菜单栏、工具选项栏、工具箱、图像窗口和面板，如图 1-1 所示。

图 1-1　Photoshop CC 程序窗口的结构

（2）不同的设计领域对 Photoshop 界面的需要是不同的，Photoshop 提供了多个预设界面模式，用户可以根据需要选择，如图 1-2 所示。

（3）在界面中放置过多的面板将会占用程序窗口的可视部分，不利于操作。可以根据需要关闭不需要的面板，如图 1-3 所示。在“窗口”菜单中选择相应的选项可打开对应的面板，如图 1-4 所示。

教师点拨：在“窗口”菜单中取消对“选项”和“工具”选项的选中将在程序窗口中关闭工具栏和选项栏。

（4）将鼠标指针放置到面板的标签上，按住鼠标左键移动鼠标可以将面板拖曳到屏幕的任意位置，如图 1-5 所示。

### 1.1.2 如何使用工具

视频讲解

**生**：老师，“锐化工具”在哪里？我怎么找不到呀？

图 1-2　选择界面模式

图 1-3　关闭不需要的面板

**师**：Photoshop 的工具都集成在工具箱中了，你在工具箱中找嘛。

**生**：我的工具箱中没有呀。

**师**：哦，看来你对工具箱中工具的使用还不是很熟悉，下面我给你介绍一下吧。

(1) Photoshop 的工具箱具有单栏和双栏两种状态，可以通过单击伸缩栏中的伸缩按钮来切换，如图 1-6 所示。

(2) 在工具箱中，有一部分工具按钮的右下角有一个小箭头，表示这里是一个工具组，有隐藏的工具未显

图 1-4 选择“窗口”菜单中的打开面板

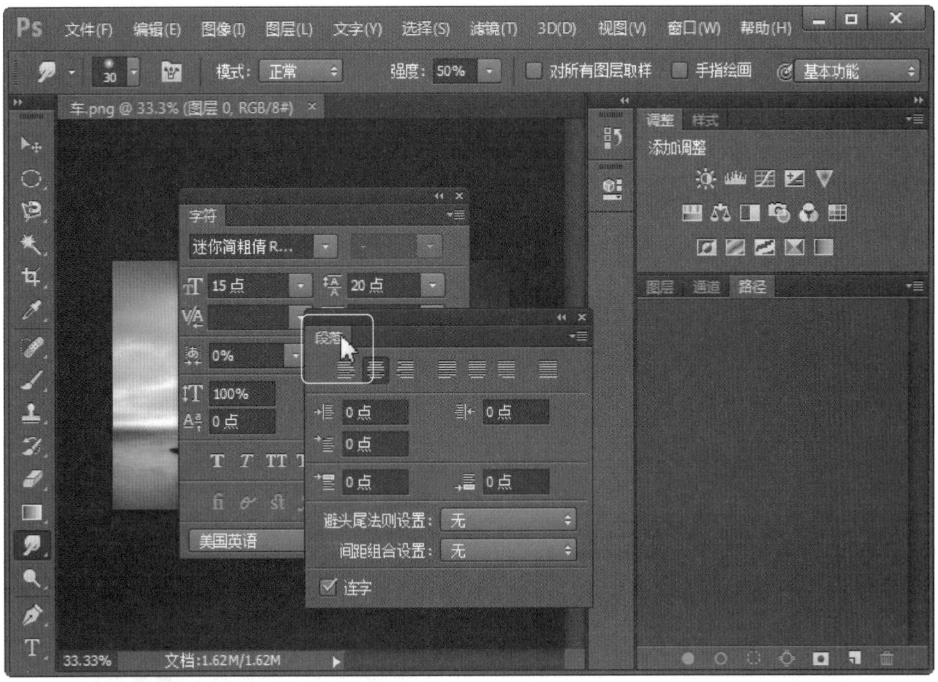


图 1-5 拖曳面板

示。此时按住鼠标左键不放(约 2 秒钟),将获得工具选项列表。在列表中选择需要的工具即可,如图 1-7 所示。

图 1-6 工具箱双栏显示

图 1-7 选择工具

**教师点拨**：将鼠标指针放置到工具按钮上时，Photoshop 会给出工具名称提示。右击存在隐藏工具的按钮同样可以获得隐藏工具列表。按 Alt 键在工具箱中单击有隐藏工具的按钮，每单击一次就切换一种工具。

(3) 在工具箱中选择工具后，使用选项栏对工具进行设置以实现不同的功能。不同的工具选项栏中的设置项会不同，图 1-8 所示为选择“渐变工具”后的选项栏。

图 1-8 选择“渐变工具”后的选项栏

### 1.1.3 图像窗口与其中的图像

视频讲解

**生**：老师，为什么 Photoshop 中看不到打开的图片呀？

**师**：我看看，你是不是把图像窗口最小化了？

**生**：也许吧。怎么恢复窗口的显示状态呢？

**师**：这样，我还是给你讲讲 Photoshop 中图像窗口及其图像操作技巧吧。

(1) 默认情况下，Photoshop 将以选项卡的形式在程序窗口中排列打开的图像，直接单击选项卡可以显示该图像。如果打开的文件较多，无法显示所有的选项卡，可以单击“展开”按钮 ，在打开的列表中选择相应的选项来显示需要的图像，如图 1-9 所示。

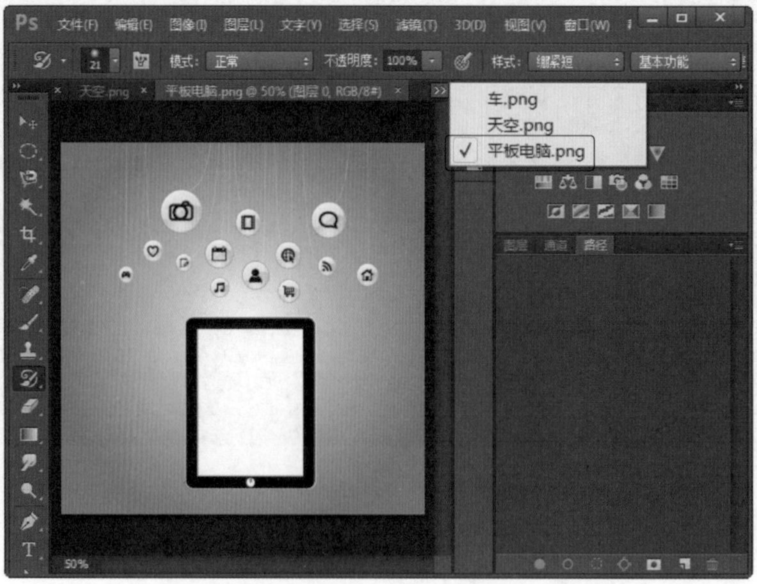


图 1-9 选择需要显示的图像

**教师点拨：**按 Ctrl+Tab 组合键将按照从左向右的顺序依次切换打开的图像。按 Ctrl+Shift+Tab 组合键将能够按照从右向左的顺序切换打开的图像。

（2）鼠标按住某个图像文件的选项卡不放，可以将图像从选项卡组中拖曳出并形成一个独立的图像窗口，图像窗口可以放置在屏幕的任意位置。图像窗口可以像任何一个 Windows 程序窗口那样进行操作，如单击图像窗口上的最小化按钮可以将图像窗口最小化，如图 1-10 所示。

图 1-10　独立的图像窗口

**教师点拨：**图像窗口最小化后，打开“窗口”菜单，选择菜单中的图像名称选项可以使对应的图像窗口恢复为最小化前的状态。选择“窗口”→“排列”→“将所有内容合并到选项卡中”命令，拖离选项卡组的图像窗口将重新回到选项卡中。

（3）在工具箱中选择“缩放工具”，在图像窗口中单击能放大图像。在图像窗口下的“缩放比例”文本框中输入数值可以调整图像的显示比例，如图 1-11 所示。在工具箱中选择“抓手工具”，在图像窗口中拖曳鼠标可以移动图像，如图 1-12 所示。

图 1-11　设置图像的显示比例

图 1-12　移动图像

**教师点拨：**在选择“缩放工具”后，如果想放大图像中指定的区域，可以将鼠标指针放置到该区域后向右拖曳。此时如果向左拖曳鼠标将缩小该区域。按住 Alt 键后在图像中单击将能够缩小图像。在 Photoshop 中，按 Ctrl++组合键可以放大图像，按 Ctrl+−组合键缩小图像。

## 1.2 Photoshop 必须掌握的基本操作

Photoshop 是网店装修的利器，要想充分利用它的功能，必须掌握一些基本的操作，如打开和保存文件、图层的操作以及前景色和背景色的设置等。本节介绍 Photoshop 的基本操作，为后面的学习打下基础。

### 1.2.1 如何操作文件

视频讲解

**生**：老师，操作文件指的是什么？

**师**：使用 Photoshop 对图像进行编辑处理，必须掌握一些文件的基本操作。例如，打开文件，因为这是图像处理的开始。也需要掌握文件的保存操作，因为这不会丢失创意的过程。同样还需要知道怎样关闭图像文件，因为这是一段工作的结束。

(1) 启动 Photoshop CC，执行“文件”→“打开”命令打开“打开”对话框，在其中选择准备编辑的文件后单击“打开”按钮即可在 Photoshop 中打开该文件，如图 1-13 所示。

图 1-13 “打开”对话框

**教师点拨**：按 Ctrl+O 组合键或在 Photoshop CC 程序窗口的空白区域双击，将直接打开“打开”对话框。在“打开”对话框中，按住 Ctrl 键并单击可以同时选择多个文件，单击“打开”按钮后即可同时打开选择的文件。

(2) 在完成图像处理后，执行“文件”→“存储为”命令，打开“另存为”对话框。在其中选择要保存的路径，在“保存类型”下拉列表框中选择文件保存类型，在“文件名”文本框中设置文件保存名称。单击“保存”按钮完成文件保存，如图 1-14 所示。

**教师点拨**：按 Ctrl+Shift+S 组合键同样可以打开“另存为”对话框，选择“文件”→“存储”命令或按 Ctrl+S 组合键可以直接保存文件。使用“另存为”方式保存文件，能够生成新的图像文件，避免对原图像进行修改。

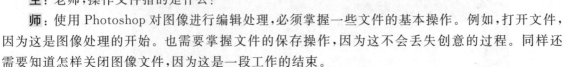

(3) 对文件进行操作后，单击文件标签上的“关闭”按钮 × 将关闭图像文件，如图 1-15 所示。如果此时图像未保存，Photoshop 会给出提示对话框，提示是否保存文件，如图 1-16 所示。如果需要保存，单击“是”按钮即可。

**教师点拨**：对于独立的图像窗口，单击窗口右上角的“关闭”按钮将关闭图像。按 Ctrl+W 组合键将关闭当前正在编辑的图像，按 Ctrl+Alt+W 组合键将关闭所有的图像文件。

### 1.2.2 操作错了该怎么办

视频讲解

**生**：哎呀，糟糕，想不到用了这个滤镜得到了这样的效果，照片面目全非了。老师，有什么办法恢复吗？

**师**：你遇到的是一个很常见的问题。在对图像进行处理时，难免出现一些错误的操作或多次操作后最后得到的效果不理想。此时可以撤销操作以恢复图像的原貌。下面介绍一下具体的操作方法。

图 1-14 “另存为”对话框

图 1-15 单击文件标签上的“关闭”按钮

(1) 执行“窗口”→“历史记录”命令，将打开“历史记录”面板，从图像被打开开始的所有操作步骤都记录在其中。在“历史记录”面板中选择某个操作记录，单击面板下方的“删除当前状态”按钮，如图 1-17 所示。此时 Photoshop 给出提示对话框，提示是否删除该记录，如图 1-18 所示。单击“是”按钮，从该记录开始的所有记录被删除，图像恢复到该操作之前的状态。

图 1-16 Photoshop 提示对话框

图 1-17 “历史记录”面板

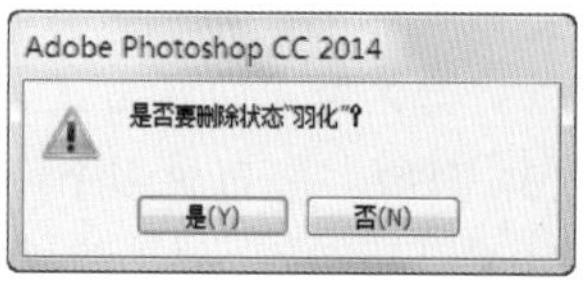


图 1-18 Photoshop 提示对话框

(2) 默认情况下，Photoshop CC 的“历史记录”面板中将记录 50 条操作记录，如果超过了，之前的记录将被自动删除，被删除的记录之前的操作将无法还原。在“历史记录”面板中选择某项操作记录，单击下方的“创建新快照”按钮即可创建该项记录的快照以记录该操作，如图 1-19 所示。在“历史记录”面板中选择快照，图片即可还原到快照所在的状态，此时只需继续进行新的操作即可。

图 1-19　创建快照

**教师点拨**：执行“文件”→“恢复”命令，可以让系统从磁盘上将图像恢复到当初保存的状态。打开“编辑”菜单，执行“恢复××”命令，其中的××为最近一次对文档进行的操作，这样可以将这次操作撤销。撤销后，该命令变为“重做”命令，使用该命令可以重做撤销的操作。如果要还原和重做多步操作，可以选择“编辑”菜单中的“前进一步”和“后退一步”命令。按 Ctrl+Z 组合键可以撤销上一步操作，按 Ctrl+Shift+Z 组合键可以执行前进一步操作，按 Ctrl+Alt+Z 组合键可以执行后退一步操作。

### 1.2.3　图层的基本操作

视频讲解

**生**：我在处理这张照片时添加了一朵花，现在不要了，怎么把它去掉？

**师**：花放在单独的图层中吗？

**生**：图层？什么是图层？

**师**：在 Photoshop 中，图层就像现实生活中的透明纸，每一个图层上放置不同的图像对象，图层中的对象可以单独处理，而不会影响其他图层的对象。图层从上向下叠加在一起，可以获得一幅完整的图像。

**生**：原来是这样呀。如果这朵花是放在单独的图层中，是不是只需要删除这个图层就可以了？

**师**：是这样的。

**生**：那该怎样删除图层呢？

**师**：这样，我现在给你讲讲图层操作的一般技巧吧。

(1) 在“图层”面板中单击“创建新图层”按钮将创建一个新的图层，如图 1-20 所示。当图层较多时，很难找到某个图像对象所在的图层，此时可以通过给图层命名来标示图层中的内容，以方便内容的查找。在“图层”面板的图层名称上单击两次，图层名称处于可编辑状态，输入文字，如图 1-21 所示。按 Enter 键可以确认图层名称的更改。

图 1-20　创建新图层

图 1-21　输入图层名称

(2) 在“图层”面板中，单击图层左侧的“指示图层可见性”按钮，该图层内容将隐藏，同时按钮上的图标不可见，如图 1-22 所示。再次单击该按钮使图标出现，图层将取消隐藏，这个图层上的对象会显示出来。

**教师点拨**：隐藏图层能够使图层中内容不可见，避免在对其他图层进行编辑时被该图层内容干扰。同时，由于隐藏图层时无法进行颜色填充和绘图等操作，这也可以起到保护该图层的目的。

(3) 图像一般包含多个图层，图层的排列顺序决定了图像的显示效果，位于上层图层中的图像将会遮盖位于下层图层的图像。在“图层”面板中直接拖曳图层到需要的位置可以调整图层的排列顺序，如图 1-23 所示。

**教师点拨**：在“图层”面板中选择图层后，按 Ctrl+]组合键可以将该图层上移一层，按 Ctrl+[组合键可将该图层下移一层。

图 1-22 隐藏图层内容

图 1-23 调整图层顺序

（4）在“图层”面板中，右击图层，执行关联菜单中的“复制图层”命令，则打开“复制图层”对话框。在对话框的“为”文本框中输入图层名称，在“文档”列表中选择图层复制的目标位置，这里选择“新建”选项，在出现的“名称”文本框中输入新建文档的名称，如图 1-24 所示。单击“确定”按钮关闭对话框，图层复制到一个新文档中，如图 1-25 所示。

图 1-24 “复制图层”对话框

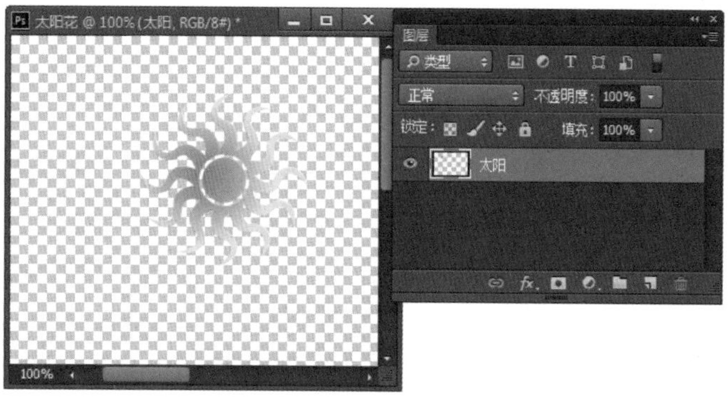


图 1-25 图层复制到一个新文档中

**教师点拨**：如果同时打开了多个文档，在“文档”列表中列出这些文档选项，选择后可以将图层复制到文档中。另外，可以通过直接将图层从“图层”面板中拖曳到图像窗口的方式来实现图层的跨文档复制。

（5）在打开一个图像文件后，默认情况下图像所在的图层为“背景”图层，该图层名称右边存在一个标志，表示图层处于锁定状态，如图 1-26 所示。单击该标志将取消图层的锁定。如果需要锁定图层，在“图层”面板中选择图层后单击“锁定全部”按钮即可，如图 1-27 所示。

图 1-26 图层处于锁定状态

图 1-27 锁定选择图层

**教师点拨**：图层被锁定表示无法对图层的某项属性进行更改，如无法修改图层透明度、图层混合模式和填充透明度，也无法删除该图层，这实际上是对图层的一种保护。

（6）如果图像包含图层较多，将会占用大量的内存空间，保存为 PSD 文件后也会占用大量的存储空间。同时，过多的图层也不利于图层的管理和文档的编辑，因此在图像编辑时应该将不需要再编辑的图层合并成一个图层。在“图层”面板中按住 Ctrl 键依次单击图层可以同时选择多个图层，如图 1-28 所示。执行“图层”→“合并图层”命令，即可将选择的图层合并为一个图层，如图 1-29 所示。

图 1-28　同时选择多个图层

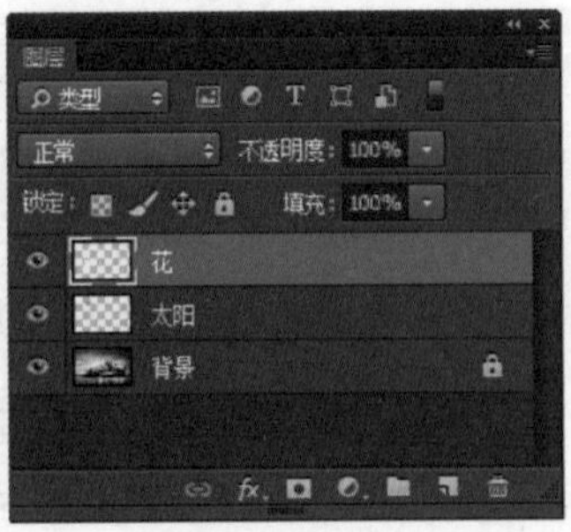


图 1-29　选择的图层合并为一个图层

**教师点拨**：Photoshop 的"图层"菜单中有多个用于图层合并的命令，"合并图层"命令将当前选择的图层与其下的一个图层合并，图层名称沿用下面图层的名称，该命令只对可见图层有效。"合并可见图层"命令将"图层"面板中所有可见的图层合并为一个图层。"拼合图像"命令将"图层"面板中所有图层合并到背景图层中，隐藏的图层将丢弃，透明区域用白色填充。将多个图层合并到一个新图层，而原有图层保持不变，这种操作称为"盖印图层"。选择需要盖印的图层后，按 Ctrl+Alt+E 键即可。如果按 Ctrl+Alt+Shift+E 键，将盖印"图层"面板中的所有可见图层。

### 1.2.4　设置前景色和背景色

视频讲解

**师**：咦，你在用"画笔工具"涂鸦呀，不过怎么颜色只有黑色和白色的？

**生**：老师，我正想问呢，怎样设置画笔涂抹的颜色呀？

**师**：在使用工具绘图时，选择正确的颜色是至关重要的，这涉及前景色和背景色的设置。下面介绍一下有关的知识。

(1) 对前景色和背景色进行设置，应该使用工具箱下方的"设置前景色"和"设置背景色"按钮，按钮将显示当前的前景色和背景色的颜色，默认情况下，前景色为黑色，背景色为白色，如图 1-30 所示。单击"设置前景色"按钮将打开"拾色器"对话框，在其中对颜色进行设置，如图 1-31 所示。

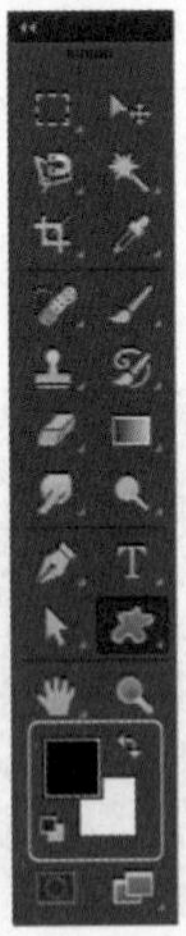

图 1-30　工具箱中的"设置前景色"和"设置背景色"按钮

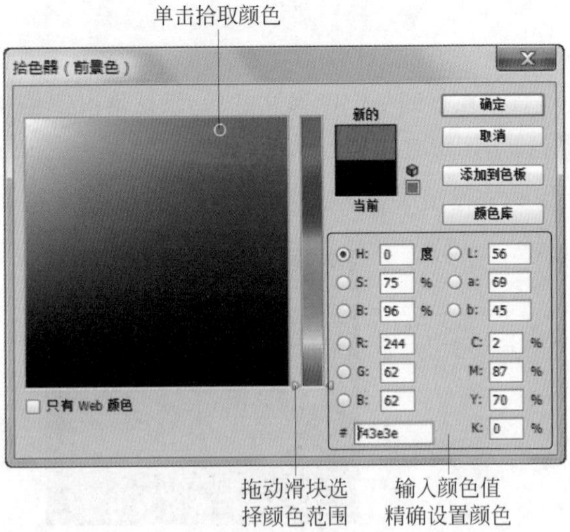


图 1-31　"拾色器"对话框

**教师点拨**：前景色也称为作图色，使用绘图工具作图均使用此颜色，背景色也称为画布色。按 X 键可以切换前景色和背景色或单击"设置前景色"和"设置背景色"按钮右上方的按钮可以转换前景色和背景色。按 D 键或单击"设置前景色"和"设置背景色"按钮左下方的按钮可以将前景色和背景色设置为默认的黑色和白色。

(2) 在对图像进行处理时，经常需要用到和图像某处相同的颜色。在工具箱中选择"吸管工具"，使用该工具在图像中单击，前景色设置为单击点处的颜色，如图 1-32 所示。

**教师点拨**：选择“吸管工具”后，按 Alt 键在图像中单击，单击点处的颜色设置为背景色。

(3) 执行“窗口”→“颜色”命令，打开“颜色”面板，使用该面板设置前景色或背景色，如图 1-33 所示。打开“色板”面板，单击面板中的色块，将该色块颜色设置为前景色，如图 1-34 所示。

图 1-32　拾取颜色

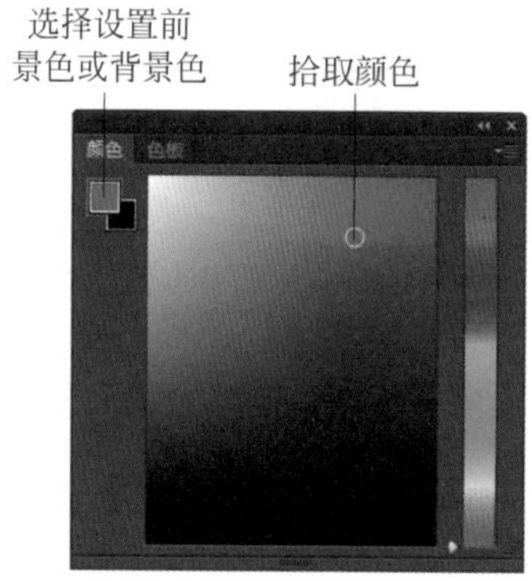


图 1-33　“颜色”面板

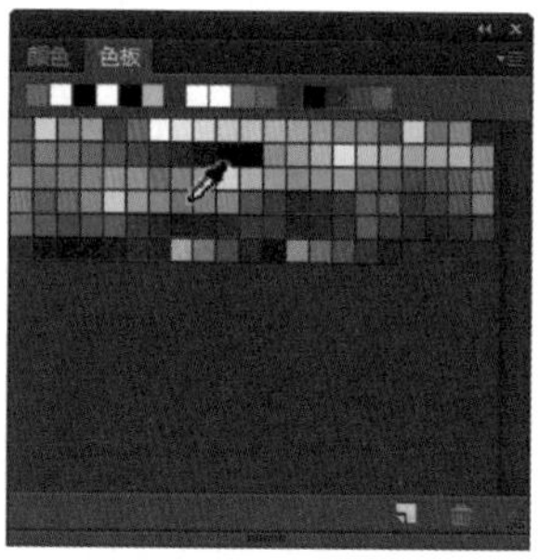


图 1-34　“色板”面板



## 1.3　管理好你的素材图片

淘宝装修离不开素材图片，好的素材图片能够让网店增色。对于淘宝店家来说，随着时间的推移，硬盘中存储的图片会越来越多，如何有效地管理这些图片，随时找到需要的素材图片，是一个不可回避的问题。本节将介绍管理素材照片的常见方法。

### 1.3.1　Windows 能够解决大多数问题

视频讲解

**生**：老师，我这里有 30 张照片，我想对它们重新命名，一个一个地改很麻烦。怎样操作才能快些？

**师**：素材图片多了，图片的管理确实是个需要考虑的问题。图片的管理不仅仅是你提出的图片批量命名的问题，还包括移动、分类和预览等方面的问题。这些问题的解决并不一定需要专业的图片浏览软件来解决，使用 Windows 的“资源管理器”就能够解决这些问题。图片的移动、复制和置入分类文件夹等操作属于常规的 Windows 文件操作，这里就不再赘述了。下面以 Windows 7 为例来给你讲讲文件批量命名和预览的方法。

(1) 打开 Windows“资源管理器”，打开放置了图片素材的文件夹。在资源管理器窗口中单击“更改您的视图”按钮，在打开的列表中选择相应的选项使图片文件以图标的形式显示。此时将能够直接预览文件夹中的图片文件，如图 1-35 所示。在资源管理器中，单击“显示预览窗格”按钮，窗口左侧将显示预览窗格，选择图片后将在窗格中显示图片预览，如图 1-36 所示。

图 1-35　使图片文件以图标形式显示

图 1-36 显示图片预览

(2) 右击图片，执行关联菜单中的“属性”命令，打开“属性”对话框。打开对话框的“详细信息”选项卡，可以查看照片的有关信息，这些信息包括拍摄时间、图片大小、颜色类型和拍摄相机的信息等，如图 1-37 所示。

(3) 在“资源管理器”中右击图片，执行关联菜单中的“预览”命令，将打开 Windows 自带的图片浏览器，如图 1-38 所示。该浏览器下方提供了操作按钮，可以实现图片浏览的翻页、旋转以及图片放大和删除等操作。

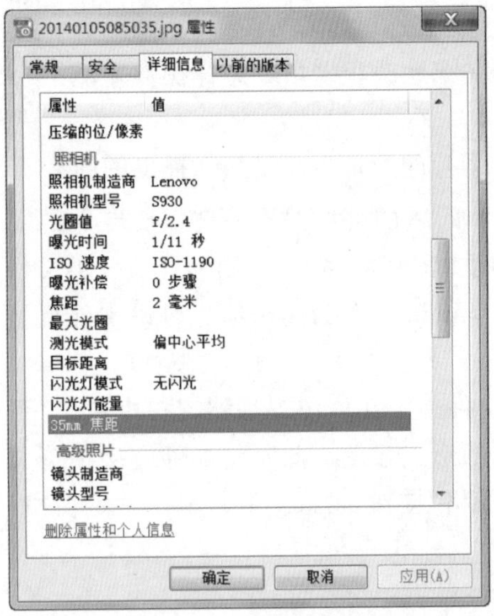


图 1-37 “属性”对话框

图 1-38 Windows 图片浏览器

(4) 在“资源管理器”中选择多个图片文件后右击，执行关联菜单中的“重命名”命令，进入文件重命名状态，如图 1-39 所示。输入名称后按 Enter 键，结果如图 1-40 所示。

### 1.3.2 使用 ACDSee 管理图片

视频讲解

**生**：老师，您这是用的什么软件在浏览图片？

**师**：实际上，当前第三方的图像浏览器很多，有功能单一的，也有功能强大的。其中，ACDSee 是一个功能强大且操作比较方便的图像浏览器，下面就介绍这个图像浏览器。

(1) 启动 ACDSee，其程序窗口的外观与 Windows 的“资源管理器”窗口类似。在程序窗口左侧的“文件夹”窗格中选择放置图片的文件夹，在右侧窗格中将列出该文件夹中的文件。在“查看模式”列表中选择相应的选项可以设置文件在窗格中的显示模式，如选择“缩略图”选项，图片文件将显示为缩略图以方便查看，如

图 1-41 所示。

图 1-39　进入重命名状态

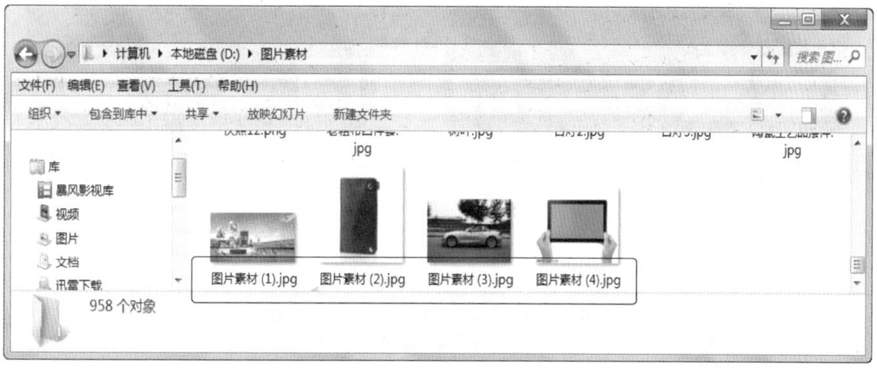


图 1-40　选择图片被更名

图 1-41　ACDSee 程序窗口

(2) 双击图片，打开图片浏览器窗口查看该图片。该浏览器功能强大，能够进行调整图片的图片翻页浏览、调整图片显示比例以及通过缩略图选择需要查看的图片等功能，如图 1-42 所示。

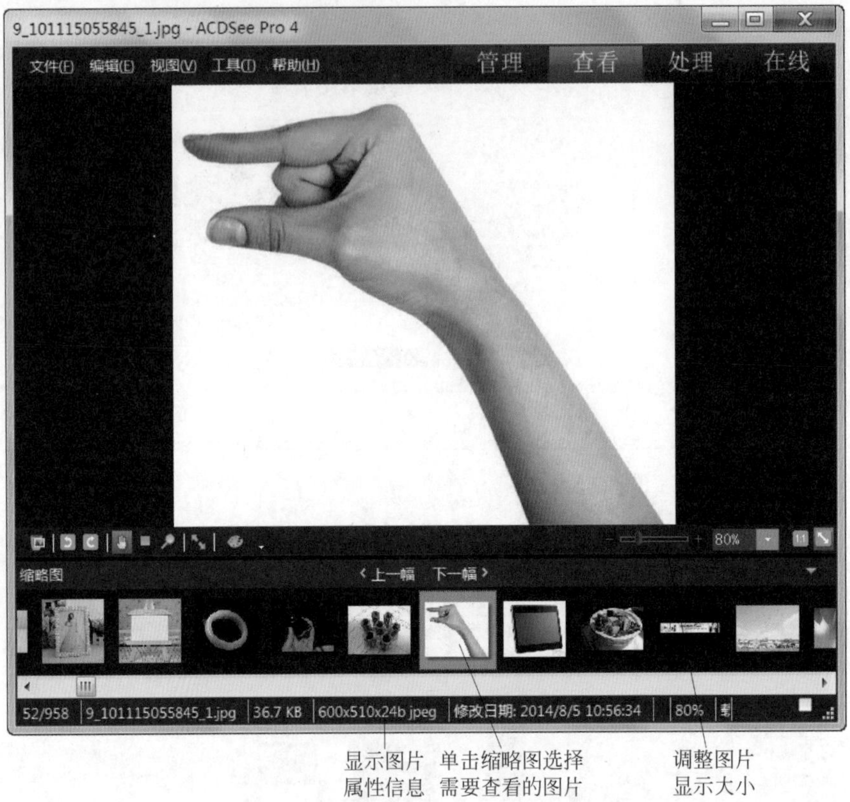


图 1-42 ACDSee 图片浏览器窗口

**教师点拨**：在 ACDSee 的图片浏览器窗口中右击图片，选择关联菜单中的“全屏幕”命令能够使图片全屏幕显示。要恢复窗口显示模式，只需在全屏幕模式下右击图片，取消关联菜单中对“全屏幕”选项的选中即可。

(3) 在 ACDSee 程序窗口中选择多张图片后右击，执行关联菜单中的“批量”→“重命名”命令，打开“批量重命名”对话框，在对话框的“模板”文本框中输入新的文件名。此时“预览”框中将显示重命名后的文件名效果，如图 1-43 所示。单击“确定”按钮关闭对话框，选择的文件将被重命名。

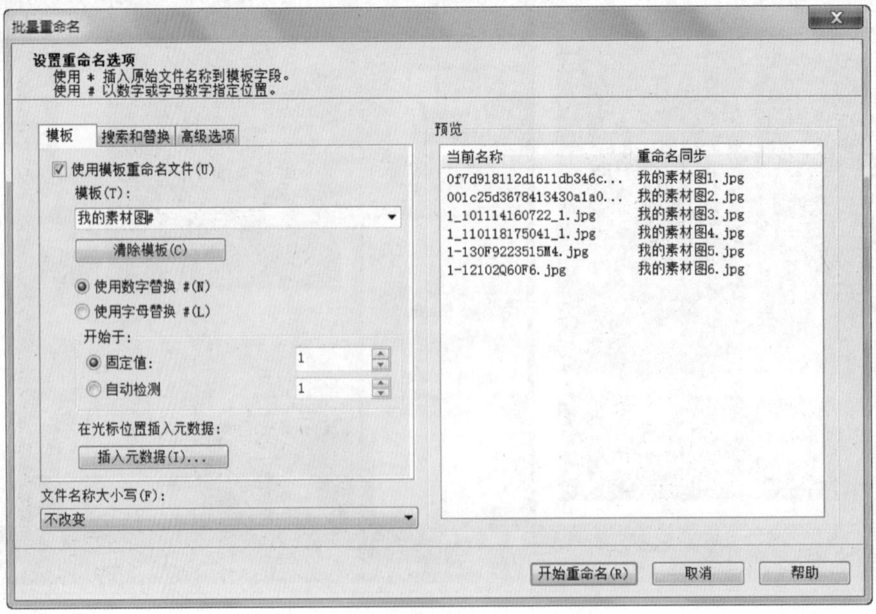


图 1-43 “批量重命名”对话框

**教师点拨**：ACDSee能够对一张或多张图片进行操作，包括转换文件格式、旋转和调整图像大小等。操作方法是：在选择图片后选择“编辑”→“批量”命令，选择下级菜单的命令。也可以像上面介绍的那样，右击选择的图片后选择关联菜单中的“批量”命令，在下级菜单中选择相应的命令。

（4）ACDSee不仅能对图片文件进行批量重命名，还能进行一些简单的编辑处理。在ACDSee程序窗口中选择图片后单击“处理”按钮进入图片处理状态，可以对图片的白平衡、色彩和曲线等进行设置，如图1-44所示。在窗口中单击“编辑”按钮，可以对图片进行去红眼、添加水印和边框等操作，如图1-45所示。

图1-44　对图片进行处理

图1-45　对图片进行编辑

Chapter 2

# 第2章　让宝贝照片更靓丽

在网店中，宝贝照片是传递宝贝信息的一种最直观方式，一张好图片胜过千言万语。在拍摄宝贝照片时，由于各种原因，获得的照片往往不够完美，如构图不合理、色彩有问题或照片不够亮丽诱人等，此时就需要对照片进行处理，修改瑕疵，使其符合网店的需要。本章介绍使用 Photoshop CC 处理宝贝照片的有关技巧。

## 2.1 宝贝照片的二次构图

在拍摄照片时，照片的构图效果令人不满意是一个很常见的问题。在无法进行重拍的情况下，使用 Photoshop 能够很方便地对照片进行处理，对照片进行二次构图，使画面与网店的需要匹配，从而使照片主题鲜明，更具有表现力。

### 2.1.1 突出照片中的宝贝——照片的裁剪

视频讲解

**师**：在摄影中，构图是很重要的，照片的构图直接关系着照片呈现的整体效果。我们在拍摄宝贝照片时常常只注意将宝贝框在画面里，而忽略了画面的整体构图。这样的照片你认为它的弊端是什么？

**生**：不美观，照片显得呆板，最重要的是在寸土寸金的网店页面中照片中的宝贝会显得不突出。

**师**：你回答得很好。我们的照片是用来展示宝贝的，照片构图的原则是突出作为主角的宝贝，即将宝贝放置在视觉焦点处，如画面的中心；否则，宝贝的展示效果就不好。Photoshop 提供了一个“裁剪工具”，该工具能够自由创建裁剪区域，使用它可以将画面中多余的图像删除以保留主体对象，从而获得中央构图效果，让画面更具凝聚力。下面介绍对宝贝照片进行裁剪的方法。

(1) 启动 Photoshop CC 并打开需要处理的照片，如图 2-1 所示。这张照片用于展示台灯，下面将照片中多余的背景去掉，只保留台灯，从而让其位于整个画面的中央。

(2) 在工具箱中选择“裁剪工具”，在图像窗口中拖曳鼠标创建裁剪框，将主体对象置于裁剪框中，如图 2-2 所示。

图 2-1 需要处理的照片

图 2-2 创建裁剪框

(3) 在创建裁剪框后，拖曳裁剪框上的控制柄可以对裁剪框的大小进行调整，如图 2-3 所示。完成裁剪框的调整后，按 Enter 键确认裁剪操作。此时，裁剪框外的图像被删除，台灯成为整张照片的视觉中心，如图 2-4 所示。

### 2.1.2 将宝贝扶正——调整拍歪了的照片

视频讲解

**师**：在拍摄宝贝照片时，不知道你是否遇到过照片拍歪了的情况？

**生**：有呀，这种情况好像还经常遇到呢。

图 2-3　调整裁剪框

图 2-4　裁剪完成后的图片效果

**师**：是的。在照片拍摄过程中，由于相机把握不稳，拍摄出来的照片很容易出现这种情况。专业人士和非专业人士都会出现这种问题，所以没必要感到沮丧。遇到这种情况，直接放到网店里肯定效果不好，我们可以使用 Photoshop 对这种照片进行矫正。下面就介绍具体的操作方法。

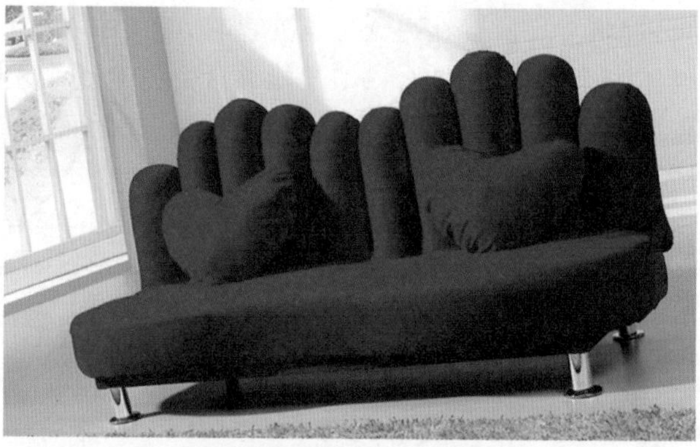

图 2-5　需要处理的照片

(1) 启动 Photoshop 并打开需要处理的照片，如图 2-5 所示。这张展示沙发的照片被拍歪了，需要修正。

(2) 执行“图像”→“图像旋转”→“任意角度”命令，打开“旋转画布”对话框，在其中选择“度顺时针”单选按钮，在“角度”文本框中输入旋转的角度值 5，如图 2-6 所示。单击“确定”按钮关闭对话框，图像按照顺时针方向旋转 5°，如图 2-7 所示。

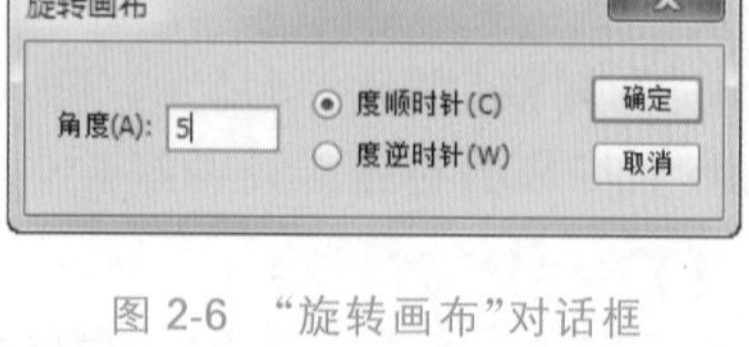


图 2-6　“旋转画布”对话框

图 2-7　图片顺时针方向旋转 5°

(3) 在工具箱中选择“裁剪工具”，拖曳鼠标创建裁剪框。使用鼠标拖曳裁剪框上的控制柄调整裁剪框的大小，使照片中不需要的部分排除在裁剪框之外，如图 2-8 所示。按 Enter 键确认裁剪操作。此时，倾斜照片得到矫正，如图 2-9 所示。

**生**：老师，我有个问题。在使用“旋转画布”对话框调整图片的旋转角度时，旋转角度应该设为多少合适呢？对于初学者来说，这个旋转角度需要多次试验才能得到。有没有更简单的操作方法呢？

图 2-8　调整裁剪框

图 2-9　照片处理后的效果



**师**：你的这个问题提得很好，Photoshop CC 提供了一个“标尺工具”，在修正倾斜图片时可以使用该工具快速获得旋转角度。下面介绍一下“标尺工具”的使用方法。

(1) 在工具箱中选择“标尺工具”，在照片中沿着墙面的相交线拉出一条度量线，如图 2-10 所示。

图 2-10　拉出度量线

(2) 执行“图像”→“图像旋转”→“任意角度”命令，打开“旋转画布”对话框，其中将自动获得旋转角度和方向，如图 2-11 所示。单击“确定”按钮关闭对话框，图像将自动旋转摆正，如图 2-12 所示。然后，再使用“裁剪工具”裁掉不需要的图像即可。

**教师点拨**：Photoshop 的“标尺工具”常用于在图像中对长度和角度进行测量。测量长度时，度量线的长度值在“信息”面板中显示，测量的角度为度量线相对于水平方向和垂直方向的角度。当本例图片中墙面的交线处于垂直方向时，图像为端正的，因此这里以这条交线作为参考线。使用“标尺工具”来摆正歪斜的图片，在图片中寻找合适的参考线是关键。

图 2-12　图像旋转

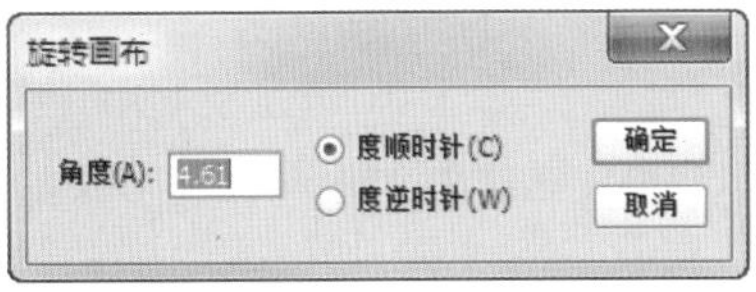


图 2-11　自动获得旋转角度和方向

### 2.1.3 让宝贝变大——放大图片

视频讲解

**生**：老师，有时我拍摄的宝贝在照片中显示偏小，我想让宝贝在照片中放大，使其占据照片中的主体地位。这样既可以在画面上使其突出，又可以让买家看清细节。在 Photoshop CC 中，能实现这种操作吗？

**师**：可以呀。在 Photoshop CC 中，使用“自由变换”功能能够很容易地放大或缩小图片，所需效果完全可以通过放大图像来获得。

（1）启动 Photoshop CC 并打开素材图片，如图 2-13 所示。这是一张玩偶图片，下面使用 Photoshop 的“自由变换”功能将玩偶图放大。

（2）在“图层”面板中单击“背景”上的图层锁定标志，如图 2-14 所示。此时该图层将解锁变为普通图层，如图 2-15 所示。

**教师点拨**：在打开图片时，默认情况下图片放置在名为“背景”的图层中，该图层处于锁定状态。被锁定的图层是不能进行矫正操作的，只有将其解锁变为普通图层后才能对其进行矫正操作。

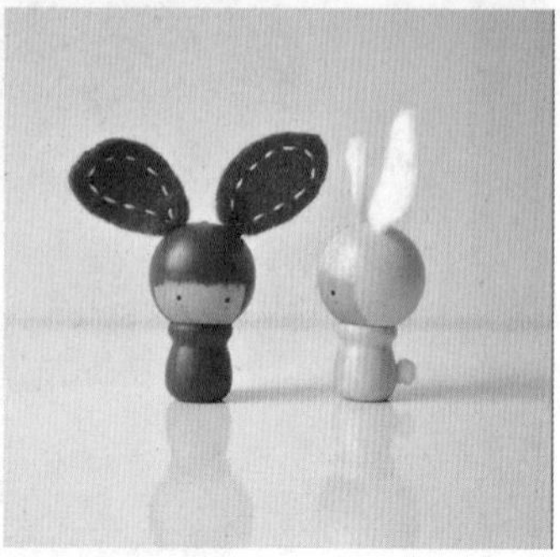

图 2-13　需要处理的照片

图 2-14　单击图层锁定标志

图 2-15　图层解锁

（3）执行“编辑”→“自由变换”命令，图像被带有控制柄的变换框包围。向外侧拖曳变换框上控制柄即可放大图片，如图 2-16 所示。使用鼠标拖曳图片可以改变其在画布中的位置，如图 2-17 所示。

图 2-16　放大图片

图 2-17　改变图片在画布中的位置

（4）完成操作后按 Enter 键确认变换操作，宝贝在照片中被放大，细节显示更清楚，如图 2-18 所示。将图片保存为 *.jpg 格式文件，本例制作完成。

**教师点拨**：数码照片获得的图片文件是位图文件，它是由许多像素组成的，每个像素包含亮度和颜色信息。当一个位图图片被放大到一定程度时，图片中就会出现色块。这种色块，轻则会使照片显得很脏，重则将可以看到明显的色块，使照片不再清晰。因此，在放大位图图片时，应该掌握一个度，不能无限制地放大。操作时，应该以保证照片清晰为原则。

图 2-18　制作完成后的效果

### 2.1.4　让照片更干净——去除照片中的瑕疵

**生**：老师，在拍摄数码照片时，照片中难免会有些瑕疵，如照片背景中出现了多余的东西或宝贝上的某些平时忽略的污渍在照片中显示出来，这时是不是需要重新拍摄呢？

视频讲解

**师**：没有必要重新拍摄。当照片中存在着一些小瑕疵时，完全可以使用 Photoshop CC 在后期处理时将它们清除掉。

**生**：这样的操作会不会很复杂？

**师**：一点都不复杂。Photoshop CC 提供了多个工具方便用户对照片进行修饰，它们是“污点修复画笔工具”“修复画笔工具”和“修补工具”等。使用它们，用户能够方便快速地修复照片中存在着的局部瑕疵，使照片变得完美。下面介绍使用“污点修复画笔工具”来对照片进行润饰的方法，你会发现该工具方便且实用。

（1）启动 Photoshop CC 并打开需要处理的素材照片，如图 2-19 所示。这是一张在车内拍的挂饰照片，效果很不错，只是车窗上留有雨刮的划痕和一些小污点，下面使用“污点修复画笔工具”将它们去除。

（2）在工具箱中选择“污点修复画笔工具”，在工具的属性栏中设置画笔的大小和硬度，将“模式”设置为“正常”，如图 2-20 所示。沿着照片中划痕的方向拖曳鼠标，如图 2-21 所示。划痕将被抹掉，如图 2-22 所示。

图 2-19　需要处理的照片

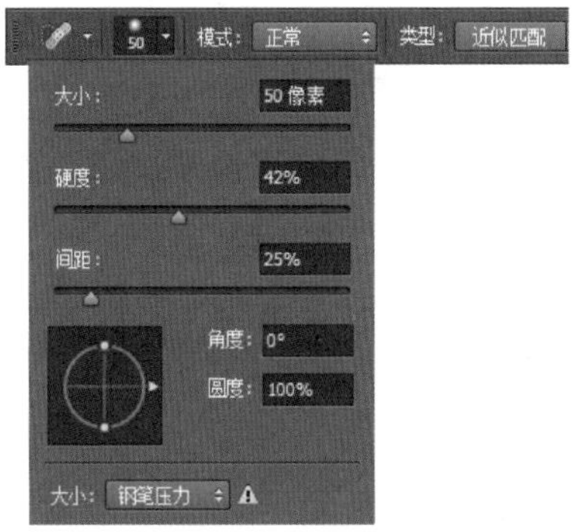


图 2-20　设置工具的属性

**教师点拨**：在使用“污点修复画笔工具”时，应该根据污点的大小来选择画笔笔头的大小，一般以比污点稍大为宜。在操作中，可以根据需要随时更改画笔笔头的大小，按键盘上的“]”键可以增大笔头，按“[”键将缩小笔头。

（3）将工具笔头大小调整得比污点略大，在污点上单击清除该污点，如图 2-23 所示。照片处理完的效果如图 2-24 所示。

**教师点拨**：Photoshop 中的“污点修复画笔工具”能够快速去除照片中的污点和局部不需要的图像，该工具能够使用图像中的样本像素来进行绘画，绘画时能够将样本像素的纹理、光照、透明度和阴影与需要绘画处的图像像素进行自动匹配。与其他修复工具（如“修复画笔工具”）不同，该工具在使用时不需要操作者取样，使用起来十分方便。

图 2-21　沿着划痕的方向拖曳鼠标

图 2-22　划痕被抹掉

图 2-23　在污点上单击

图 2-24　照片处理完的效果

## 2.2　让色彩掌控画面

完美的照片离不开完美的色彩,但在使用相机拍摄时,受环境、技术以及相机质量的影响,往往无法真正获得完美的色彩效果。Photoshop CC 为照片的色彩处理提供了各种功能强大的工具,在照片后期处理时,能够方便地实现对照片色彩的调整,获得完美的画面效果。

### 2.2.1　让照片暗一点——调整曝光过度的照片

视频讲解

**师**:你可能知道,当逆光拍摄、曝光补偿设置错误或闪光灯使用不当时,照片会出现曝光不足的现象,此时拍摄的对象会偏暗,缺乏亮度和对比度。与曝光不足相对应的就是曝光过度,由于拍摄光线过亮或拍摄时受白色光线影响将造成照片曝光过度。这样的照片画面会失去很多原有的亮度部分的细节,图像整体颜色偏淡,整个照片苍白且缺乏明暗层次。

**生**:这样的照片能够用 Photoshop 修复吗?

**师**:如果曝光不足或曝光过度现象很严重,那么照片也就废了,肯定是需要重新拍摄的。但是对于问题不是很严重的照片，用 Photoshop 就可以修复。

**生**：在 Photoshop 中应该怎么修复呢？

**师**：Photoshop CC 中的很多工具都可以对上面提到的两类问题照片进行修复，如“曝光度”命令、“亮度/对比度”命令、“色阶”和“曲线”命令等。在操作时，可以单独使用一种命令，有时又需要综合使用多种命令来进行操作。下面首先介绍使用“曝光度”命令来进行处理的方法。

(1) 启动 Photoshop CC 并打开素材图片，如图 2-25 所示。这是一张皮包的照片，照片曝光过度，皮包色彩不正且皮面细节不清。

(2) 执行“图像”→“调整”→“曝光度”命令，打开“曝光度”对话框，在对话框中分别拖曳滑块设置“曝光度”“位移”和“灰度系数校正”值，如图 2-26 所示。完成设置后单击“确定”按钮关闭对话框，图像效果如图 2-27 所示。

图 2-25　需要处理的照片

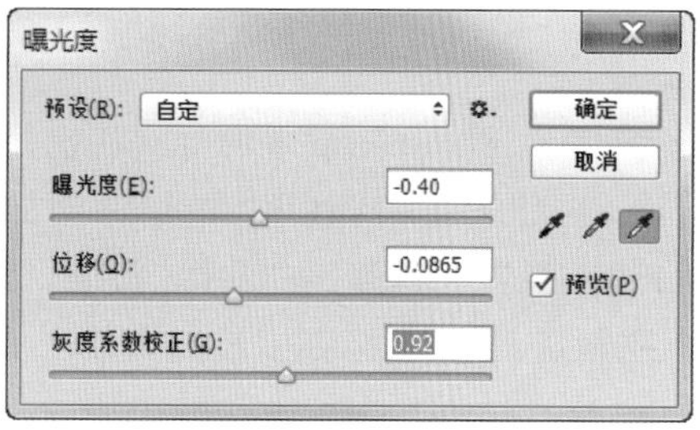


图 2-26　“曝光度”对话框

**师**：下面介绍利用“色阶”对照片进行处理的方法。

**生**：“色阶”？听上去很复杂。

**师**：是的，对于初学者来说，要理解色阶的概念可不是一件容易的事情，好在我们没必要深入理解那些理论上的知识，实际上，用“色阶”命令来调整照片的色调是一件很感性的事情，可以根据图像预览效果来调整，十分直观。下面就一起来看看上面这张照片用“色阶”命令如何进行处理。

(1) 执行“图像”→“调整”→“色阶”命令，打开“色阶”对话框，如图 2-28 所示。拖曳“输入色阶”栏下方的 3 个滑块，即可对照片的色调进行调整，如图 2-29 所示。

图 2-27　设置完成后的效果

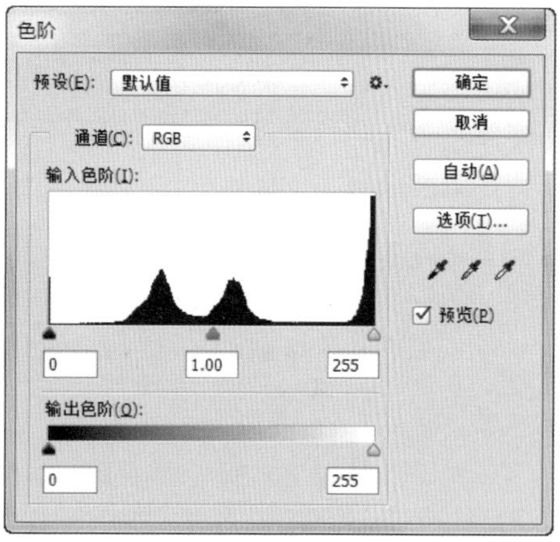


图 2-28　“色阶”对话框

(2) 效果满意后，单击“确定”按钮关闭对话框，照片调整后的效果如图 2-30 所示。

**教师点拨**：在“色阶”对话框的“输入色阶”栏中有一个直方图，其横轴表示亮度值，取值从 0～255，0 为纯黑，255 为纯白。纵轴表示像素数量，直方图显示了不同亮度像素的分布情况。该栏下方的 3 个滑块从左向右分别为黑色滑块、中间灰滑块和白色滑块，它们的位置指定了图像中最暗像素、中间亮度像素和白色像素所处的位置。因此，改变这 3 个滑块的位置就能对图像亮度进行修改了。在对色阶进行调整时，勾选对话框中的“预览”复选框，则图像中能直接显示调整效果，用户可以根据这个预览效果进行调整。

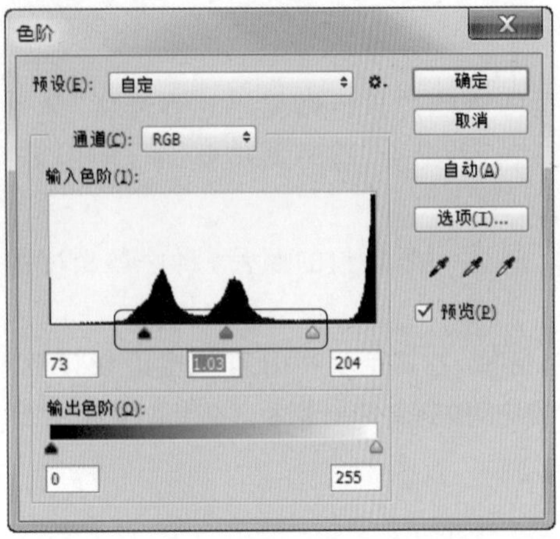

图 2-29 拖曳“输入色阶”下滑块

图 2-30 制作完成后的效果

**生**：老师，听说 Photoshop 中的“曲线”也是常用的调节照片色调的工具，本例能用“曲线”工具来处理吗？

**师**：可以，下面介绍如何利用“曲线”来对照片进行调整。

(1) 执行“图像”→“调整”→“曲线”命令，打开“曲线”对话框，如图 2-31 所示。在对话框的曲线上单击可以创建一个控制点，使用鼠标拖曳控制点改变曲线的形状，图片的色调随之改变，如图 2-32 所示。

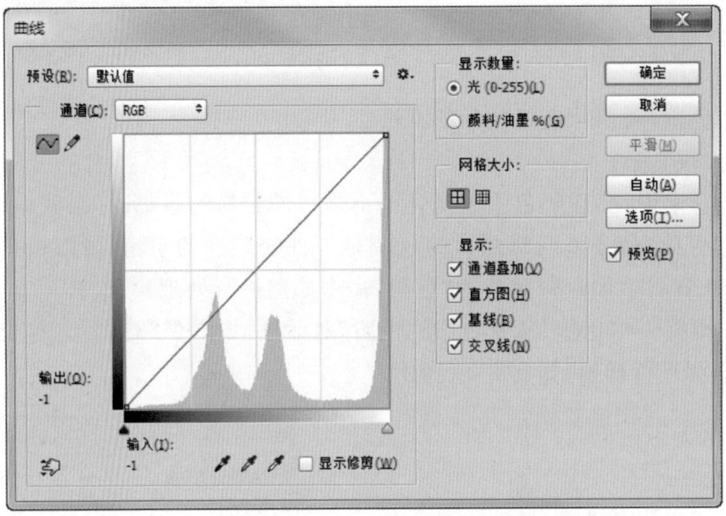

图 2-31 “曲线”对话框

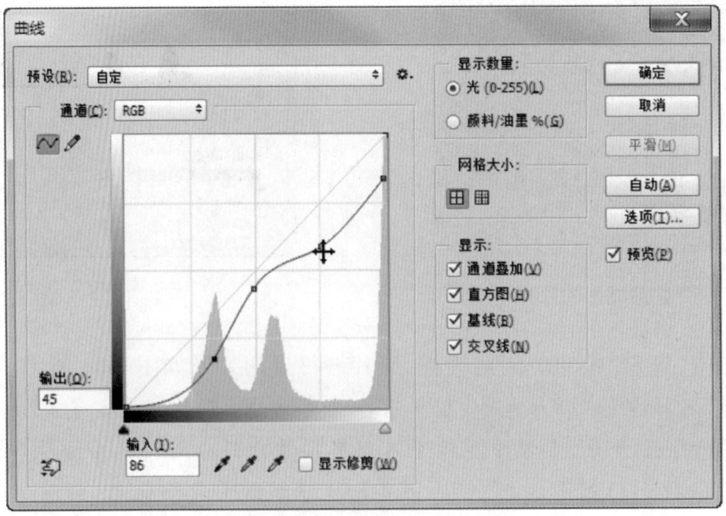

图 2-32 使用鼠标拖曳控制点改变图像的色调

(2) 根据需要修改“曲线”对话框中曲线的形状，图像的色调满意后单击“确定”按钮关闭对话框。处理完成后的图像效果如图 2-33 所示。

**教师点拨**：与“色阶”一样，“曲线”是调整图像色调的一个很重要的手段。在“曲线”对话框中，存在一个坐标系，横轴为水平的色调带，表示原色图像中像素的亮度(即输入色阶)，纵轴为垂直的色调带，表示调整后图像中像素的亮度(即输出色阶)，调整曲线形状即可以改变像素的输入和输出亮度。可见，“曲线”可以使用任意点调整图像的色调，显然比“色阶”操作起来更方便。

图 2-33 图像处理完的效果

### 2.2.2 让照片颜色纯正一点——处理偏色的照片

视频讲解

**生**：老师，这张照片偏色了，该怎么处理？

**师**：照片的偏色是数码照片中常见的瑕疵，造成照片偏色的原因很多，如拍摄时光线的影响或白平衡设置不当等。在 Photoshop 中，对这类照片的处理实际上就是对照片色调进行调整，因此可以使用的工具也很多。下面介绍怎样使用 Photoshop CC 的“色彩平衡”命令来修正偏色的照片。

图 2-34 需要处理的照片

(1) 启动 Photoshop CC 并打开素材图片，如图 2-34 所示。这张宝贝照片是在室内拍摄的，显然受到了室内灯光的影响，出现了偏色现象。

(2) 执行“图像”→“调整”→“色彩平衡”命令，打开“色彩平衡”对话框，首先拖曳对话框中滑块调整中间调的颜色，如图 2-35 所示。

(3) 在“色彩平衡”对话框中选择“阴影”单选按钮，拖曳滑块调整图片阴影区域的色彩，如图 2-36 所示。

(4) 选择“高光”单选按钮，拖曳滑块调整图片高光区域的色彩，如图 2-37 所示。完成设置后单击“确定”按钮关闭对话框完成本例的制作，照片的偏色得到了纠正，如图 2-38 所示。

图 2-35 调整中间调的颜色

图 2-36　调整阴影区域的色彩

图 2-37　调整高光区域的色彩

图 2-38　照片制作完成后的效果

**教师点拨**：在 Photoshop 中，“色彩平衡”通过调整照片的阴影区域、中间调区域和高光区域的颜色成分来实现对照片色彩的调整。“色彩平衡”对话框中有 3 个色彩滑轨，滑轨两侧的颜色是互补色的关系，滑块向哪边拖曳则哪边对应的颜色将增强，其对应的互补色将减少。例如，本例照片色调偏红，当对“中间调”进行调整时，是将滑块向青色方向拖曳，这样中间调中的青色将增加，而红色将减少。如果对色彩理论不熟悉，可以一边调整一边查看预览效果。

### 2.2.3 让照片温暖起来——调整照片的色调

视频讲解

**生**：老师，我经常听说要调整照片的色调，什么是色调？

**师**：色调指的是画面中颜色的倾向，是照片整体视觉氛围的重要组成部分。调整照片的色调可以对画面的整体风格进行重新定义，不同色调会给人不同的视觉感受。合理地使用色调能够增强画面的表现力，营造出与众不同的效果，突出照片中的主体。

**生**：原来是这样呀。

**师**：调整照片的色调实际上是对照片颜色的调整，可以使用的方法很多。下面介绍一种使用 Photoshop CC 的“照片滤镜”来调整色调的方法，这种方法操作简单，效果很不错。

(1) 启动 Photoshop CC 并打开素材图片，如图 2-39 所示。这是一张珠宝照片，在蓝色光线下，照片呈现冷色调效果，给人一种清冷的神秘感。下面对照片的色调进行调整，将其转变为暖色调，获得一种与宝贝相配的温暖大气感。

图 2-39　需要处理的照片

(2) 执行“图像”→“调整”→“照片滤镜”命令，打开“照片滤镜”对话框，在其中选择“滤镜”单选按钮，在其后的下拉列表中选择滤镜种类，这里选择暖色温滤镜“加温滤镜(85)”，拖曳“浓度”滑块调整色温浓度，如图 2-40 所示。完成设置后单击“确定”按钮关闭对话框，照片由冷色调变为暖色调，如图 2-41 所示。

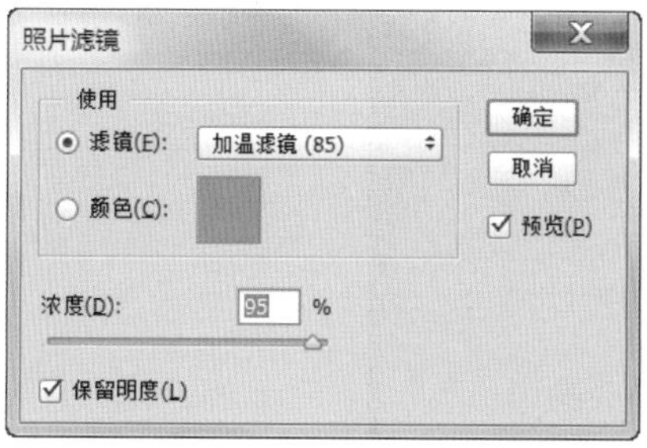


图 2-40　“照片滤镜”对话框

图 2-41　照片变为暖色调

(3) 在“照片滤镜”对话框中选择“颜色”单选按钮，单击其后的色块将打开“拾色器”对话框，在其中拾取需要的颜色，如图 2-42 所示。分别单击“确定”按钮关闭这两个对话框，照片效果如图 2-43 所示。

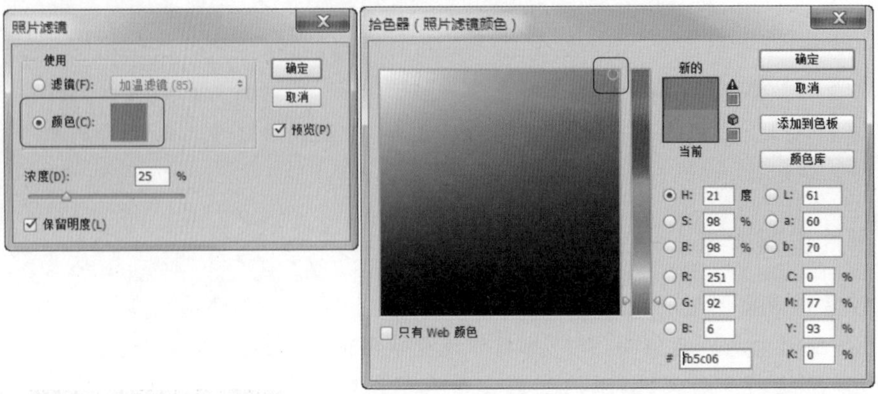


图 2-42　拾取颜色

### 2.2.4　让照片色彩自然——调整照片的白平衡

**生**：老师，我经常听到摄影师提到白平衡，白平衡是什么？

视频讲解

**师**：你知道，数码相机都有一个白平衡设置，在拍摄照片时，如果白平衡设置不当就会造成照片色彩不正。通俗地说，白平衡就是让照片中的白色依然为白色。在数码照片中，如果白色仍然是白色，那么照片的色彩就会最接近人眼色彩的视觉效果，照片呈现的效果也是最真实，最自然的。

**生**：那么对于数码照片色彩上的问题，是不是也可以通过调整白平衡来修复呢？

**师**：是的。由于色调和色温是影响照片白平衡的重要因素，因此控制画面的色调就能对照片的白平衡进行调整。这样，在Photoshop CC中，所有能够对色调进行调整的命令（如“色阶”和“曲线”等）都能实现白平衡的调整。下面通过一个实例介绍简单调整照片白平衡的方法。

图 2-43　处理完后照片的效果

(1) 启动Photoshop CC并打开素材图片，如图2-44所示。这张在灯光下拍摄的照片由于白平衡设置不当，照片明显偏色了。下面对照片进行处理，使照片色彩恢复正常。

图 2-44　需要处理的照片

（2）执行“滤镜”→“Camera Raw 滤镜”命令，打开“Camera Raw 滤镜”对话框，在其中的工具栏中选择“白平衡工具”，使用该工具在对话框图像中应该为中性灰色的位置单击，图像即可恢复为正常颜色，如图 2-45 所示。

图 2-45 Camera Raw 对话框

**教师点拨**：RAW 是数码相机记录影像的一种格式，除图像数据外，还记录相机拍摄时的元数据，如白平衡、快门速度和光圈值等。这种格式的文件是没有经过相机加工处理的，照片是最接近于现实场景的图像，用户可以在后期处理时轻松完成照片的修复和润饰而不损失照片的质量。在以前的 Photoshop 中，对 Raw 格式照片进行处理可以使用 Camera Raw 插件。从 Photoshop CC 开始，Camera Raw 成为内置滤镜，使用更为方便。Camera Raw 滤镜功能十分强大，能够处理各种格式的数码照片，可以在不损坏原片的前提下对照片色彩进行快速处理。

（3）如果不知道如何确定中性灰的位置，可以在 Camera Raw 对话框右侧的“基本”面板中选择“白平衡”下拉列表中的“自动”选项，滤镜将自动调整照片的白平衡，如图 2-46 所示。如果自动调整的效果不能令人满意，可以在“基本”面板中调整“曝光”“对比度”和“高光”等参数的值来对照片的色调做进一步手动调整。

图 2-46 自动调整照片的白平衡

(4) 完成设置后，单击“确定”按钮关闭对话框，照片色彩变得真实自然，如图 2-47 所示。

图 2-47　照片处理完的效果

### 2.2.5　让照片色彩更浓郁——调整照片的饱和度

视频讲解

**师**：你知不知道什么是色彩的饱和度？

**生**：色彩饱和度指的是画面颜色的鲜艳程度吧？

**师**：对，你回答得很好。在照片中，饱和度的不同能给人不同的视觉感受。低饱和度的画面给人以黯淡陈旧感，对于宝贝照片来说，这样的照片很难给人好感；而高饱和度的画面能够给人以视觉上的饱满感，增强视觉的冲击力。

**生**：是呀，我看到过一些色彩浓郁的食品照片，真的让人垂涎欲滴。

**师**：在 Photoshop CC 中，提供了两个专门的工具来进行色彩饱和度的调整，它们是“色相/饱和度”和“自然饱和度”。其中，“自然饱和度”只针对画面颜色的浓度进行调整，“色相/饱和度”功能更强大，能够对色彩的三要素，即色相、饱和度和明度进行全面调整。下面介绍“色相/饱和度”命令的使用方法。

(1) 启动 Photoshop CC 并打开素材图片，如图 2-48 所示。这是一张食品的特写，照片色彩平淡，不够吸引人，下面对照片进行处理，使照片色彩变得饱满浓郁，以增强食品的吸引力。

(2) 执行“图像”→“调整”→“色相/饱和度”命令，打开“色相/饱和度”对话框，在对话框中向右拖曳滑块增加“饱和度”值，适当增加“明度”值，如图 2-49 所示。单击“确定”按钮关闭对话框，获得的照片效果如图 2-50 所示。

图 2-48　需要处理的照片

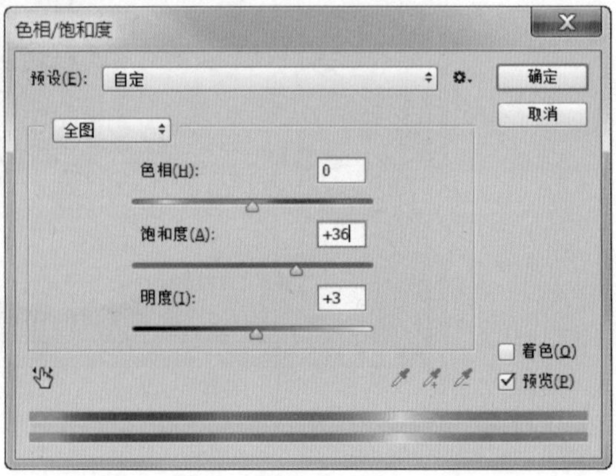


图 2-49　“色相/饱和度”对话框

图 2-50　照片处理完的效果

**教师点拨**：在“色相/饱和度”对话框中，按下按钮 ，在图像中拖曳鼠标可以调整照片饱和度，按住 Ctrl 键在照片中拖曳鼠标可以调整照片的色相。



### 2.2.6　让宝贝与背景互相映衬——调整阴影和高光区域

视频讲解

**师**：Photoshop CC 提供了一个名为“阴影/高光”的命令，该命令设置的初衷是为了方便数码照片的处理，用户可以通过对照片的高光和阴影区域进行设置以修正因逆光拍摄而形成的缺陷。

**生**：这个工具是不是只能用于逆光拍摄照片的修饰呢？

**师**：那倒不是的。“阴影/高光”最大的优势在于其可以分别对照片的阴影和高光区域进行设置，灵活地使用它可以解决很多照片色调调整的问题。下面介绍一个照片处理的实例。

（1）启动 Photoshop CC 并打开素材图片，如图 2-51 所示。这是一张饰品照片，照片中的饰品黯淡，背景纹理没有清晰显示。下面对照片进行处理，使作为主体的饰品和背景皮质纹理均清晰显示。

图 2-51　需要处理的照片

（2）执行“图像”→“调整”→“阴影/高光”命令，打开“阴影/高光”对话框，在对话框中通过拖曳滑块调整图像的阴影、高光和调整，如图 2-52 所示。完成设置后单击“确定”按钮关闭对话框，此时照片中珍珠变得晶莹剔透，背景皮面纹理清晰可见，如图 2-53 所示。

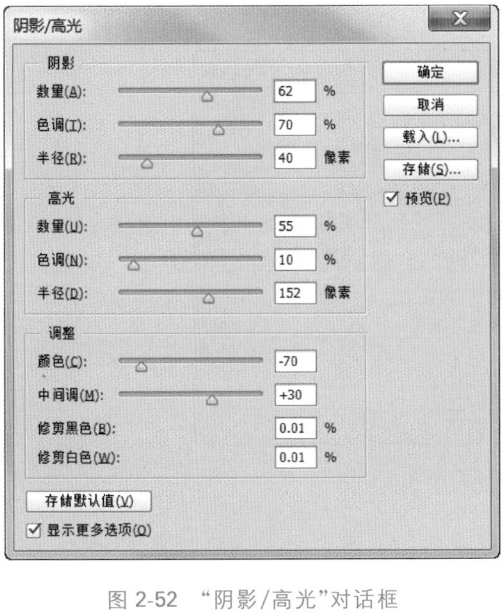


图 2-52　“阴影/高光”对话框

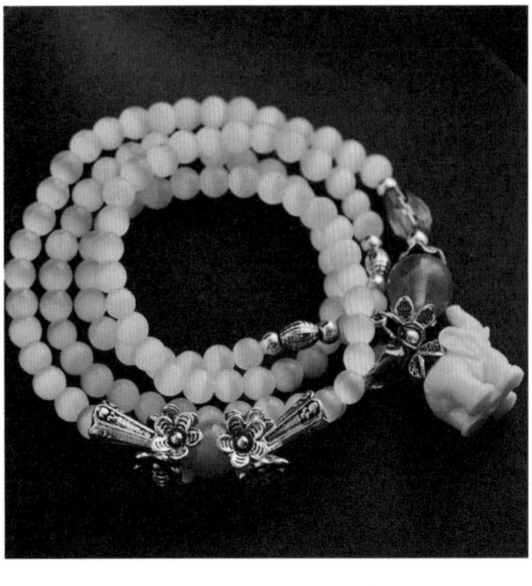

图 2-53　照片处理完的效果

## 2.3 让宝贝照片适合网店发布

什么样的宝贝照片适合在网店发布，不同网店有不同的标准，但是照片清晰、大小合适且易于加载是最基本的要求。同时，不让自己独有的宝贝照片被他人盗用，也是需要考虑的问题。

### 2.3.1 不要让照片太大——调整照片的大小

视频讲解

**生**：老师，对网店进行装修时，经常碰到辛辛苦苦处理好的照片无法上传的情况，这是什么原因？

**师**：网站一般对网店不同位置图片的大小有规定，图片尺寸不符合要求将会导致图片无法正常上传。因此上传图片时最好让图片的大小符合网站的要求，一般是将图片缩小。下面介绍在 Photoshop CC 中缩小照片的方法。

(1) 启动 Photoshop CC 并打开需要处理的照片，如图 2-54 所示。

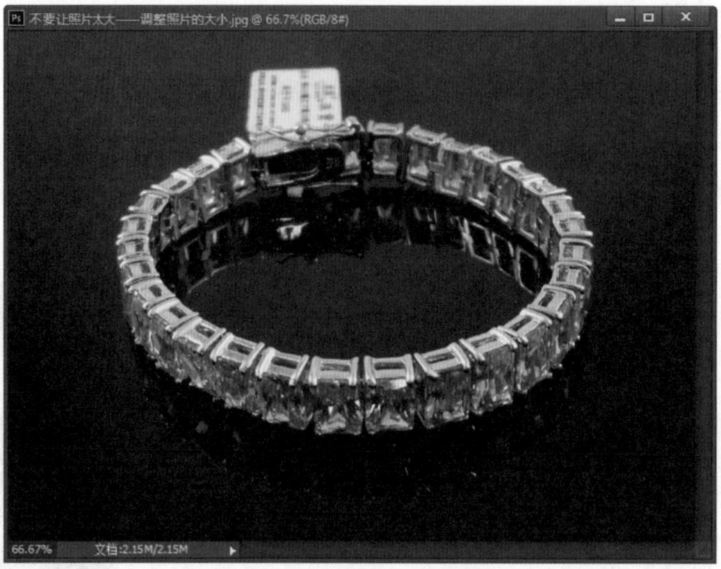


图 2-54　需要处理的照片

(2) 执行“图像”→“图像大小”命令，打开“图像大小”对话框，该对话框中显示了图像当前的大小，如图 2-55 所示。在“宽度”或“高度”文本框中输入数值即可改变图像的宽度或高度值。例如，这里在“宽度”文本框中输入数值 600，将图像宽度设置为 600 像素，如图 2-56 所示。

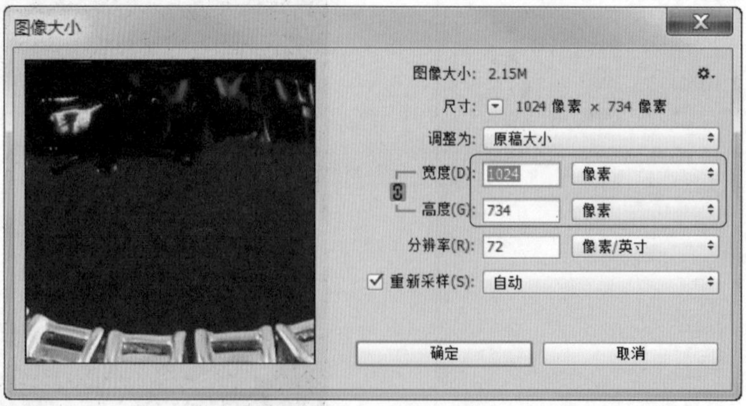


图 2-55　“图像大小”对话框显示图像大小

**教师点拨**：在“图像大小”对话框的“宽度”和“高度”文本框后的列表用于设置数值的单位，如这里选择“像素”选项，表示图像的大小为宽度是 1024 像素，高度是 734 像素。当对话框中按钮 为按下状态时，表示约束长宽比。此时只需要输入“宽度”或“高度”中的一个值，Photoshop将自动在另一个文本框中置入符合当前长宽比的值，图像将按照当前的长宽比进行缩放。如果不需要约束长宽比，只需单击该按钮，使其处于非按下状态即可。

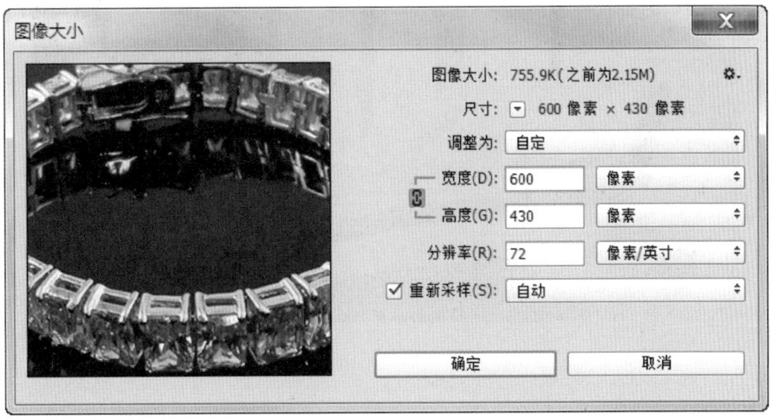


图 2-56　输入“宽度”值



（3）完成设置后单击“确定”按钮关闭对话框，图像的大小将按照输入值缩小，如图2-57所示。

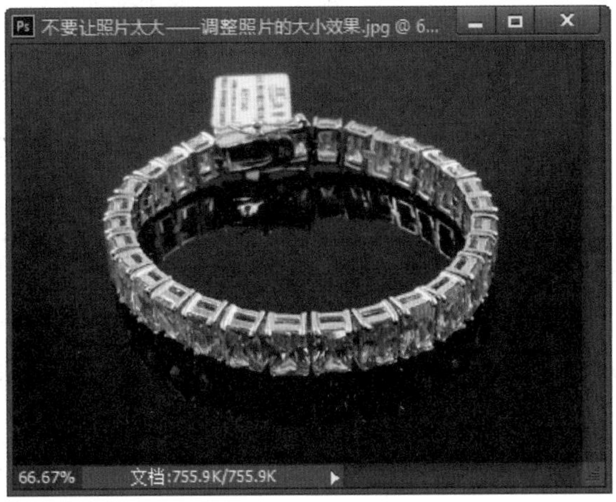


图 2-57　图片被缩小

## 2.3.2　避免宝贝照片被盗用——为照片添加水印

视频讲解

**生**：老师，我的宝贝照片又被其他卖家盗用了，您有没有什么好办法？

**师**：图片盗用的问题是每个卖家都可能遇到的问题。为了能够吸引买家，卖家常常会将自己宝贝的照片拍得很漂亮，每一张宝贝照片都凝聚了卖家的辛勤劳动，就这样随便地被他人使用了，肯定会让人心中不平。更为恶劣的是，宝贝照片被某些不良卖家盗用，还可能存在欺诈的问题。

**生**：对呀。

**师**：你不要着急，要解决这个问题实际上也很容易，只需为自己的宝贝照片添加水印就可以了。下面介绍在照片中创建文字水印的方法。

（1）启动Photoshop CC并打开素材图片，如图2-58所示。在工具箱中选择“横排文字工具”T，按D键将前景色和背景色变为黑色和白色，按X键将前景色变为白色。

（2）在图片上单击，在横排文本框中输入文字，拖曳鼠标框选输入的文字，在属性栏中设置文字的字体和大小，如图2-59所示。

（3）在“图层”面板中选择文字图层，将该图层的“不透明度”设置为30%，如图2-60所示。使用“移动工具”拖曳文本框调整文本在图片中的位置，效果满意可按Ctrl+E键合并文字图层和背景图层，保存文件完成本例的制作。本例制作完成后的效果如图2-61所示。

图 2-58　需要处理的照片

图 2-59　设置文字的字体和大小

图 2-60　设置图层的“不透明度”

图 2-61 制作完成后的效果

### 2.3.3 让照片更清晰一点——处理模糊照片

视频讲解



**生**：老师，如果宝贝照片比较模糊怎么办？

**师**：照片拍虚了这是数码照片拍摄中常见的问题，这类宝贝照片肯定不能直接放到网店中，应该使用 Photoshop 对其进行后期处理，使其变得清晰。但这里要注意的是，Photoshop 虽然功能强大，但也不是万能的。对于很严重的模糊照片，只有重新拍摄了。使用 Photoshop 处理模糊照片的方式很多，根据照片的情况有多种方案可以使用。这里通过实例介绍一个比较简单地处理模糊照片的方法。

（1）启动 Photoshop CC 并打开素材图片，如图 2-62 所示。这是一张草莓的照片，照片拍虚了。下面对这张照片进行处理，使其变得清晰。

图 2-62 需要处理的照片

（2）在“图层”面板中将“背景”图层拖曳到“创建新图层”按钮 上复制“背景”图层，如图 2-63 所示。执行“滤镜”→“锐化”→“USM 锐化”命令，打开“USM 锐化”对话框，在其中对滤镜参数进行设置，如图 2-64 所示。完成设置后单击“确定”按钮关闭对话框。

图 2-63 复制“背景”图层

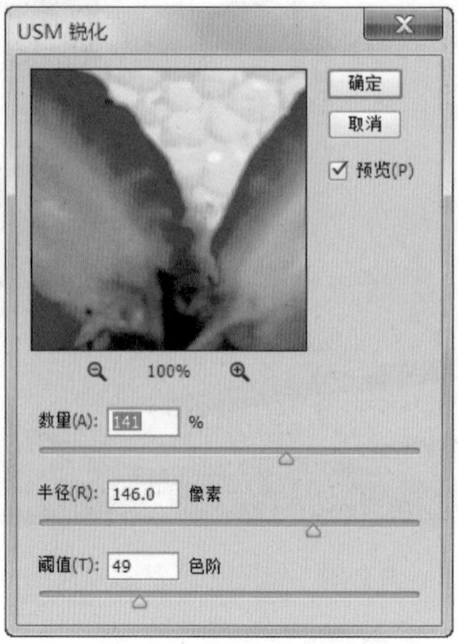


图 2-64 “USM 锐化”对话框

(3) 在“图层”面板中将该图层的“不透明度”设置为 60%，如图 2-65 所示。如果效果不佳，可以将该图层复制几个，直到满意为止，如图 2-66 所示。

图 2-65 将图层的“不透明度”设置为 80%

图 2-66 复制多个图层

(4) 按 Ctrl+Shift+E 键合并可见图层，保存文件完成本例的制作。本例制作完成后的效果如图 2-67 所示。

图 2-67 制作完成后的效果

# Chapter 3

# 第3章　拼合出来的宝贝效果

为了让宝贝照片吸引人，经常需要进行多张照片的合成，如为宝贝照片更换背景。照片的合成既是数码照片处理的技术，也是获得特殊效果的一种手段，应用得当将使网店中的宝贝照片真实而传神，真正获得抓取买家眼球的效果。本章从获取宝贝图像、快速合成照片的技巧以及使宝贝与背景风格一致3个方面来介绍照片拼合的技巧。

## 3.1 这样抠图和获取对象

在对宝贝照片进行处理时，经常需要单独对照片中的宝贝或对照片中特定的区域进行处理。从照片中获取需要的部分，是使用 Photoshop 必须掌握的一项基本技能。无论是对照片中的宝贝进行单独处理还是将宝贝合并到其他图片中，首先都需要获取宝贝。作为一款功能强大的图像处理软件，Photoshop 有很多方法来获取需要的区域，本节介绍其中几种方便实用的方法。

### 3.1.1 获取宝贝一点即可——魔棒工具的使用

视频讲解

**师**：你在忙什么？看你满头大汗的。

**生**：老师，我要从照片中把我的宝贝“抠”出来，搞了半天还没搞定。现在新货等着上架，急死我了。

**师**：别急，让我看看。我看这张照片看上去并不复杂嘛。你看，图片的背景颜色比较单纯，这个可以使用“魔棒工具”来快速获得宝贝嘛。

**生**：“魔棒工具”？是童话中小魔仙使用的魔棒吗？

**师**：这个“魔棒工具”和小魔仙使用的魔棒还真有异曲同工之妙，虽然不能像小魔仙的魔棒那样点石成金，却可以帮你快速获取选区，只需你在图片中轻轻一点。

**生**：真的吗？

**师**：在 Photoshop 中，“魔棒工具”是一种根据图片颜色来创建选区的工具，可以以图片中相近的颜色来创建选区。下面就以你正在处理的这张照片为例来介绍这个“魔棒工具”的使用方法吧。

(1) 启动 Photoshop CC 打开需要处理的文件，如图 3-1 所示。本例首先从左侧窗口的图片中获取腕表，然后将其复制到右侧的图片中。

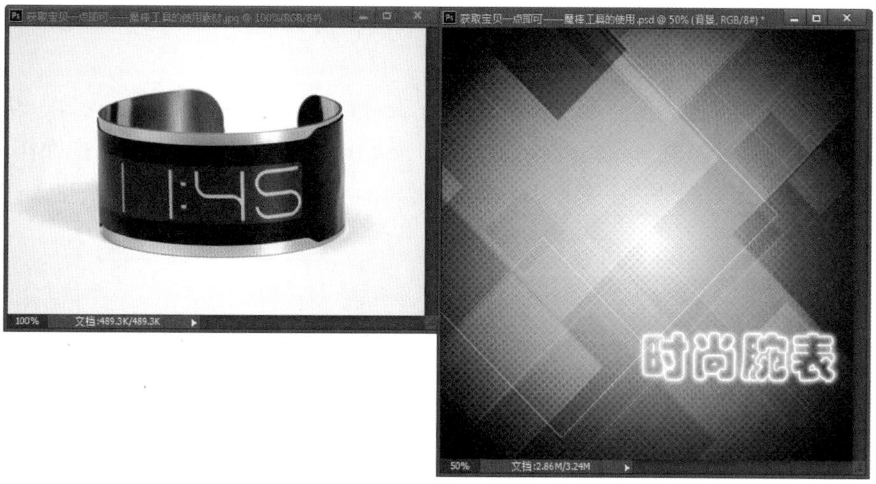


图 3-1 需要处理的图片

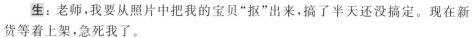

(2) 在工具箱中选择“魔棒工具”，在属性栏中将工具的“容差”设置为 32，如图 3-2 所示。在图片背景区域单击，图片中与单击点处颜色相近的像素被选择，从而获得一个选区，如图 3-3 所示。

图 3-2 设置“容差”

(3) 此时，选区中包含了需要获得对象的某些区域，选区需要进行修改。由于这里需要将获取对象上被选择的区域从选区中去掉，因此在属性栏中单击“从选区减去”按钮，同时减小“容差”值，如图 3-4 所示。此时“魔棒工具”上带有“－”，在需要从选区中去除的区域中单击除去该区域，如图 3-5 所示。如果单击后选区还不符合需要，可以使用相同方法多次操作。此时获得的选区如图 3-6 所示。

图 3-3　创建选区

图 3-4　单击“从选区减去”按钮

图 3-5　在需要去除的区域单击

图 3-6　获得的选区

**教师点拨**：如果需要从颜色较为单纯的图片中获取选区，使用“魔棒工具”是十分高效便捷的。在工具的属性栏中，“容差”文本框中可以输入 0～255 的值，该值用于调整选择色彩范围的容差。输入值越小，选择的与单击点处像素相似的颜色就越少；输入值越大，选择的颜色范围就越大。在操作时，应该根据需要选择区域色彩的复杂程度来设置该值。

(4) 按 Ctrl+Shift+I 键将选区反转获得图片中的腕表，按 Ctrl+C 键复制选区内容。切换到另一个图片窗口，按 Ctrl+V 键即可将选择的对象粘贴到该图片中。按 Ctrl+T 键对图像进行变换操作，这里拖曳变换框角上的控制柄旋转图像，如图 3-7 所示。按 Enter 键确认操作，将文档保存为需要的图片文件。本例制作完成后的效果如图 3-8 所示。

图 3-7　旋转图像

图 3-8　本例制作完成后的效果

**教师点拨**：在 Photoshop CC 中，与“魔棒工具”功能相似的还有一个“快速选择工具”，该工具同样是根据颜色来创建选区。与“魔棒工具”不同之处在于，它具有“画笔工具”的特点，能够像画笔一样操作。在创建选区时，拖曳鼠标可以将笔头经过的区域设置为选区。如果只是在图片中单击，它具有和“魔棒工具”一样的效果。因此，该工具实际上是画笔和“魔棒工具”的结合。本例也可以尝试应用“快速选择工具”来创建选区。

### 3.1.2 给宝贝套上套索——磁性套索工具的使用

视频讲解

**师**：你今天怎么又满头大汗？

**生**：老师，您说过，“魔棒工具”并不适合抠取颜色较复杂的图片，所以我使用“套索工具”来框选图片中的对象。可是，我试了好多次都无法准确地将宝贝框选出来，总是感觉这里多一块那里缺一块。

**师**：Photoshop 提供了套索类的工具用于获取不规则的选区，在使用时可以沿着需要获取图像的边缘拖曳鼠标来创建选区。这类操作是很花时间的。但是你能不能告诉我，套索类工具有哪几个？

**生**：在工具箱里，套索类工具包括“套索工具”“多边形套索工具”和“磁性套索工具”。

**师**：对呀，你在操作时为什么只使用“套索工具”，有没有尝试其他工具呢？你可以试试“磁性套索工具”嘛。一般情况下，图片中物体的边缘与背景都是有明显差异的，因此在使用“磁性套索工具”时，如果鼠标沿着需要获取的对象边缘移动，该工具能够根据图像中颜色的差异来自动生成选框，边框线就像被对象吸引那样，自动贴在对象的边缘上。这样用于抠取宝贝的套索就很容易创建了。

**生**：真的吗？还有这么神奇的工具？

**师**：这是你刚才处理的宝贝图片，我们一起来试试使用“磁性套索工具”来获取图片中的宝贝，并将它粘贴到另一张背景图片中去。

（1）启动 Photoshop CC 并打开需要处理的文件，如图 3-9 所示。这里需要从第一张照片中获取左边的青花瓷瓶，将其复制到第二张素材图片中。

图 3-9 需要处理的文件

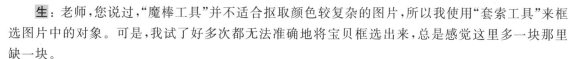

（2）在工具箱中选择“磁性套索工具”，为了能够清晰地看到宝贝的边缘，按 Ctrl＋＋键放大。在图片中宝贝的边界处单击创建第一个控制点，沿着宝贝边界慢慢移动鼠标，Photoshop 会根据颜色的差异自动生成选框线和控制点，此时选框线会贴着宝贝的边界生成，如图 3-10 所示。

**教师点拨**：在移动鼠标的过程中，如果边框线没有紧贴对象的边界，可以将鼠标回移到上一个控制点处再贴着边界移动鼠标。按 Del 键将删除上一控制点。另外，单击能够创建控制点，在选取对象时，如果自动生成的边框线不够准确，可以通过单击来创建更多的控制点，通过这种手动的方式使边框线精确地贴紧对象边界。因此，在使用“磁性套索工具”勾勒选框时，必须有耐心，有时需要多次地重复才能获得精确的选区。

（3）移动鼠标指针当回到起点与第一个控制点重合时，单击即可获得封闭的选区，如图 3-11 所示。执行“选区”→“修改”→“羽化”命令，打开“羽化”对话框，在“羽化半径”文本框中输入数值，如图 3-12 所示。完成设置后单击“确定”按钮关闭对话框。

图 3-10　移动鼠标获得边框线

图 3-11　获得封闭的选区

**教师点拨**：对选区进行羽化是对象选择的常用操作。羽化选区可以使获得的对象边缘柔化，不至于生硬。羽化半径值应该根据具体的操作需要确定。

图 3-12　设置"羽化半径"

(4) 按 Ctrl+C 键复制当前选区内容，切换到第二张图片，按 Ctrl+V 键粘贴选区内容，如图 3-13 所示。按 Ctrl+T 键，缩小对象同时拖曳变换框将对象移动到需要的位置。确认变换操作后，保存文件。本例制作完成后的效果如图 3-14 所示。

图 3-13　粘贴选区内容

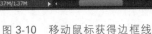

图 3-14　本例制作完成后的效果

### 3.1.3　画出宝贝的轮廓——钢笔工具的使用

**生**：老师，使用套索类工具框选对象时，如果对象边缘很圆润，弧形很多，要想准确框选该对象，就需要创建更多的控制点来使直线选框线与对象边缘相合。这种方法的效率是不是低了一点？如果能够创建弧形的选框线并且能够对线的弧度进行编辑，那该多方便。

**师**：你的这个问题提得很好。但是很遗憾，到目前为止 Photoshop 还没有提供这种你需要的创建弧形选框线的工具。在 Photoshop 的工具箱中有一个“钢笔工具”，它是 Photoshop 的一个用于绘制矢量图形的工具。使用这个工具，你能够创建直线或曲线路径，绘制复杂的图形。同时，利用 Photoshop 还可以对绘制的这些图形进行编辑修改。

**生**：可是这个工具只是绘制图形的，我需要的是选区呀？

图 3-15　需要处理的图片

**师**：是的，但奇妙的是，Photoshop 允许你将绘制的路径转换为选区。现在，你知道该怎么办了吧？

**生**：哦，我明白了。如果我需要创建选区，可以首先使用“钢笔工具”沿着对象的边界绘制包围对象的路径，然后再将这个路径转换为选区，是这样吧？

**师**：对，下面通过一个具体的例子来体会一下这种获取选区的方法吧。

(1) 启动 Photoshop CC 并打开需要处理的文件，如图 3-15 所示。下面对宝贝进行处理，使宝贝上的花纹更清晰。由于只针对图片中的对象进行操作，这里首先需要选择该对象。

(2) 在工具箱中选择“钢笔工具”，在工具的属性栏的“选择工具模式”下拉列表中将工具的模式设置为“路径”，如图 3-16 所示。在需要选择的对象边缘单击创建第一个锚点，然后沿着对象的边缘单击创建锚点以绘制路径，如图 3-17 所示。绘制紧贴对象边缘的路径，使路径的最后一个锚点与第一个锚点重合获得封闭路径，如图 3-18 所示。

图 3-16　将工具的模式设置为“路径”

图 3-17　创建锚点绘制路径

图 3-18　获得封闭路径

(3) 在工具箱中选择“转换点工具”，使用该工具单击锚点将其转换为曲线点，此时路径变为曲线路径。横向拖曳鼠标拉出带有控制柄的方向线，通过改变方向线的方向和长度可以改变曲线的形状，如图 3-19 所示。

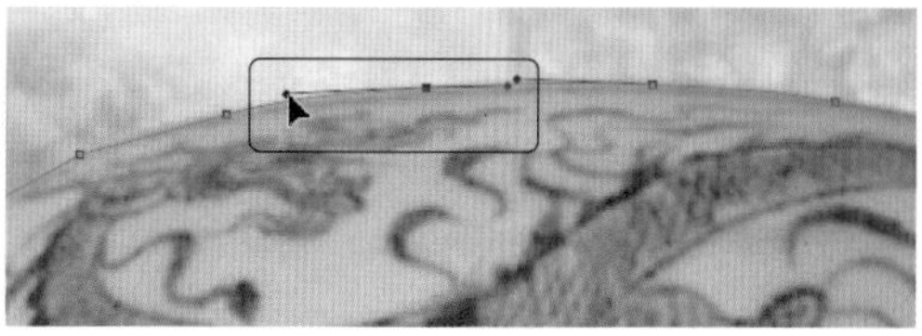

图 3-19　改变方向线的方向和长度

(4) 在工具箱中选择“添加锚点工具”，在路径上单击可以添加锚点，如图 3-20 所示。拖曳锚点可以改变路径新形状，如图 3-21 所示。完成路径编辑后，执行“窗口”→“路径”命令，打开“路径”面板，单击面板中的将“路径作为选区载入”按钮获得选区，如图 3-22 所示。

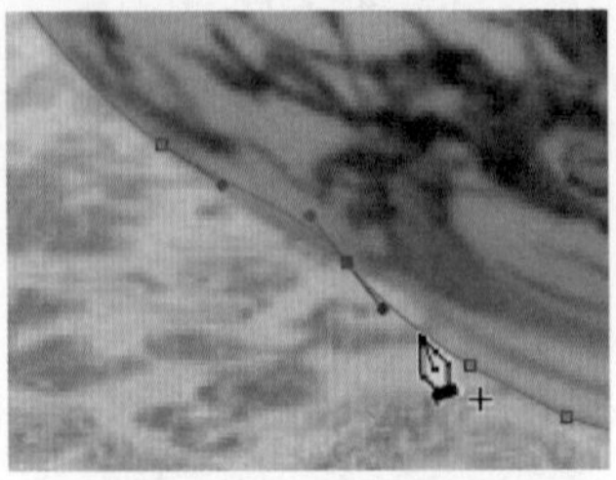

图 3-20　添加新锚点

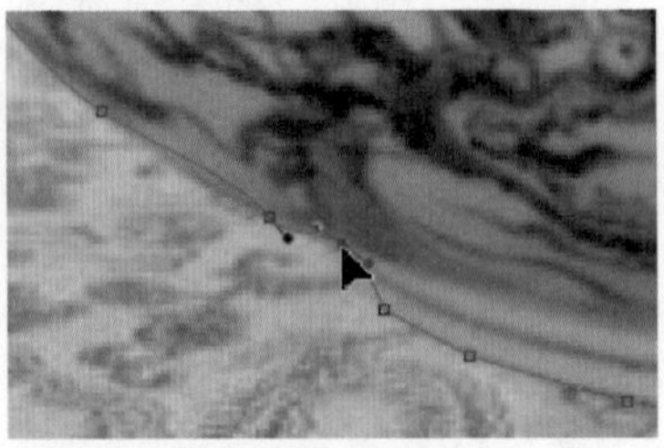

图 3-21　移动锚点

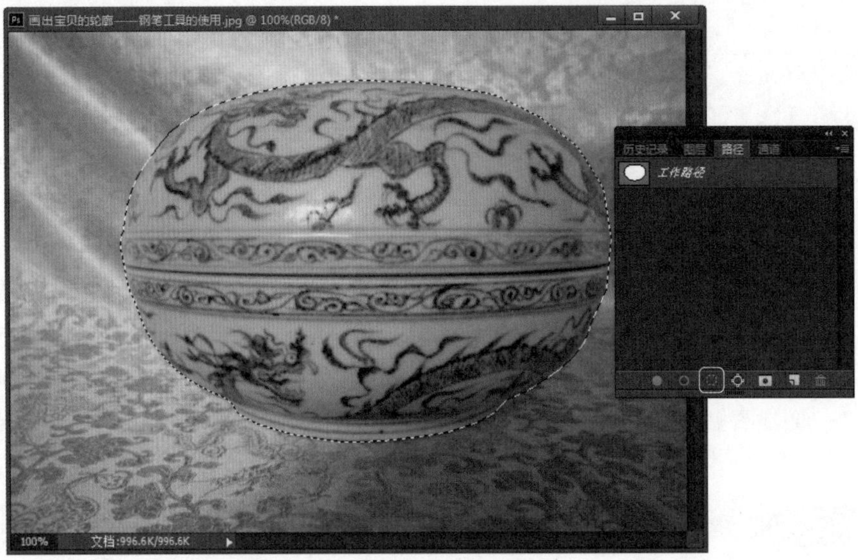


图 3-22　单击“将路径作为选区载入”按钮

（5）打开“图层”面板，复制“背景”图层。执行“滤镜”→“锐化”→“智能锐化”命令，打开“智能锐化”对话框，在对话框中设置滤镜参数，如图 3-23 所示。单击“确定”按钮关闭对话框锐化选区图像。此时图像效果如图 3-24 所示。

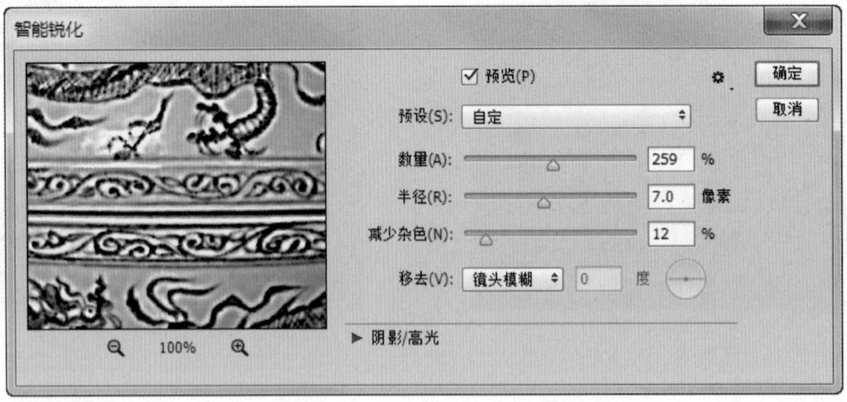


图 3-23　“智能锐化”对话框

（6）再次复制“背景”图层。执行“滤镜”→“其他”→“高反差保留”命令，打开“高反差保留”对话框，在对话框中设置滤镜参数，如图 3-25 所示。单击“确定”按钮关闭对话框，将该图层拖曳到“图层”面板的顶层。此时图像效果如图 3-26 所示。

（7）复制“背景”图层。执行“滤镜”→“模糊”→“高斯模糊”命令，打开“高斯模糊”对话框，在对话框中设置滤镜参数，如图 3-27 所示。单击“确定”按钮关闭对话框，在“图层”面板中将所有复制图层的“不透明度”值设置为 80%，如图 3-28 所示。

图 3-24　应用“智能锐化”滤镜后的效果

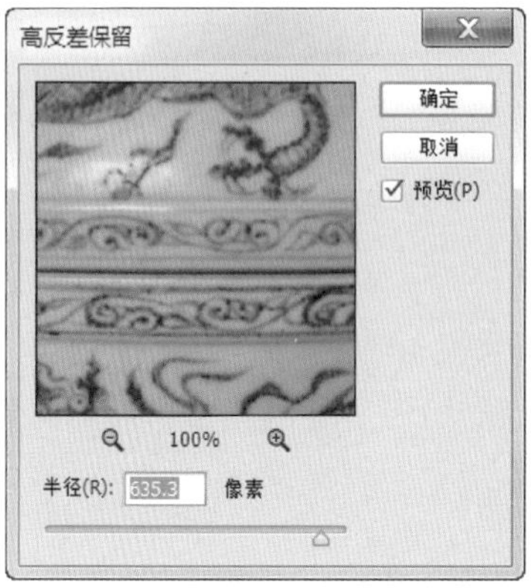


图 3-25　“高反差保留”对话框

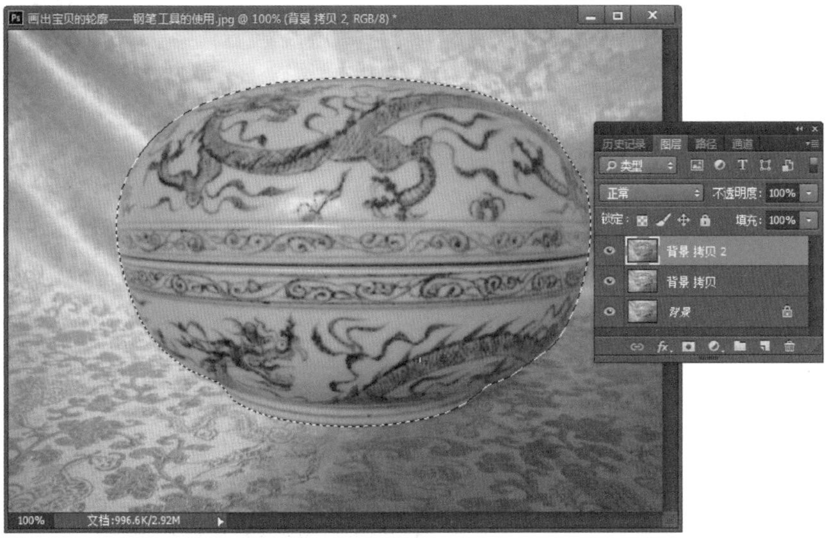


图 3-26　应用“高反差保留”滤镜后的效果

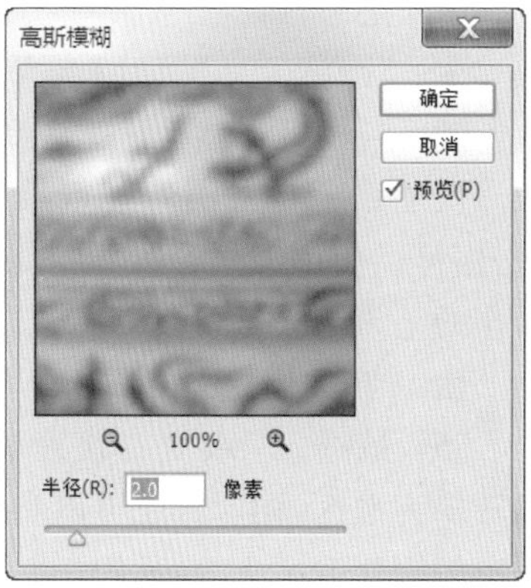


图 3-27　“高斯模糊”对话框

图 3-28　将图层的“不透明度”值设置为 80%

(8) 按 Ctrl+Shift+E 键合并所有图层,按 Ctrl+D 键取消选区,将文档保存为需要的格式。本例制作完成后的效果如图 3-29 所示。

图 3-29 本例制作完成后的效果

### 3.1.4 涂抹出来的选区——快速蒙版的使用

视频讲解

**生**:老师,我觉得 Photoshop 的"画笔工具"功能很强大,它就像一只毛笔,让我能够在画布上任意泼墨挥毫。

**师**:是的,Photoshop 的"画笔工具"是绘制图像的一大利器,不过你有没有想过应用"画笔工具"来绘制选区呢?

**生**:"画笔工具"能用来抠取对象吗?

**师**:当然可以了,不过这要用到 Photoshop 的快速蒙版。快速蒙版是对图像进行编辑的一种模式,在这种模式下,你可以使用工具绘图,也可以应用滤镜创建效果,而这些操作的结果最终都可以转换为选区。

**生**:呀,如果是这样,那不是可以创建各种复杂的选区吗?

**师**:是呀。只要是在快速蒙版模式下创建的图像都可以转换为选区,同时你也可以利用快速蒙版对已创建的选区进行编辑修改。下面,我们一起来使用你熟悉的"画笔工具"涂抹一个选区。

图 3-30 需要处理的图片

(1) 启动 Photoshop CC 并打开需要处理的文件,如图 3-30 所示。下面使用快速蒙版获取选区并将选区颜色更改为黑白色。

(2) 在工具箱中单击"以快速蒙版编辑"按钮,进入快速蒙版状态。在工具箱中选择"画笔工具",在属性栏中设置画笔笔头,如图 3-31 所示。

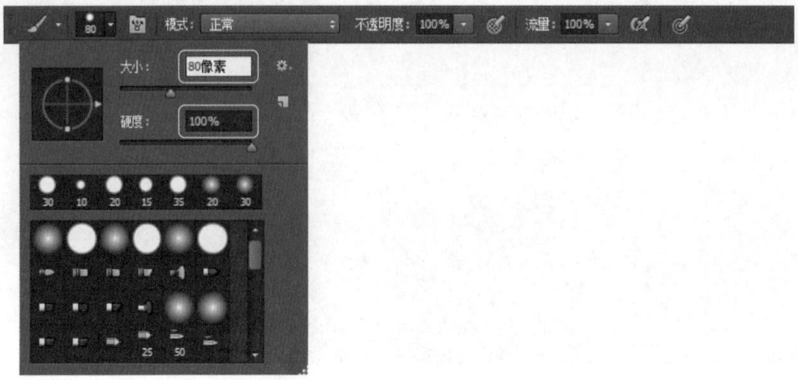


图 3-31 设置画笔笔头

（3）使用“画笔工具”在图片中涂抹，图片上涂抹的部分被半透明红色遮盖，如图 3-32 所示。按几次 Ctrl＋＋键放大图像，按“[”键缩小画笔笔头，小心涂抹对象上较细小的部分，如图 3-33 所示。

图 3-32　涂抹过的部分被半透明红色遮盖

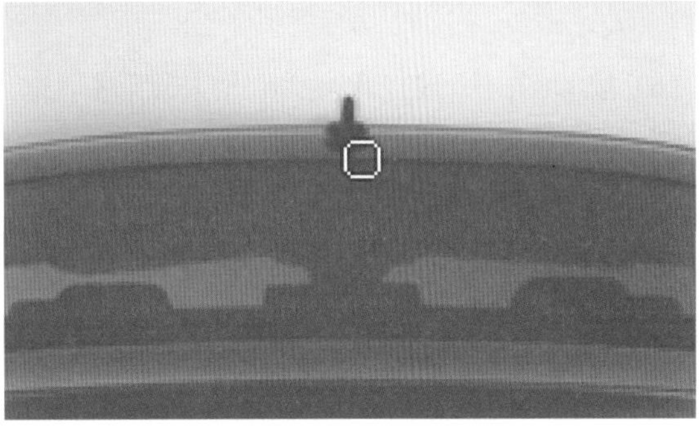

图 3-33　以较小的笔头涂抹细部

（4）按 X 键将前景色变为白色，在图像上涂抹，涂抹处的红色将去除掉，如图 3-34 所示。以不同大小的笔头在图像边界处涂抹，抹掉边界外的红色，如图 3-35 所示。

图 3-34　去除红色

图 3-35　抹掉不需要的红色

（5）按 Q 键退出快速蒙版状态，图片中没有被涂抹的部分被选择，如图 3-36 所示。按 Ctrl＋Shift＋I 键反转选区，获得包含对象的选区，如图 3-37 所示。

图 3-36　没有被涂抹的部分被选择

图 3-37　对象被选择

**教师点拨**：在快速蒙版状态下，默认的前景色为黑色，背景色为白色。使用"画笔工具"涂抹时，以黑色涂抹在图像中，图像中显示为半透明红色。这种半透明的红色区域为非选择区域。图像中的非红色区域为选择区域，使用白色涂抹可以获得这样的区域。使用不同灰色涂抹的区域是具有不同透明度的区域，这些区域获得的选区与对选区使用羽化操作后的效果一致。在使用"画笔工具"工具时，笔头使用不同的"硬度"值将可以获得不同的透明区域，在转换为选区后将获得不同的羽化效果。本例将笔头"硬度"设置为100%就是为了避免选区羽化。

(6) 按 Ctrl+U 键打开"色相/饱和度"对话框，勾选"着色"复选框，将"色相"和"饱和度"按钮拖曳到导轨的左侧，适当调整"明度"值，如图 3-38 所示。单击"确定"按钮关闭对话框，选区内的图像变为黑白色，如图 3-39 所示。

图 3-38 "色相/饱和度"对话框

图 3-39 选区内的图像变为黑白色

(7) 按 Ctrl+D 键取消选区，保存文档。本例制作完成后的效果如图 3-40 所示。

图 3-40 本例制作完成后的效果

### 3.1.5 黑与白的选择——通道的使用

视频讲解

**生**：老师，在实际操作中使用您前面介绍的方法还是不能解决所有的对象选择问题。例如，获取大面积的复杂图像，图像的边界不清晰，此时无论是使用快速蒙版还是使用工具勾勒选区都很麻烦，很难将对象准确地勾勒出来。

**师**：是的，你说得对。要解决你遇到的问题，我们可以使用通道来操作。在 Photoshop 中，通道用于保存颜色信息。图像处于 RGB 颜色模式时，具有 3 个颜色通道，它们分别是红、绿和蓝通道。在使用通道获取选区时，白色区域表示完全选择区域，黑色区域表示未被选择的区域。通道中的灰色区域表示半透明区域，其透明程度由灰度值来决定。

**生**：嗯……让我想想……老师，您的意思是不是我们只需要以黑白两种颜色将需要获取的图像与不需要的图像分开，那么就可以获得选区了？

**师**：对，你理解得很对。使用通道来抠图能够解决很多常规方法无法解决的问题，如你刚才提到的问题。又如，获取的对象是半透明的，如婚纱、玻璃杯和水滴等，如果直接勾勒边界获得选区，获得的对象没有半透明效果，无法融入新的背景中，照片合成的效果就很差了。

**生**：对呀，我以前就曾遇到过这类问题，看来现在能够解决了。

**师**：下面通过一个实例一起看看通道的使用方法。在这个实例中，需要抠取素材图片中的枝叶。枝叶在图片中所占面积大，枝叶间有很多的缝隙，使用传统的方法很难获得好的抠图效果。下面使用通道将枝叶抠取出来。

(1) 启动 Photoshop CC 并打开需要处理的文件，如图 3-41 所示。下面将右边照片中的枝叶抠取出来并将其放置到左侧的图片中，使图片获得更好的层次感。

图 3-41 需要处理的图片

(2) 选择包含枝叶的图片，打开“通道”面板。在面板中将“蓝”通道拖曳到面板底部的“创建新通道”按钮上复制该通道，如图 3-42 所示。按 Ctrl+L 键打开“色阶”对话框，拖曳滑块增强通道中的黑白对比，如图 3-43 所示。单击“确定”按钮关闭对话框。

图 3-42 复制“蓝”通道

**教师点拨**：这里，一般选择背景与对象对比比较明显的通道以方便操作。为了避免损坏图片，一般是在复制通道中操作，该通道同时起到保存选区的作用。

图 3-43　增强黑白对比度

(3) 使用“画笔工具”以白色笔头在背景区域上涂抹，抹掉一些不需要黑点，如图 3-44 所示。在“通道”面板中单击“将通道作为选区载入”按钮载入选区，如图 3-45 所示。在“通道”面板中选择 RGB 通道，按 Ctrl+Shift+I 键反转选区获得包含图片中枝叶的选区，如图 3-46 所示。

图 3-44　使用“画笔工具”涂抹背景区域

图 3-45　载入选区

图 3-46　获得需要的选区

**教师点拨**：在本例中，为了准确获得对象选区，先使用“色阶”命令对通道进行调整，增强对象区域和背景区域的黑白对比。然后使用“画笔工具”以白色涂抹背景区域，去掉背景中不需要的灰色区域。由于这里通道中枝叶为黑色区域，载入选区后获得的选区实际上是枝叶之外的背景区域，所以最后还需要反转选区才能获得需要的枝叶。

(4) 将选区内容复制到第一张素材图片中，按 Ctrl+T 键对图像进行变换操作。这里将图像适当缩小并放置到图片的右上角，如图 3-47 所示。选择“滤镜”→“模糊”→“高斯模糊”命令，打开“高斯模糊”对话框，在对话框中设置模糊半径值，如图 3-48 所示。完成设置后单击“确定”按钮关闭对话框。

图 3-47 对图像进行变换操作

图 3-48 “高斯模糊”对话框

(5) 按 Ctrl+Shift+E 键合并所有可见图层，保存文档完成本例的操作。本例制作完成后的效果如图 3-49 所示。

图 3-49 本例制作完成后的效果

## 3.2 层叠出效果

在进行宝贝照片处理时，经常需要进行照片的合成，通过合成照片更改照片的背景，使平庸的宝贝照片能吸引买家的眼球。本节介绍使用 Photoshop 的橡皮擦和仿制图章工具快速更改宝贝背景，同时介绍改变对象间的遮盖关系以及图像融合的技巧。

### 3.2.1 擦掉不需要的背景——橡皮擦工具的应用

视频讲解

**生**：老师，图片的合成一定要先选取对象然后再复制粘贴吗？

**师**：一般情况下是这样的。但是你也知道，图片合成最关键的是获取需要的对象，去除不需要的背景。因此，在 Photoshop 中，除了使用前面介绍的方法外，也可以使用 Photoshop 提供的一些工具来操作，有时可能会更高效。例如，Photoshop 提供了橡皮擦类工具，该类工具包含“橡皮擦工具”“背景橡皮擦工具”和“魔术橡皮擦工具”，它们能够在图像中清除不需要的图像像素。

**生**：您的意思是不是先将宝贝图片放置到背景图片中，然后使用橡皮擦类工具将宝贝图片的背景擦掉？

**师**：对，就是这样的。这样不是一样可以只获得对象吗？怎么样，你要不要现在试一试？

**生**：好呀。

(1) 启动 Photoshop CC 并打开需要处理的文件，如图 3-50 所示。下面将右边照片中的衣服放置到左侧的背景图片中，删除衣服图片的背景使其与背景相融合。

图 3-50　需要处理的图片

(2) 在工具箱中选择“移动工具”，将衣服图片直接拖曳到背景图片窗口中。由于衣服图片比背景图片大，按 Ctrl+T 键，调整衣服的大小到合适为止，并将其适当旋转，如图 3-51 所示。完成变换操作后按 Enter 键确认操作。

图 3-51　对图片进行变换操作

(3) 在工具箱中选择“魔术橡皮擦工具”，在工具的属性栏中对工具进行设置，这里设置“容差”值，如图 3-52 所示。使用工具在背景区域单击，图片背景被擦除，如图 3-53 所示。

图 3-52　设置工具的“容差”值

**教师点拨**："魔术橡皮擦工具"能够擦除与单击点处颜色相近的颜色，擦除后将得到背景透明效果。该工具的"容差"参数用于设置相近颜色范围。这里，衣服图片的背景为白色，比较单纯，使用该工具能够方便地将背景擦除。

(4) 在工具箱中选择"橡皮擦工具"，在属性栏中设置橡皮擦笔头的"大小"和"硬度"，如图 3-54 所示。使用"橡皮擦工具"工具在图片中擦除不需要的衣架，如图 3-55 所示。

**教师点拨**："橡皮擦工具"是 Photoshop 中基本的橡皮擦类工具，用于擦除图像中的颜色。该工具在背景图层中使用时，被擦除的部分将使用背景色填充。在普通图层中使用时，被擦除部分将变为透明。

图 3-53　擦除背景

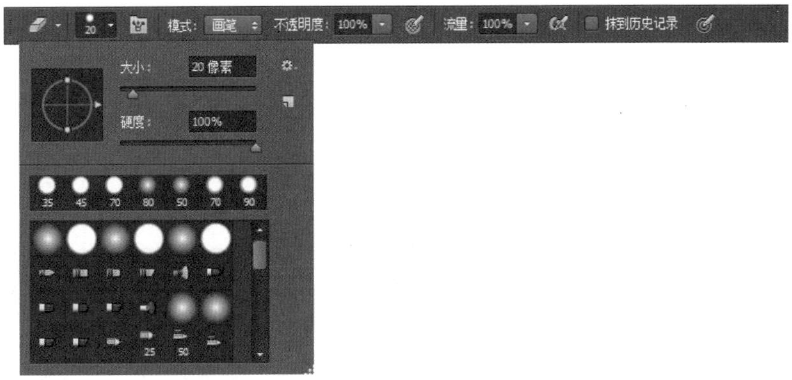


图 3-54　设置橡皮擦笔头的"大小"和"硬度"

(5) 调整图像的大小和位置，按 Ctrl+Shift+E 键合并所有可见图层，保存文档完成本例的操作。本例制作完成后的效果如图 3-56 所示。

图 3-55　擦除不需要的衣架

图 3-56　本例制作完成后的效果

### 3.2.2　宝贝的乾坤大挪移——仿制图章工具的应用

视频讲解

**师**：上一讲，我们使用"橡皮擦工具"来更改宝贝图片的背景。今天换一种思路来更改宝贝的背景。

**生**：嗯，好呀。

**师**：更换背景，无非就是把宝贝复制到背景图片中，Photoshop 的图章工具正好可以进行图像的复制操作。图章工具包括"仿制图章工具"和"图案图章工具"，其中"仿制图章工具"能够将图像中的全部或部分复制到其他图像中。在使用"仿制图章工具"时，结合"仿制源"面板，还能对复制图像的大小、旋转角度和偏移量等进行设置,使操作获得更多的变化。

**生**:我曾经用“仿制图章工具”对我的数码照片进行修改,但用它更换宝贝图片的背景还真没试过。

**师**:下面我们就通过一个实例来试试吧。

(1) 启动 Photoshop CC 并打开需要处理的文件,如图 3-57 所示。下面将右边照片中的金饰复制到左侧的背景图片中。

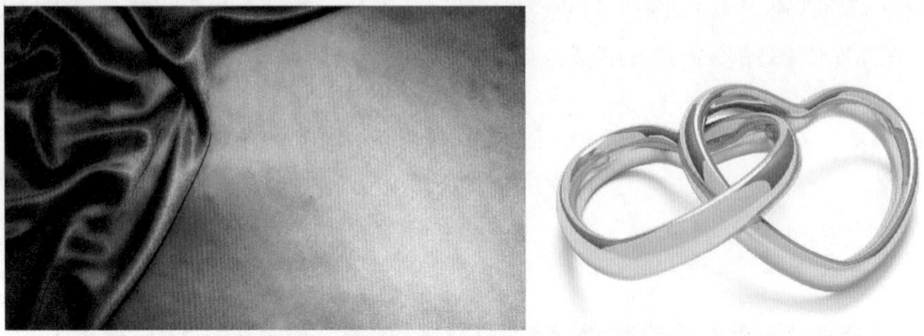

图 3-57　需要处理的图片

(2) 在工具箱中选择“仿制图章工具”,在工具的属性栏中设置笔头“大小”和“硬度”,将“模式”设置为“正片叠底”,如图 3-58 所示。按住 Alt 键在金饰上单击创建仿制源。执行“窗口”→“仿制源”命令,打开“仿制源”面板,在面板中设置 W、H 以及“位移”值,如图 3-59 所示。

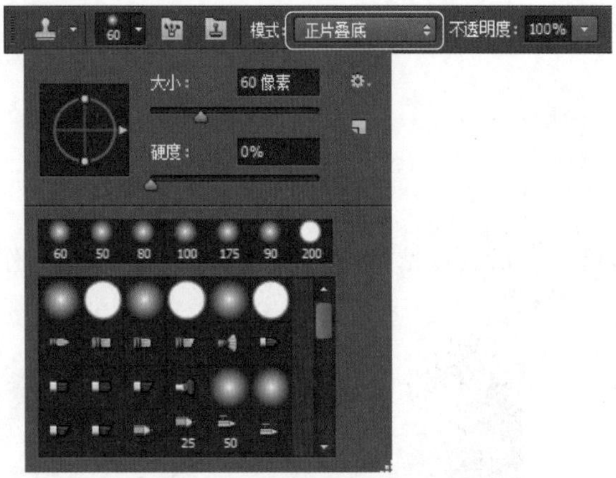


图 3-58　工具属性栏的设置

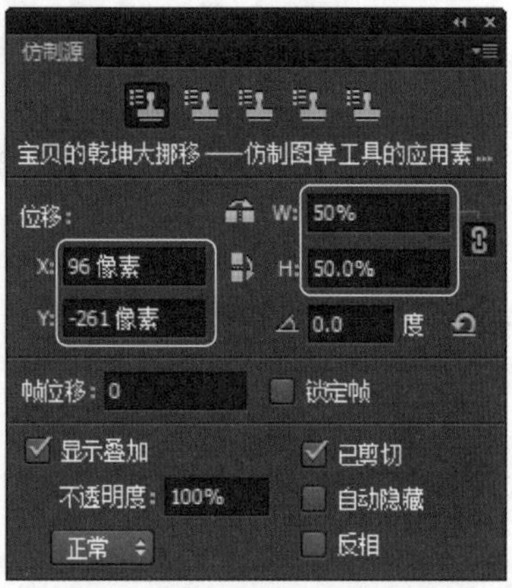


图 3-59　“仿制源”面板

(3) 在背景图片中拖曳鼠标即可将图像复制到当前图片中。当笔头移动时,在金饰图片中会出现十字光标标示当前正在复制的位置,如图 3-60 所示。制作完成后的效果如图 3-61 所示。

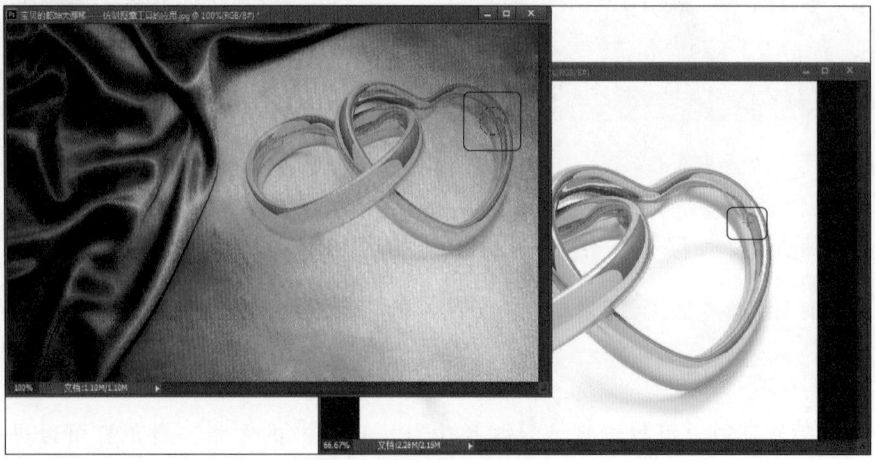

图 3-60　拖曳鼠标复制图像

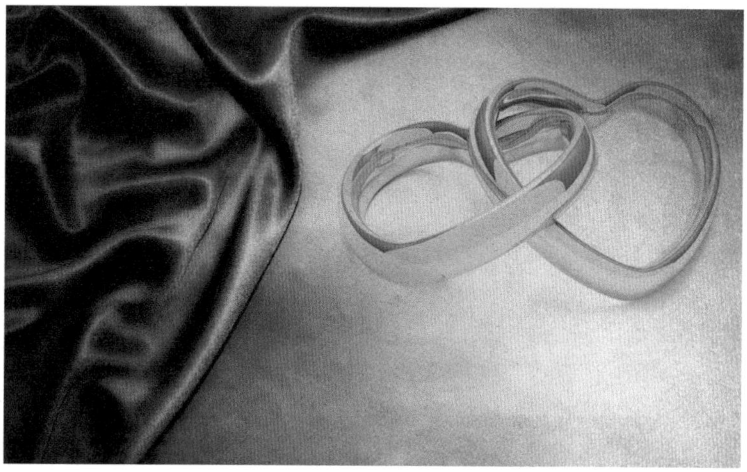

图 3-61　本例制作完成后的效果



### 3.2.3　遮住背景显示宝贝——图层蒙版的使用

视频讲解

**生**：老师，从前面介绍的方法来看，在进行图像合并时，不需要的背景实际上是我们把它删掉了。有没有既让不需要的背景不显示，又使其保留下来的方法呢？

**师**：有呀，想办法把不需要的部分盖住就行了。

**生**：怎么来遮盖呢？

**师**：在 Photoshop 中，要实现这种遮盖，可以使用图层蒙版。图层蒙版可以理解为加在图层上的一个遮罩，其可以遮盖当前图层的某些部分，使下面的图层对应部分的内容能够显示出来。

**生**：那图层蒙版的原理是什么样的呢？

**师**：图层蒙版中可以获得灰度图像，纯白色的区域为不透明的，也就是说使下方图层的内容无法从白色区域显示。黑色区域为透明区域，也就是说能够使下方图层的内容在该区域完全显示出来。灰色区域根据不同的灰度级别产生不同的透明效果。

**生**：您是不是说，在图层蒙版中越黑就越透，越白就越不透？

**师**：呵呵，这倒是个很通俗的理解。图层蒙版可以进行很多的操作，如填充、调整色调或使用滤镜等。这样我们就能通过编辑图层蒙版的遮盖使上下两个图层之间获得很多意想不到的效果。下面我们就通过一个简单的例子来看看图层蒙版的使用方法吧。

(1) 启动 Photoshop CC 并打开需要处理的文件，如图 3-62 所示。下面将右侧照片中茶具合并到左侧的背景图片中，利用图层蒙版使茶具和背景很好地融合在一起。

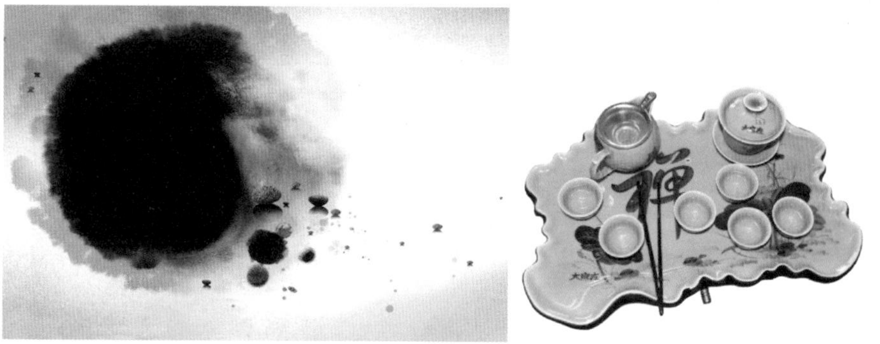

图 3-62　需要处理的图片

(2) 在工具箱中选择“移动工具”，将茶具图片拖曳到背景图片中。此时，该图像将自动放置到一个名为“图层 1”的新图层中。按 Ctrl＋T 键对图像进行变换操作，这里在属性栏的 X 和 Y 文本框中输入 40%，将图像缩小为原来的 40%，如图 3-63 所示。将图像放置到适当的位置，按 Enter 键确认变换操作。

图 3-63　缩小图像

(3) 在“图层”面板中单击“添加图层蒙版”按钮为图层添加图层蒙版，如图 3-64 所示。单击添加的图层蒙版选择它，在工具箱中选择“油漆桶工具”，将前景色变为黑色。在图像窗口中单击向图层蒙版中填充黑色，如图 3-65 所示。

图 3-64　添加图层蒙版

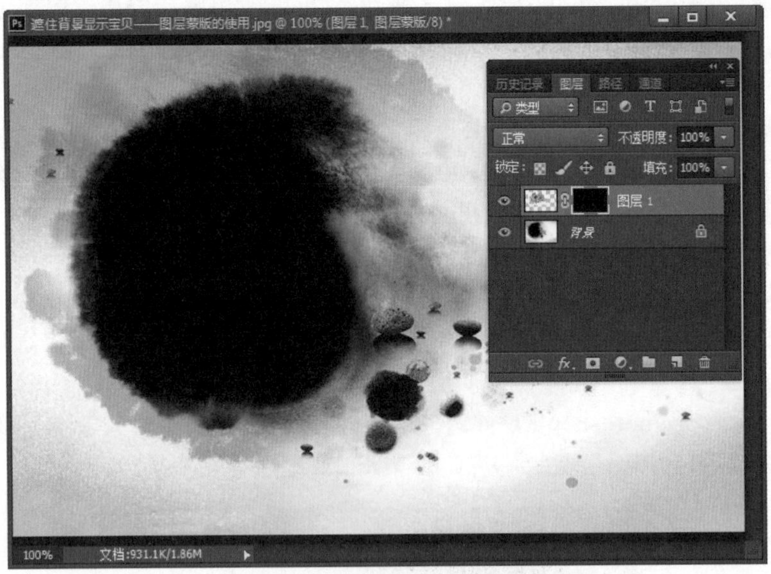


图 3-65　向图层蒙版填充黑色

(4) 在工具箱中选择“画笔工具”，在属性栏中设置画笔笔头的大小和硬度，如图 3-66 所示。将前景色设置为白色，在图层蒙版中涂抹使茶具的中心显现出来，如图 3-67 所示。

(5) 在属性栏中将“画笔工具”的“不透明度”值设置为 50%，缩小笔头的大小，如图 3-68 所示。使用“画笔工具”在茶具图像的边缘处涂抹，获得渐显的效果，如图 3-69 所示。

(6) 使用不同的不透明度和笔头大小，以黑色或白色在图层蒙版中涂抹，效果满意后合并图层并保存文档。本例制作完成后的效果如图 3-70 所示。

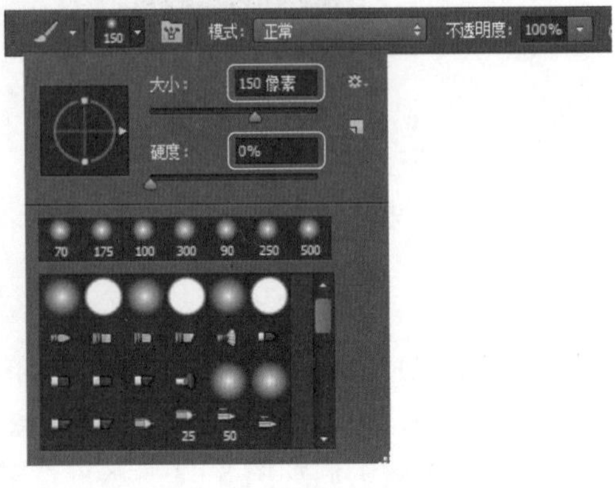


图 3-66　设置笔头的大小和硬度

图 3-67 使中心显现出来

图 3-68 设置“不透明度”值

图 3-69 在边缘涂抹

图 3-70 制作完成后的效果

**教师点拨**：在“图层”面板中按下 Alt 键单击“添加图层蒙版”按钮，创建的图层蒙版的同时将会使用黑色填充，此时当前图层的所有内容将不可见。单击“图层”面板中的图层蒙版将选择蒙版，将其拖曳到“图层”面板底部的“删除图层”按钮或直接单击该按钮，将删除图层蒙版，此时 Photoshop 会提示是否应用蒙版效果。

### 3.2.4 混合出来的效果——图层混合模式的使用

视频讲解

**生**：老师，我遇到个难题没法解决。

**师**：什么问题，说来听听。

**生**：是这样，我这里有一张布料的照片，是平铺时拍摄的。我想让它具有挂起来的窗帘那样的褶皱效果，不知道该怎么处理。

**师**：让我看看。嗯，我看可以借助于图层混合模式来处理。下面一起来看看具体的操作方法。

(1) 启动 Photoshop CC 并打开需要处理的文件，如图 3-71 所示。这是两张布料素材照片，左侧是挂起来的带有褶皱布料照片，右侧照片是需要处理的布料照片。现在合并两张照片，并使布料照片具有左侧照片的褶皱效果。

图 3-71　需要处理的图片

(2) 选择带褶皱布料照片的图片窗口，按 Ctrl+U 键打开“色相/饱和度”对话框，拖曳对话框中滑块将照片变为黑白照片，如图 3-72 所示。选择需要处理的布料照片，按 Ctrl+A 键选择全部图像，按 Ctrl+C 键复制图像后将其粘贴到带褶皱布料图像窗口中，如图 3-73 所示。

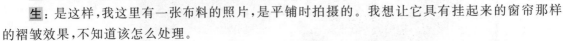

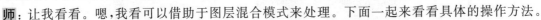

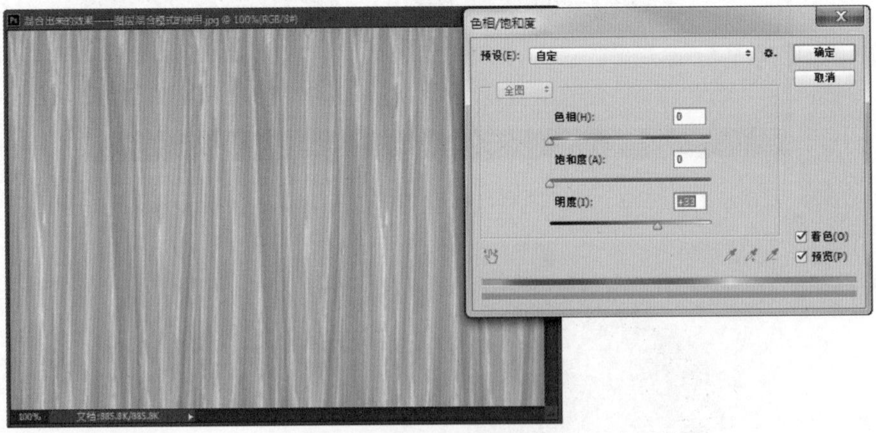


图 3-72　将照片变为黑白照片

(3) 在“图层”面板中的“设置图层的混合模式”列表中选择“颜色加深”选项，如图 3-74 所示。在“图层”面板中选择“背景”图层，按 Ctrl+L 键打开“色阶”对话框，对图层的色调进行调整，如图 3-75 所示。在“图层”面板中选择“图层 1”图层，打开“色阶”对话框对该图层的色调进行调整，如图 3-76 所示。

**教师点拨**：图层混合模式是 Photoshop 提供的使图层之间相合融合的方法，当需要对图层进行融合并希望通过融合获得特殊的图像效果时，可以使用图层混合模式。Photoshop CC 共提供了 27 种图层混合模式，每种混合模式都有各自的运算方式。因此，不同的图像使用相同的混合模式和相同的图像使用不同的混合模式都会获得不同的显示效果，读者可以通过不断地实践和摸索来熟悉它们的作用。

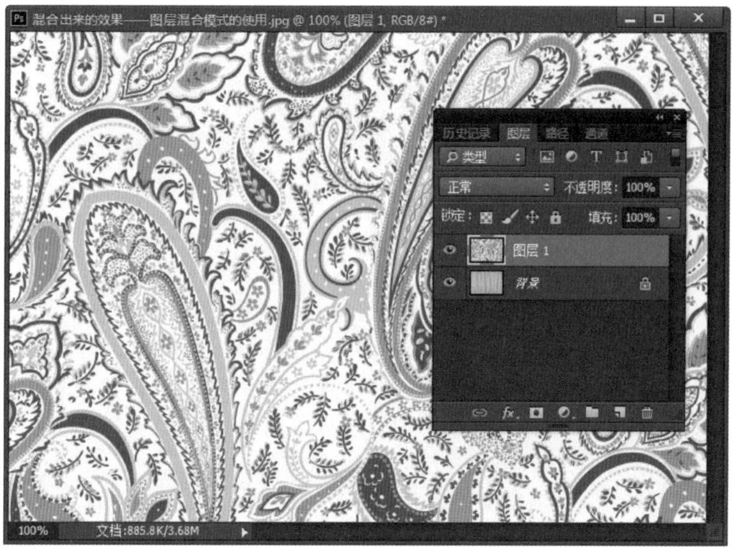


图 3-73 粘贴图像

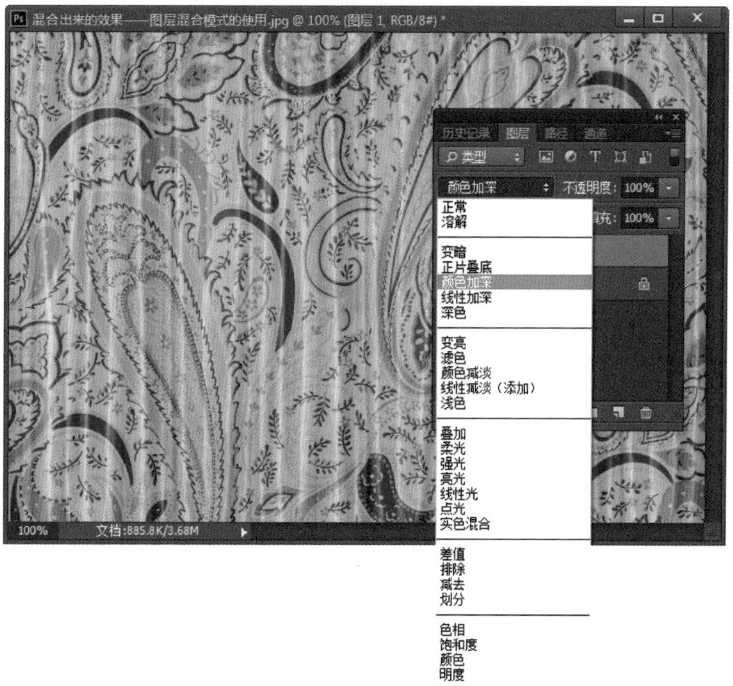


图 3-74 选择“颜色加深”选项

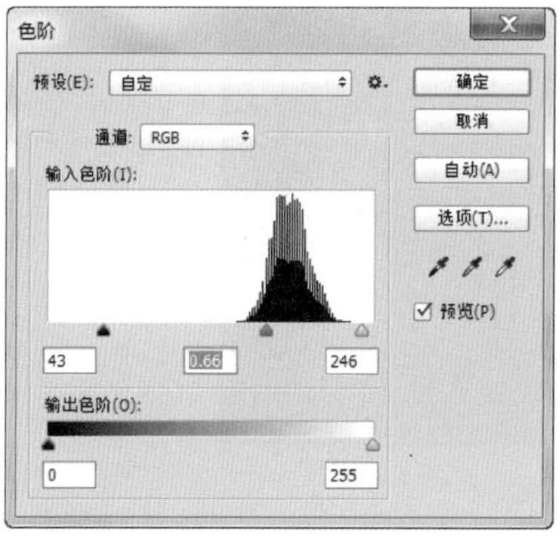


图 3-75 调整“背景”图层色阶

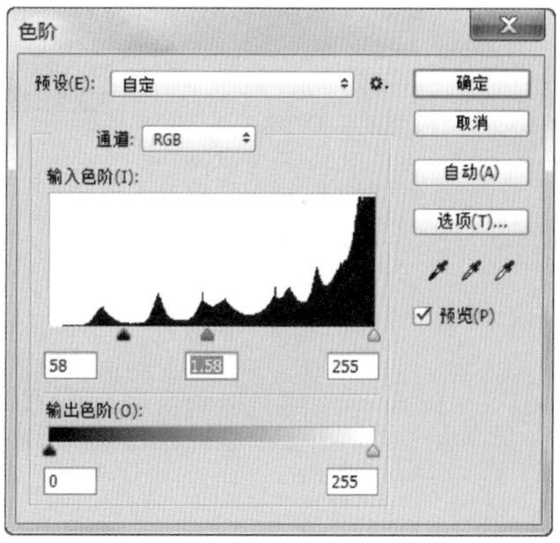


图 3-76 调整“图层 1”图层色阶

(4) 效果满意后,合并所有图层并保存文件。本例制作完成后的效果如图 3-77 所示。

图 3-77　本例制作完成后的效果

## 3.3　让宝贝适应环境

合成宝贝的照片,应力求使宝贝与背景在色调和环境上保持一致,这样才能使背景中的宝贝显得自然而有吸引力。本节从使宝贝与背景图片色调一致、为宝贝添加投影效果和倒影效果这 3 个方面来介绍。

### 3.3.1　让宝贝适应环境——调色调

视频讲解

**生**:在更换宝贝背景后,我经常遇到宝贝的色调与背景色调不一致的情况。使用各种色彩调整命令来进行调整,效果虽好,但感觉效率太低了。老师,您有没有什么提高调色效率,让操作一步到位的方法?

**师**:有,但你要记住,这种一步到位的方法有时并不是最好的方法,最好的方法就是使用各种色彩命令耐心地去调。

**生**:哦,我知道的。您给我讲讲吧,有时我时间紧迫,需要快速完成宝贝的调色。

**师**:好。Photoshop 提供了一个"匹配颜色"命令,该命令能够根据照片中某个图层中图像颜色的色调,对当前图层图像的色调进行调整,使它们的色调相匹配。下面就通过一个实例来试试这个命令的使用效果。

(1) 启动 Photoshop CC 并打开需要处理的文件,如图 3-78 所示。在这个文件中,放置其中的宝贝的色调在背景中显得不协调。下面对宝贝色调进行调整,使其与背景色调相匹配。

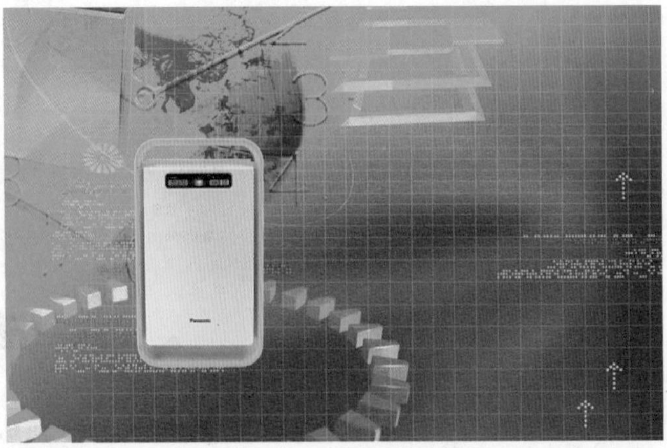

图 3-78　需要处理的图片

(2) 在"图层"面板中选择宝贝所在的图层,执行"图像"→"调整"→"匹配颜色"命令,打开"匹配颜色"对话框。在对话框的"源"列表中选择当前文件,在"图层"列表中选择背景图像所在的图层,如图 3-79 所示。在"图像选项”栏中对匹配颜色后宝贝的色调进行调整，如图 3-80 所示。

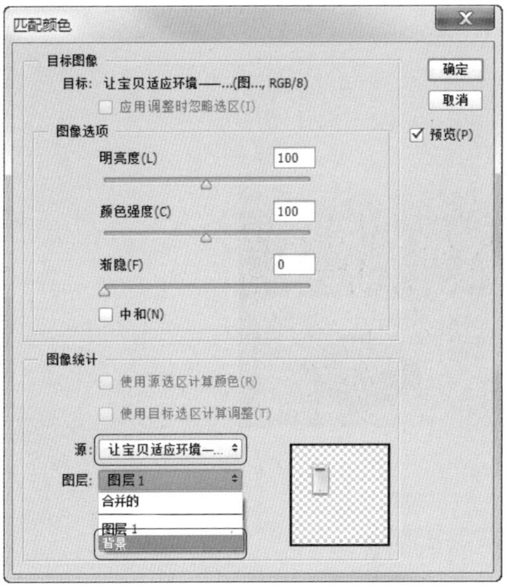

图 3-79 设置“源”和“图层”

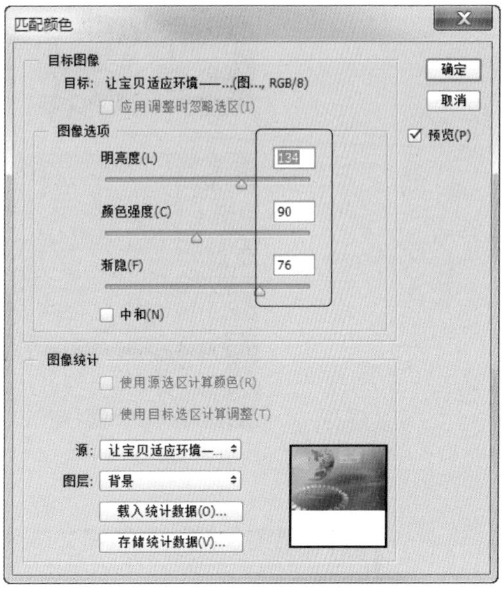


图 3-80 调整色调

(3) 单击“确定”按钮关闭“匹配颜色”对话框，保存文件完成本例的制作。本例制作完成后的效果如图 3-81 所示。

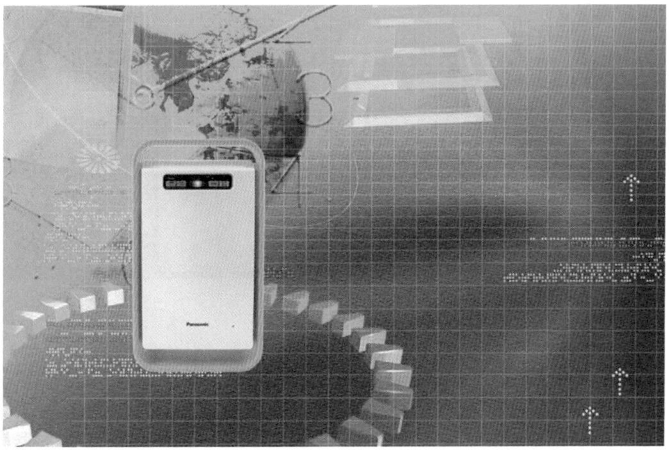

图 3-81 本例制作完成后的效果

## 3.3.2 让宝贝适应环境——添投影

视频讲解

**生**：老师，您能帮帮我吗？您看，我的宝贝放到这张背景图中，怎么看着这么别扭？总感觉差点什么。

**师**：我看看。嗯，这个图像效果不真实的原因是你没有注意模拟真实的光影，所以给人感觉宝贝是直接加入到背景中的。实际上，在改变宝贝背景后，要获得比较真实的效果，模拟宝贝的投影是一个常见的表现技法。你可以看看网上各家网店里的宝贝照片，投影是合成图片中必不可少的要素。

**生**：哦，还真是这样的。那怎么为图片中的宝贝添加投影呢？

**师**：在 Photoshop 中，创建投影并不是一件很难的事情，有很多的方法。下面首先向你介绍使用图层样式来创建投影效果的方法。

(1) 启动 Photoshop CC 并打开需要处理的文件，如图 3-82 所示。下面为文件中的宝贝添加投影效果。

(2) 在“图层”面板双击宝贝所在的图层打开“图层样式”对话框，在左侧样式列表中选择“投影”选项并勾选该选项，在右侧设置相关参数，图层中图像被添加投影效果。此时能够真实模拟宝贝放置于地板上的效果，如图 3-83 所示。

图 3-82　需要处理的图片

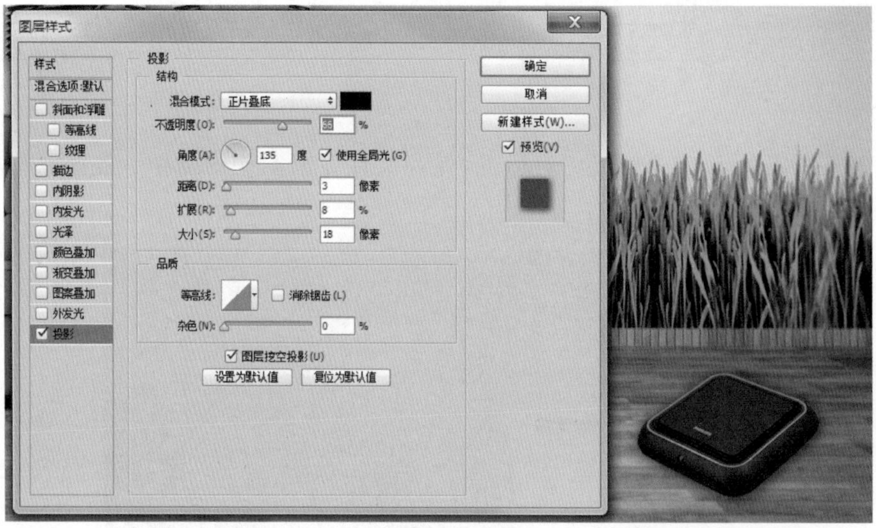


图 3-83　添加投影模拟宝贝放置于地板上

(3) 如果增大"距离"值,能够模拟宝贝悬浮于地板上的效果,如图 3-84 所示。完成设置后,单击"确定"按钮关闭对话框,图像的效果如图 3-85 所示。

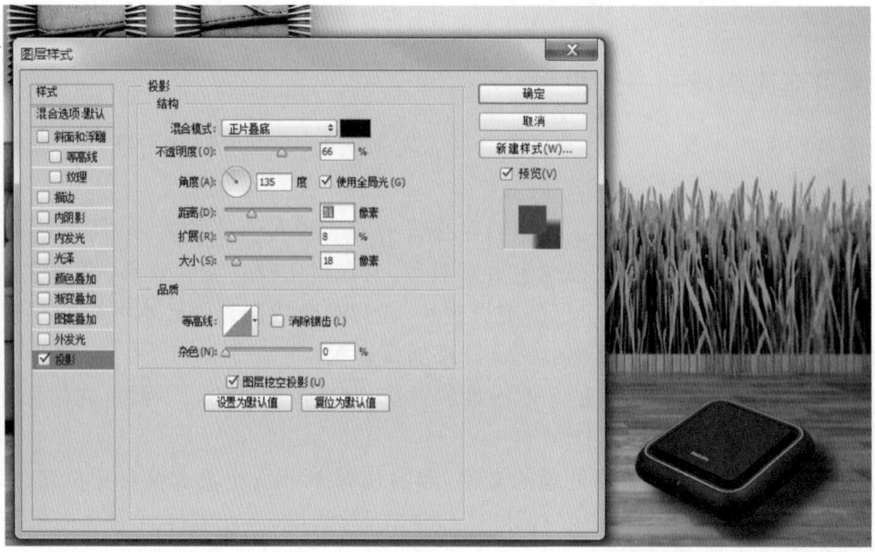


图 3-84　增大"距离"值模拟宝贝悬浮于地板上的效果

图 3-85　图像处理完的效果

**教师点拨**：这里，“不透明度”值决定投影的透明程度，其值越大则投影效果越明显，反之投影则越浅。“角度”值决定了投影的方向，“距离”值决定了投影离对象的距离，其值越大投影越远。“扩展”值越大，投影的颜色越重。“大小”值越大，投影范围就越大，柔化程度就越明显。

**师**：创建投影效果还有一种使用选区羽化来实现的方法，你愿不愿意试一下？

**生**：好呀。

（1）在“图层”面板中选择“背景”图层，单击“创建新图层”按钮创建一个空白图层，如图 3-86 所示。选择宝贝所在的图层，使用“魔棒工具”在背景区域中单击，按 Ctrl+Shift+I 键反转选区获得包含宝贝的选区。执行“选择”→“修改”→“羽化”命令，打开“羽化选区”对话框，设置选区的“羽化半径”，如图 3-87 所示。单击“确定”按钮关闭对话框获得包围宝贝的选区，如图 3-88 所示。

图 3-86　创建空白图层

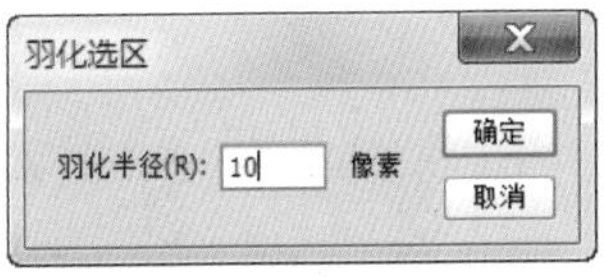


图 3-87　“羽化选区”对话框

（2）在“图层”面板中选择空白图层，在工具箱中选择“油漆桶工具”，按 D 键将前景色设置为默认的黑色。使用“油漆桶工具”在选区中单击即可获得投影效果，如图 3-89 所示。

图 3-88　获得的选区

图 3-89　获得投影效果

(3) 按 Ctrl+D 键取消选区，在工具箱中选择“移动工具”，根据需要将投影拖曳到需要的位置获得宝贝悬浮的效果，如图 3-90 所示。在“图层”面板中按住 Shift 键依次单击宝贝和投影所在的图层同时选择这两个图层，右击，选择关联菜单中“链接图层”命令将两个图层链接在一起。此时移动宝贝，投影将随着一起移动，如图 3-91 所示。保存文档完成本例的制作，本例制作效果如图 3-92 所示。

图 3-90　拖曳投影

图 3-91　链接图层后移动宝贝

图 3-92　本例完成后的效果

**教师点拨**：使用选区羽化的方法来创建投影最大的优势在于灵活，用户可以根据需要创建各种形状的选区从而获得规则或不规则的投影效果，如椭圆形投影或拉长投影等。

### 3.3.3 让宝贝适应环境——造倒影

视频讲解

**师**：物体放在光滑反光的表面上会有什么？

**生**：我想应该会产生倒影吧。

**师**：你看，你在处理照片时就没有注意这一点。

**生**：呵呵，还真是这样的。少了倒影，整个图片看上去不真实。不过，老师，该怎样模拟倒影效果呢？

**师**：下面通过一个实例模拟对象位于光滑表面上的倒影效果，这样你会发现宝贝的显示效果会与众不同的。

（1）启动 Photoshop CC 并打开需要处理的文件，如图 3-93 所示。下面为照片中的玻璃杯添加倒影。

（2）在工具箱中选择“磁性套索工具”，在图片中拖曳鼠标将第一个玻璃杯下半部框选下来，如图 3-94 所示。按 Ctrl+J 键复制选区内容，如图 3-95 所示。使用相同的方法框选第二个玻璃杯下半部并将其复制到新图层中，如图 3-96 所示。

图 3-93　需要处理的图片

图 3-94　框选第一个玻璃杯的下部

图 3-95　复制选区内容

图 3-96　将选择复制到新图层

(3) 在“图层”面板中同时选择获得的两个新图层，执行“编辑”→“变换”→“垂直翻转”命令，将图像垂直翻转，如图 3-97 所示。在工具箱中选择“移动工具”，分别拖曳两个图层中的图像将它们放置到玻璃杯的底部，如图 3-98 所示。

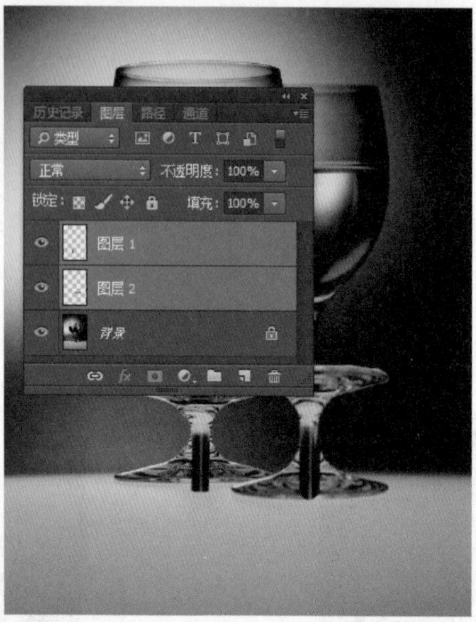


图 3-97　垂直翻转图像

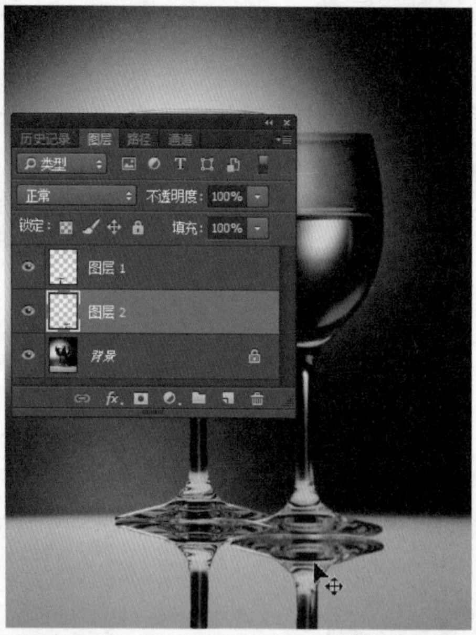


图 3-98　移动图像

(4) 选择“图层 1”，在“图层”面板中单击“添加新图层蒙版”按钮为该图层添加图层蒙版。在工具箱中选择“渐变工具”，在属性栏中选择“线性渐变”方式，将渐变设置为“前景色到背景色渐变”，如图 3-99 所示。从图片的底部向上拖曳出渐变线创建渐变效果，如图 3-100 所示。此时图像效果如图 3-101 所示。

图 3-99　设置渐变

图 3-100　拖曳出渐变线

图 3-101　创建渐变后的图像效果



（5）在“图层”面板中选择“图层 2”图层，为其添加图层蒙版，并在图层蒙版中使用与“图层 1”相同的渐变填充，如图 3-102 所示。在“图层”面板中选择“图层 1”的图层蒙版，使用“画笔工具”以黑色在倒影与第二个酒杯交错部分进行涂抹，除去倒影的影响，如图 3-103 所示。

图 3-102　在图层蒙版中应用渐变填充

图 3-103　使用“画笔工具”涂抹

（6）在“图层”面板中单击在“图层 2”上的链接标志取消图层与图层蒙版的链接，如图 3-104 所示。在工具箱中选择“移动工具”图例，适当移动投影，如图 3-105 所示。选择图层蒙版，使用“画笔工具”以黑色在蒙版中涂抹，使高脚杯被投影遮盖的杯底显示出来，如图 3-106 所示。

图 3-104　取消图层与图层蒙版的链接

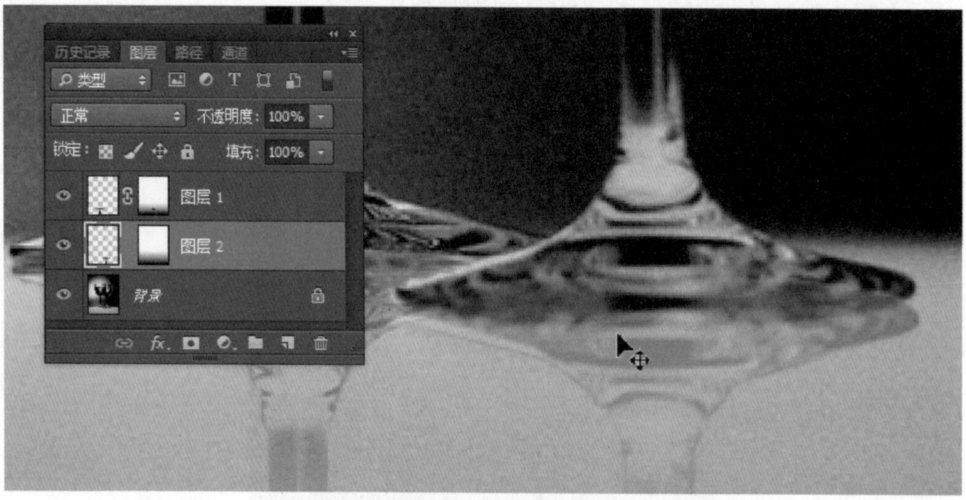


图 3-105　移动投影

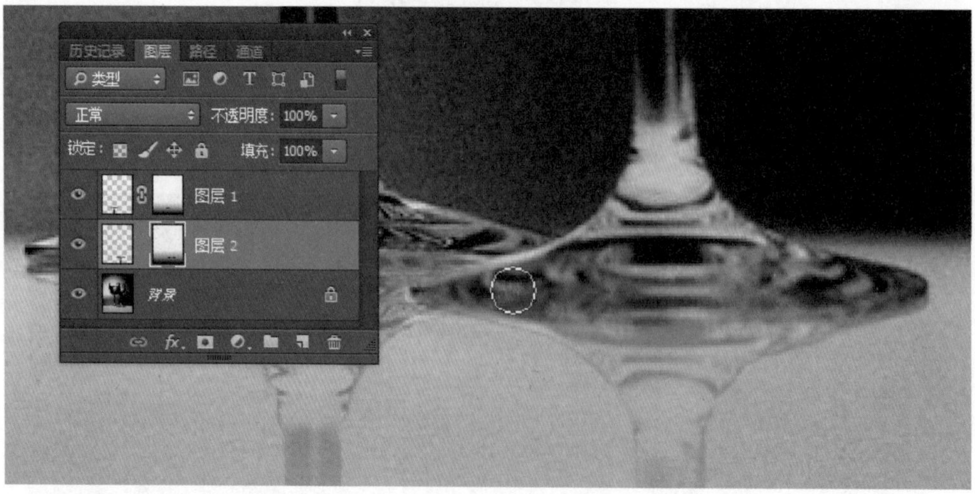


图 3-106　使用“画笔工具”抹去投影

(7) 合并所有可见图层，保存文档完成本例的制作。本例制作完成后的效果如图 3-107 所示。

图 3-107　本例制作完成后的效果

# Chapter 4

# 第4章　制作吸引买家眼球的照片

背景是白色，前景只有宝贝，这样的照片当然能够突出宝贝，但照片却无法给人以美感，也无法引起特别的注意。要获得买家的青睐，宝贝照片的效果是至关重要的。在处理网店宝贝照片时应用特效，一方面可以更好地突出宝贝，弥补宝贝照片拍摄中的不足；另一方面可以真正吸引买家，快速传递宝贝信息。本章将着重介绍以突出宝贝为目的的常见特效技法和网店照片中常用创意特效的实现方法。

## 4.1 突出宝贝的特效

网店中大量的图片都是用于展示宝贝的，如何让这些照片中的宝贝吸引人，是照片处理必须考虑的问题。本节将介绍对宝贝照片的一些常见处理技法，这些技法既能增强照片的整体效果，也能使宝贝从照片中脱颖而出。

### 4.1.1 我的眼里只有你——模拟小景深效果

视频讲解

**生**：老师，我看到在网店里很多宝贝照片，宝贝清晰而背景模糊，人的视线集中在宝贝上，宝贝自然而然地凸显出来了。这种照片效果是怎么获得的？

**师**：你说的这个应该是照片的小景深效果吧。所谓的小景深指的是拍摄对象纵深的清晰空间较小，这种效果可以在拍摄时使用长焦距大光圈获得。

**生**：长焦距大光圈？看来我还得去好好学习一下摄影的专业知识了。

**师**：是，艺多不压身嘛。不过，如果你没有摄影的专业技术，使用 Photoshop 进行后期处理时，也能很容易地模拟这种效果。一般而言，在小景深效果中，照片中主体对象和背景的距离显得越远，背景的淡化就越强；反之，景深越大，背景的淡化就越弱。讲到这里，你就应该知道小景深效果在 Photoshop 中该怎么模拟了吧？

**生**：是不是让照片中主体对象之外的背景模糊？

**师**：对，这就是基本的处理思路。下面循着这个思路，首先介绍使用“高斯模糊”滤镜来模拟小景深效果的方法。

(1) 启动 Photoshop CC 打开需要处理的文件，如图 4-1 所示。下面对照片添加小景深效果，使照片中左侧的帽子成为视觉焦点。

图 4-1 需要处理的图片

(2) 在工具箱中选择“椭圆选框工具”，在属性栏中将工具的“羽化”设置为 20，如图 4-2 所示。拖曳鼠标创建包围对象的圆形选区，如图 4-3 所示。按 Ctrl+Shift+I 键翻转选区。

图 4-2 设置“羽化”值

(3) 执行“滤镜”→“模糊”→“高斯模糊”命令，打开“高斯模糊”对话框，在对话框中设置模糊的“半径”值，如图 4-4 所示。完成设置后，单击“确定”按钮关闭对话框，按 Ctrl+D 键取消选区。此时即可获得需要的小景深效果，左侧的帽子脱颖而出，如图 4-5 所示。

**师**：实际上，为了真实而专业地模拟小景深效果，Photoshop 提供了一个名为“镜头模糊”的滤镜，使用该滤镜能够方便地创建小景深效果。

图 4-3 创建选区

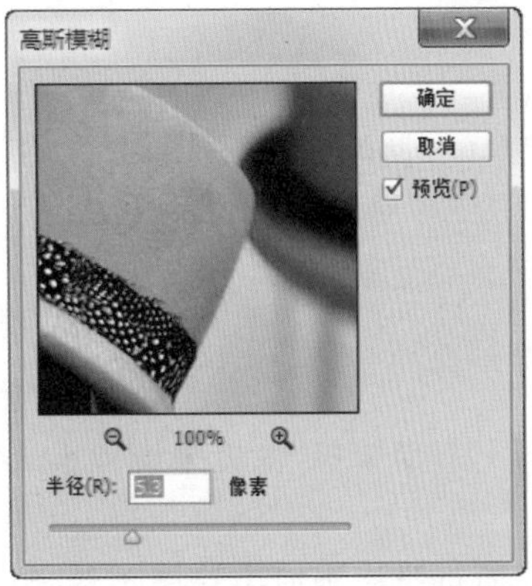


图 4-4 “高斯模糊”对话框

图 4-5 照片处理完后的效果

**生**：老师，这个滤镜您也给我介绍介绍吧。

**师**：好的。

(1) 在创建选区后，执行“滤镜”→“模糊”→“镜头模糊”命令，打开“镜头模糊”对话框。在对话框的“光圈”组中设置相应的参数调整选区模糊程度，在“镜面高光”组中设置相应的参数营造高光效果，在“杂色”组中调整“数量”值设置模糊区域中添加杂色的数量，如图 4-6 所示。

图 4-6 “镜头模糊”对话框

教师点拨：在使用“镜头模糊”滤镜时，滤镜会对选区图像进行模糊处理，移去照片中的胶片颗粒和杂色，此时背景会显得很光滑，不自然。为了使效果更逼真，需要重新向照片添加杂色，这就是“杂色”的“数量”参数的作用。如果希望添加的杂色不影响照片的颜色，可以勾选“单色”复选框。

(2) 完成设置后单击“确定”按钮关闭对话框，按 Ctrl+D 键取消选区。保存文档完成照片的处理。照片处理完的效果如图 4-7 所示。

图 4-7　照片处理完的效果

### 4.1.2　自创光影——快速应用渐变背景

视频讲解

**生**：老师，我看到很多网店中的宝贝展示照片都是以纯白色为背景的。不过我觉得这样的效果显得平庸了，有没有办法让宝贝显得更加特别？

**师**：给宝贝照片换个合适的背景不就行了？

**生**：可是我觉得换背景也挺麻烦的呀，很多时候，要找到合适的背景素材并不是一件容易的事情，大量的时间都花在了寻找素材图片上，我觉得有点得不偿失。

**师**：是的，你的这个问题也是很多装修网店的普通卖家所遇到的问题。这里，我教你一个简单的处理方法，这个方法实际上很多网店卖家都在使用。

**生**：哦，是什么方法？

**师**：这个方法就是对单独的宝贝照片的背景应用渐变填充，以模拟光照效果。这样可以将宝贝放置在一个特定的光影环境中，以突出你的宝贝。下面我们还是先看一个具体的实例吧。

图 4-8　需要处理的图片

(1) 启动 Photoshop CC 打开需要处理的文件，如图 4-8 所示。这是一张纯白色背景下的笔记本电脑照片，下面快速为其添加渐变背景，以改变其背景效果。

(2) 在“图层”面板中单击“创建新图层”按钮 创建一个空白图层。在工具箱中选择“渐变工具” ，在选项栏中单击“可编辑渐变”列表框，如图 4-9 所示。此时将打开“渐变编辑器”对话框，使用该对话框可以对渐变进行设置。这里，首先在“预设”栏中选择“黑白渐变”预设渐变样式，在色谱条下方单击创建一个新色标。选择该色标后单击“颜色”按钮打开“拾色器”对话框，在其中拾取颜色设置色标的颜色，如图 4-10 所示。完成设置后分别单击“确定”按钮关闭这两个对话框。

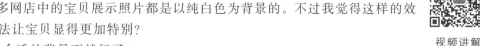

图 4-9　单击“可编辑渐变”列表框

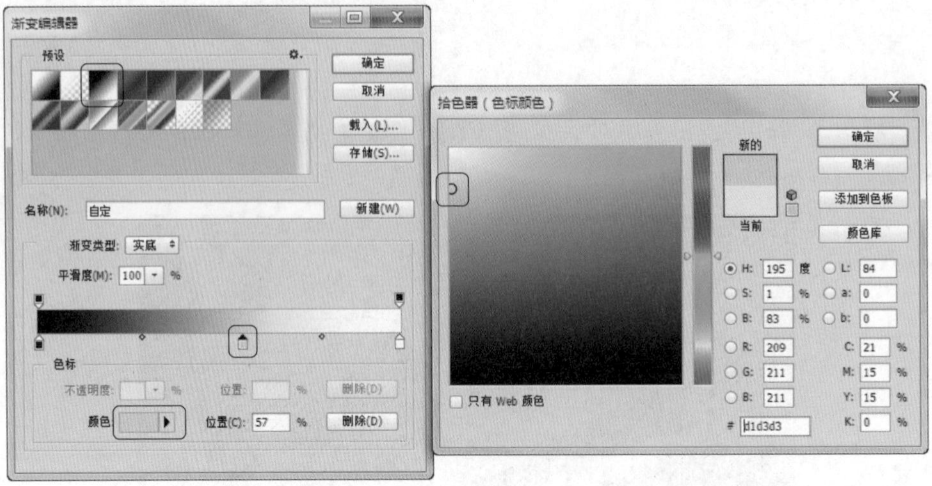


图 4-10　设置渐变

**教师点拨**：“渐变编辑器”对话框用于编辑创建自己需要的渐变。对话框中的色谱条显示渐变颜色的变化情况，其下端放置“颜色”色标，代表渐变中的颜色。添加一个“颜色”色标即为渐变添加一种颜色，将“颜色”色标拖离色谱条可删除该色标，即从渐变中删除对应的颜色。选择“颜色”色标后，在“位置”文本框中输入数值可以改变色标在色谱条中的位置，这样可以改变该颜色在渐变中的位置，这里拖曳色标可以获得相同的功效。

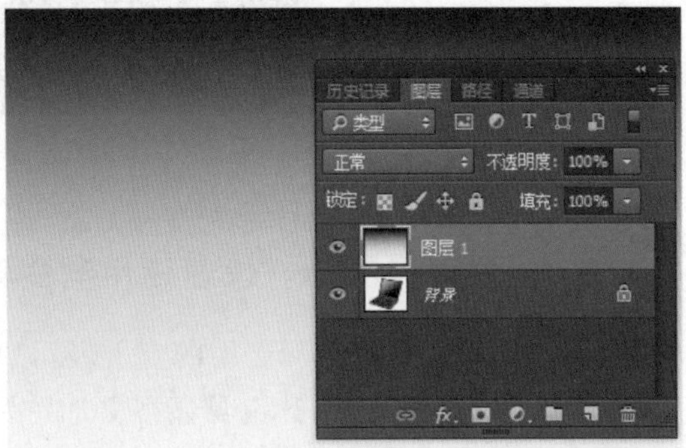


图 4-11　应用渐变填充

(3) 从上向下拖曳鼠标对新建图层应用渐变填充，如图 4-11 所示。在“图层”面板中将图层混合模式设置为“正片叠底”，如图 4-12 所示。为图层添加一个图层蒙版，在该蒙版中使用“画笔工具”以黑色涂抹，这里涂抹的部分主要是笔记本电脑的上半部分。通过涂抹除去渐变色对笔记本电脑的影响，如图 4-13 所示。

图 4-12　将图层混合模式设置为“正片叠底”

(4) 效果满意后，按 Ctrl＋E 键合并图层，保存文档。本例制作完成后的效果如图 4-14 所示。

**师**：上面应用的是线性渐变来对背景进行填充。实际上，在宝贝照片中如果使用径向填充方式填充背景，能够获得聚光灯的效果。将宝贝放在这个聚光灯光圈的中心，宝贝自然就成为视觉焦点。

**生**：是吗？老师，你快点讲讲具体的操作方法吧。

图 4-13 添加图层蒙版

**师**：好，那我们就开始吧。

（1）在“图层”面板中创建一个新图层，选择“渐变填充工具”，将渐变样式设置和上面介绍的结果相同。在选项栏中单击“径向渐变”按钮选择使用“径向渐变”方式，勾选“反向”复选框，如图 4-15 所示。从图像中间向外拉出渐变线获得径向渐变效果，如图 4-16 所示。

**教师点拨**：在创建渐变时，渐变线的起点决定了渐变线的起始颜色在图像中的位置，渐变线的终点决定了渐变终止颜色在图像中的位置。渐变线的起点、终点和方向的不同，获得的渐变效果也不同。

（2）将填充渐变的图层的图层混合模式设置为“正片叠底”，此时获得的图像效果如图 4-17 所示。

图 4-14 本例制作完成后的效果

图 4-15 选项栏的设置

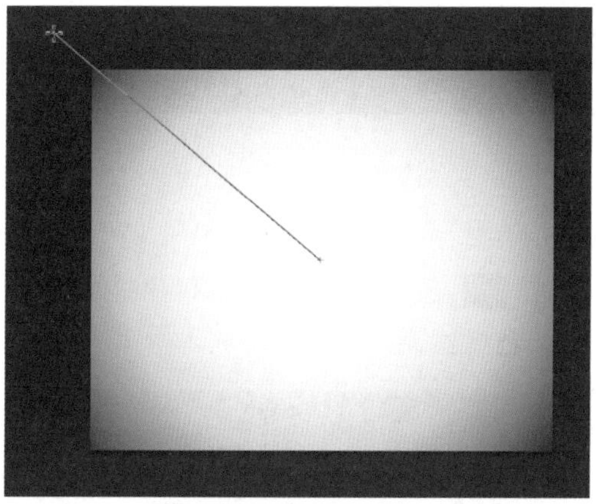

图 4-16 创建径向渐变

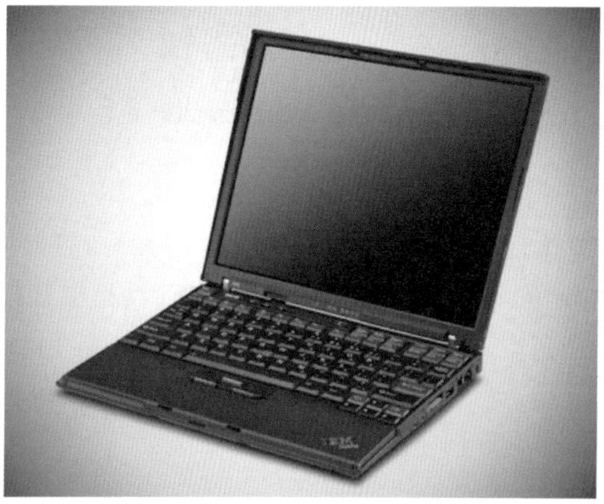

图 4-17 本例的最终显示效果

### 4.1.3 让宝贝发光——制作光晕效果

视频讲解

**生**：老师，很多时候我的宝贝都是放置在一个暗色调的背景中的，在这种环境下有时宝贝显得不够突出，您有没有什么好的办法？

**师**：如果宝贝处于一个较暗的环境中，可以通过为宝贝图像添加光晕来突出宝贝。在 Photoshop 中，制作这种光晕效果的方法很多。下面介绍一种通过选区羽化的方式来创建光晕的方法。

(1) 启动 Photoshop CC 打开需要处理的文件，如图 4-18 所示。下面为这张照片中的宝贝添加光晕效果，使其符合背景的氛围并突出宝贝。

(2) 使用“磁性套索工具”获取包含宝贝的选区，按 Ctrl+X 键剪切获取的宝贝，将其粘贴到一个新图层中。在“背景”图层的上方创建一个空白图层，如图 4-19 所示。执行“选择”→“重新选择”命令，重新获得选区。执行“选择”→“修改”→“扩展”命令，打开“扩展”对话框，在对话框中设置选区的“扩展量”，如图 4-20 所示。单击“确定”按钮关闭对话框，选区得到扩展，如图 4-21 所示。

图 4-18　需要处理的图片

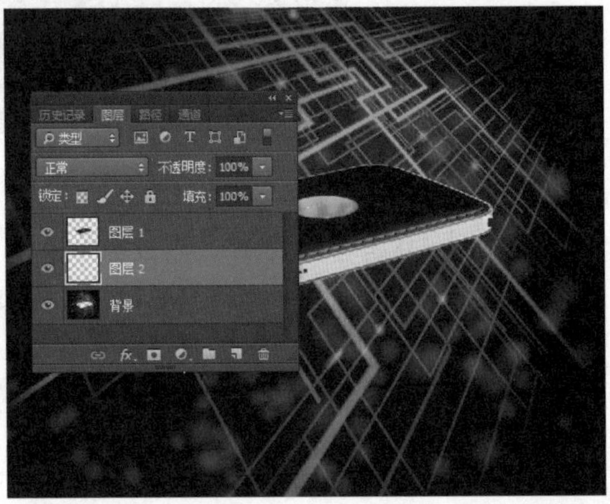


图 4-19　创建图层

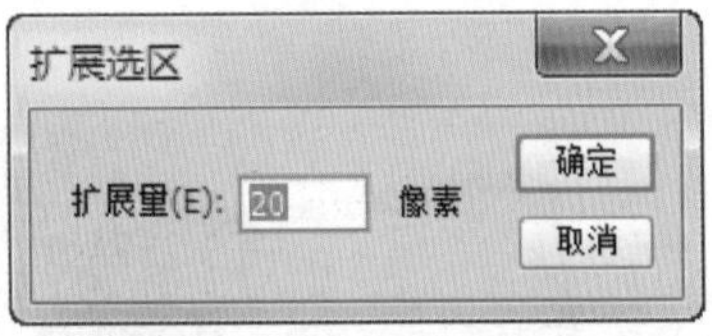


图 4-20　“扩展”对话框

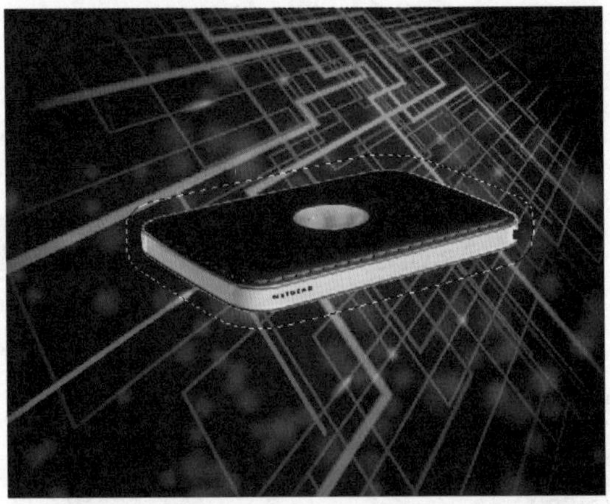

图 4-21　扩展选区

(3) 执行“选择”→“修改”→“羽化”命令，打开“羽化”对话框，在其中设置选区的“羽化半径”，如图 4-22 所示。单击“确定”按钮关闭对话框。在工具箱中选择“油漆桶工具”，按 D 键将前景色和背景色变为默认的黑色和白色，按 X 键将前景色转换为白色。使用“油漆桶工具”向选区填充白色，如图 4-23 所示。

图 4-22　“羽化”对话框

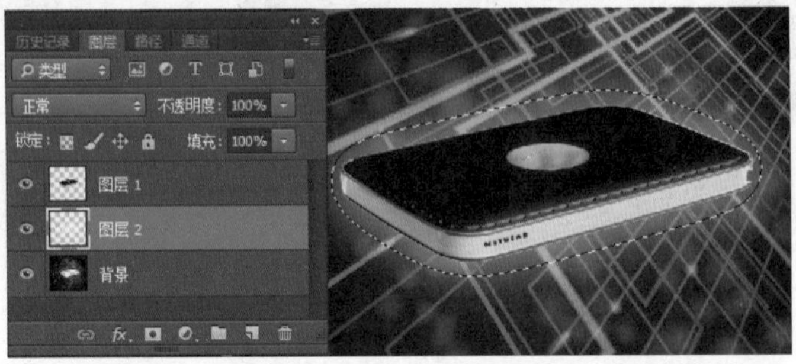


图 4-23　向选区填充白色

(4) 按 Ctrl+D 键取消选区，保存文档。本例制作完成后的效果如图 4-24 所示。

**教师点拨**：这里，填充于选区中的颜色决定了光晕的颜色，选区的大小和羽化值的大小将共同影响光晕的大小和强度。

**师**：下面再介绍一种通过为宝贝所在的图层添加“外发光”图层样式来创建光晕效果的方法。对于普通用户来说，这种方法比刚才使用的填充羽化选区的方法更加直观，更易操作。

**生**：好呀，您快点告诉我吧。

(1) 获取宝贝选区后，将宝贝剪切到一个新图层中。在“图层”面板中选择该图层，单击面板下方的“添加图层样式”按钮 fx，在打开的列表中选择“外发光”选项，如图 4-25 所示。此时将打开“外发光”对话框，首先设置光晕的颜色。这里单击颜色按钮打开“拾色器”对话框，在其中拾取颜色。完成颜色的设置后，拖曳滑块调整“扩展”和“大小”的值，如图 4-26 所示。

图 4-24　本例制作完成后的效果

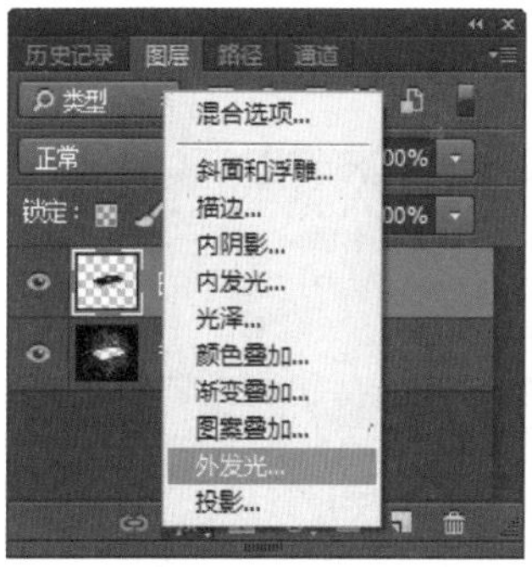


图 4-25　选择“外发光”选项

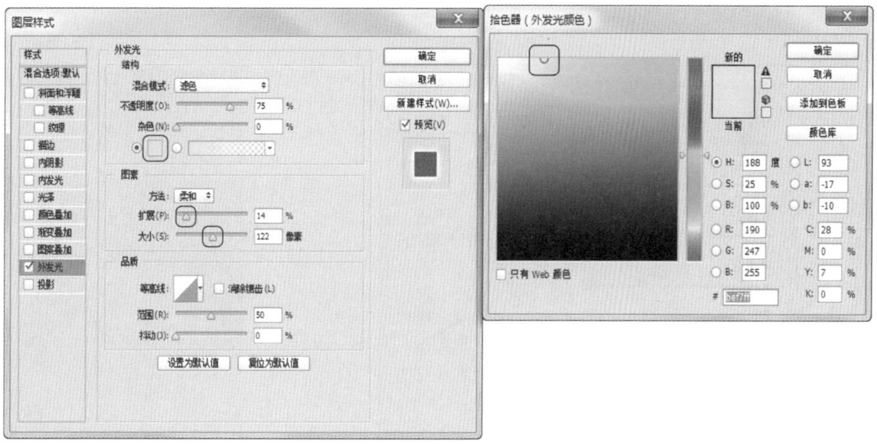


图 4-26　对“外发光”效果进行设置

**教师点拨**：这里，“扩展”值用于设置发光效果的发散程度，“大小”值用于设置发光范围。“杂色”值用于设置颗粒在外发光中的填充数量，其值越大杂色越多。在对话框中勾选“预览”复选框，可以实时预览参数设置效果，方便对发光效果进行调整。

(2) 完成设置后单击“确定”按钮关闭对话框，合并图层并保存文档。本例制作完成后的效果如图 4-27 所示。

图 4-27　本例制作完成后的效果

### 4.1.4 色彩与黑白的搭配——创建局部色彩效果

视频讲解

**师**：我们都知道，色彩对视觉是有牵引力的，根据这一视觉原理，在处理照片时将彩色与黑白进行适当搭配，可以增强画面效果，同时可以引起人们对照片中某个对象的关注。

**生**：老师，您能不能给出这方面应用的具体例子。

**师**：好。下面就介绍一种在黑白照片中的创建局部色彩效果的方法。这里，照片的整个背景都是黑白色的，只有宝贝图像带有色彩。要获得这种效果，方法很多。首先介绍使用图层蒙版的方法。

(1) 启动 Photoshop CC 打开需要处理的文件，如图 4-28 所示。下面将这张照片背景变为黑白背景，只保留手镯的色彩。

(2) 在“图层”面板中复制“背景”图层并选择该图层。执行“图像”→“调整”→“黑白”命令，打开“黑白”对话框，在对话框中对相关的参数进行调整，如图 4-29 所示。完成设置后单击“确定”按钮关闭对话框，复制图层中的图像变成黑白图像，如图 4-30 所示。

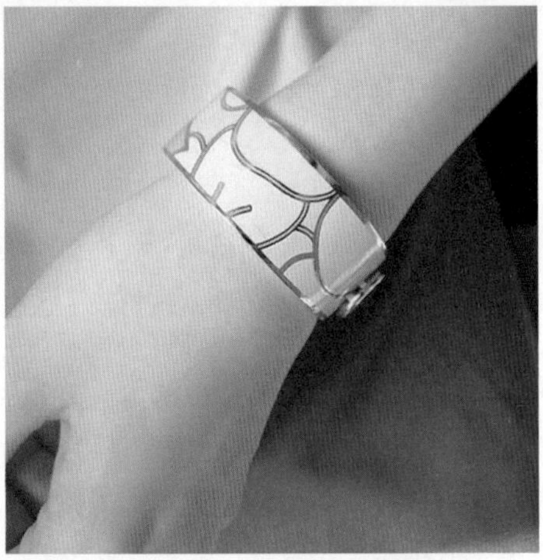

图 4-28　需要处理的图片

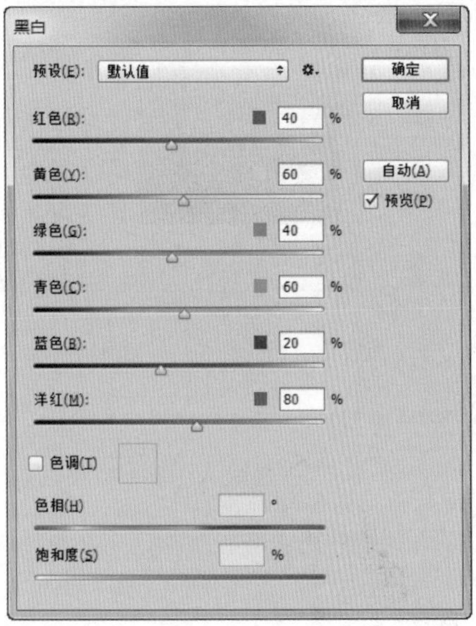


图 4-29　“黑白”对话框

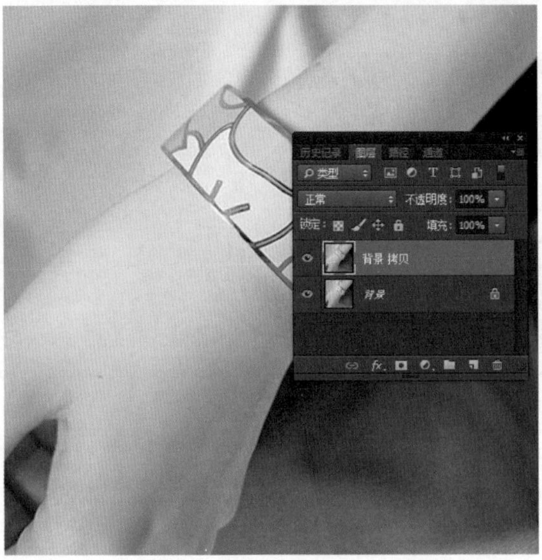


图 4-30　图像变为黑白色

(3) 为“背景拷贝”图层添加一个图层蒙版，选择“画笔工具”，以黑色在图层蒙版中涂抹，使手镯恢复原有的颜色，如图 4-31 所示。

(4) 按 Ctrl+D 键取消选区，保存文档。本例制作完成后的效果如图 4-32 所示。

**师**：Photoshop 提供了一个“历史记录画笔工具”，使用该工具在图像中涂抹时，能够将涂抹处的图像恢复到某个历史画面状态。利用该工具，我们可以很方便地制作上面介绍的图像效果。

**生**：老师，那我们就一起来试一试吧。

**师**：好吧。

(1) 打开素材文件后，对图像应用“黑白”命令将图像转换为黑白图像。在工具箱中选择“历史记录画笔工具”并打开“历史记录”面板，在面板的列表中单击“打开”这个操作记录项左侧的“设置历史记录画笔的源”按钮将其设置为“历史记录画笔工具”的源，如图 4-33 所示。

**教师点拨**：“历史记录”面板是 Photoshop 的一个重要的面板。在对图像进行处理时，如果对进行多次操作后获得的操作效果不满意，可以在面板中选择起始操作步骤选项，单击面板中的“历史记录”按钮将其删除，则图像将恢复到该选项之前的状态。

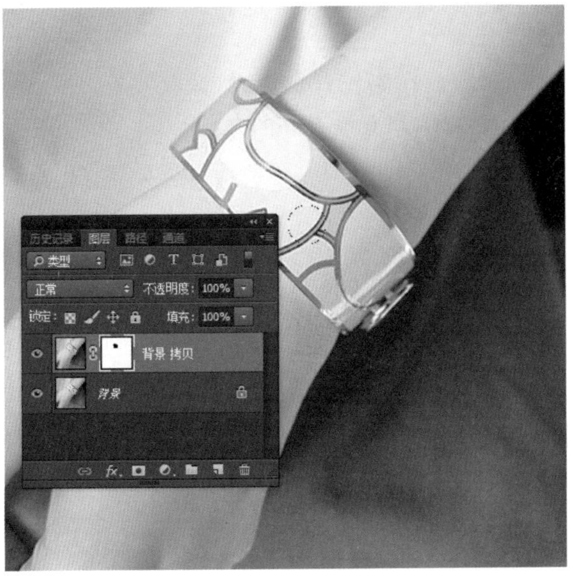


图 4-31 在图层蒙版中涂抹，恢复手镯原有的颜色

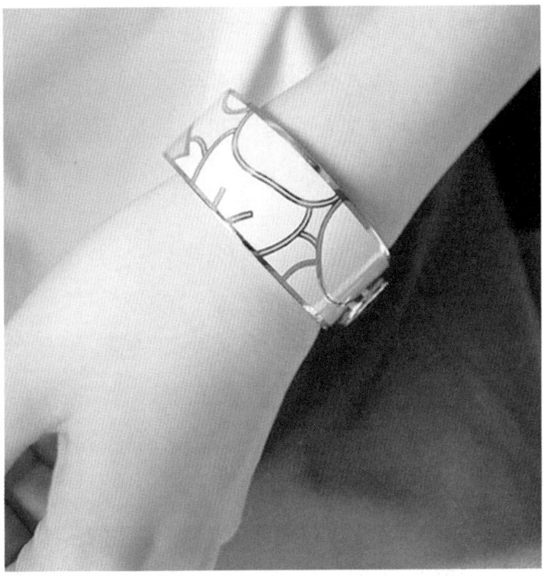

图 4-32 本例制作完成后的效果



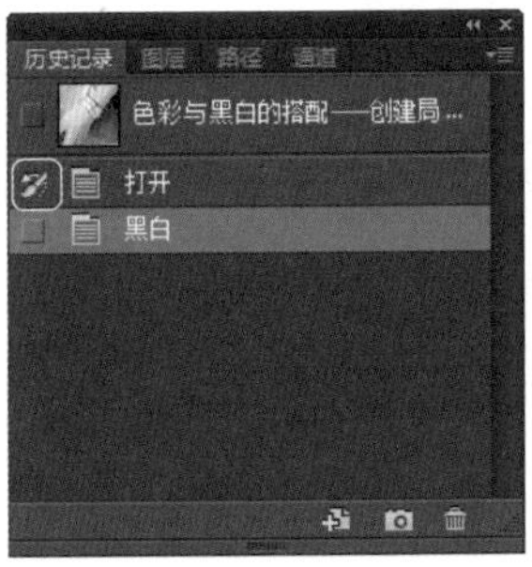


图 4-33 设置“历史记录画笔工具”的源

(2) 使用“历史记录画笔工具”工具在手镯上涂抹，笔头涂抹过的部分将恢复为图像打开时的状态，如图 4-34 所示。

(3) 将手镯的颜色完全恢复后，保存文档完成本例的操作，本例操作完成后的效果如图 4-35 所示。

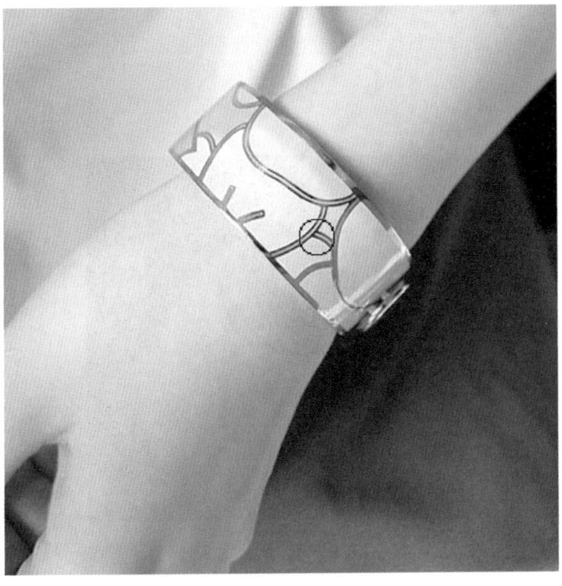

图 4-34 涂抹恢复打开时的状态

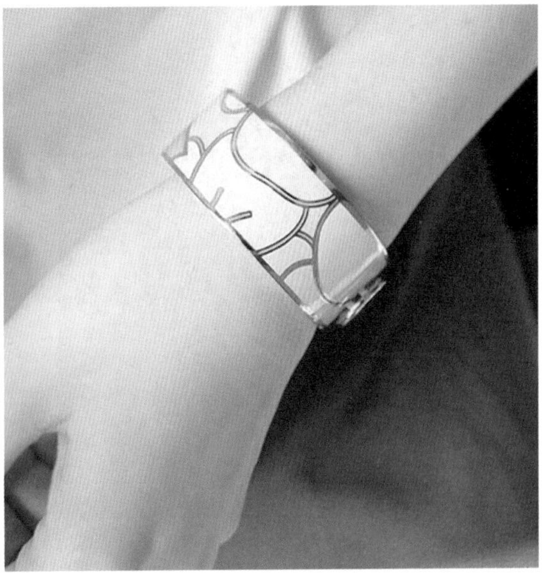

图 4-35 本例制作完成后的效果

### 4.1.5 闪亮的宝贝——添加闪烁点

视频讲解

**生**：对于一些具有特殊材质的宝贝，如玻璃杯、珠宝和饰品等，放在暗调背景中时，让其具有闪光的特质显示效果会更好。可是我试了一些方法，效果都不太明显，您有没有好的办法？

**师**：这个容易，使用 Photoshop 的“画笔工具”能够绘制出你所需要的闪烁点。下面就通过一个实例来介绍具体的制作方法。

(1) 启动 Photoshop CC 打开需要处理的文件，如图 4-36 所示。下面对这张照片进行处理，在首饰的适当位置添加闪烁点以增强首饰的显示效果。

(2) 在工具箱中选择“画笔工具”，执行“窗口”→“画笔预设”命令，打开“画笔预设”面板，单击面板右上角的按钮，在打开的菜单中选择“混合画笔”命令。此时将获得提示对话框，提示画笔添加方式，如图 4-37 所示。如果不需要用“混合画笔”替代当前默认画笔，单击“追加”按钮，则该画笔将添加到已有画笔列表的后面。

图 4-36 需要处理的图片

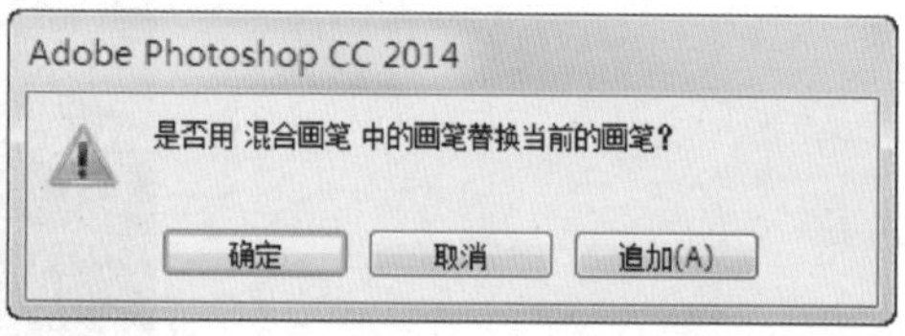


图 4-37 Photoshop 提示对话框

(3) 打开“画笔”面板，在面板中选择 Crosshatch 4 笔尖并将其“角度”设置为 30°，如图 4-38 所示。按 D 键将前景色和背景色设置为默认的黑色和白色，然后按 X 键反转前景色和背景色，这样前景色即设置为白色。在图像中需要的位置单击数次获得十字闪烁点，如图 4-39 所示。在“画笔”面板中将“角度”值更改为 60°，如图 4-40 所示。在相同的位置再次单击数次，此时闪烁点的效果如图 4-41 所示。

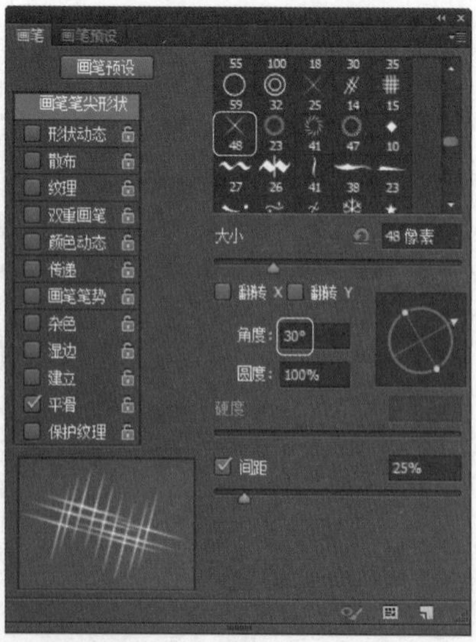


图 4-38 选择画笔笔尖和角度

图 4-39 获得十字闪烁点

(4) 以不同的笔头大小和角度在首饰其他较亮的位置添加闪烁点，本例制作完成后的效果如图 4-42 所示。

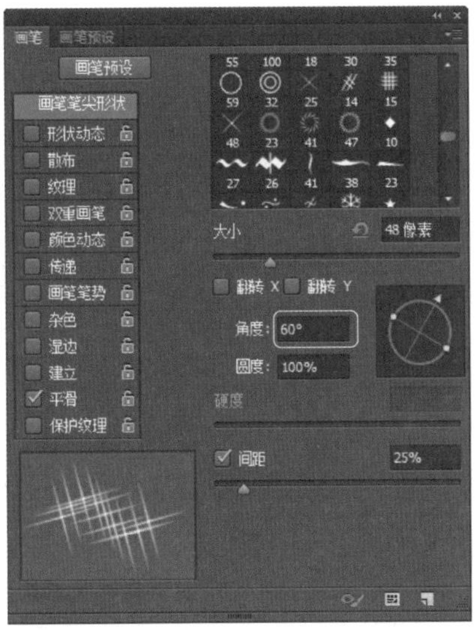


图 4-40　设置“角度”值

图 4-41　再次单击添加

图 4-42　本例制作完成后的效果

## 4.1.6　动感十足——创造运动场景特效

视频讲解

**生**：老师，对于一些特殊的宝贝，模拟运动场景获得速度感，可以使宝贝动起来，这是一个突出宝贝的办法。在模拟运动场景时，可以使用 Photoshop 的“动感模糊”滤镜。可是有时使用该滤镜的效果并不好，如这张跑步的照片。

**师**：来，让我看看。嗯，这张照片的背景是一条具有透视感的路，使用“动感模糊”滤镜无法得到具有透视感的模糊效果，对吧？

**生**：是的，我试了很多次都感觉效果不好。

**师**：实际上可以换一种方式，使用 Photoshop 的“径向模糊”滤镜来解决这个问题，效果应该就能达到要求的。

(1) 启动 Photoshop CC 打开需要处理的文件，如图 4-43 所示。下面对这张照片进行处理以获得动感效果。

(2) 在“图层”面板中复制背景图层，选择复制的背景图层，执行“滤镜”→“模糊”→“径向模糊”命令，打开“径向模糊”对话框。在“模糊方法”栏中单击“缩放”单选按钮，拖曳“数量”滑块调整其数值。在“中心模糊”框中拖曳中心点调整中心点在图像中的位置，如图 4-44 所示。完成设置后单击“确定”按钮关闭对话框，此时图像效果如图 4-45 所示。

图 4-43　需要处理的图片

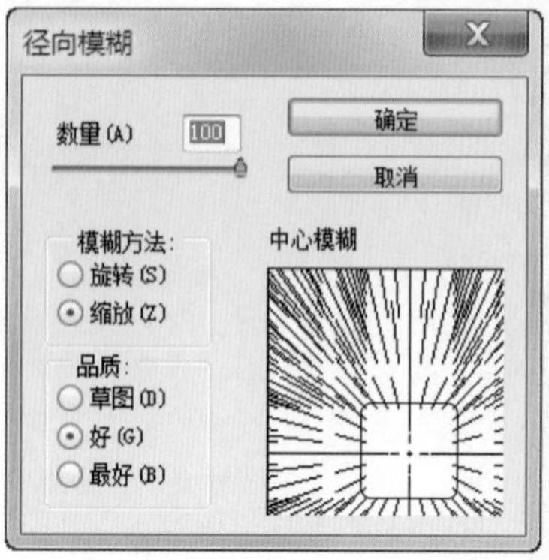


图 4-44 “径向模糊”对话框

图 4-45 应用滤镜后的效果

(3) 为“背景拷贝”图层添加一个图层蒙版，在工具箱中选择“画笔工具”，使用黑色在图层蒙版中涂抹，使图片中的脚和天空正常显示，如图 4-46 所示。

图 4-46 使用“画笔工具”在图层蒙版中涂抹

(4) 合并图层并保存文件，一张动感十足的照片就制作完成了。本例制作完成后的效果如图 4-47 所示。

图 4-47 本例制作完成后的效果

### 4.1.7 让宝贝更有镜头感——使用镜头光晕

视频讲解

**生**：我看到一些照片中有一圈一圈的光圈，感觉效果很独特，如果能用在我的宝贝照片中那该多好？

**师**：你说的应该是镜头光晕效果吧。镜头光晕效果是照片拍摄技法中的一种用光技法，能够营造出一种梦幻的效果，给人一种温暖舒适感。同时，该效果还可以消除照片中的反差与瑕疵，改变照片的光照效果。

**生**：那这种镜头光晕效果怎样获得呢？

**师**：当然是在照片拍摄时获得的。实际上你也不用担心，如果你的拍摄技术不太高明，使用 Photoshop 在后期处理时同样能够方便地模拟这种效果。

**生**：老师，那您就教教我吧。

**师**：好，下面我们就通过一个实例来看看具体的制作方法。

（1）启动 Photoshop CC 打开需要处理的文件，如图 4-48 所示。下面为这张照片添加镜头光晕效果。

图 4-48　需要处理的图片

（2）在“图层”面板中复制背景图层，选择复制的背景图层，执行“滤镜”→“渲染”→“镜头光晕”命令，打开“镜头光晕”对话框。在“镜头类型”栏中单击“50-300 毫米变焦”单选按钮，拖曳“亮度”滑块调整亮度，拖曳预览窗口中十字标记调整镜头光晕中心的位置，如图 4-49 所示。完成设置后单击“确定”按钮关闭对话框，此时图像效果如图 4-50 所示。

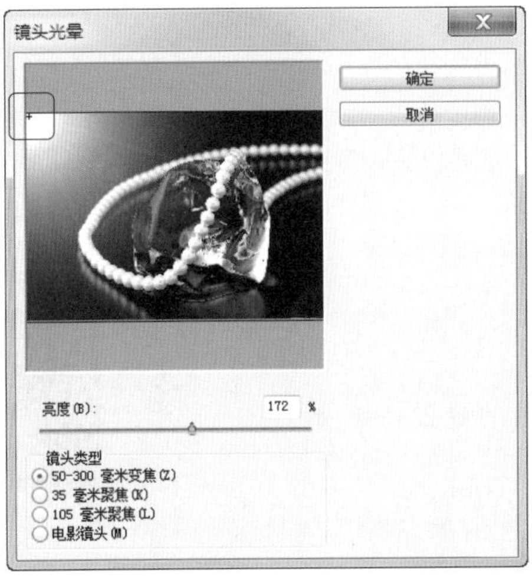

图 4-49　“镜头光晕”对话框

图 4-50　应用滤镜后的效果

**教师点拨**：在“镜头光晕”对话框中，按住 Alt 键在对话框的预览图上单击将打开“精确光晕中心”对话框。在对话框中 X 和 Y 文本框中输入数值，可以将镜头光晕的中心准确地放置到图像中指定的位置。

（3）执行“滤镜”→“模糊”→“高斯模糊”命令，打开“高斯模糊”对话框，设置“半径”值，如图 4-51 所示。在“图层”面板中将图层混合模式设置为“滤色”，将图层的“不透明度”设置为 85%，如图 4-52 所示。

（4）合并图层并保存文件，图片添加了镜头光晕效果，同时也在图像的左上方添加了一个光源。本例制作完成后的图像效果如图 4-53 所示。

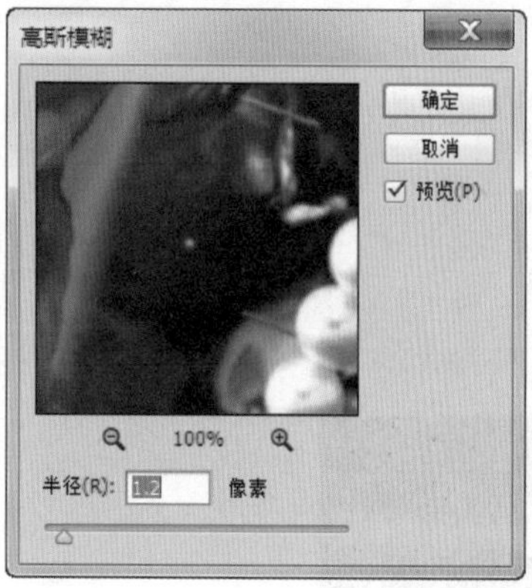


图 4-51 “高斯滤镜”对话框

图 4-52 设置图层混合模式和不透明度

图 4-53 本例制作完成后的效果

## 4.2 宝贝照片的创意设计

网店中宝贝的照片要吸引人，离不开一些特效的应用。具有创意的宝贝照片，能够给人留下深刻印象，让人记住看到的宝贝。Photoshop 的功能是强大的，很多让人印象深刻的照片的制作，并不需要高深的技巧。本节将借助于 6 个照片特效制作实例来展示 Photoshop 中常见的创意设计技巧。

### 4.2.1 制作宝贝的焦点照片效果

视频讲解

**生**：我看到这样一种创意照片，照片中的某个图像就像一张单独的放置在该照片中的照片。老师，您知道这种效果是怎么完成的吗？

**师**：你说的这个是所谓的焦点照片。既然你对这种照片效果感兴趣，那我就首先教你这种效果的制作方法吧。

(1) 启动 Photoshop CC 打开需要处理的文件，如图 4-54 所示。下面对照片进行处理，制作焦点照片效果。

(2) 在“图层”面板中单击“添加新图层”按钮添加一个空白图层，在工具箱中选择“矩形选框工具”，拖曳鼠标绘制一个矩形，如图 4-55 所示。在工具箱中选择“油漆桶工具”，在选区中单击向矩形选区填充黑色，如图 4-56 所示。

(3) 在“图层”面板中将图层混合模式设置为“柔光”，如图 4-57 所示。双击“图层 1”打开“图层样式”对话框，在“样式”列表中勾选“投影”复选框，对投影效果进行设置，如图 4-58 所示。勾选“描边”复选框，单击“颜

图 4-54　需要处理的图片

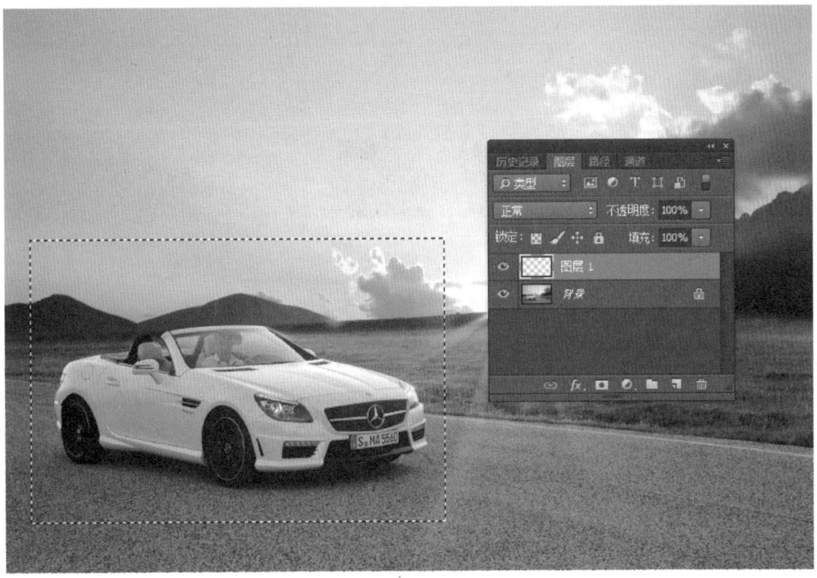


图 4-55　绘制一个矩形选框

图 4-56　向选区填充黑色

色”按钮打开“拾色器”对话框，将描边颜色设置为白色，如图 4-59 所示。设置边框线的大小，如图 4-60 所示。

图 4-57　将图层混合模式设置为“柔光”

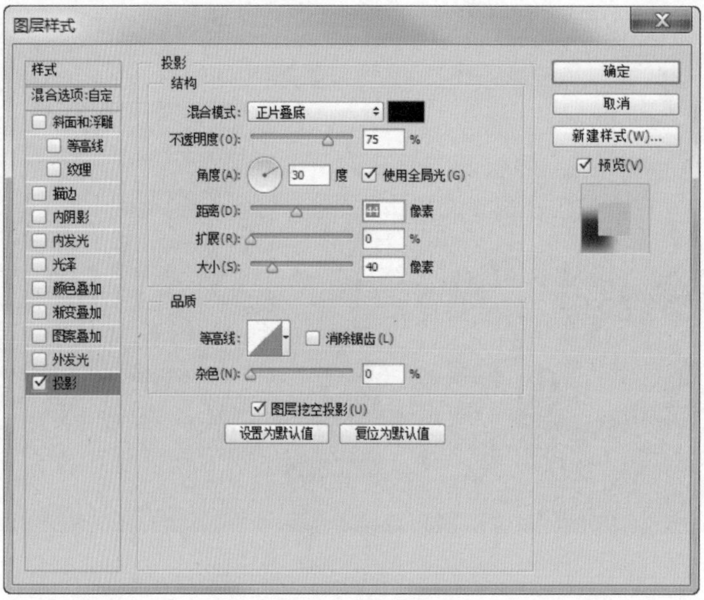


图 4-58　设置投影效果

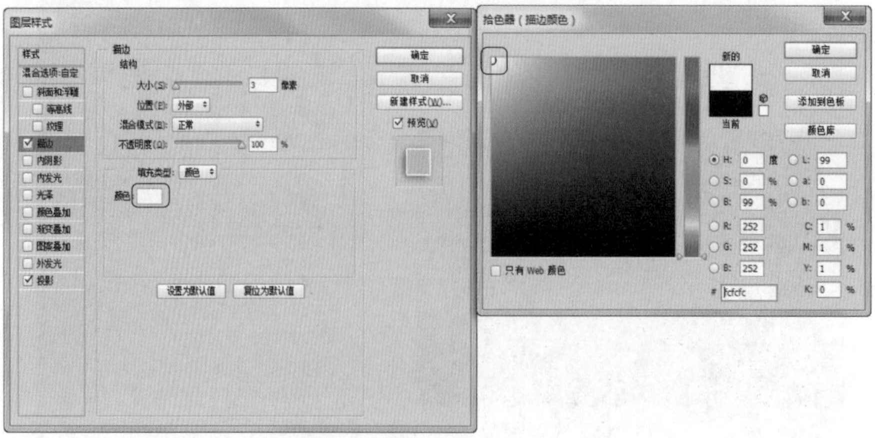


图 4-59　设置描边颜色

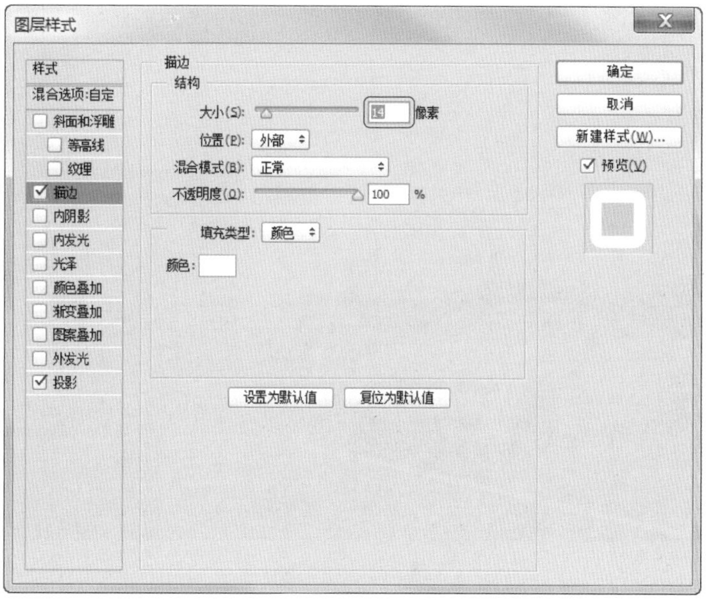


图 4-60　设置边框线大小

（4）完成设置后"单击"确定按钮关闭"图层样式"对话框，按 Ctrl+T 键，拖曳控制柄将"图层 1"中的矩形适当旋转，如图 4-61 所示。按 Enter 键确认旋转操作取消变换框。

图 4-61　旋转"图层 1"中的矩形

（5）在工具箱中选择"魔棒工具"，在"图层 1"的黑色矩形中单击选择该矩形。在"图层"面板中单击下方的"创建新的填充或调整图层"按钮，选择打开列表中的"色阶"选项。此时将打开"属性"面板，在该面板中对图像的色阶进行调整，如图 4-62 所示。此时，"图层"面板中将添加一个"色阶"调整层。该图层将带有一个图层蒙版，色阶调整的效果将只作用于选区，如图 4-63 所示。

**教师点拨**：在 Photoshop 中使用调整图层对图层色调进行调整与直接使用色彩调整命令对图像进行调整所获得的效果是一样的。使用调整图层的优势在于，色彩的调整是在图层上进行的，没有对原始图像进行修改，如果要取消调整操作只需删除调整层就可以了。同时，调整层可以复制，这就意味着相同的效果能够方便地应用于其他图层或图像。利用附着于调整层的图层蒙版，可以方便地将效果应用于指定的区域。

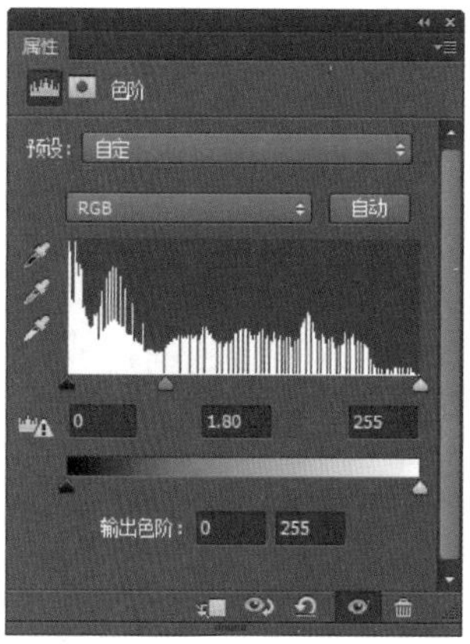


图 4-62　"属性"面板

（6）合并所有图层，保存文档。本例制作完成后的效果如图 4-64 所示。

图 4-63　添加“色阶”调整层

图 4-64　本例制作完成后的效果

### 4.2.2　将照片放到相框里

**师**：宝贝照片的修饰方法很多，其中比较常见的方法就是为照片添加个性边框。个性化的边框既能使照片显得与众不同，又能使宝贝照片与其他内容分开，起到美化版面的作用。

视频讲解

**生**：那应该如何制作照片的边框呢？

**师**：根据需要的效果不同，宝贝边框的制作方法也各不相同。例如，上一个例子中，使用图层样式不就可以为照片添加常见的白色边框吗？在实际制作时，你应该根据需要灵活应用 Photoshop 来进行创作。

**生**：好的。

**师**：下面我们就一起来制作一个实例吧。

(1) 启动 Photoshop CC 打开需要处理的文件，如图 4-65 所示。下面对照片进行处理，为照片添加相框，同时制作照片放置在相框中的效果。

图 4-65　需要处理的图片

(2) 在工具箱中选择“圆角矩形”工具，在工具的选项栏中取消图形的填充，如图 4-66 所示。取消对路径的描边，如图 4-67 所示。拖曳鼠标绘制一个圆角矩形。

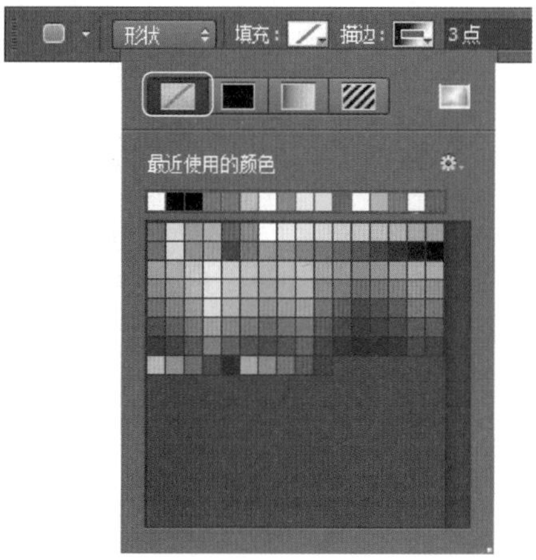


图 4-66　取消图形的填充

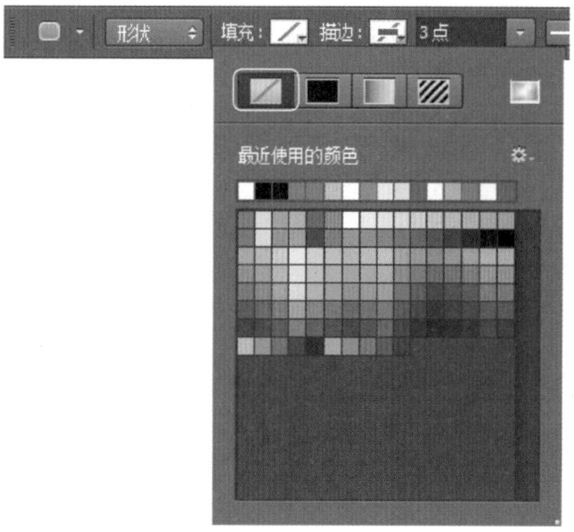


图 4-67　取消路径描边



(3) 在工具箱中选择“路径选择工具”拖曳路径调整其在图像中的位置，如图 4-68 所示。在打开的“属性”调整圆角的大小，如图 4-69 所示。打开“路径”面板，单击“将路径作为选区载入”按钮将路径转换为选区，如图 4-70 所示。

(4) 在“图层”面板中选择“背景”图层，按 Ctrl+C 键复制选区内图像，按 Ctrl+V 键将图像粘贴到新图层中。打开该图层的“图层样式”对话框，在“样式”列表中勾选“内阴影”复选框，选择该选项后对内阴影效果进行设置，如图 4-71 所示。完成设置后单击“确定”按钮关闭对话框。

(5) 在“背景”图层上方创建一个空白图层，按 D 键将前景色和背景色设置为默认的黑色和白色，使用黑色填充该图层。执行“滤镜”→“渲染”→“纤维”命令，打开“纤维”对话框，在对话框中对滤镜效果进行设置，如图 4-72 所示。在“图层”面板中将该图层的图层混合模式设置为“柔光”，如图 4-73 所示。

图 4-68　调整路径在图像中的位置

图 4-69　调整圆角的大小

图 4-70　将路径转换为选区

(6) 合并所有图层，保存文档。本例制作完成后的效果如图 4-74 所示。

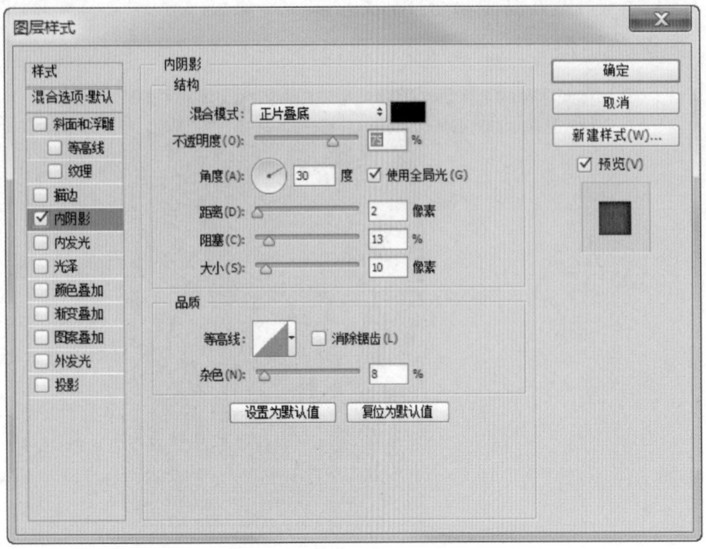


图 4-71　设置“内阴影”效果

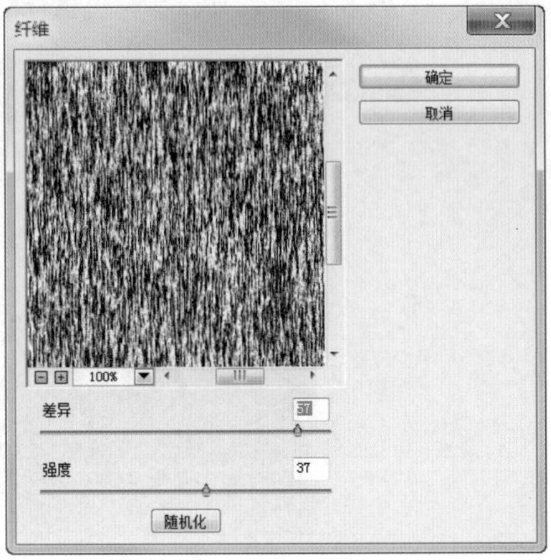


图 4-72　“纤维”对话框

图 4-73　将图层混合模式设置为“柔光”

图 4-74　本例制作完成后的效果

### 4.2.3　制作叠放照片效果

视频讲解

**生**：老师，怎样在照片中制作叠放照片效果？

**师**：嗯，你说的这种叠放照片的效果倒是一种比较常见的创意，制作的方法也很多，下面我给你介绍一个多张照片叠放的效果吧。

**生**：好呀。

**师**：在这个实例中，首先为照片添加白色边框，将照片旋转一定角度叠放。为了增强效果，制作照片间的阴影效果。同时，利用 Photoshop 的“自由变换”命令为叠放的照片进行透视变换获得平放的效果。

(1) 启动 Photoshop CC 打开需要处理的文件，如图 4-75 所示。下面将右侧素材图片放置到左侧背景图片中，制作多张照片叠放的效果。

(2) 在工具箱中选择“移动工具”，将素材图片拖曳到背景图片所在的图像窗口中。按 Ctrl+T 键，调整图片在背景中的大小，如图 4-76 所示。在“背景”图层上创建一个新图层，使用“矩形选框工具”绘制一个矩形选区，在选区中填充白色，如图 4-77 所示。

图 4-75　需要处理的图片

图 4-76　调整素材图片的大小

图 4-77　向矩形选区中填充白色

(3) 按 Ctrl+D 键取消选区，在“图层”面板中选择“图层 1”，按 Ctrl+E 键向下合并选区。复制“图层 2”，调整“图层 2”中图像的大小和旋转角度，如图 4-78 所示。在“图层 2”上方创建一个新图层，使用“多边形套索工具”绘制一个多边形选区，如图 4-79 所示。这里，将工具的“羽化”值设置为 3 个像素。使用“油漆桶工具”向选区填充黑色。按 Ctrl+D 键取消选区，调整图层中图像大小和位置，如图 4-80 所示。

(4) 在“图层”面板中选择“图层 2”图层，按 Shift 键单击“图层 2 拷贝”图层同时选择这 3 个图层，按 Ctrl+T 键，调整 3 个图层中图像的大小和位置，如图 4-81 所示。复制“图层 2”，将“图层 2”中图像适当旋转，如图 4-82 所示。

(5) 在“图层 2”上方创建一个空白图层，使用与步骤(3)相同的方法创建阴影效果，如图 4-83 所示。将“图层 3”和“图层 4”的图层“不透明度”值设置为 80%，如图 4-84 所示。

图 4-78　调整“图层 2”中图像的大小和角度

图 4-79　绘制多边形选区

图 4-80　调整图层中图像的大小和位置

(6) 在“图层”面板中同时选择除“背景”图层外所有图层，右击选择的图层，选择关联菜单中的“链接图层”命令链接选择的图层。按 Ctrl+T 键，按住 Ctrl 键拖曳变换框上的控制柄使图像获得平放效果，如图 4-85 所示。变换效果满意后，按 Enter 键确认变换操作。

**教师点拨**：在对图像进行变换操作时，按 Ctrl 键拖曳控制柄能够实现自由扭曲变换，按 Ctrl+Shift 键拖

图 4-81　调整 3 个图层中图像的大小和位置

图 4-82　旋转“图层 2”中图像

图 4-83　创建阴影效果

曳控制柄能够实现斜切变换效果，按 Ctrl＋Alt＋Shift 键拖曳变换框角上的控制柄能够实现透视变换效果。Photoshop 能够对图像进行的变换操作包括缩放、旋转、斜切、扭曲、透视和变形，选择“编辑”→“变换”命令，在打开的下级菜单中选择相应的命令即可进行操作。

图 4-84　设置图层的“不透明度”

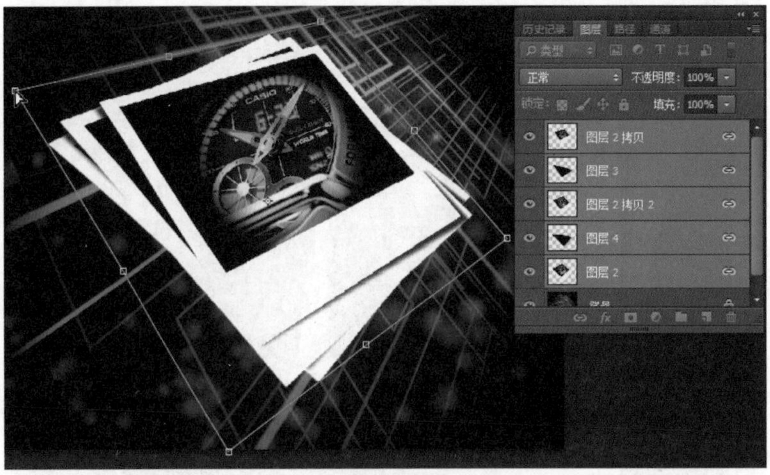


图 4-85　对图像进行透视变换

(7) 合并所有图层，保存文档。本例制作完成后的效果如图 4-86 所示。

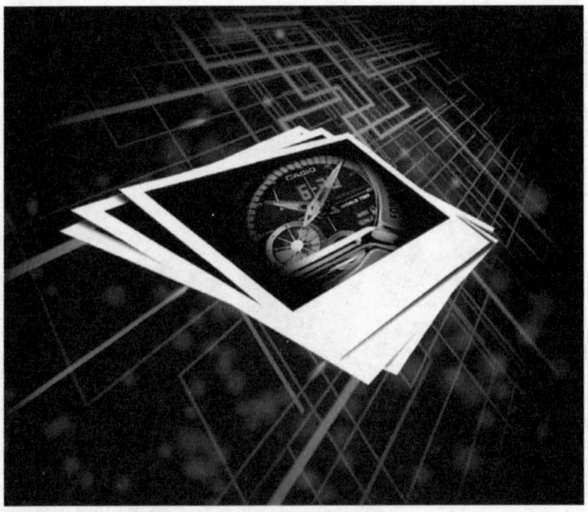

图 4-86　本例制作完成后的效果

### 4.2.4　制作泄出屏幕效果

**生**：老师，在彩电、笔记本电脑和手机等带有屏幕的宝贝照片中，常常可以见到对象从屏幕中飞出的特效。我现在终于知道该怎么实现这种效果了，老师，我做给您看看好吗？

视频讲解

**师**：你是怎么做的？

**生**：我的方法是将不同的对象照片放置在不同的图层中，然后使用图层蒙版获得遮盖关系。

**师**：嗯，基本思路是对的。这样吧，你制作一个效果图给我看看好吗？

**生**：行呀。

(1) 启动 Photoshop CC 打开需要处理的文件，如图 4-87 所示。本例将这 3 张照片拼合在一起，制作瀑布从电视屏幕中泄出的效果。

图 4-87　需要处理的图片

(2) 在工具箱中选择“魔棒工具”，在电视素材图片背景处单击选择白色的背景区域，按 Ctrl+Shift+I 键反选选区获得电视。将电视复制到背景图片中，调整电视的大小和位置，如图 4-88 所示。将瀑布图片拖曳到图像中放置于合适的位置，如图 4-89 所示。用“矩形选框工具”绘制和电视屏幕一样大的矩形选区，在“图层”面板中单击“创建图层蒙版”按钮创建图层蒙版。此时 Photoshop 将自动在图层蒙版中填充颜色使选区成为可见区域，如图 4-90 所示。

图 4-88　复制彩电

图 4-89　放置瀑布图片

图 4-90　创建图层蒙版白色

（3）复制瀑布所在的图层，为该图层添加一个图层蒙版。在工具箱中选择“画笔工具”，在选项栏中设置较大的笔头并将其“硬度”设置为 0，如图 4-91 所示。使用黑色在图层蒙版中涂抹遮盖住电视边框外的部分，如图 4-92 所示。

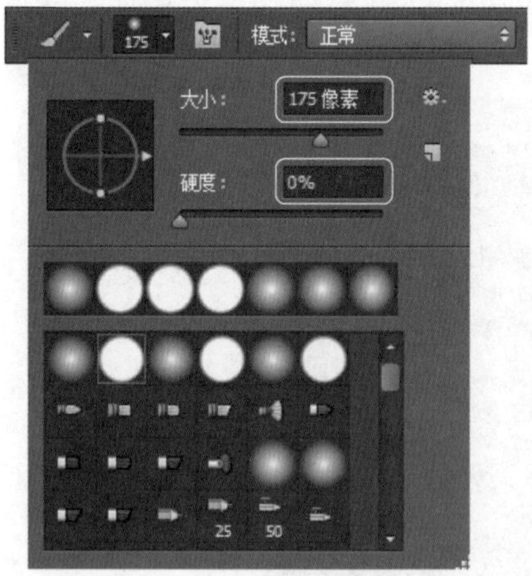


图 4-91　设置笔头大小和硬度

图 4-92　在图层蒙版中涂抹

**教师点拨**：在蒙版中进行涂抹时，为了真实表现瀑布的水雾，应该将画笔笔头设置为柔性笔头，也就是笔头硬度为 0，使用这种圆形笔头的边缘进行涂抹。

(4) 合并所有可见图层，保存文档。本例制作完成后的效果如图 4-93 所示。

图 4-93 本例制作完成后的效果

### 4.2.5 制作萦绕的光线效果

视频讲解

**师**：不知你注意到了没有，在一些时尚的照片中，带有光晕的线条是一个常见元素。

**生**：我在很多图片中都看到这种效果，感觉很时尚很新潮，可是我就是不知道该怎么制作这种效果。您能教教我吗？

**师**：嗯，下面我还是通过一个具体的实例来介绍这种效果的制作方法吧。

**生**：很难吗？老师。

**师**：不难。用“钢笔工具”工具绘制路径，使用“用画笔描边路径”功能描绘路径得到光线，使用“外发光”图层样式获得光晕，最后使用图层蒙版获得遮盖关系。你看，很简单吧？

**生**：是呀，那我们就开始吧。

(1) 启动 Photoshop CC 打开需要处理的文件，如图 4-94 所示。下面在这张照片中添加两条萦绕手表的光线。

(2) 在工具箱中选择“钢笔工具”，使用该工具在图片中绘制一条曲线路径，如图 4-95 所示。在工具箱中选择“画笔工具”工具，按 F5 键打开“画笔”面板，选择“画笔笔尖”选项，设置笔尖的“大小”“硬度”和“间距”，如图 4-96 所示。

图 4-94 需要处理的图片

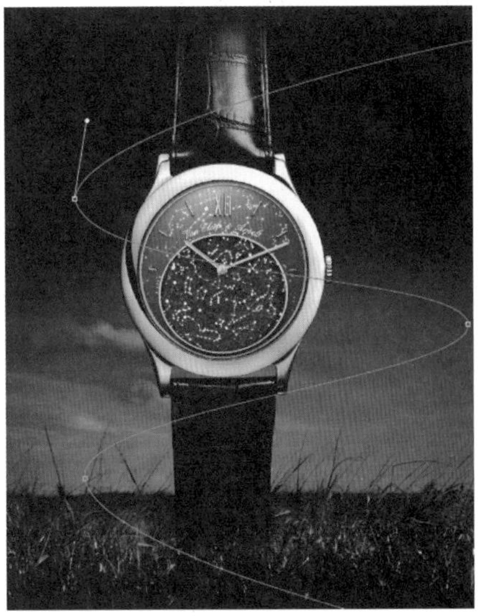

图 4-95 绘制路径

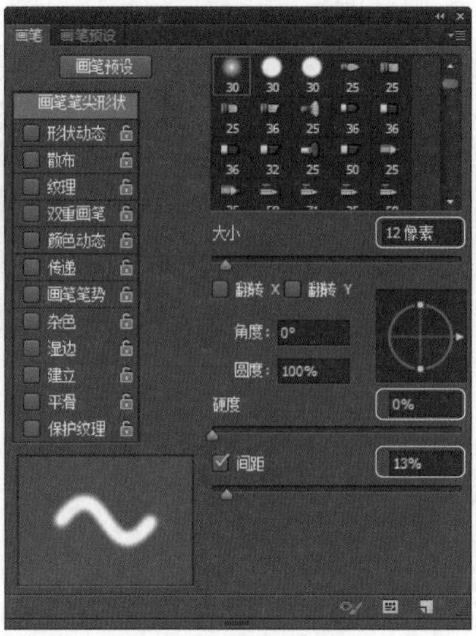


图 4-96　设置笔尖的“大小”“硬度”和“间距”

(3) 在“图层”面板中创建一个新图层，选择该图层。将前景色设置为白色，打开“路径”面板，选择创建的路径后单击“用画笔描边路径”按钮，如图 4-97 所示。此时，Photoshop 将使用指定的画笔笔尖使用前景色描绘路径，如图 4-98 所示。

图 4-97　单击“用画笔描边路径”按钮

图 4-98　使用画笔描绘路径

(4) 在“图层”面板中双击“图层 1”打开“图层样式”面板，勾选“外发光”选项，设置光线颜色和大小，如图 4-99 所示。将“不透明度”值设置为 100%，对“等高线”进行设置，如图 4-100 所示。单击“确定”按钮关闭对话框，此时图像效果如图 4-101 所示。

(5) 复制“图层 1”，在“图层”面板中双击“外发光”选项打开“图层样式”对话框，设置光晕的颜色，如图 4-102 所示。单击“确定”按钮关闭对话框，按 Ctrl+T 键，调整图层中图像的大小，如图 4-103 所示。完成调整后按 Enter 键确认操作。

(6) 选择“图层 1”，为其添加一个图层蒙版。在工具箱中选择“画笔工具”工具，设置适当的画笔笔尖的大小并将笔尖“硬度”设置为 100%，使用黑色在表带的位置涂抹获得光线被表带遮住的效果，如图 4-104 所示。为“图层 1 拷贝”图层添加一个图层蒙版，使用相同的方法在图层蒙版中涂抹获得光线被遮盖的效果，如图 4-105 所示。

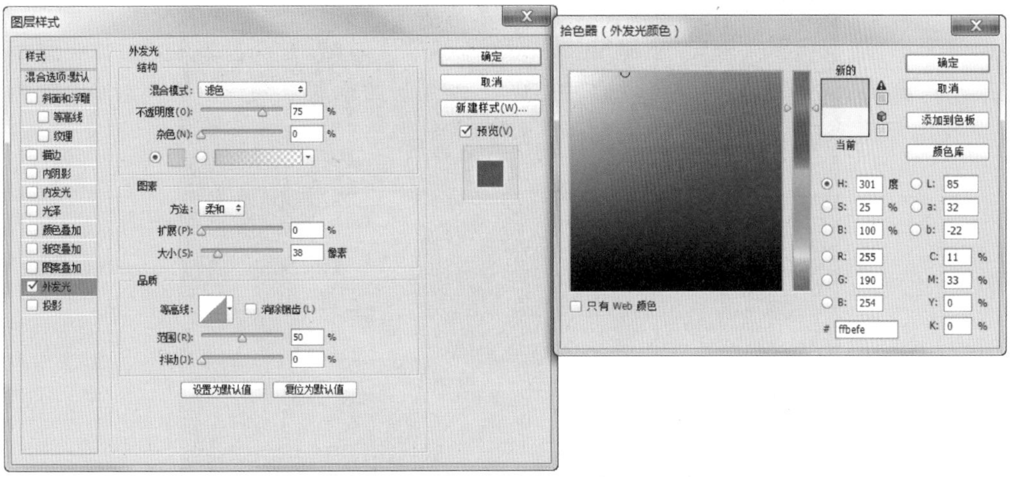


图 4-99　设置光线颜色和大小

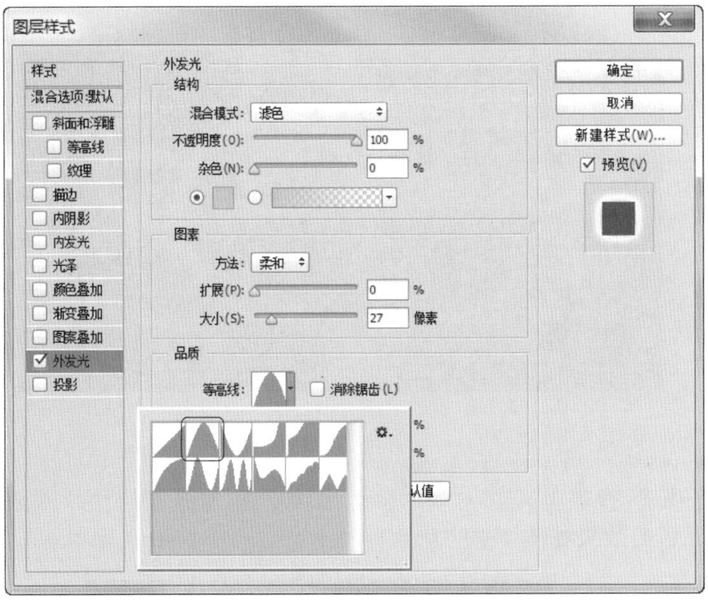


图 4-100　设置"不透明度"值和"等高线"

图 4-101　添加图层样式后的效果

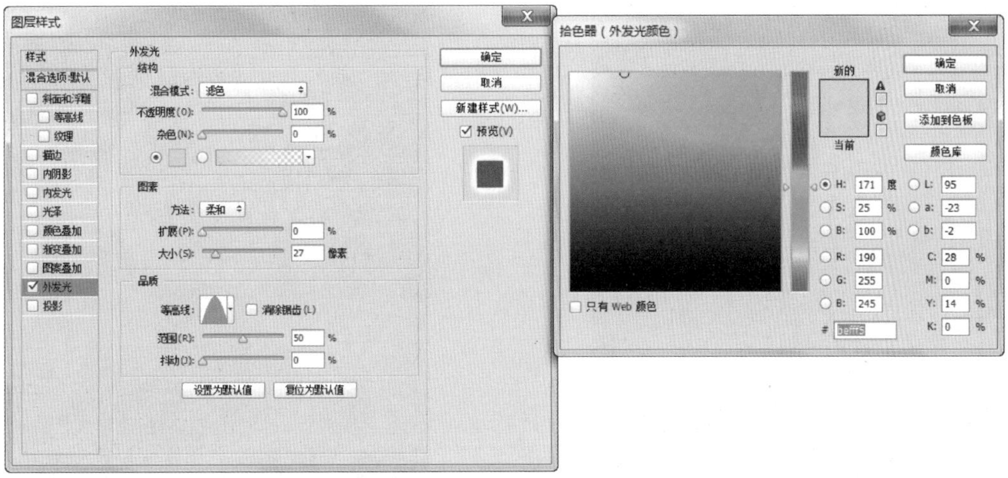


图 4-102　设置光晕的颜色

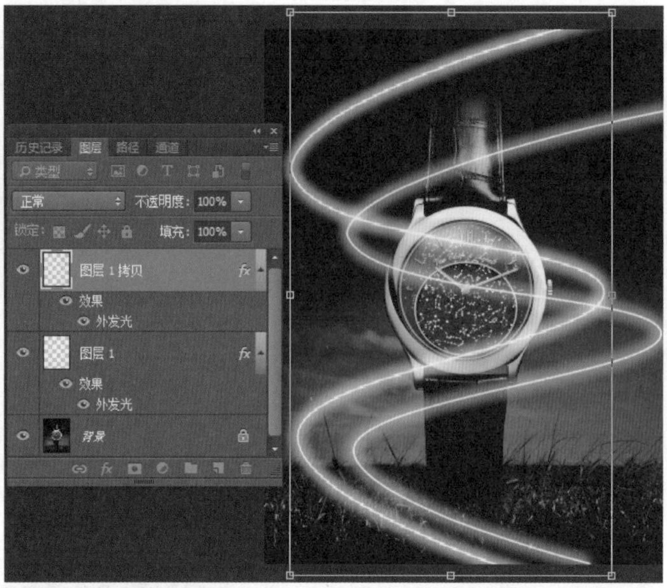


图 4-103　调整图层中图像的大小

图 4-104　在蒙版中涂抹获得表带遮盖光线的效果

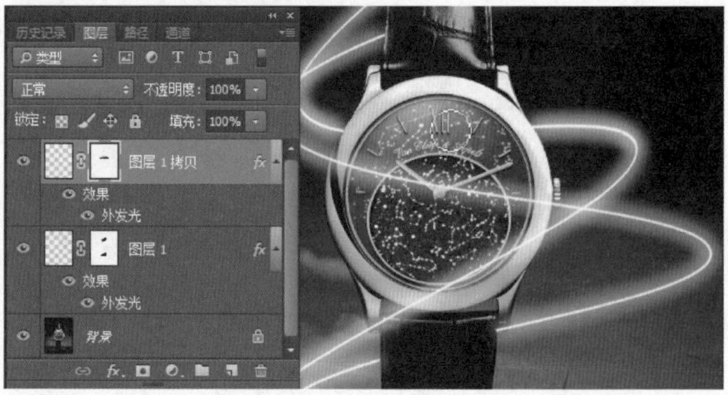


图 4-105　在“图层 1 拷贝”图层蒙版中涂抹

（7）在“图层”面板中将“图层 1”和“图层 1 拷贝”这两个图层的“不透明度”均设置为 80%，如图 4-106 所示。合并所有可见图层，保存文档。本例制作完成后的效果如图 4-107 所示。

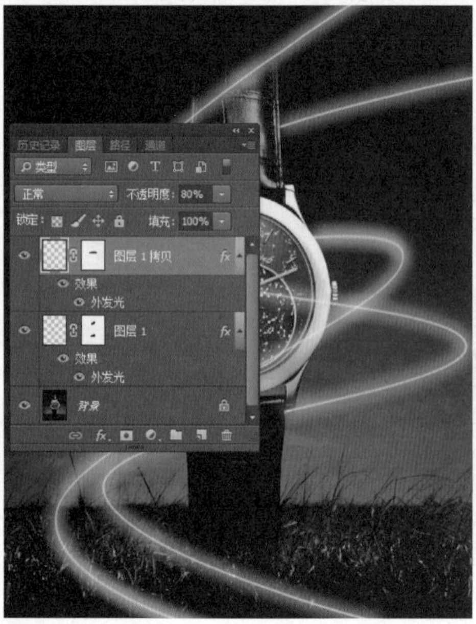


图 4-106　设置图层的“不透明度”

图 4-107　本例制作完成后的效果

## 4.2.6 制作放射光芒背景

视频讲解

**生**：在很多宣传画中，我都能见到从图片中的一点向四周散射光芒的效果。这种散射光芒作为背景，给人一种开放、大气的感觉。您能介绍一下这种效果的制作方法吗？

**师**：这种背景效果在 Photoshop 中实现并不困难。在画面中绘制发光条后，使用变换工具对其进行旋转和斜切变换就能获得光芒的效果。如果需要，你还可以在画面中添加星星和彩条等元素，那样效果会更好。下面我们就一起来完成一个实例，体会一下具体的做法吧。

（1）启动 Photoshop CC 打开需要处理的文件，如图 4-108 所示。在这张背景透明的图片中已经放置了宝贝，下面为图片添加放射光芒背景，并以散布的星星装饰背景。

图 4-108　需要处理的图片

（2）在工具箱中选择“渐变工具”，打开“渐变编辑器”对话框，对渐变颜色进行设置。设置第一个色标的颜色，如图 4-109 所示。将渐变设置为“径向渐变”，如图 4-110 所示。在“图层”面板中创建一个新图层，将该图层拖曳到“图层”面板的最底层，在该图层中从下向上拖曳鼠标进行渐变填充，如图 4-111 所示。

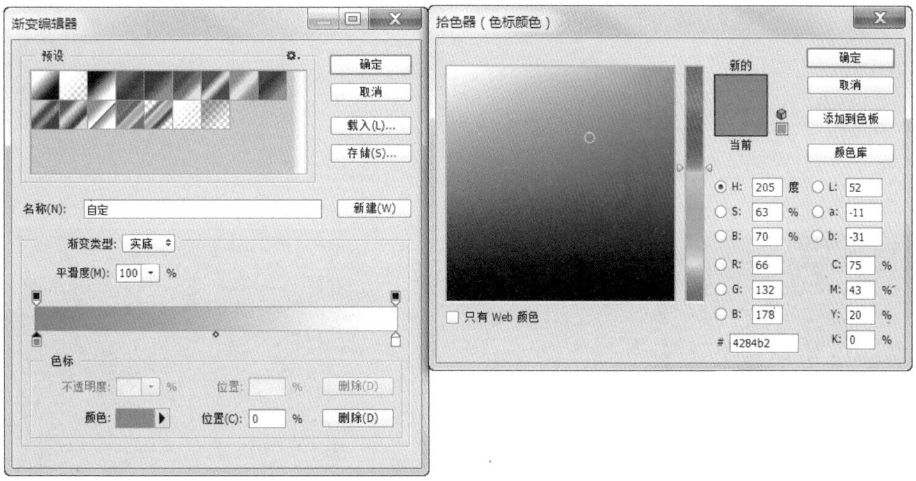


图 4-109　设置第一个色标颜色

图 4-110　将渐变设置为径向渐变

（3）在“图层”面板中单击“图层 1”图层的“指示图层可见性”按钮使该图层不可见，在“图层”面板中创建一个新图层并选择该图层，如图 4-112 所示。在工具箱中选择“矩形选框工具”，拖曳鼠标绘制一个矩形选区。使用“渐变工具”，采用与背景相同的方式对选区应用渐变填充，如图 4-113 所示。

图 4-111　使用径向渐变填充

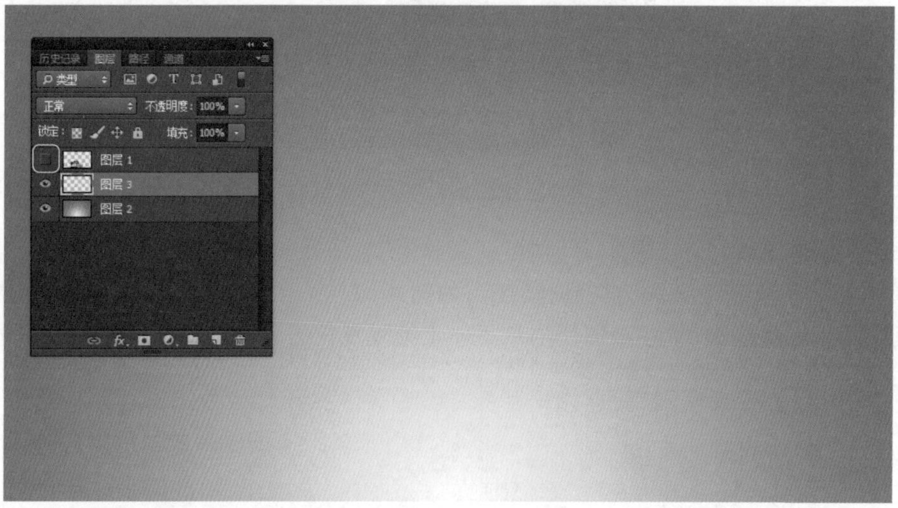


图 4-112　单击“指示图层可见性”按钮使“图层 1”不可见

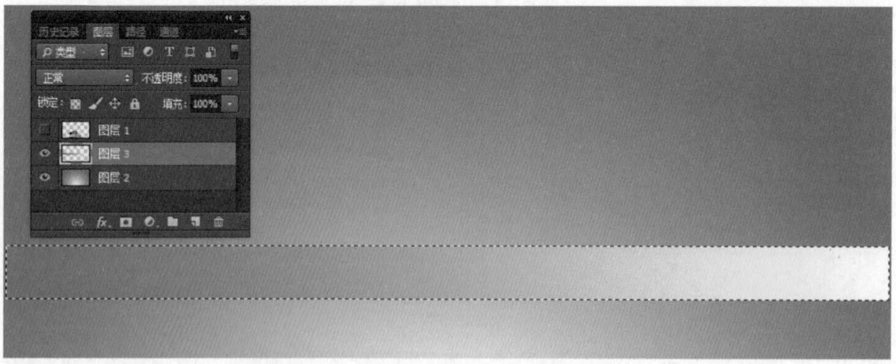


图 4-113　对选区应用渐变填充

(4) 执行“编辑”→“变换”→“斜切”命令，拖曳变换框上的控制柄对图像进行斜切变换，如图 4-114 所示。复制该图层，按 Ctrl+T 键，将中心移到变换框的右边框上，如图 4-115 所示。在选项栏的“旋转”文本框中输入旋转角度旋转图像，如图 4-116 所示。适当将图像拉长，按 Enter 键确认变换操作。此时复制图层中的图像顺时针旋转 15°，如图 4-117 所示。

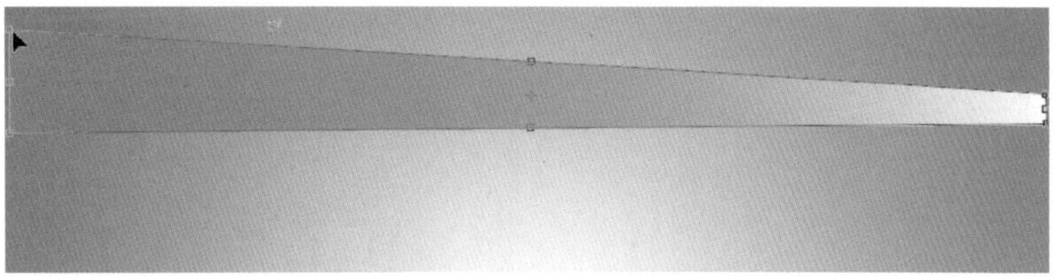

图 4-114　对图像进行斜切变换

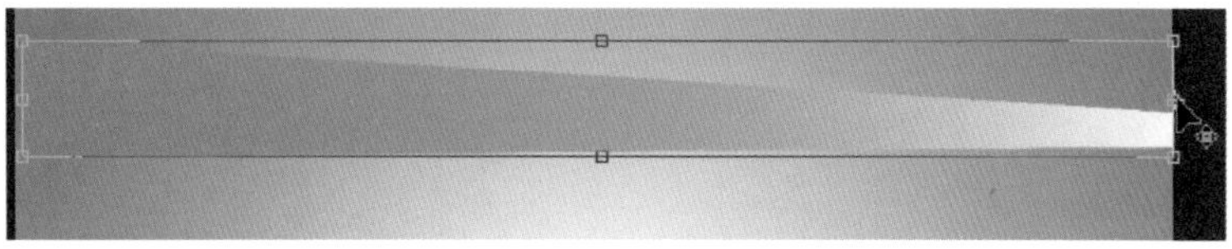

图 4-115　将中心移到右边框

图 4-116　输入旋转角度

图 4-117　图像顺时针旋转 15°

(5) 在“图层”面板中同时选择这两个图层，按 Ctrl＋E 键将它们合并为一个图层。将合并后的图层放置到图片的底部，同时将该图层的图层混合模式设置为“滤色”，如图 4-118 所示。复制“图层 3 拷贝”图层，使用上一步介绍的方法将该图层旋转 30°，如图 4-119 所示。使用相同的方法依次复制图层并旋转，获得光芒效果，如图 4-120 所示。

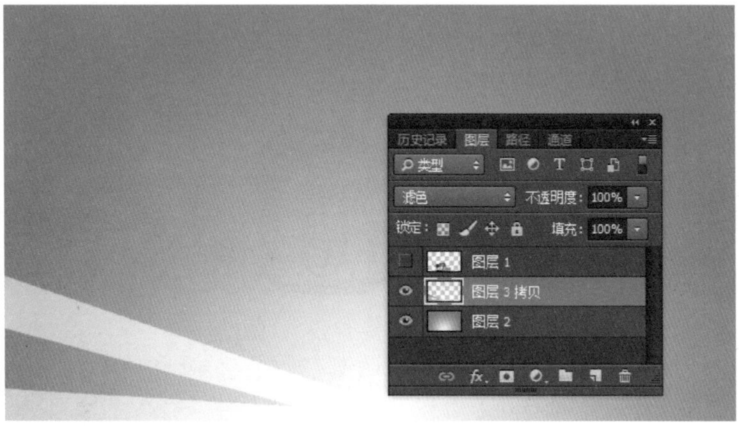


图 4-118　将图层混合模式设置为“滤色”

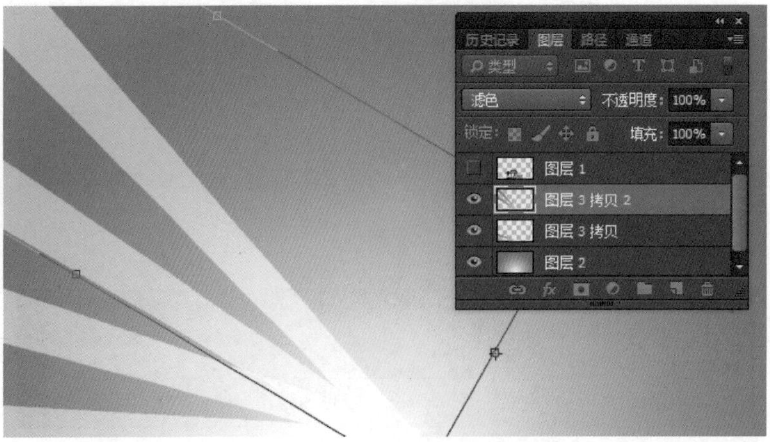


图 4-119　复制图层并旋转 30°

图 4-120　获得光芒效果

(6) 在“图层”面板中再次单击“图层 1”的“指示图层可见性”按钮使其可见，将光芒所在图层链接为一个图层，调整图像间的位置关系，如图 4-121 所示。在“图层 1”上创建一个新图层，在工具箱中选择“画笔工具”，打开“画笔”面板，在左侧列表中选择“画笔笔尖形状”选项，设置画笔笔尖形状、大小和间距，如图 4-122 所示。在左侧列表中勾选“散布”复选框，对“散布”参数进行设置，如图 4-123 所示。

图 4-121　调整图像间的位置关系

(7) 在图像不同位置单击或稍微拖曳一下鼠标添加星星，如图 4-124 所示。合并所有的图层，保存文档。本例制作完成后的效果如图 4-125 所示。

**教师点拨**：这里，如果希望绘制星星的大小不同，可以在“画笔”面板左侧勾选“形状动态”复选框，调整“大小抖动”的值，其值越大，自动绘制星星大小的区别就越大。

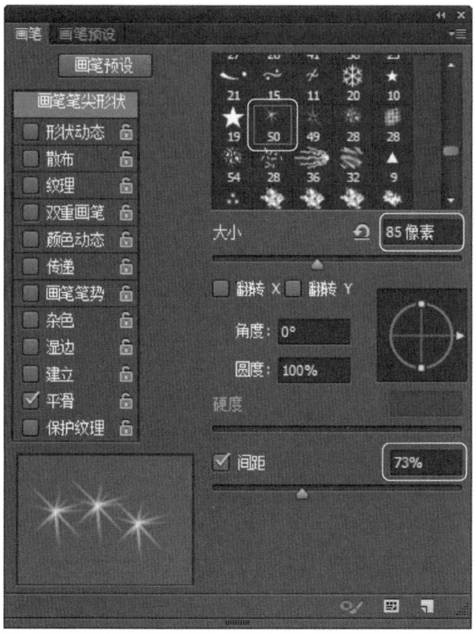


图 4-122　设置画笔笔尖形状、大小和间距

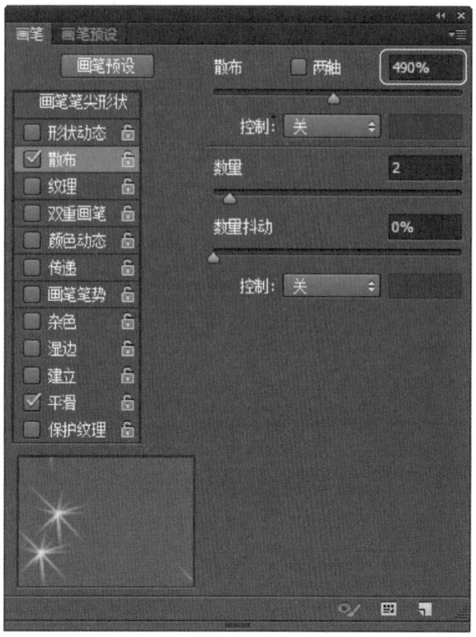


图 4-123　设置“散布”参数

图 4-124　在图像中添加星星

图 4-125　本例制作完成后的效果

Chapter 5

# 第5章　用Photoshop设计店铺元素

要让自己的网店从众多网店中脱颖而出，网店的“装修”很重要。网店的装修属于网页设计范畴，“装修”工作无非是图片边界处理和网页的制作。淘宝网为卖家建立网店提供了方便的操作模板，卖家即使不懂网页制作，也能够快速将准备好的素材放置到网页的指定位置，获得满意的店铺页面效果。因此，在店铺“装修”时，获得图片素材就是很重要的工作了。本章将介绍使用 Photoshop 设计制作淘宝店铺各种构成元素的方法和技巧，帮助读者美化店铺，使店铺具有更多视觉销售力。

## 5.1 设计店铺的店标

店标是店铺的标志，是店铺区别于其他店铺的一种独特的设计元素，其代表店铺本身，在方寸之地传递店铺的经营理念、内容和风格等信息。因此，店标可以说是店铺的一个形象说明，尺寸虽小，作用重大。

### 5.1.1 店铺店标的设计要求

视频讲解

店标是淘宝店铺的标志，实际上是店铺的 LOGO。就像大家熟悉的 QQ 头像那样，店标可以看作是店铺的头像。店标是传递店铺信息的一种重要手段，对于普通店铺，店标可以显示在店铺网页的左上角。而对于旺铺，在店铺首页是无法看到的，只会在搜索店铺时显示，如图 5-1 所示。

图 5-1 搜索店铺时显示的店标

一个店标一般由文字和图像构成，可以是纯文字或纯图案店标，也可以是文字图案混合店标。纯文字店标由单独的文字或字母构成，具有标志清晰且易读易记的优点。纯图案店标则不包含文字，单独由图案构成，具有形象生动不受语言限制的优势，但由于没有文字，不便于认知，会出现表意不清的情况。因此，现在最常见的店标是图文混合型，具有图文并茂，形象生动且引人注目的特点。

店标代表的是店铺品牌，店标的设计首先应该具有个性，新颖独特，设计的基本原则是保证高可视性。在设计店标时，要充分应用各种表现手段使其易于识别、便于记忆。店标应该具有一定的含义，能够体现店铺个性特点。好的店标应该能传递商品的特征、店铺的精神和经营理念等深层的内容。

店标的设计要符合人们的审美观点，使店标中的图案具有独立于各种具体事物结构的美。店标是一种直观表达的视觉语言，在设计时应该明确形象，图案不要复杂也不要含蓄，通过使用形象而简练的视觉形象给买家以视觉冲击力。

店铺店标按其显示状态分为静态店标和动态店标两种类型。静态店标由文字和图像构成，可以使用图像处理软件（如 Photoshop）来制作，如使用 Photoshop 对图片素材进行处理并添加文字。相对于静态店标而言，动态店标中的构成元素以动画的形式呈现，包含图像或文字的动态变化效果。网店中的动态店标一般使用动态 GIF 文件的形式。这种简单的 GIF 动画可以使用 Photoshop 制作，也可以使用 GIF 动画制作工具（如 Ulead GIF Animator 等）制作。

### 5.1.2 店铺店标制作实例——制作动态店标

视频讲解

**生**：老师，阅读了前面的内容，我对网店的店标有了一定的了解。您能不能给我讲讲店标的具体制作方法。

**师**：好的。在讲解店标制作之前，我们还要明确淘宝网店对店标图像的要求，这是制作店标时必须注意的问题。淘宝规定，店标的尺寸不能超过 100 像素×100 像素，建议尺寸为 80 像素×80 像素，店标文件只支持 GIF 文件、JPG 文件或 JPEG 文件以及 PNG 文件，文件的大小不能超过 80KB。如果卖家个人空间的头像也想使用店标，图像的大小可以为 120 像素×120 像素，文件大小不能超过 100KB。

**生**：嗯，我记住了。

**师**：下面介绍一个动态店标的制作实例。店标背景使用 Photoshop 的工具绘制而成，并制作文字依次出现的动画效果。

(1) 启动 Photoshop CC，按 Ctrl+N 组合键打开“新建”对话框。在其中的“名称”文本框中输入文件名称，将文件“宽度”和“高度”均设置为 300 像素，将“背景内容”设置为透明，如图 5-2 所示。完成设置后单击“确定”按钮创建一个背景透明的新文档。

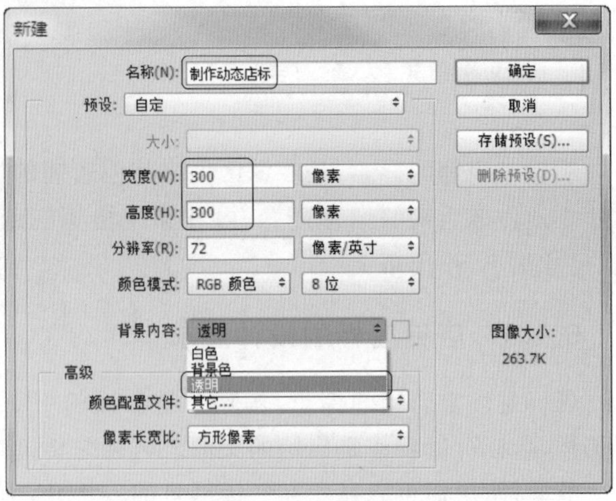


图 5-2 “新建”对话框

(2) 在工具箱中选择“圆角矩形工具”，在选项栏中对工具进行设置。这里取消图像的填充和描边，如图 5-3 所示。拖曳鼠标绘制一个圆角矩形路径，在“属性”面板中对矩形路径的大小和位置进行调整，如图 5-4 所示。

(3) 按 Ctrl＋Enter 组合键将路径转换为选区，按 Ctrl＋Shift＋N 组合键打开“新建图层”对话框，如图 5-5 所示。单击“确定”按钮关闭该对话框创建一个新图层，设置前景色的颜色，如图 5-6 所示。按 Alt＋Del 组合键以前景色填充选区，如图 5-7 所示。

图 5-3 取消对图像的填充和描边

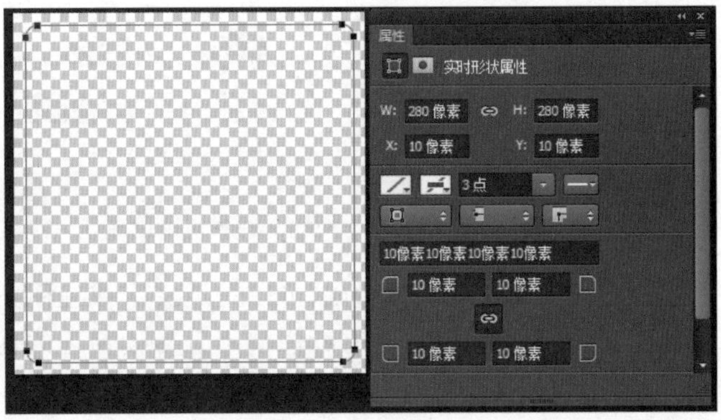


图 5-4 绘制圆角矩形路径

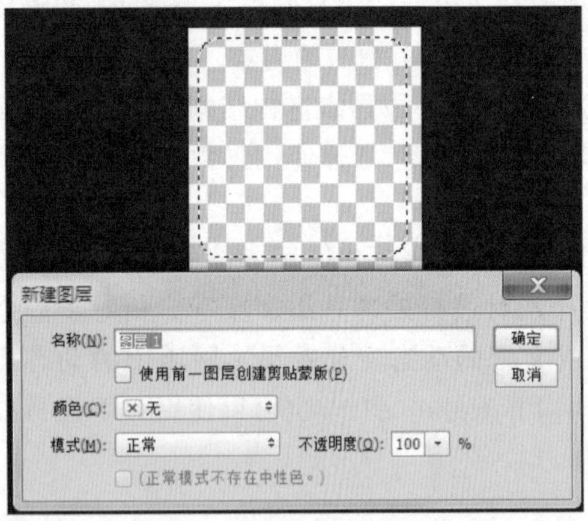


图 5-5 将路径转换为选区并打开“新建图层”对话框

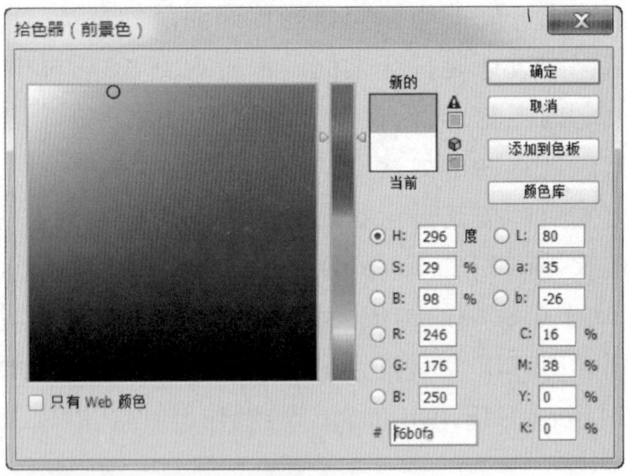


图 5-6 设置前景色颜色

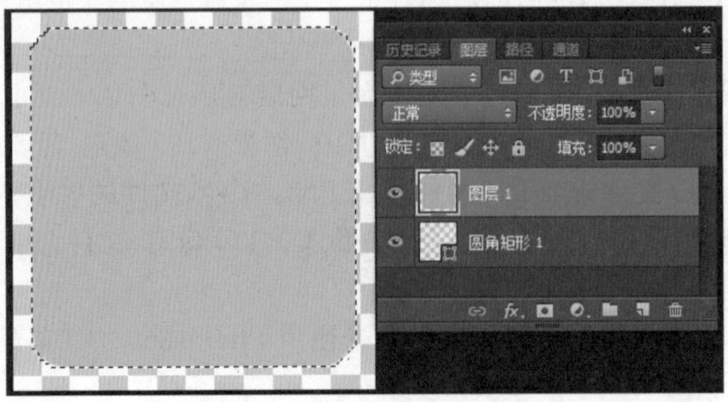


图 5-7 以前景色填充选区

(4) 在“图层”面板中选择“圆角矩形 1”图层，执行“图层”→“栅格化”→“图层”命令将该图层栅格化，按 Ctrl+Shift+I 键反转选区，以白色填充选区，如图 5-8 所示。按 Ctrl+D 组合键取消选区。

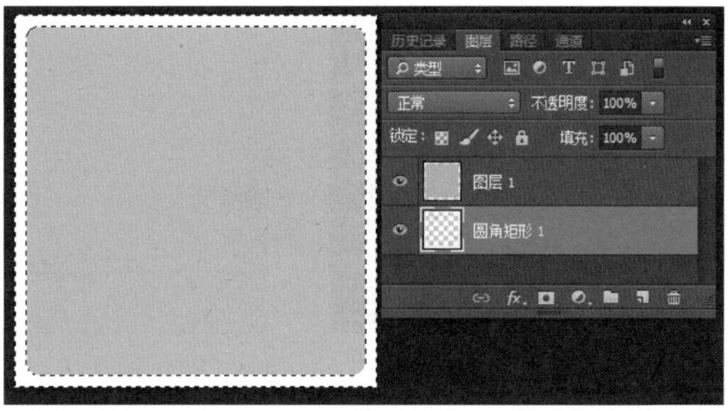


图 5-8　以白色填充选区

(5) 按 Ctrl+N 组合键打开“新建”对话框，对新建文件的名称、大小和背景颜色进行设置。这里，在设置背景色时单击背景内容右侧的颜色按钮打开拾色器对话框，将背景色设置得与步骤(3)中的填充色相同，如图 5-9 所示。分别单击这两个对话框中的“确定”按钮关闭对话框并创建新文件。

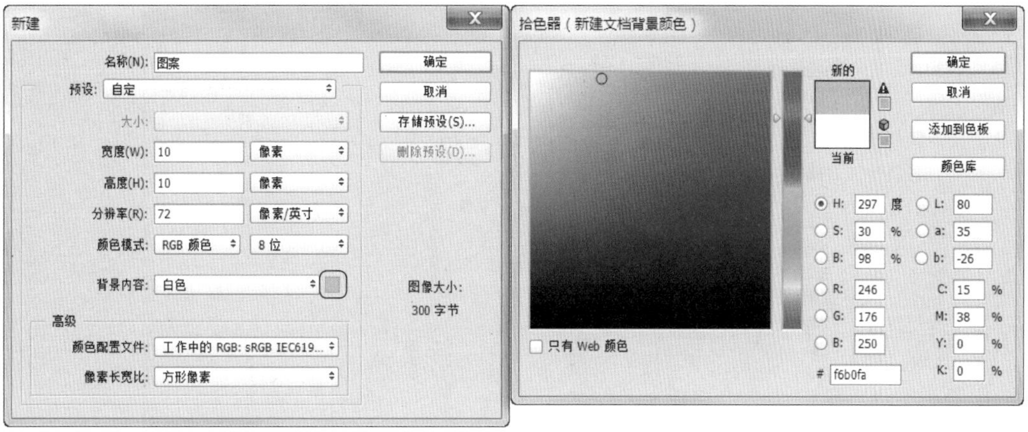


图 5-9　设置背景色

(6) 连续按 Ctrl++组合键将图片放大以方便编辑操作。在工具箱中选择“自定形状工具”，在选项栏中将填充颜色设置为白色，如图 5-10 所示。在选项栏的形状列表中选择绘制心形形状，如图 5-11 所示。拖曳鼠标绘制一个心形，如图 5-12 所示。

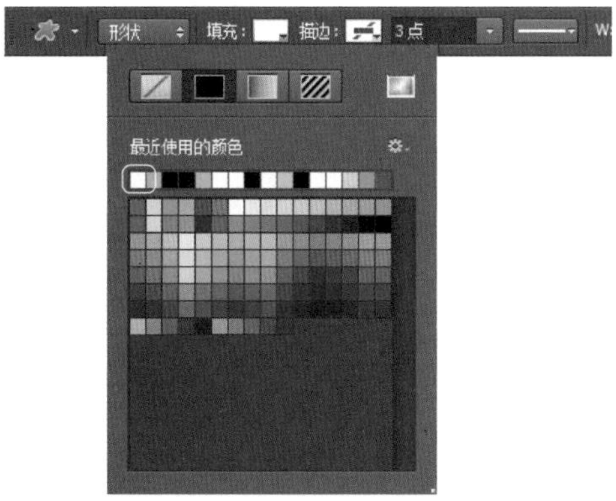


图 5-10　将填充颜色设置为白色

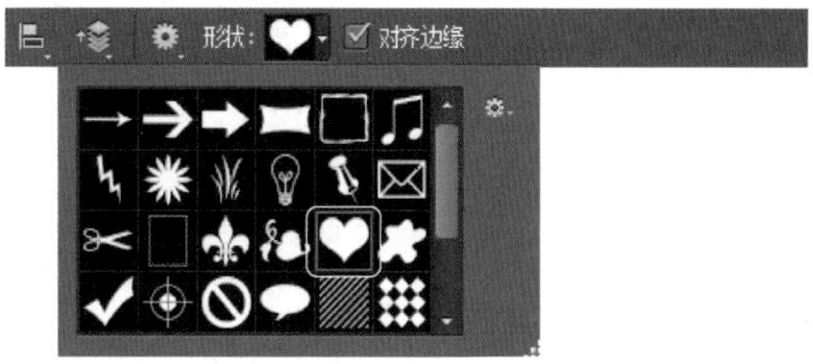


图 5-11　选择绘制心形形状

(7) 按 Ctrl+E 组合键合并图层，执行“编辑”→“定义图案”命令，打开“图案名称”对话框，在对话框中输入定义的图案名称，如图 5-13 所示。单击“确定”按钮关闭“图案名称”对话框。

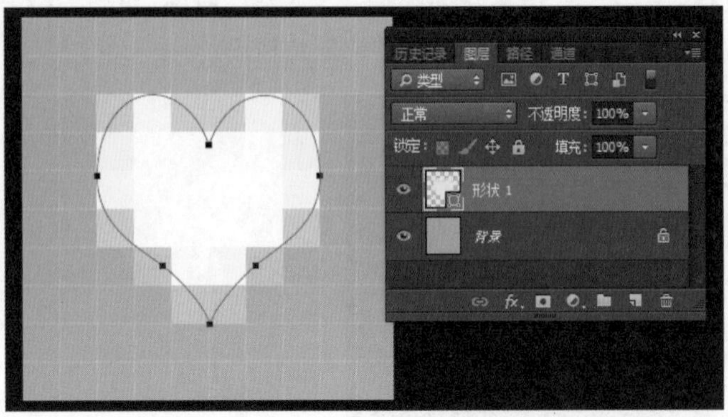


图 5-12　绘制心形

图 5-13　“图案名称”对话框

(8) 切换到“制作动态店标”图像窗口,在“图层”面板中双击“图层 1”打开该图层的“图层样式”对话框,在对话框左侧样式列表中选中“图案叠加”复选框。在右侧“图案”下拉列表中选择上一步自定义的图案,如图 5-14 所示。完成设置后单击“确定”按钮关闭对话框,应用图层样式后的图像效果如图 5-15 所示。

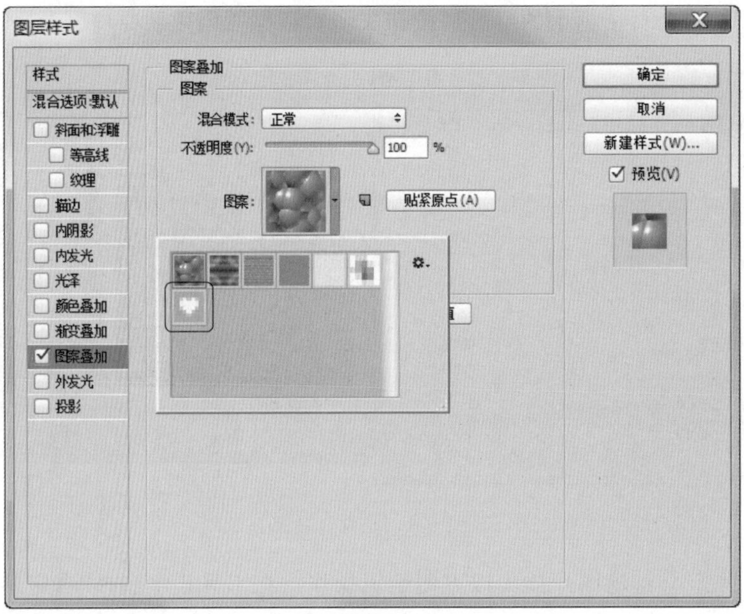


图 5-14　“图层样式”对话框

(9) 使用“钢笔工具”绘制路径并对路径进行编辑,如图 5-16 所示。在“路径”面板中单击“将路径作为选区载入”按钮将路径转换为选区,如图 5-17 所示。在“图层”面板中创建一个新图层,在该图层中使用白色填充选区,如图 5-18 所示。

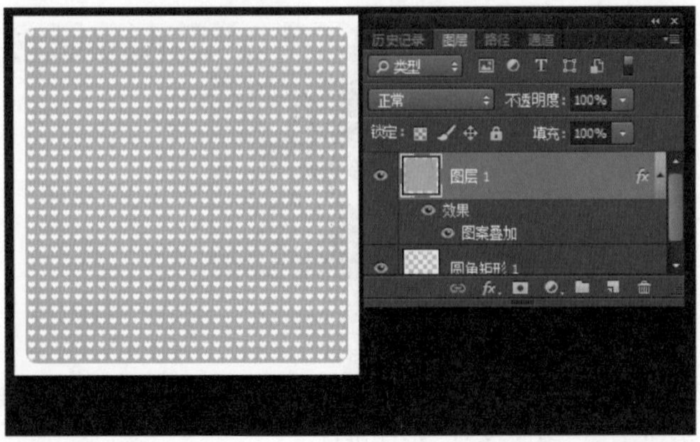


图 5-15　应用图层样式后的效果

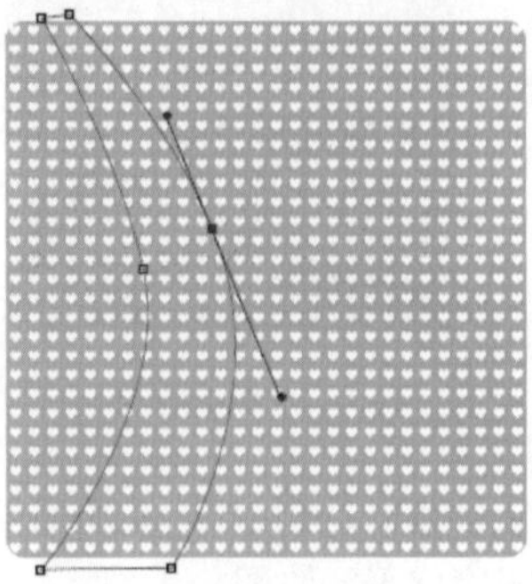

图 5-16　绘制图形并对图形进行编辑

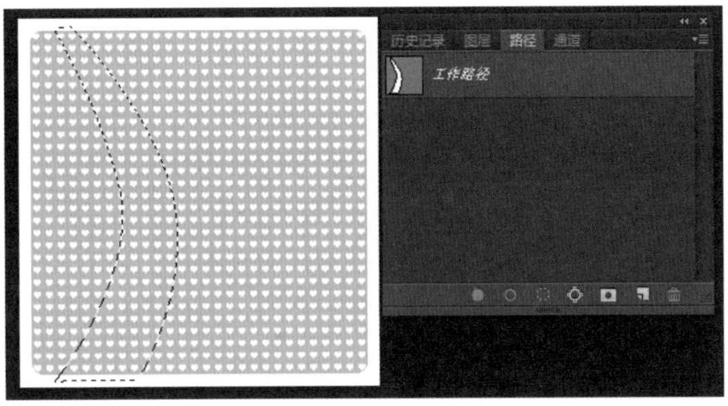


图 5-17　将路径转换为选区

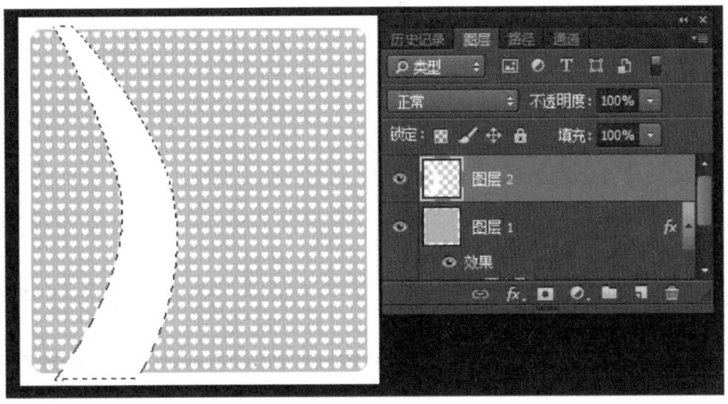


图 5-18　使用白色填充选区

(10) 使用“钢笔工具” 绘制路径并对路径进行编辑，如图 5-19 所示。将路径转换为选区，创建一个新图层，在该图层中向选区中填充白色，如图 5-20 所示。

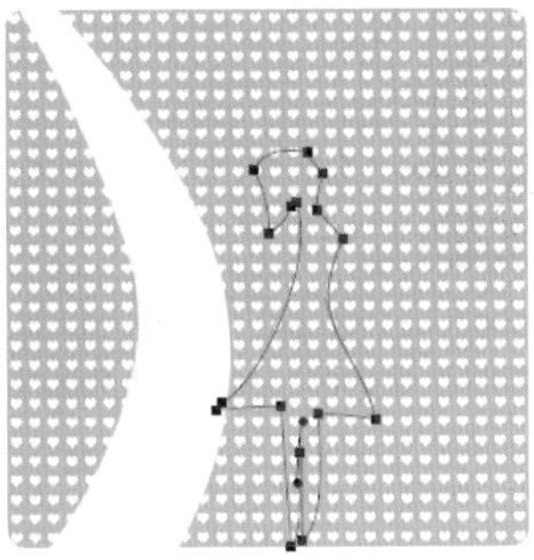

图 5-19　绘制路径并对路径进行编辑

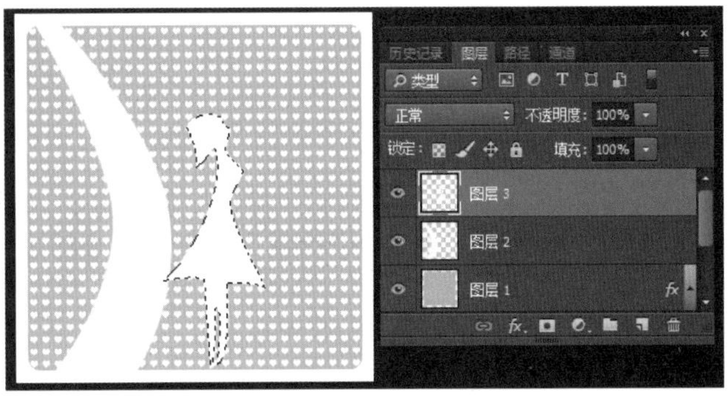


图 5-20　将路径转换为选区后填充白色

(11) 在“图层”面板中创建一个新图层，在工具箱中选择“横排文字蒙版工具” ，在选项栏中设置文字的字体和大小，如图 5-21 所示。在需要创建文字的位置单击后输入文字，如图 5-22 所示。按 Ctrl+Enter 组合键确认文字的输入获得一个文字选区，如图 5-23 所示。

图 5-21　设置文字的字体和大小

(12) 在工具箱中选择“渐变填充工具” ，在选项栏中对渐变进行设置，如图 5-24 所示。拖曳鼠标对文字选区应用渐变填充，如图 5-25 所示。按 Ctrl+D 组合键取消选区，打开文字所在图层的“图层样式”对话框，为文字添加描边效果。这里边框的颜色设置为白色，如图 5-26 所示。同时为文字添加投影效果，如图 5-27 所示。完成设置后单击“确定”按钮关闭“图层样式”对话框。

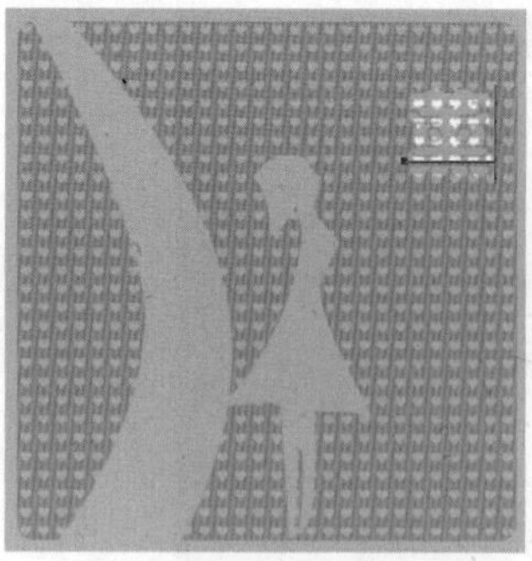

图 5-22　输入文字

图 5-23　获得文字选区

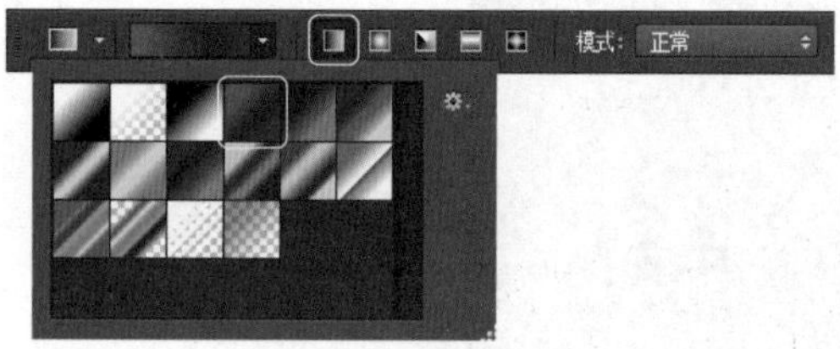


图 5-24　对渐变进行设置

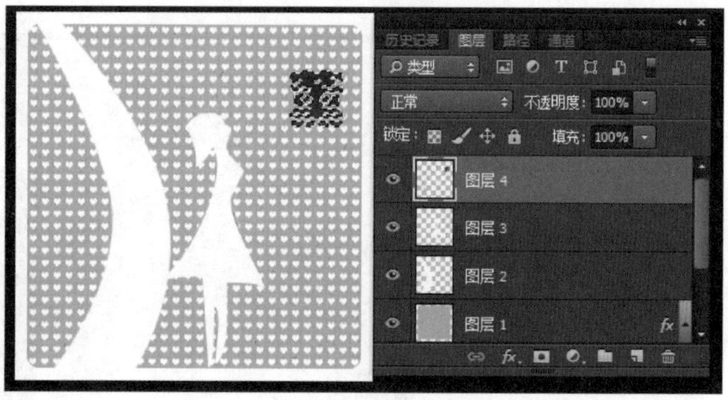


图 5-25　对文字选区应用渐变填充

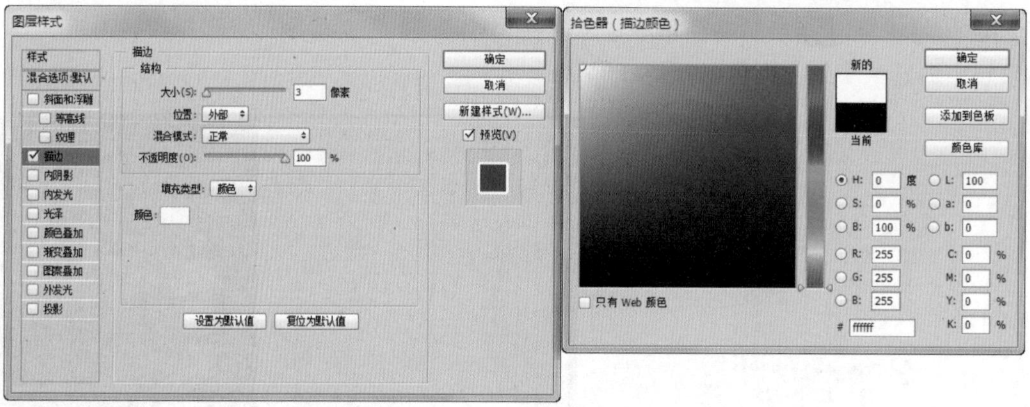


图 5-26　为文字添加描边效果

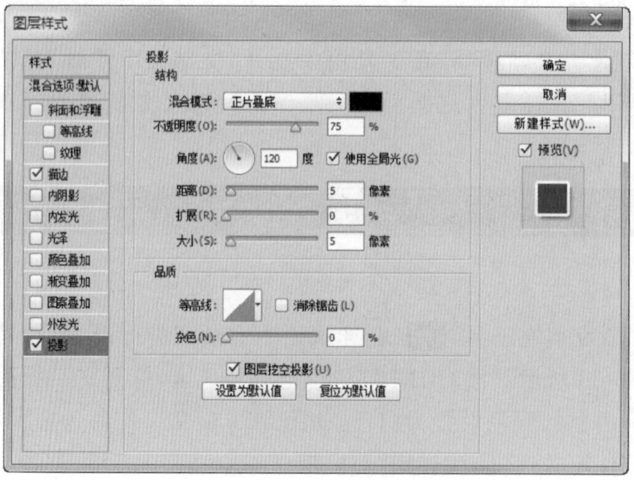


图 5-27　为文字添加投影效果

(13) 在“图层”面板中再创建两个新图层，使用与上面相同的方法分别在这两个图层中输入两个文字。右击“图层 4”图层，选择关联菜单中的“拷贝图层样式”命令。分别右击新增文字所在的两个图层，选择关联菜单中的“粘贴图层样式”命令粘贴图层样式。文字添加完成后的效果如图 5-28 所示。

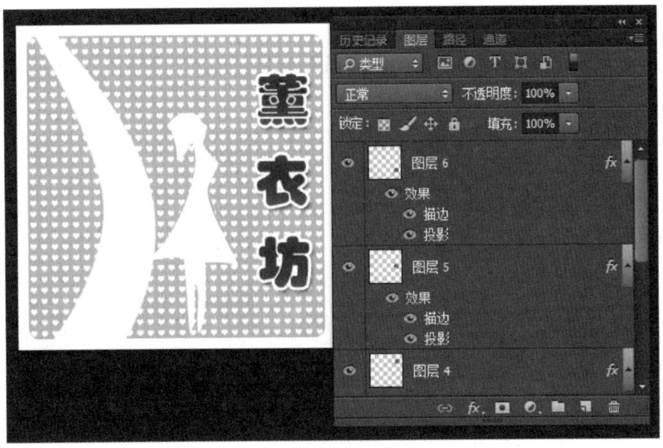


图 5-28 在图层中输入文字并应用图层样式

(14) 执行“窗口”→“时间轴”命令，打开“时间轴”面板，在面板中单击“创建帧动画”按钮，如图 5-29 所示。此时在“时间轴”面板中将创建第一个动画帧，选择该帧并单击面板下的“复制所选帧”按钮复制该帧。这里将帧复制 3 个，如图 5-30 所示。

(15) 单击第 1 帧下方的“0 秒”按钮，在打开的列表中选择相应的选项设置该帧的显示时间，如图 5-31 所示。使用相同的方法将其他 3 个帧的显示时间均设置为 0.5 秒。在“时间轴”面板中选择第一帧，在“图层”面板中分别单击文字所在的 3 个图层的“指示图层可见性”按钮，使这 3 个图层中的内容不可见，如图 5-32 所示。

图 5-29 单击“创建帧动画”按钮

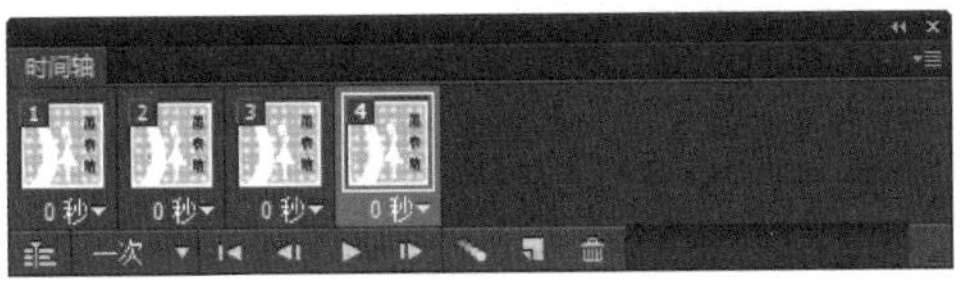


图 5-30 复制帧

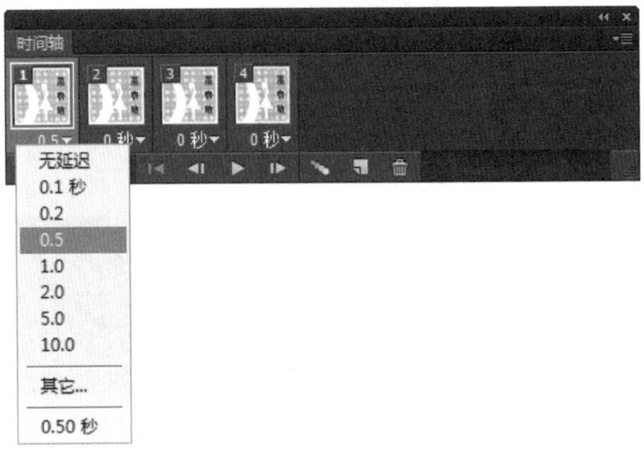


图 5-31 设置帧的显示时间

图 5-32 使图层内容不可见

(16) 在"时间轴"面板中选择第 2 帧，在"图层"面板中单击第一个文字所在图层的"指示图层可见性"按钮使文字可见，如图 5-33 所示。在"时间轴"面板中选择第 3 帧，在"图层"面板中单击第一和第二个文字所在图层的"指示图层可见性"按钮使文字可见，如图 5-34 所示。在"时间轴"面板中选择第 4 帧，在"图层"面板中单击 3 个文字所在图层的"指示图层可见性"按钮使所有文字可见，如图 5-35 所示。

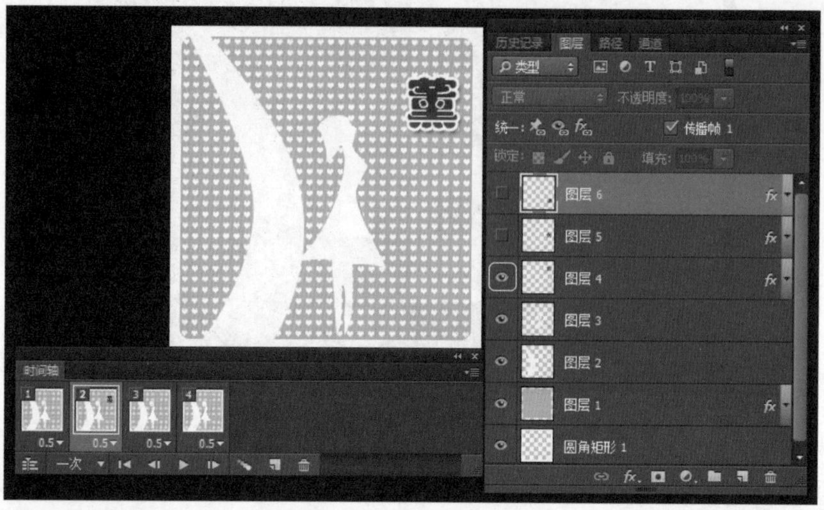


图 5-33 使第一个文字可见

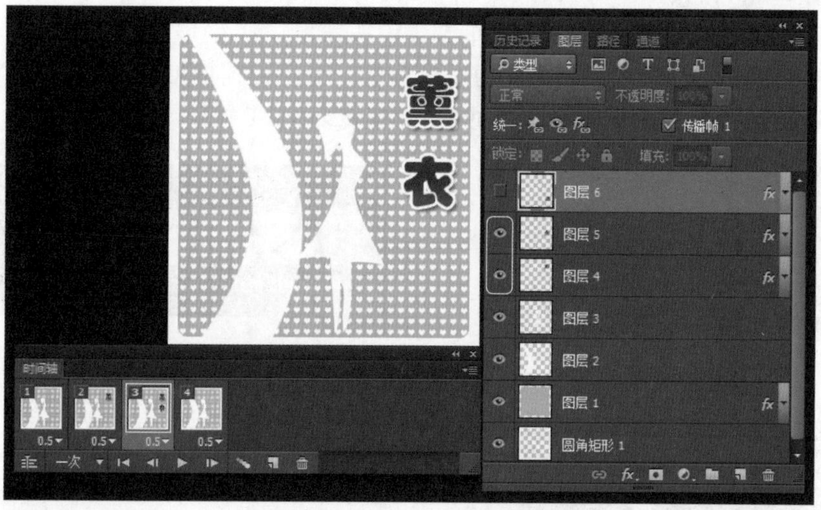


图 5-34 使第一和第二个文字可见

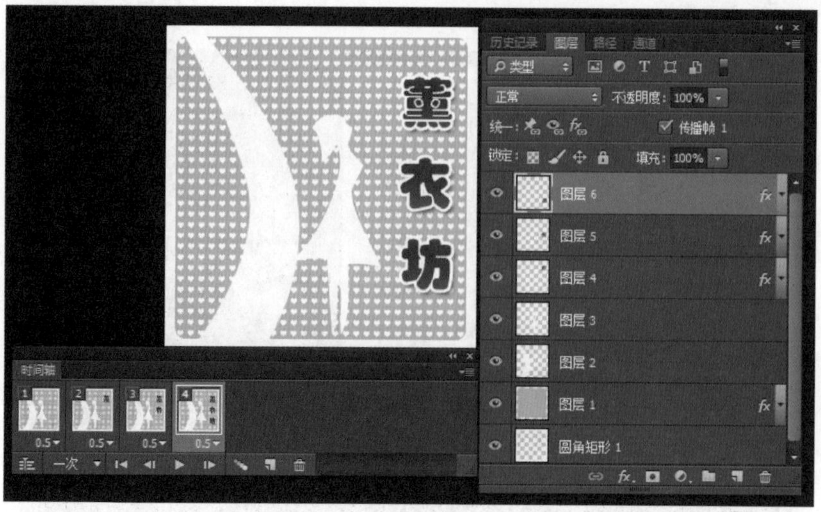


图 5-35 使所有文字可见

(17) 在“时间轴”面板中选择第 2 帧，单击面板下方的“过渡动画帧”按钮 ，Photoshop 打开“过渡”对话框。在对话框中对过渡效果进行设置，如图 5-36 所示。单击“确定”按钮关闭对话框，在选择的帧之前就添加了一个过渡帧。依次为第 3 和第 4 帧添加过渡帧，这样文字将以渐亮的过渡动画形式出现。在“时间轴”面板中的“选择循环选项”列表中选择“永远”选项，使动画能够一直播放下去，如图 5-37 所示。

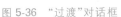

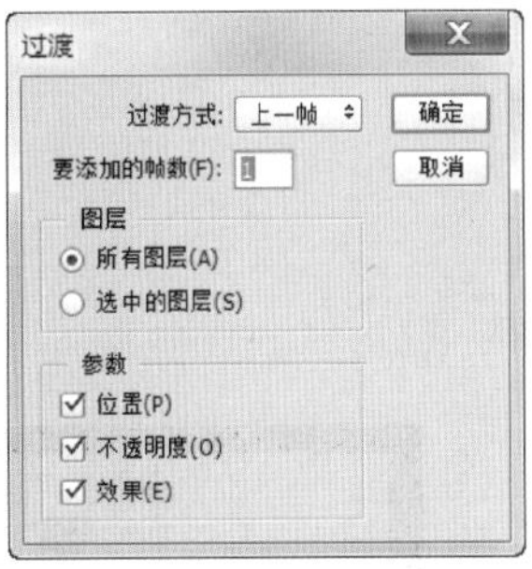


图 5-36 “过渡”对话框

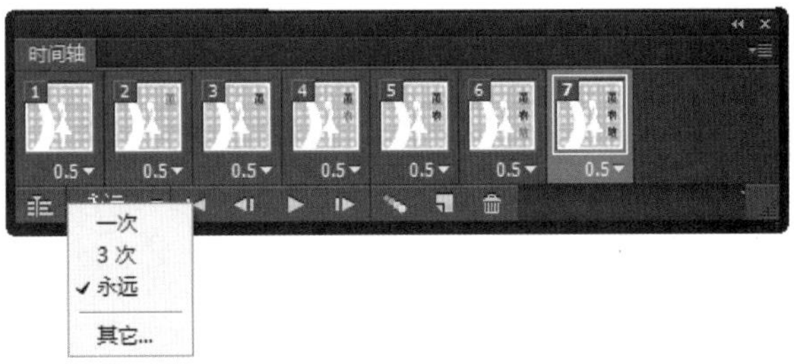


图 5-37 使动画一直播放下去

(18) 执行“图像”→“图像大小”命令，打开“图像大小”对话框，在对话框中修改图像的大小为网店店标运行的大小，如图 5-38 所示。执行“文件”→“存储为 Web 和设备所用格式”命令，打开“存储为 Web 和设备所用格式”对话框，在对话框中选择 GIF 选项，如图 5-39 所示。单击“确定”按钮打开“将优化结果存储为”对话框，选择文档保存的位置，如图 5-40 所示。单击“保存”按钮即可将文件保存为 GIF 动画文件，动画预览效果如图 5-41 所示。

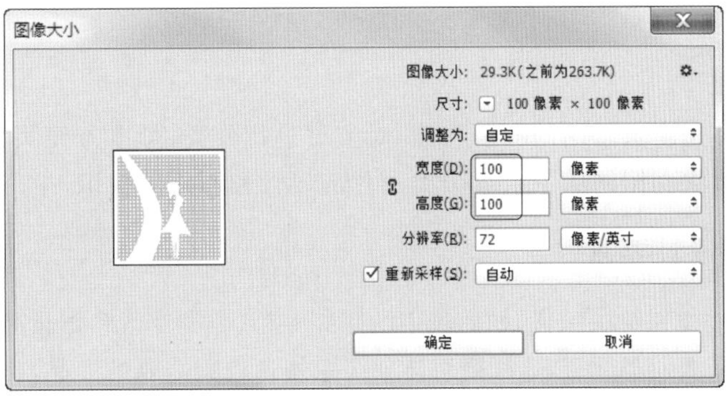


图 5-38 “图像大小”对话框

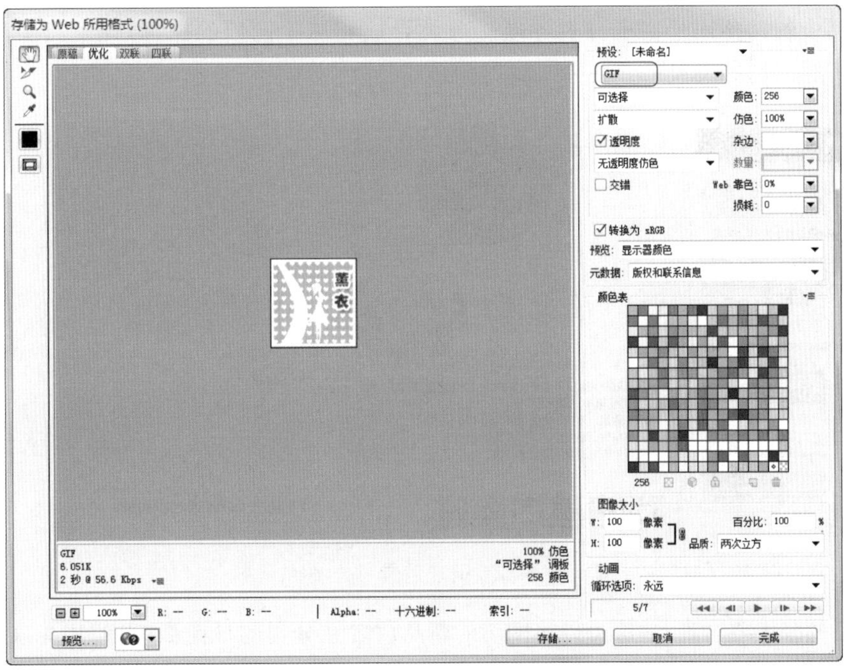


图 5-39 “存储为 Web 和设备所用格式”对话框

图 5-40 “将优化结果存储为”对话框

图 5-41 制作完成后的图像效果

## 5.2 设计宝贝分类

淘宝店铺中的宝贝分类是卖家常用的一项功能，对宝贝进行分类，可以方便买家寻找自己需要的宝贝，有针对性地浏览和查询。本节将介绍网店中宝贝分类图片的设计和制作的知识。

### 5.2.1 宝贝分类的设计要求

视频讲解

在实体店中，商品都是按类别统一销售，如商场中的服装专柜、鞋类专区和化妆品专柜等。与实体店一样，网店中的宝贝也需要归类放置，这样既可方便买家快速选购需要的商品，也可以方便卖家对商品进行管理。

网店左侧有一个宝贝分类区域，该区域用于列出网店宝贝的分类选项，如图 5-42 所示。宝贝分类相当于一个分类导航栏，其中的选项用于实现分类导航。分类导航相当于网店的路标，用于将买家导航到对应的页面，让买家快速找到感兴趣的宝贝。

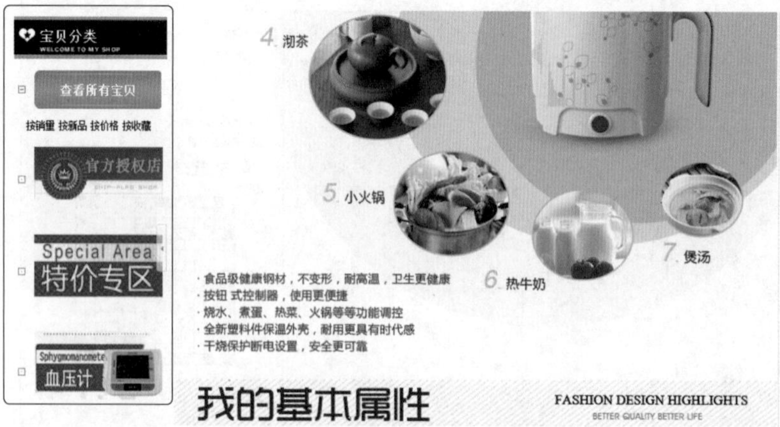


图 5-42 网店的宝贝分类栏

在网店中，宝贝的分类要合理，一般可以将网店的新品放置在分类的最前面，以便让买家在第一时间获得新品的信息。如果有特价商品，可以在新品分类下紧跟特价商品，接着可以按照商品的类别、品牌和用途等进行分类。淘宝网允许在宝贝的分类下添加子类目，添加子类目可以让宝贝的分类更合理，方便买家浏览。

淘宝网为店铺的分类提供了文字和图片两种方式。使用文字分类，导航的颜色和大小都是不能改变的。如果想让自己的店铺分类与众不同，可以使用图片分类方式。使用图片分类，应该注意要与店铺的整体风格统一，图片及图片中所配的文字要清晰简洁，能突出分类的特点。宝贝分类图片的宽度不要超过160像素，如果超过了，当显示器分辨率较低(低于1024×768像素)时将会导致宝贝列表下沉。分类图片的宽度没有特别要求，只要合适即可。

### 5.2.2 宝贝分类制作实例——金属铭牌

视频讲解

**生**：老师，宝贝分类可以是文字也可以是图片的形式，但我会优先选择图片。

**师**：哦，是吗？

**生**：是的，因为我觉得图片比文字更直观更醒目，能够获得更好的视觉效果。

**师**：你说得对。在网店中使用精美的图片分类，使用图文结合的形式将能够使宝贝分类井井有条的同时让店铺增色不少。

**生**：老师，您有没有这方面的例子让我来做做？

**师**：我这里看到过一个模拟金属铭牌的宝贝分类图片，图片用在某个军品网店的宝贝分类栏中，很有特色，你愿意试一下吗？

**生**：好呀。

(1) 启动Photoshop CC，按Ctrl+N组合键打开"新建"对话框，在对话框中设置新建图像的"名称""宽度""高度"和"背景内容"，如图5-43所示。

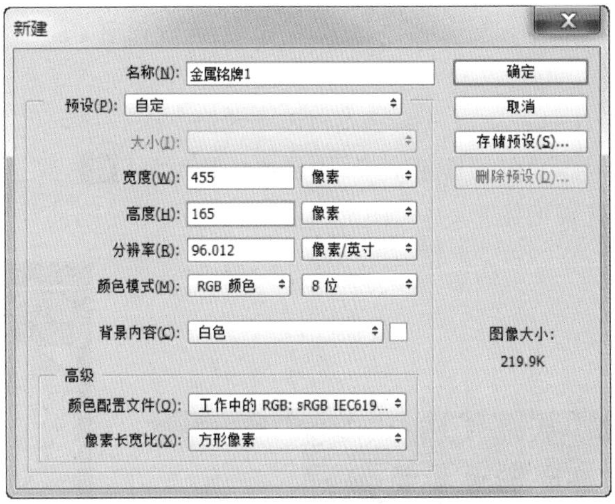


图5-43 "新建"对话框

(2) 在工具箱中选择"圆角矩形工具"，在选项栏中设置填充色并取消对路径的描边，如图5-44所示。在图像区域外单击打开"创建圆角矩形"对话框，在对话框中设置圆角矩形的大小和圆角半径，如图5-45所示。单击"确定"按钮关闭对话框，图像中创建圆角矩形，使用"直接选择工具"调整图像的位置，如图5-46所示。

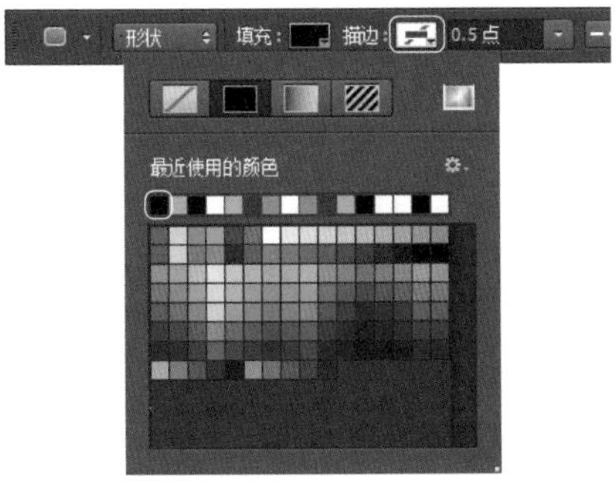


图5-44 设置填充色并取消描边

图5-45 "创建圆角矩形"对话框

(3) 执行"窗口"→"样式"命令，打开"样式"面板，单击面板右上角的按钮，在打开的菜单中选择"Web样式"命令。此时将打开Photoshop提示对话框，在对话框中单击"追加"按钮，如图5-47所示。Web样式将追加到"样式"列表的后面，单击列表中的"高光拉丝金属"样式对图层应用该图层样式，如图5-48所示。

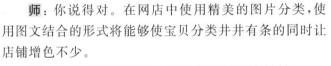

图5-46 创建矩形

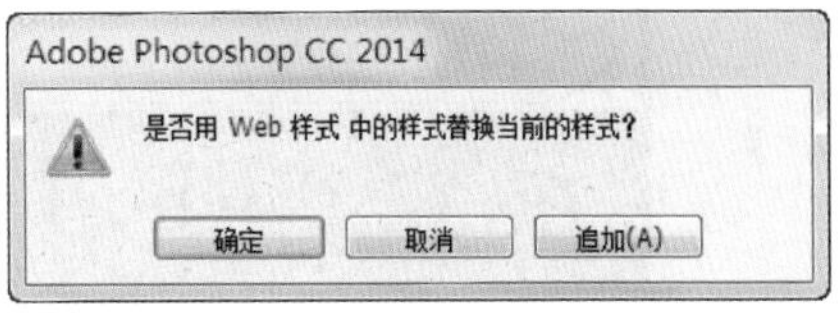


图5-47 Photoshop提示对话框

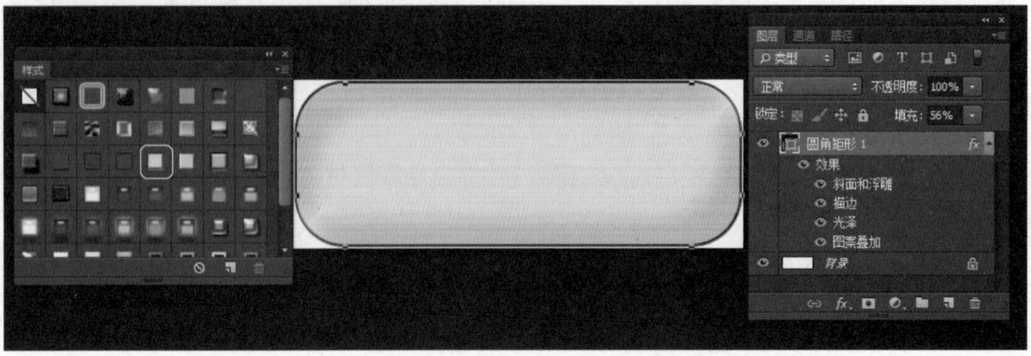


图 5-48 应用样式

**教师点拨**：Photoshop 提供了预设的图层样式供用户使用，默认情况下该面板中只列出其中的一部分预设图层样式。在列表中没有出现的预设样式，使用前需要将其添加到"样式"面板中。在添加样式时，在 Photoshop 提示对话框中如果单击"确定"按钮，则选择的图层样式将替代面板中已有的图层样式。单击"取消"按钮将取消图层样式的添加操作。

(4) 在工具箱中选择"自定形状工具"，在选项栏中选择需要绘制的图形，如图 5-49 所示。拖曳鼠标绘制选择的图形，并对图形所在的图层应用相同的样式，如图 5-50 所示。

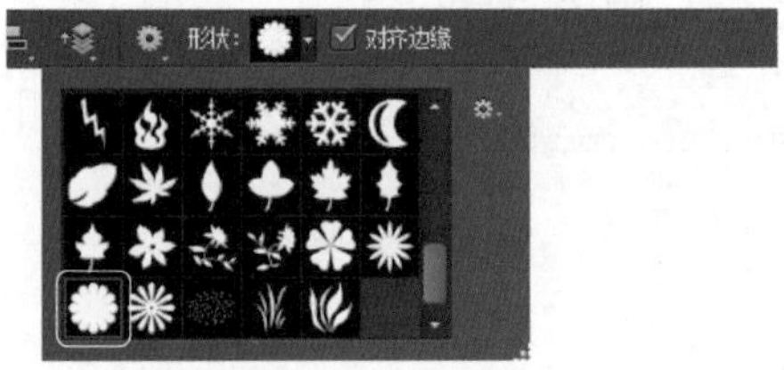


图 5-49 选择需要绘制的图形

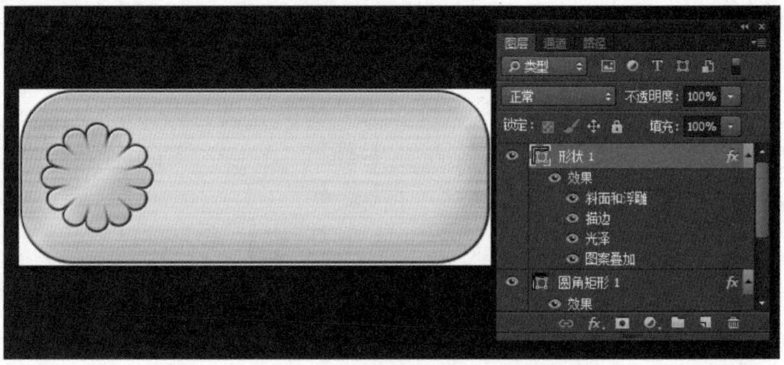


图 5-50 绘制图形并应用样式

**教师点拨**：这里，使用的形状名称为"花 6"。如果在形状列表中没有需要的这个形状，可以单击打开面板右上角的按钮，在打开的列表中选择"自然"选项将该类形状添加到列表中，"花 6"形状将会出现在列表中。

(5) 在工具箱中选择"横排文字工具"，在选项栏中设置文字的字体和大小，如图 5-51 所示。在图像区域外单击后输入文字，将文字拖曳到图像的适当位置并设置为其相同的样式，如图 5-52 所示。再次在选项栏中设置字体和文字大小，这次使用英文字体，文字使用斜体，如图 5-53 所示。在图像中输入英文文字，并对其应用样式，如图 5-54 所示。

图 5-51 设置文字的字体和大小

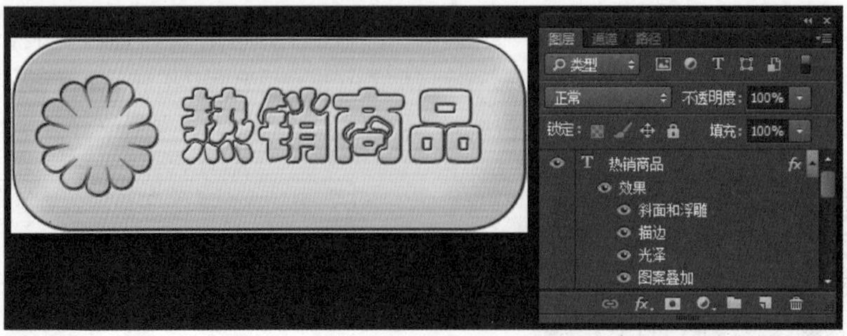


图 5-52 输入文字后应用图层样式

图 5-53　设置英文样式

图 5-54　输入英文并应用样式

(6) 在工具箱中选择“直线工具”，在选项栏中首先取消形状填充，如图 5-55 所示。在“描边选项”面板中将描边线条设置为虚线，如图 5-56 所示。拖曳鼠标在图像中绘制虚线，对其应用图层样式，如图 5-57 所示。

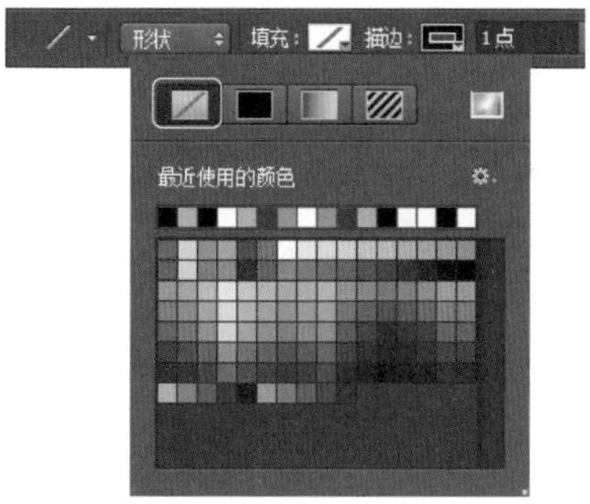


图 5-55　取消形状填充

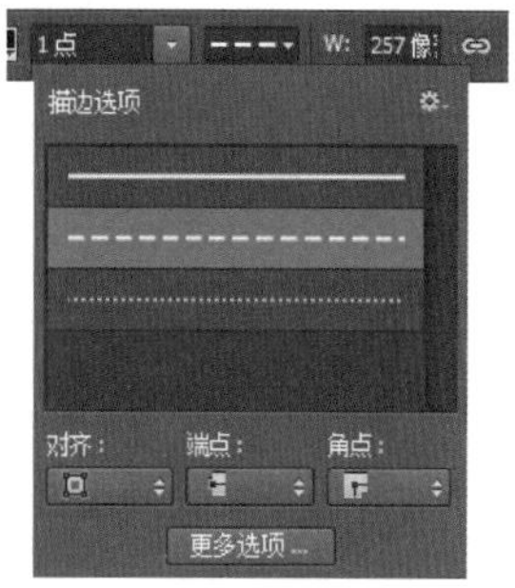


图 5-56　将描边线条设置为虚线

图 5-57　绘制虚线

(7) 调整图形和文字间的位置后得到的图像效果，如图 5-58 所示。将文档保存为.PSD 文件。更改“热销商品”图层中的文字，如图 5-59 所示。同样将文档保存为.PSD 文件。使用相同的方法，制作其他宝贝分类图片。

图 5-58　制作完成后的图像效果

图 5-59　更改图层中的文字

(8) 在发布这些图片前，使用 Photoshop 打开文件并合并图层。执行“图像”→“图像大小”命令，打开“图像大小”对话框，将图像大小设置为符合要求的大小，如图 5-60 所示。执行“文件”→“另存为”命令，将文件保存为 GIF 文件或 JPG 文件后上传文件即可。

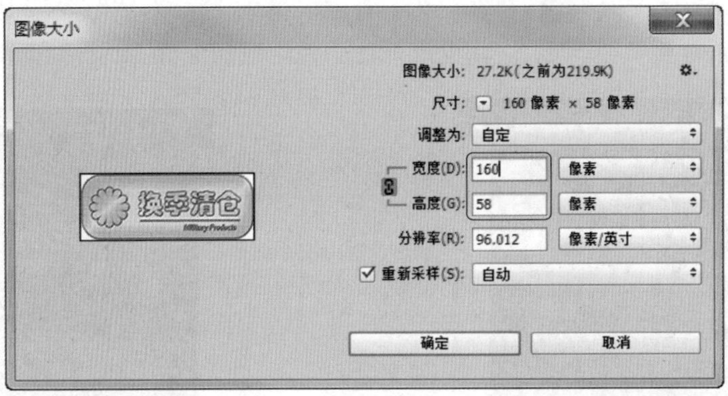


图 5-60　“图像大小”对话框

## 5.3　设计店铺公告

淘宝网为普通店铺提供了一个公告栏，用于发布店铺商品的最新信息、服务的变化和各种促销活动信息等。公告栏是买家了解店铺和了解商品的一个重要场地，善用公告栏对卖家是十分重要的。

### 5.3.1　店铺公告的设计

视频讲解

淘宝网普通店铺的公告栏位于普通店铺首页的右上角，店主可以在这里发布文字信息，也可以使用图片公告。现在在淘宝网中已经很难找到普通店铺了，店铺基本都是旺铺。淘宝旺铺的公告具有默认的样式，如图 5-61 所示。卖家只需在这种具有默认样式的公告栏中添加公告内容就行了。

图 5-61　旺铺的公告栏

店铺公告最直接的形式就是文字信息，店主可以随时在这里发布滚动的文字。同时，通过配合使用网页代码，店主也可以发布图文混合的公告，使店铺更有吸引力。在店铺运作过程中，店主往往会充分利用公告栏这块区域，在公告栏中添加诸如热销商品排名、打折优惠、新品上架甚至商品广告等信息。

制作店铺公告时，由于公告栏默认为滚动显示，因此制作时无须再为公告内容添加滚动设置。公告栏中如果要使用图片，图片应该上传到网上(如图片空间)，在使用时指定其网络位置。另外，在使用图文混合公告时，要注意公告的风格应该与店铺整体风格一致，使内容与效果和谐统一。

## 5.3.2 店铺公告制作实例——图片公告

视频讲解

**生**：老师，文字是公告信息的重要内容，文字如果辅之以图像，则公告的效果不是会更好吗？

**师**：是的，这也就是现在店铺中的公告大量使用图片公告的原因。

**生**：图片公告的设计有没有什么要求呢？

**师**：图片公告的设计比较自由，没有什么特别的要求。只是要注意公告的样式要根据店铺的风格来设计。由于图片公告中文字更新不如使用单纯的文字方便，因此图片公告中的文字最好是那些不需要经常更新的文字，如欢迎语、卖家联系方式或店铺的经营时间等。

**生**：哦，是这样呀。

**师**：为了提高图片公告的制作效率，可以直接使用相关的图片素材。如果一时无法找到合适的图片素材，也可以自己制作。下面演示使用 Photoshop 的绘图工具和文字工具制作图片公告的过程。

(1) 启动 Photoshop CC 并打开文档，在工具箱中选择“自定形状工具”。在选项栏的“形状”面板中单击右上角的按钮，选择菜单中的“全部”命令添加全部 Photoshop CC 自带的形状。在面板中选择名为“边框 7”的边框形状，如图 5-62 所示。在选项栏中设置图形的填充色，如图 5-63 所示。拖曳鼠标绘制形状，如图 5-64 所示。

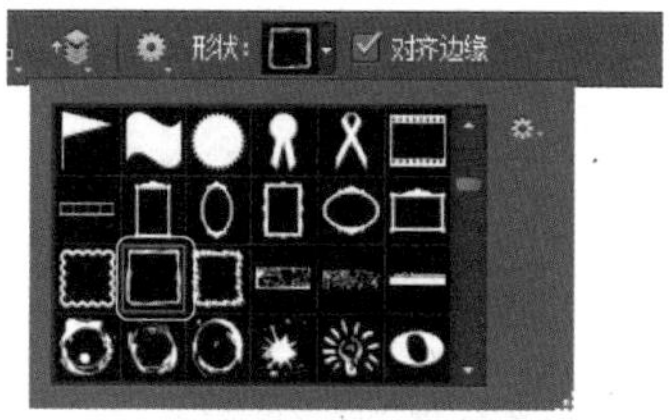


图 5-62 选择形状

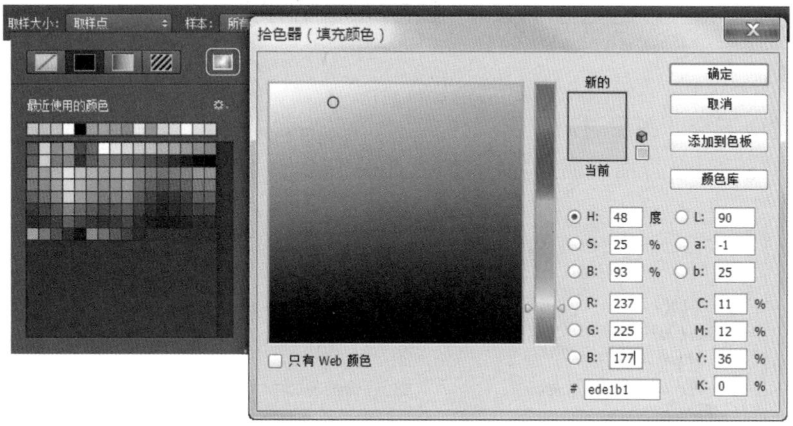


图 5-63 设置图形的填充色

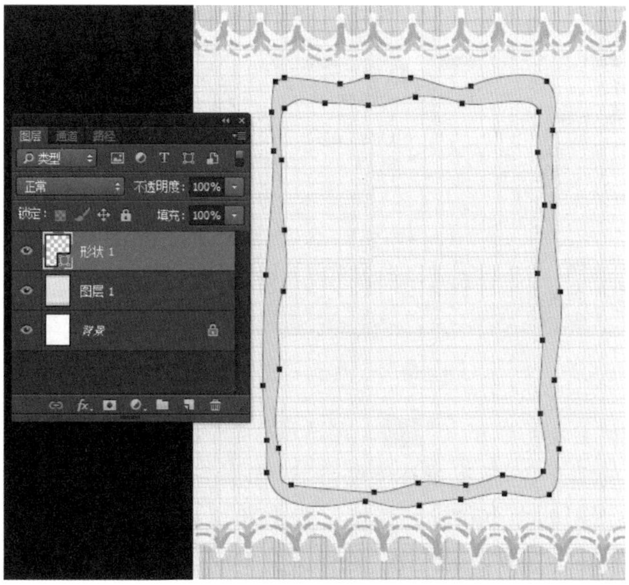


图 5-64 绘制形状

(2) 在“图层”面板中右击形状所在的图层，选择关联菜单中的“栅格化图层”命令将图层栅格化。在工具箱中选择“魔棒工具”，在边框内部单击选择边框内部区域。在“图层”面板中创建一个新图层，打开“拾色器”对话框设置前景色，如图 5-65 所示。在工具箱中选择“油漆桶工具”在选区中单击对选区填充颜色，如图 5-66 所示。按 Ctrl+D 键取消选区。

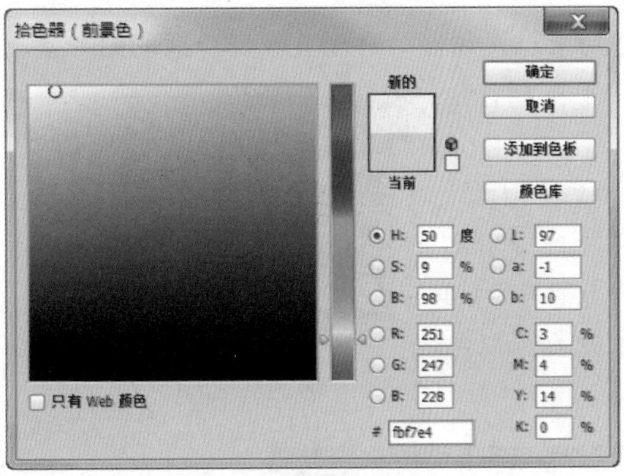


图 5-65 设置前景色

图 5-66 向选区填充颜色

(3) 按 Ctrl+E 键向下合并图层，打开“图层样式”对话框为合并后的图层添加投影效果，如图 5-67 所示。单击“确定”按钮关闭对话框，公告面板制作完成，如图 5-68 所示。

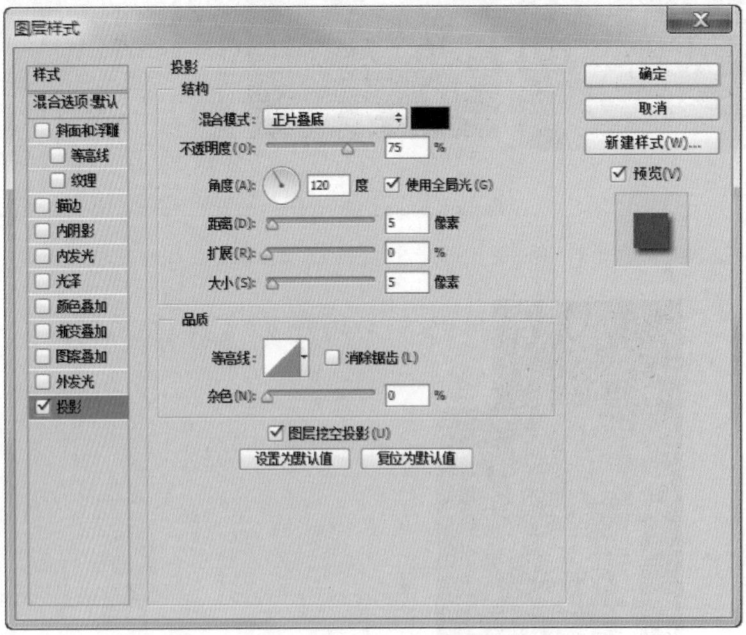


图 5-67 “图层样式”对话框

(4) 再次在工具箱中选择“自定形状工具”。在选项栏的“形状”面板选择名为“横幅 4”的形状，如图 5-69 所示。在选项栏中设置图形的填充色，拖曳鼠标绘制形状，如图 5-70 所示。

(5) 按 Ctrl+T 键，调整图形的大小和旋转角度。为形状所在的图层添加投影效果，如图 5-71 所示。将图层栅格化，在“图层”面板中将图层的“不透明度”值设置为 60%，如图 5-72 所示。

图 5-68　制作完成的公告面板

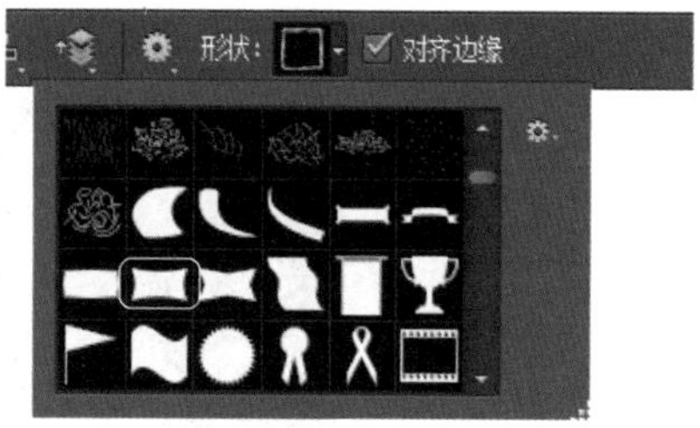


图 5-69　选择形状

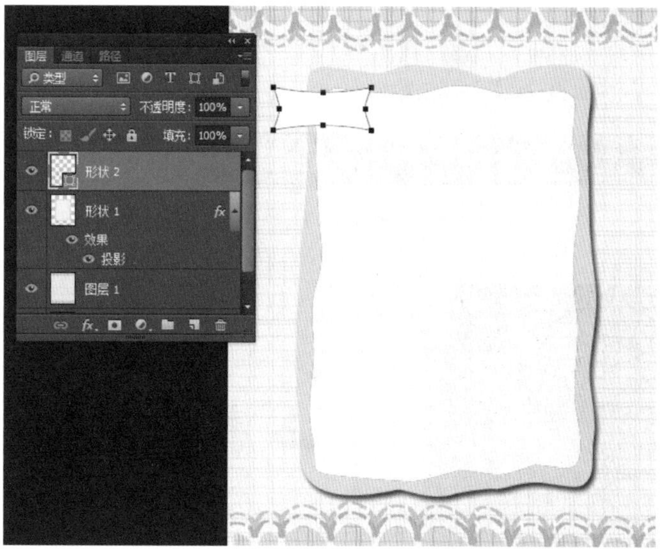


图 5-70　绘制形状

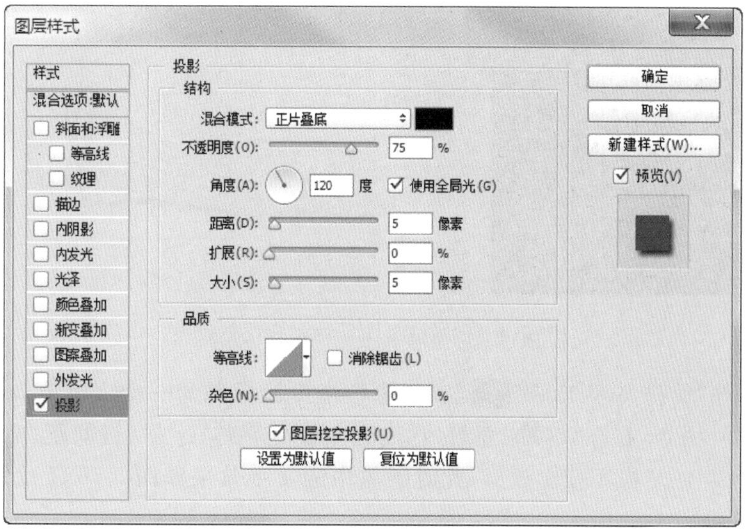


图 5-71　添加投影效果

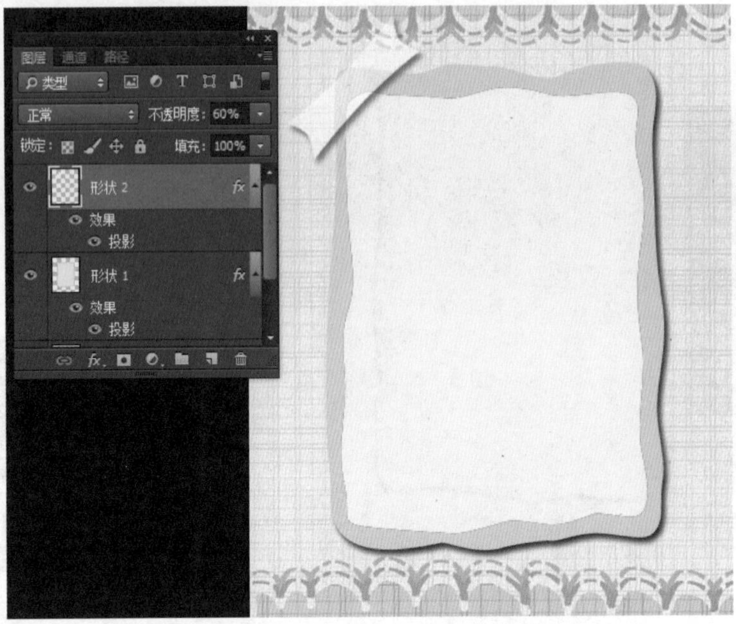


图 5-72　设置“不透明度”值

(6) 在工具箱中选择“横排文字工具”，在选项栏中设置字体、字号和文字颜色，如图 5-73 所示。在图像中创建标题文字，并为文字添加投影效果，如图 5-74 所示。

图 5-73　设置字体、字号和文字颜色

图 5-74　创建标题文字并添加投影效果

(7) 在工具箱中选择“横排文字工具”，在图像中拖曳鼠标创建一个文本框，在文本框中输入公告内容。执行“窗口”→“字符”命令，打开“字符”面板，在面板中设置字体、字号、行间距、文字间距和文字颜色，如图 5-75 所示。对文字所在图层应用投影效果，此时图像中的文字效果如图 5-76 所示。至此，本例制作完成。制作完成后的公告效果如图 5-77 所示。

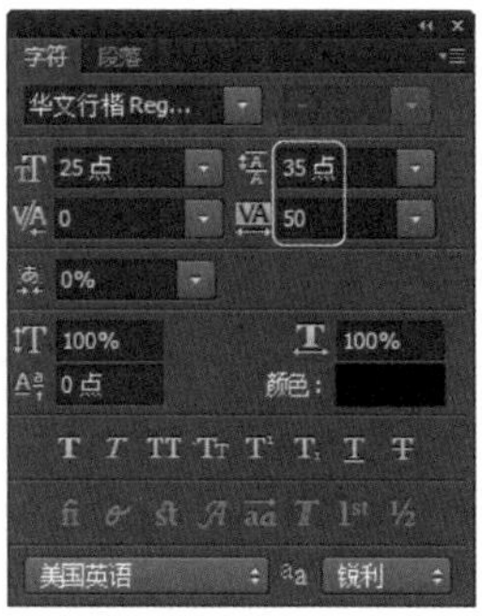


图 5-75 “字符”面板

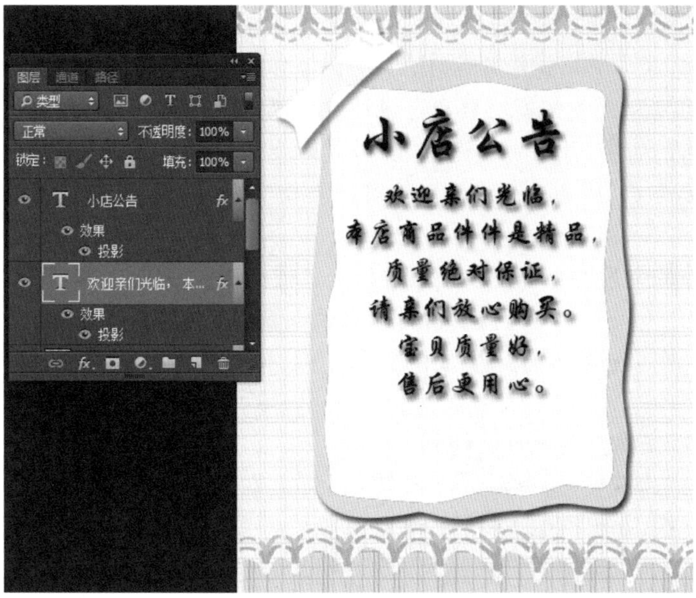


图 5-76 图像中的文字效果

图 5-77 本例制作完成后的效果

## 5.4 设计宝贝描述模板

所谓的宝贝描述模板指的是包含宝贝的介绍页面，对于店主来说，可以将这样的页面设计为一个模板，店铺中其他的宝贝都可以使用这个模板来展示。在虚拟的网络环境中，要想成功地将自己的宝贝销售出去，需要在宝贝的描述上下功夫，以引起买家的购买欲。漂亮的宝贝描述页面，不仅能为宝贝的介绍增色不少，而且能吸引买家的注意，增加买家的浏览时间，提高宝贝成交的可能性。

### 5.4.1 宝贝描述模板的设计

视频讲解

网店的宝贝描述模板不只是为了某一件宝贝的展示，还应该包含对整个店铺的一些介绍、其他商品的推荐链接等内容，这样可以让买家在查看本宝贝的同时更多地了解其他商品乃至于店铺的信息。

宝贝描述模板一般由多个版块构成，这些版块包括了与商品和店铺有关的内容，如店铺公告、商品展示图片、商品的描述文字、新上架的商品推荐信息、买家须知、店家的联系方式以及邮资说明等。在设计宝贝描述模板时，店主可以根据店铺需要对上述内容适当地增减。

宝贝描述模板分为两种形式，一种是宽版；另一种是窄版。宽版模板的宽度不能超过 950 像素，窄版模板的宽度不能超过 750 像素，无论是哪种版本模板的高度都没有限制。淘宝网的店铺分为普通店铺和旺铺，淘宝旺铺页面左侧是用于显示店主档案和店铺类目等内容的显示/隐藏侧边栏，而普通店铺是没有的。因此，这两种店铺的显示区域会有所不同，那么宝贝描述模板是选择宽版还是窄版，应该根据店铺的实际情况来选择。例如，对于旺铺，选择宽版还是窄版的宝贝描述模板，要根据左侧侧边栏是显示还是隐藏来定。

宝贝描述模板是店铺的形象页面，店铺中其他元素如公告栏和店标等的设计风格都应与其一致，因此宝贝描述模板的设计风格很重要。在设计宝贝描述模板时，色彩搭配要根据商品的特点来确定，应使用能够充分突出商品特色的色调。宝贝描述模板是用来展示宝贝的平台，因此体现的主体一定要明确，应该将买家的注意力拉到所要销售的宝贝上来。

宝贝描述页面中不可避免地会用到图片，但切忌使用大量图片来占据位置，这样会占用宝贵的浏览时间。买家在选购商品时，最需要了解的是宝贝的详情，因此宝贝特点的描述要详细。在设计宝贝描述模板时，要保证模板中的内容简洁，版面设计要合理，不能头重脚轻。同时，在展示商品时不要过于花哨，避免喧宾夺主。综上所述，在设计宝贝描述模板时，应该遵循简练、美观而详细的设计理念。

### 5.4.2 宝贝描述模板制作实例——手表类宝贝描述模板

视频讲解

**生**：老师，据我所知，目前淘宝网上有大量的宝贝描述模板出售，这些模板都是专业的设计人员制作的，店主是可以方便地购买到需要的模板的。当资金充足时，作为一个不熟悉设计的网店店主来说，购买现成的宝贝描述模板是一个好办法。店主还有必要自己设计宝贝描述模板吗？

**师**：你刚才自己不是说了吗，对于刚刚开店的店主，往往资金不够充足，此时自己设计宝贝描述模板可以节约有限的资金嘛。自己的店铺，最了解的还是自己，店主自己设计制作可以更真实地表达自己的意愿，让宝贝描述页面真正实现随己所欲。

**生**：老师，您说得很有道理。那么网店装修时使用宝贝描述模板的过程是怎样的呢？

**师**：首先根据店铺中宝贝描述的需要，使用 Photoshop 进行模板设计，然后将其切割成网页文件保存。上传相关文件到空间并使用 Dreamweaver 这样的网页制作软件来生成网页 HTML 代码。在店铺装修时，将网页 HTML 代码复制到店铺描述的设置上。

**生**：看来 Photoshop 在这里所起的作用是模板图片的设计和切割。

**师**：对。下面通过一个实例制作一个宝贝描述模板，这里我只介绍 Photoshop 在模板设计和制作过程中的应用技巧。有关 Dreamweaver 的操作并不困难，就留给你自己去操作吧。

**生**：好，那我们就开始吧。

(1) 启动 Photoshop CC，按 Ctrl+N 键打开“新建”对话框，设置图像的宽度、高度和背景颜色，如图 5-78 所示。单击“确定”按钮关闭对话框创建一个新文件。

(2) 在工具箱中选择“矩形选择工具”，拖曳鼠标绘制一个矩形选区。在工具箱中选择“渐变工具”，打开“渐变编辑器”对话框编辑渐变色。这里，渐变色包括 4 个色标，从左侧开始第一个色标的颜色值为 R:2，G:0，B:12，第二个色标的颜色值为 R:18，G:8，B:65，第三个色标的颜色值为 R:146，G:135，B:204，第四个色标的颜色值为 R:205，G:198，B:247。各个色标的位置如图 5-79 所示。在选项栏中对工具进行设置，如图 5-80 所示。在选区中从上向下拖曳鼠标对选区进行渐变填充，如图 5-81 所示。

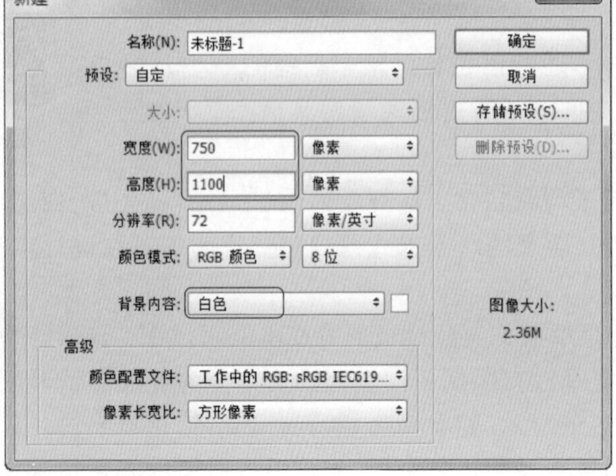


图 5-78 “新建”对话框

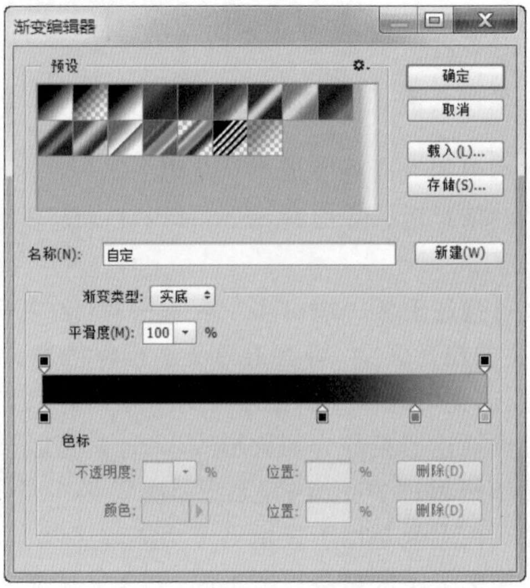


图 5-79 “渐变编辑器”对话框

图 5-80　选项栏中的设置

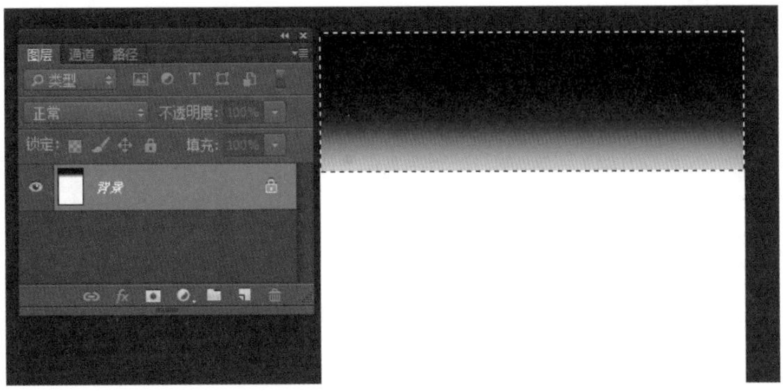


图 5-81　对选区应用渐变填充

(3) 按 Ctrl+D 键取消选区，复制“背景”图层，按 Ctrl+T 键对复制图像进行变换操作。将图像拖曳到图片的底部，然后调整其大小，按 Ctrl+Enter 键确认变换操作。此时，图像效果如图 5-82 所示。

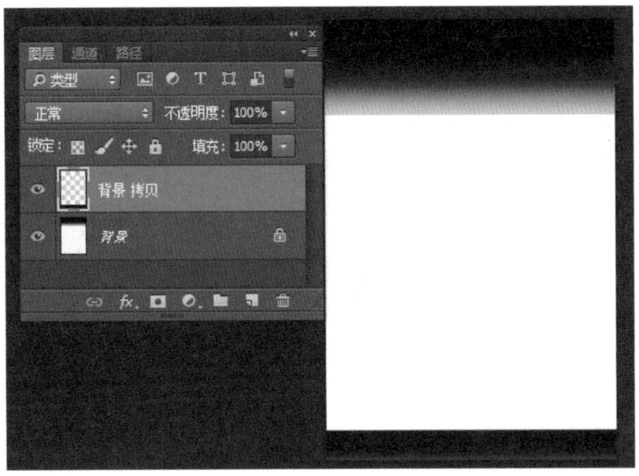


图 5-82　复制“背景”图层

(4) 打开第一张手表素材图片，使用“移动工具”将其拖曳到当前文件的“图层”面板中，调整图片的大小。为该图层添加图层蒙版，以黑色填充整个图层蒙版。将前景色变为白色后，使用“画笔工具”在蒙版中涂抹使手表显示出来。涂抹手表边界，使用硬度较小的画笔笔尖以获得柔化的显示效果，如图 5-83 所示。

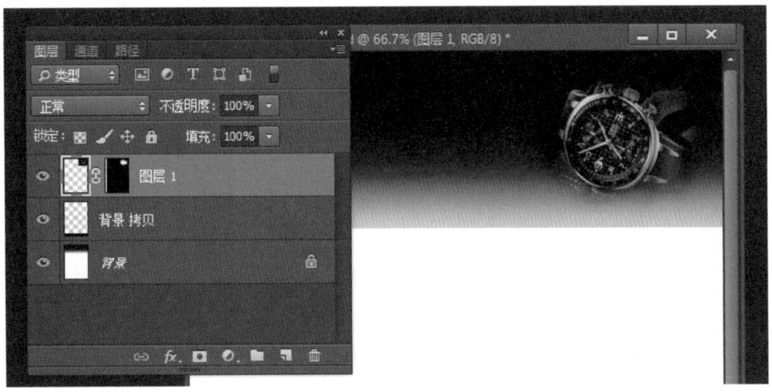


图 5-83　打开第一个素材图片并添加图层蒙版

(5) 打开第二张手表素材图片，去掉图片中白色背景，将手表拖曳到当前图片中并将其适当旋转。为图层添加外发光效果，如图 5-84 所示。此时，图像效果如图 5-85 所示。使用相同的方法再添加两个手表素材图片，如图 5-86 所示。

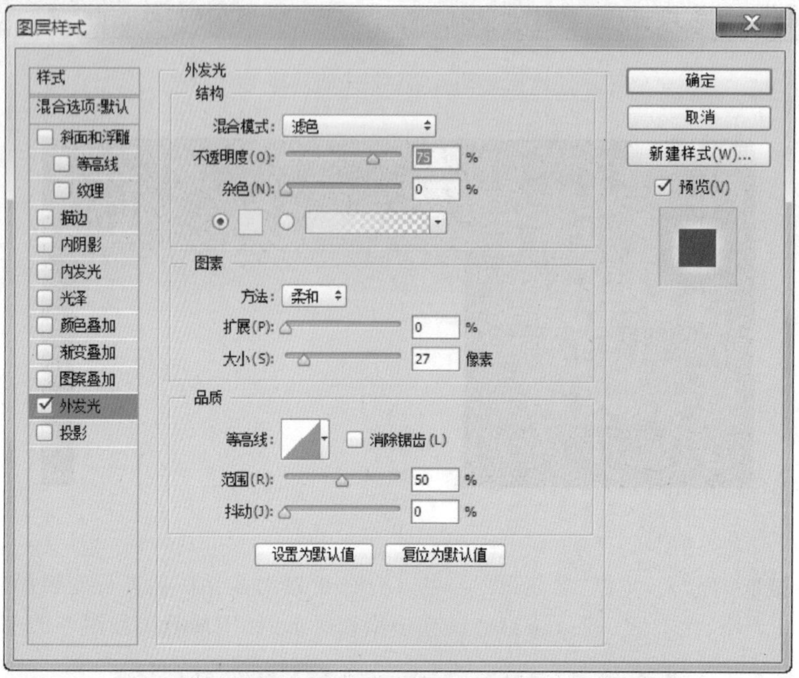


图 5-84　为图层添加外发光效果

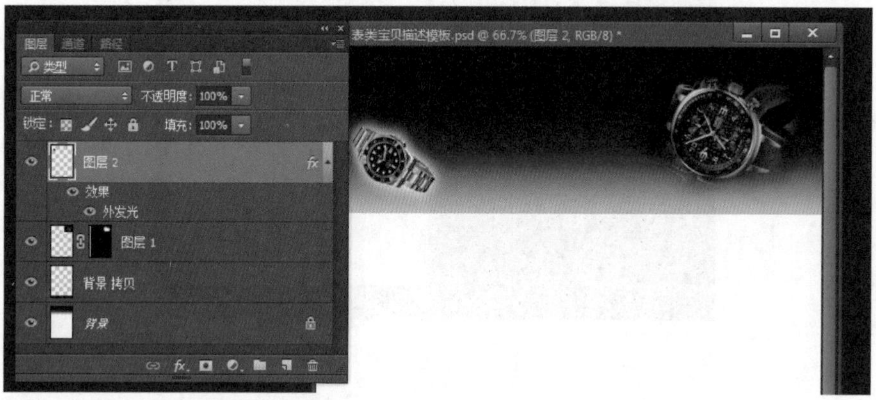


图 5-85　添加第二个手表素材后的图像效果

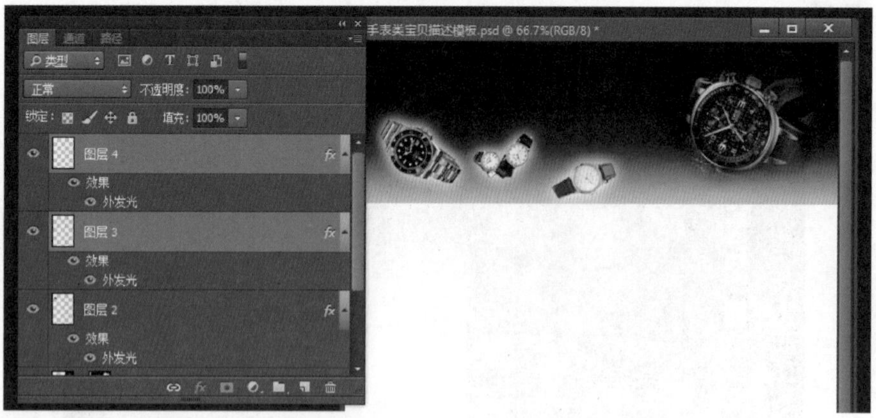


图 5-86　再添加两张手表素材图片

(6) 在工具箱中选择“横排文字工具” ，在选项栏中设置文字的字体和字号，将文字颜色设置为白色，如图 5-87 所示。分两次输入文字并调整文字间的位置，如图 5-88 所示。使用“横排文字工具” 分别输入英文标题，如图 5-89 所示。

图 5-87 设置字体、字号和颜色

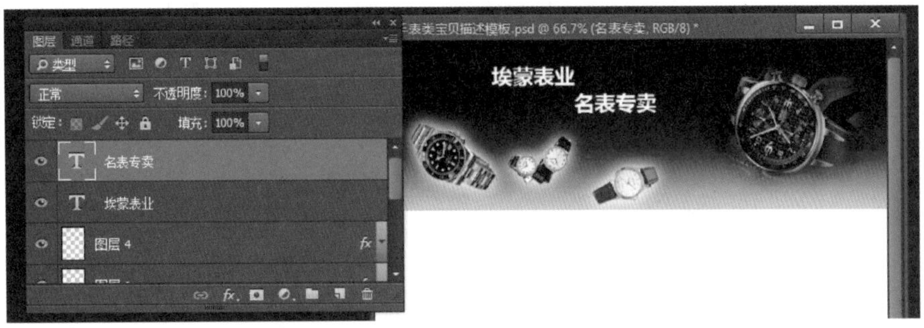


图 5-88 分别输入文字并调整文字位置

图 5-89 分别输入英文标题

(7) 在工具箱中选择“直线工具”，在选项栏中将填充色设置为白色，取消图像的描边，如图 5-90 所示。在图像中拖曳鼠标绘制一条短竖线作为英文文字和中文文字的分隔线，如图 5-91 所示。

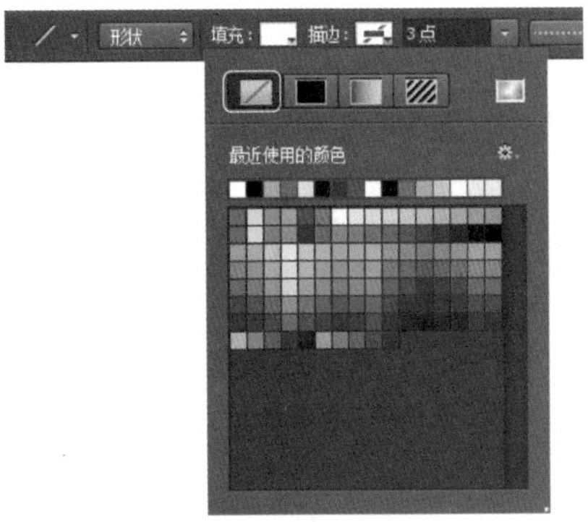

图 5-90 工具选项栏的设置

图 5-91 绘制竖向分隔线

(8) 在工具箱中选择“矩形选择工具”，拖曳鼠标绘制一个矩形选区。在工具箱中选择“渐变工具”，打开“渐变编辑器”对话框，编辑渐变。这里，渐变色包括两个色标，从左侧开始第一个色标的颜色值为 R:224,G:221,B:254，第二个色标的颜色值纯白色，如图 5-92 所示。在选区中从上向下拖曳鼠标对选区进行渐变填充，如图 5-93 所示。

(9) 按 Ctrl+D 键取消选区，将图层复制 3 次。将复制后的最上层中的图像放置到最底部适当位置。在“图层”面板中同时选择这 4 个图层，在选项栏中单击“左对齐”按钮，使图层中图像左对齐。单击“垂直居中分布”按钮，使图像在垂直方向上均匀分布，如图 5-94 所示。

(10) 在工具箱中选择“圆角矩形工具”，拖曳鼠标绘制一个圆角矩形。在“属性”面板中更改 W 和 H 值来设置圆角矩形的宽度和高度，取消图形的填充色，将线条宽度设置为 4 点，线条设置为实线。在“设置形

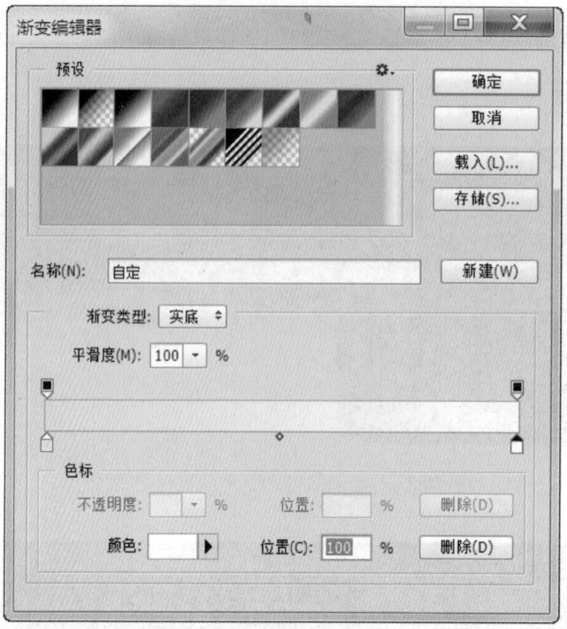


图 5-92 “渐变编辑器”对话框

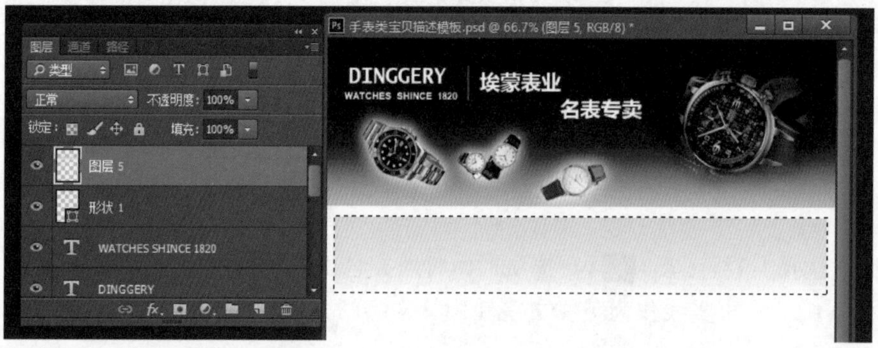


图 5-93 对矩形选区应用渐变填充

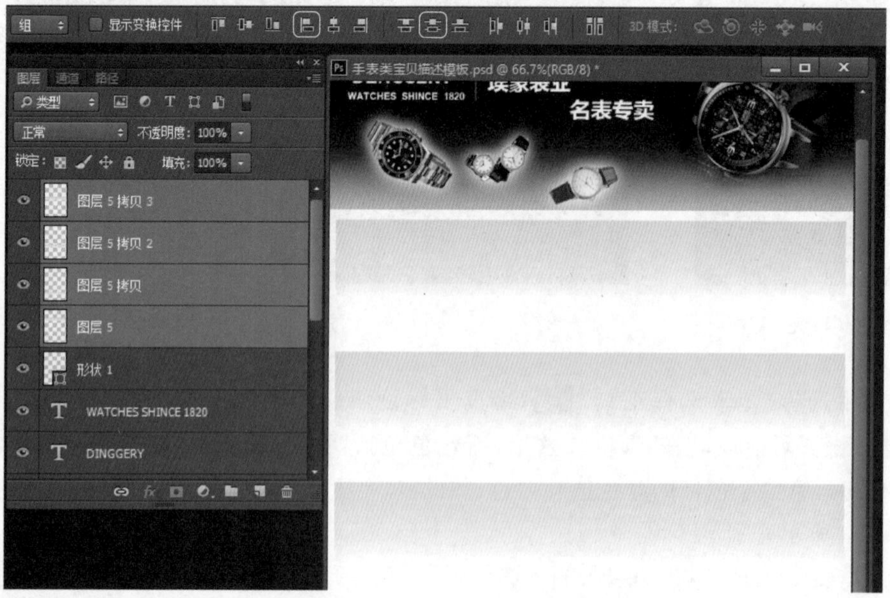


图 5-94 调整图层中图像的分布情况

状描边类型”面板中，单击“拾色器”按钮，如图 5-95 所示。在打开的“纯色”对话框中设置线条颜色，如图 5-96 所示。设置圆角矩形的圆角半径，如图 5-97 所示。绘制完成的圆角矩形如图 5-98 所示。

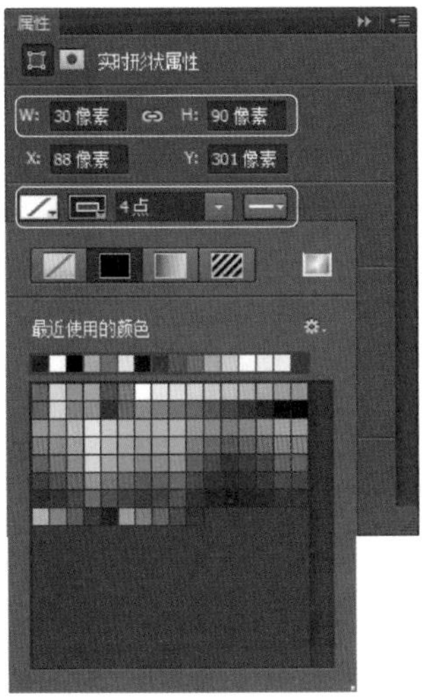


图 5-95 “属性”面板的设置

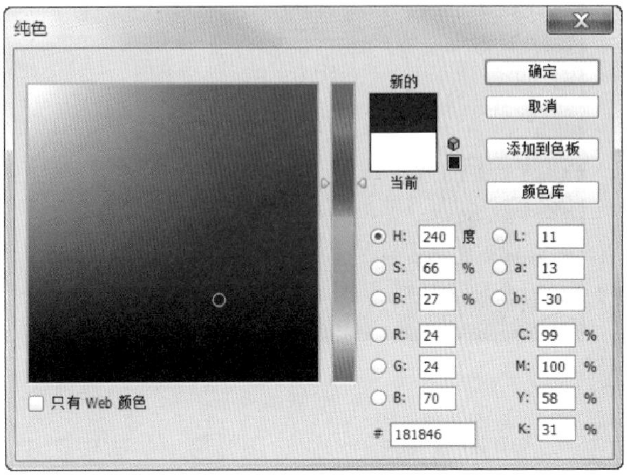


图 5-96 “纯色”对话框

图 5-97 设置圆角半径

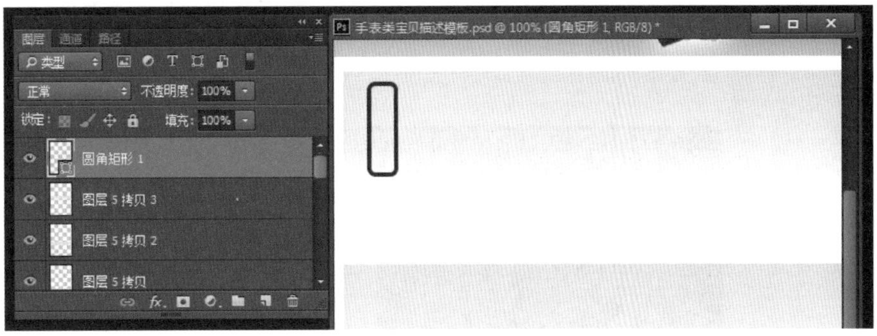


图 5-98 绘制完成的圆角矩形

(11) 再绘制一个圆角矩形,在“属性”面板中将 W 值设置为 20 像素,H 值设置为 80 像素,取消图形的边框线。在“设置形状填充类型”面板中单击“渐变”按钮将填充类型设置为渐变填充。单击面板中的色谱条打开“渐变编辑器”对话框,在对话框中设置渐变的颜色。这里,第一个色标的颜色为 R:3,G:7,B:50,第二个色标的颜色为 R:93,G,104,B:247。完成设置后单击“确定”按钮关闭对话框。将线性渐变的角度设置为−90°,如图 5-99 所示。将这个圆角矩形放置到步骤(10)中制作的圆角矩形内,如图 5-100 所示。

图 5-99 设置圆角矩形的填充方式

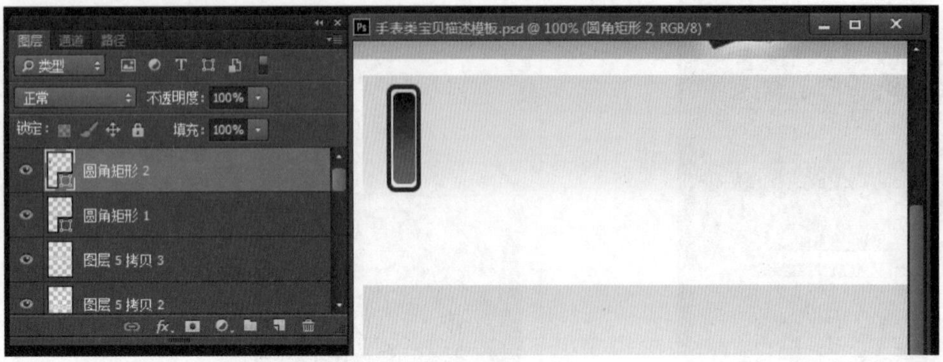


图 5-100 放置圆角矩形

(12) 在工具箱中选择“横排文字工具”，在选项栏中设置文字的字体和字号。设置文字颜色，文字的颜色值为 R:25,G:5,B:48，如图 5-101 所示。在图像中输入数字 01，如图 5-102 所示。将文字颜色设置为白色。分别输入中文标题和对应的英文标题，标题文字的字体均使用微软雅黑，字号分别为 25 和 15，如图 5-103 所示。

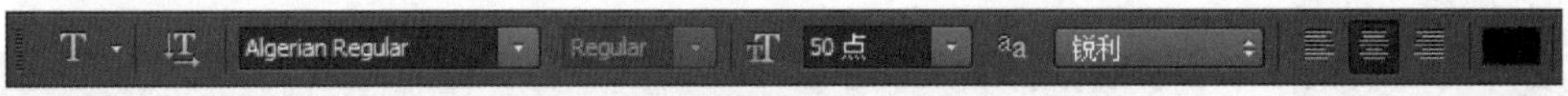


图 5-101 选项栏中设置字体、字号和颜色

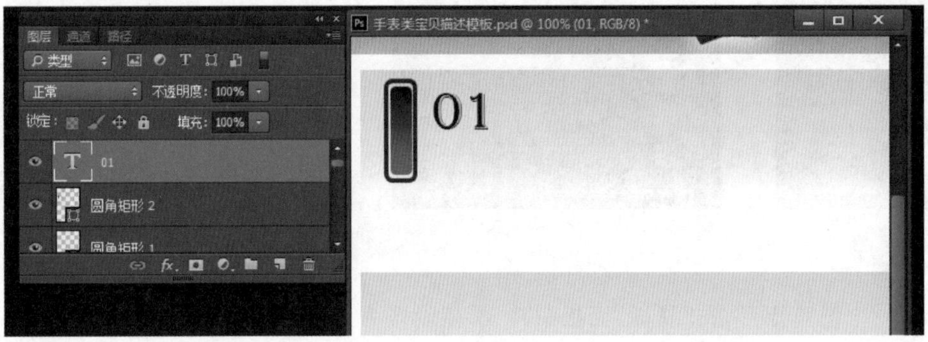


图 5-102 输入数字

图 5-103 输入中文和英文标题

(13) 在工具箱中选择“直线工具”，在选项栏中对工具进行设置，如图 5-104 所示。这里，将形状高度设置为 1 个像素，描边颜色值为 R:29,G:32,B:136。拖曳鼠标绘制一条虚线，如图 5-105 所示。使用“直线工具”绘制一条分隔线，如图 5-106 所示。

图 5-104 工具选项栏的设置

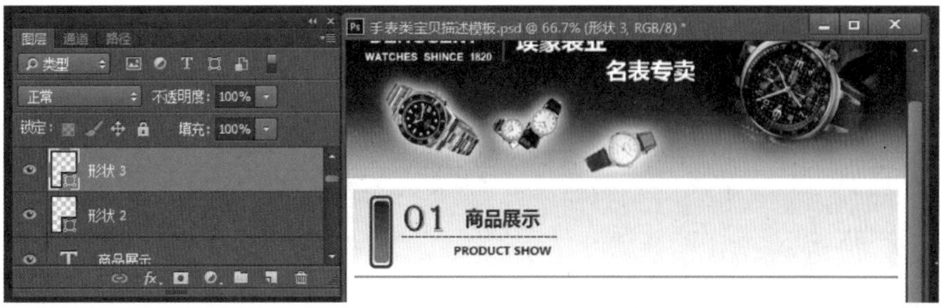

图 5-105　绘制虚线

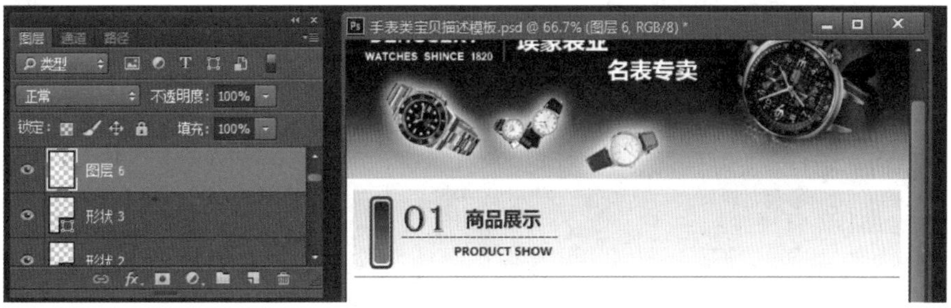

图 5-106　绘制一条直线

（14）在“图层”面板中创建一个新图层，在工具箱中选择“矩形选择工具”，拖曳鼠标绘制一个矩形选区。设置前景色，前景色的颜色值为 R：183，G：183，B：183。按 Alt+Del 键使用前景色填充选区，如图 5-107 所示。执行“选择”→“修改”→“收缩”命令，打开“收缩选区”对话框，在对话框中设置“收缩量”，如图 5-108 所示。使用白色填充获得的选区，如图 5-109 所示。

图 5-107　绘制并填充选区

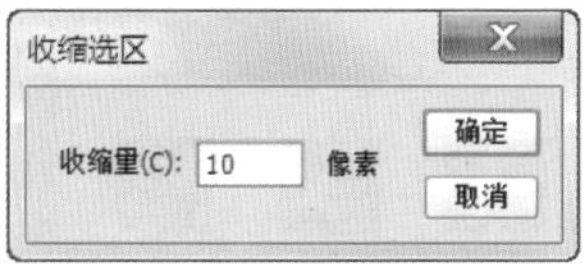


图 5-108　“收缩选区”对话框

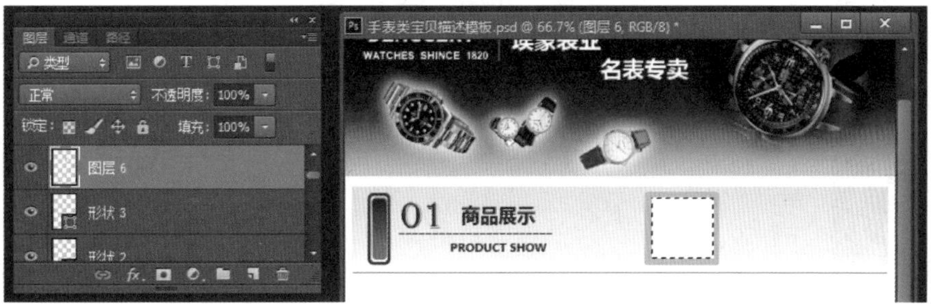

图 5-109　使用白色填充选区

(15) 将“图层 6”复制两次，调整它们的位置，如图 5-110 所示。放置 3 张手表素材图片，调整它们的大小和位置，将它们分别放置在绘制的方框内，如图 5-111 所示。

图 5-110　复制图层

图 5-111　放置素材图片

(16) 复制标题数字、文字、线条、图形和对应的图片所在的图层，更改标题文字和数字。将这些图层对象放置到第二栏的位置，如图 5-112 所示。再将相关的图层复制两次，更改标题文字，并将它们放置到对应栏的位置。整个页面制作完成后的效果如图 5-113 所示。

图 5-112　更改文字并放置到第二栏的位置

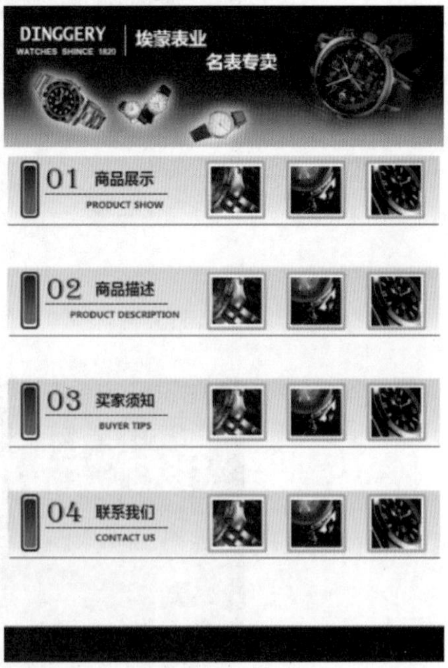


图 5-113　页面制作完成后的效果

(17) 在工具箱中选择“切片工具”，拖曳鼠标在图像中创建切片，如图 5-114 所示。执行“文件”→“存储为 Web 所用格式”命令，打开“存储为 Web 所用格式”对话框，将文件存储格式设置为 GIF，如图 5-115 所示。单击“存储”按钮，此时将打开“将优化结果存储为”对话框，在“格式”列表中选择“HTML 和图像”选项，如图 5-116 所示。完成设置后单击“保存”按钮保存文档。

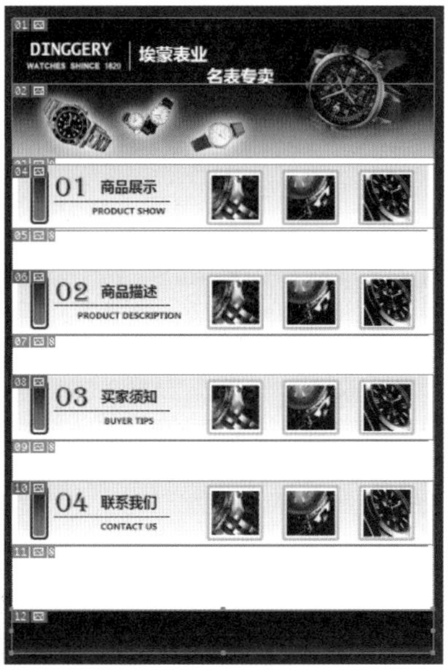


图 5-114 创建切片

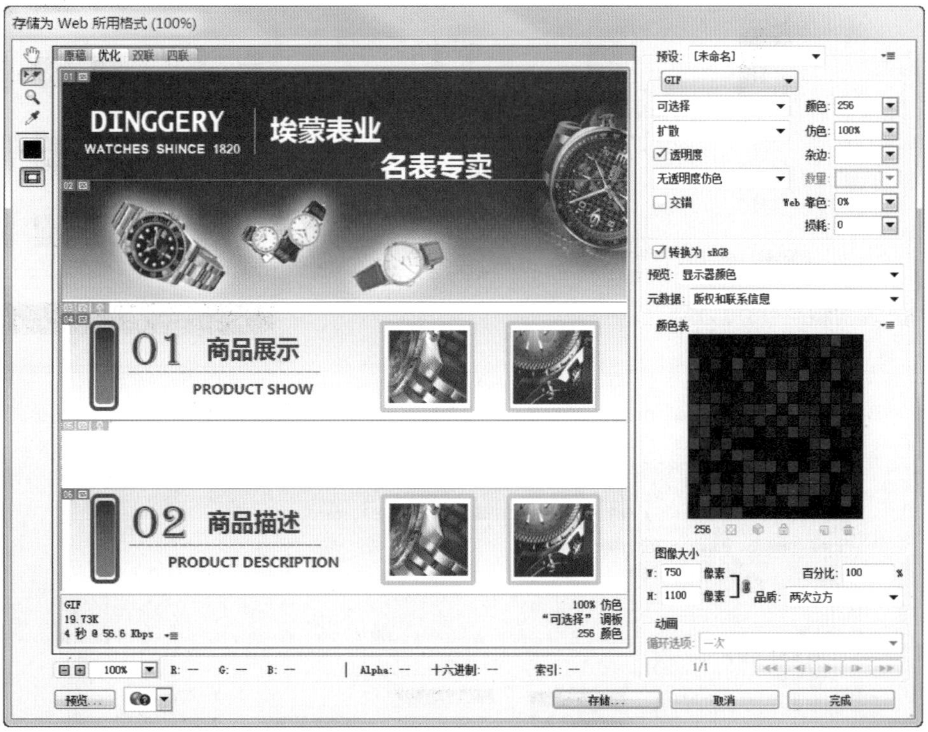


图 5-115 “存储为 Web 所用格式”对话框

**教师点拨**：为了能够在打开网页时提高模板的显示速度，需要将模板切成一片一片的图片文件以分别上传到网络相册中。这样在打开网页时，每个切片图片可以同时显示，从而大大减少页面的打开时间，不会让买家久等而影响购物心情。一般情况下，在切片时，要注意切片完整，如需要图片文字的位置应该切成一片。

(18) 此时在指定的文件夹中将会出现一个 HTML 文件和一个名为 images 的文件夹，如图 5-117 所示。双击 HTML 文件，将使用系统默认浏览器浏览页面效果，如图 5-118 所示。images 文件夹中包含了被切割的图片文件，如图 5-119 所示。

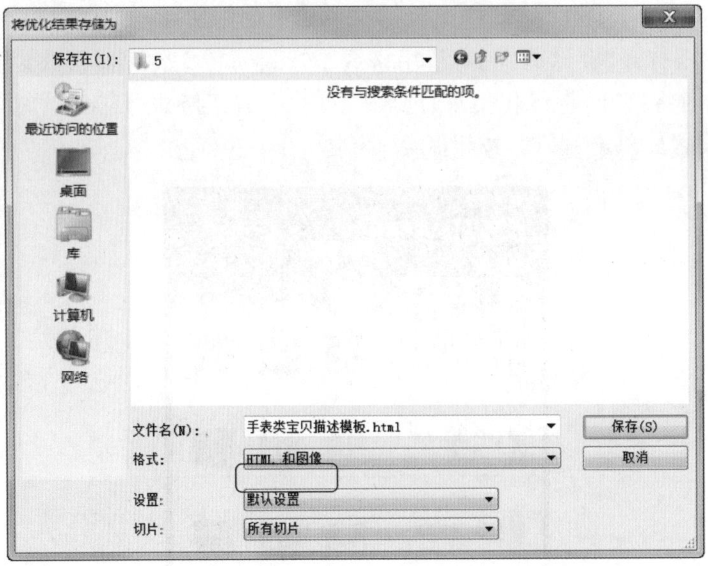


图 5-116 “将优化结果存储为”对话框

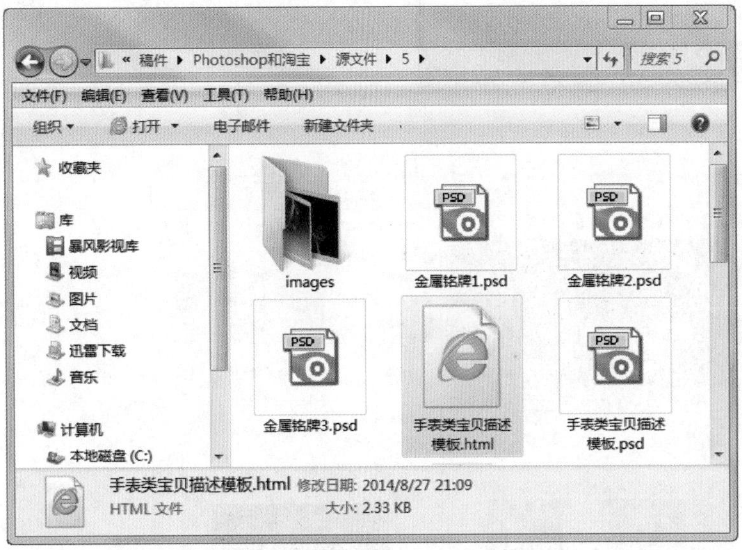


图 5-117 html 文件和 images 文件夹

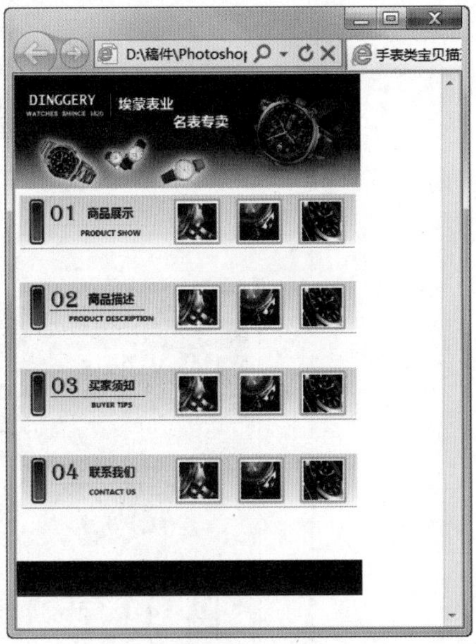


图 5-118 在浏览器中预览效果

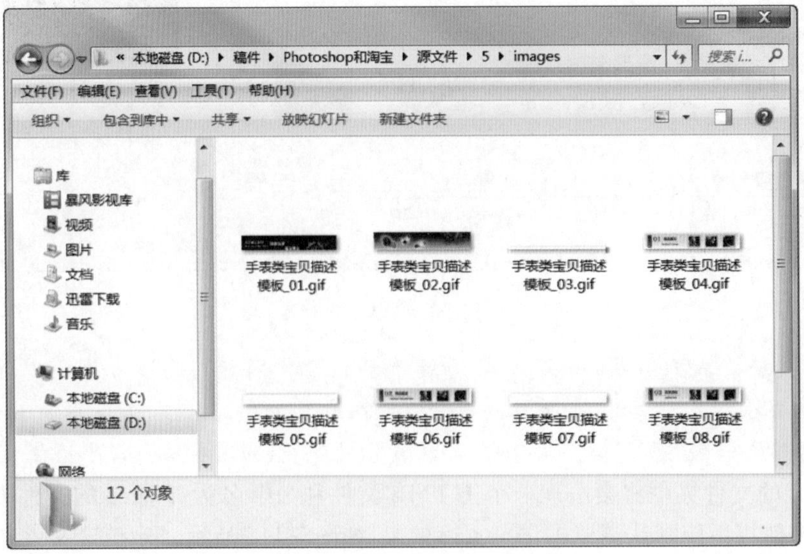


图 5-119 images 文件夹中的图片文件

**教师点拨**：宝贝描述页面的作用是，展示宝贝的特点，让买家了解宝贝并获得购买欲。因此，宝贝描述页面的设计应该根据需要描述宝贝的特点来进行，要了解买家最为关注的是宝贝的哪方面特征，不同宝贝的描述模板中设计标准和栏目设置会有所不同。另外，宝贝描述页面上的图片地址链接要准确，图片空间要稳定可靠，否则会出现页面上的图片不显示的情况。

## 5.5 设计旺铺店招

淘宝网上的店铺分为普通店和旺铺两种。如果说普通店铺是淘宝网这个大卖场中的一个小柜台，那么旺铺则更像一个独立的店铺，每个店铺都有独立店招。店招就像是店铺的一个个性照片，是店铺的重要宣传工具，是店铺一个广告牌。本节将介绍旺铺店招制作的有关知识。

### 5.5.1 旺铺店招的设计

视频讲解

为了满足卖家对店铺更高的要求，淘宝网推出了淘宝旺铺服务功能，让店铺的功能更加丰富，卖家能够对其进行更多的个性化设置。每个淘宝旺铺都有自己独立的店招，这种店招相当于一个店铺的招牌，放置于店铺的最上方，如图 5-120 所示。店招能够起到说明经营项目、展现店铺经营特色以及招揽顾客等作用。

图 5-120　旺铺店招

在旺铺中，每个页面都可以独立设置店招，店招可以通过旺铺的图片设置区域功能来进行设置。店招图片既可以选择应用于当前页面，也可以应用于整个店铺的页面。在设置网店店招时应该注意店招图片的大小，图片不能太短，否则在页面中会显得不协调；同时也不能太长，太长超过的部分会被自动裁切掉，会出现图像内容显示不全的情况。淘宝旺铺页头高度为 150 像素（已包含导航条），因此淘宝官方建议店招尺寸为 950 像素×120 像素（即加上导航条高度，刚好是 150 像素，可避免发布后导航条被挤掉不显示的问题）。淘宝网支持的店招图片为 GIF、JPG 和 PNG 格式，在上传店招图片时，图片的大小不要超过 100KB。

### 5.5.2 旺铺店招制作实例——珠宝店店招

视频讲解

**生**：店招是一个店铺的象征，在淘宝网上我看到的很多店铺店招都给我留下了深刻的印象。在店铺装修时，该如何使用店招呢？

**师**：在网店中，好的店招能够很好地传递店铺的经营信息、突出店铺的经营风格并树立店铺形象。在装修店铺时，可以根据店铺的经营特点，首先使用 Photoshop 制作完成店标图片，然后将图片上传到旺铺的店招位即可。

**生**：您能不能给我介绍一个制作店招的实例呢？

**师**：好，我们就一起来制作一个店招吧。

（1）启动 Photoshop CC，按 Ctrl＋N 键打开“新建”对话框。在对话框中设置新文档的名称和大小，如图 5-121 所示。单击“确定”按钮关闭对话框创建新文档。

（2）在“图层”面板中创建一个新图层，在工具箱中选择“渐变工具”。打开“渐变编辑器”对话框编辑渐变，如图 5-122 所示。这里，渐变具有两种颜色，第一个色标的颜色值为 R：1，G：14，B：23；第二个色标的颜色值为 R：1，G：65，B，113。在选项栏中按下“径向渐变”按钮，并勾选“反向”复选框，如图 5-123 所示。在图像中从左向右拖曳鼠标应用径向渐变填充，如图 5-124 所示。

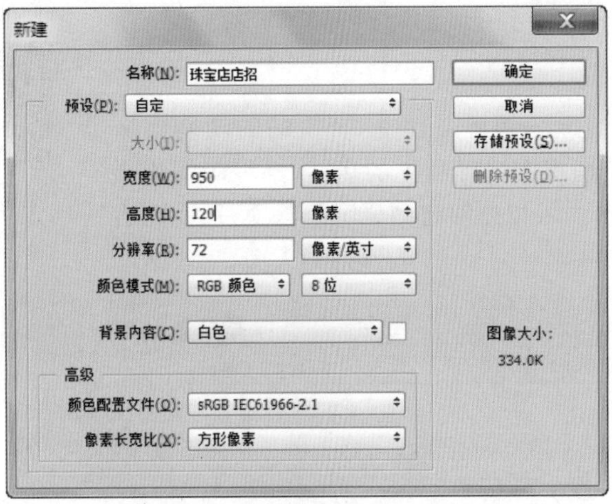


图 5-121 “新建”对话框

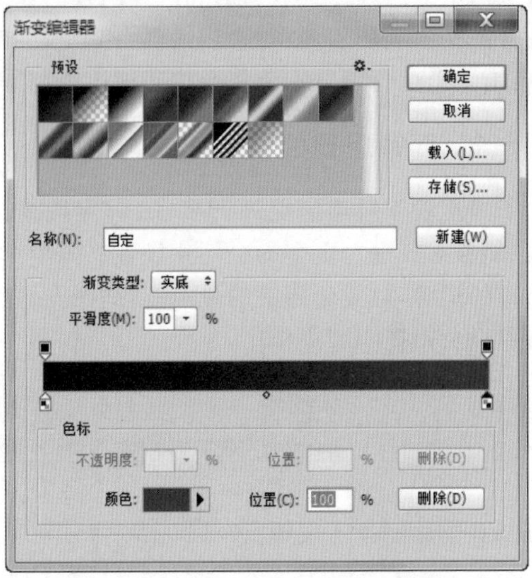


图 5-122 “渐变编辑器”对话框

图 5-123 选项栏的设置

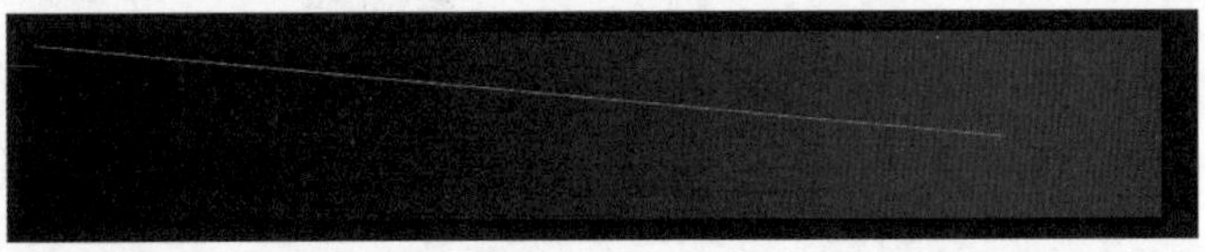

图 5-124 应用径向渐变填充

（3）在“图层”面板中创建一个新图层，再次打开“渐变编辑器”对话框。在对话框中单击“预设”栏右上角的按钮，在打开的列表中选择“金属”选项，如图 5-125 所示。此时 Photoshop 会给出提示对话框，如图 5-126 所示。单击“追加”按钮将该类预设渐变添加到“预设”列表中。在“预设”栏中选择“钢条色”预设渐变，将第二个色标放置到色谱条中间的位置，如图 5-127 所示。单击“确定”按钮关闭对话框。

（4）在选项栏中按下“线性渐变”按钮，在“模式”下拉列表中选择“差值”选项，如图 5-128 所示。沿 45°的方向多次拖曳鼠标，多个渐变叠加后的效果如图 5-129 所示。在“图层”面板中将该图层的图层混合模式设置为“柔光”，将“不透明度”设置为 50％，如图 5-130 所示。

（5）在“图层”面板中创建一个新图层，再次打开“渐变编辑器”对话框。使用与步骤（3）相同的方法向“预设”列表中添加名为“杂色渐变”的预设渐变。在“预设”列表中选择“蓝色”

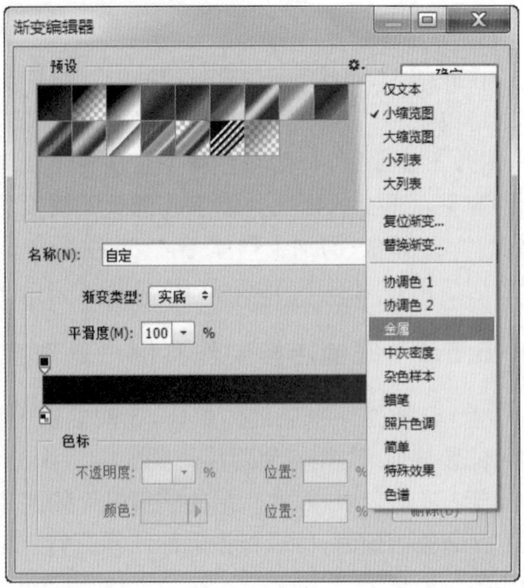


图 5-125 选择“金属”选项

渐变样式，如图 5-131 所示。在选项栏中按下“角度渐变”按钮，如图 5-132 所示。拖曳鼠标应用角度渐变，从右侧向左侧拖曳鼠标创建渐变，将该图层的图层混合模式设置为“柔光”，如图 5-133 所示。

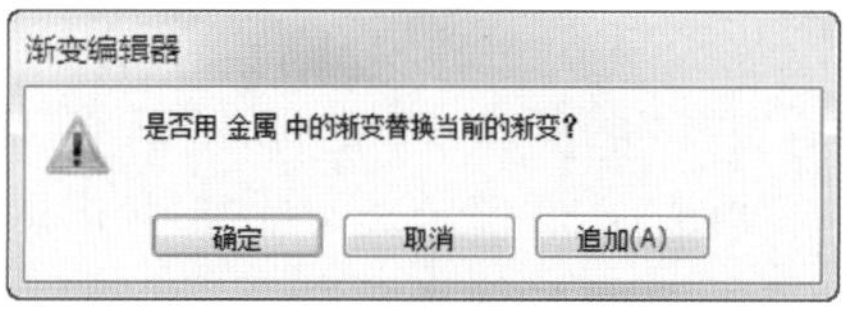


图 5-126　Photoshop 提示对话框

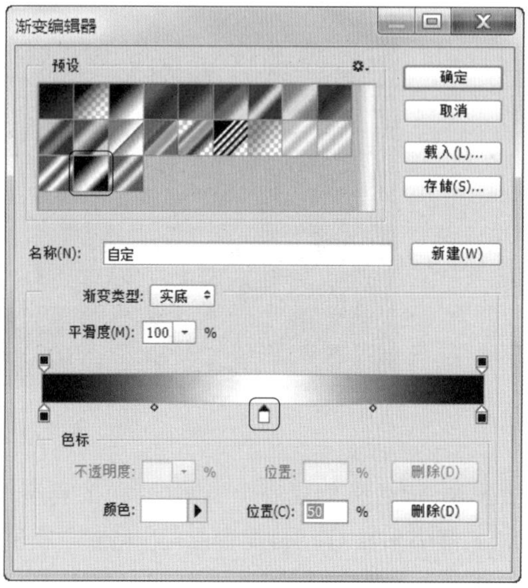


图 5-127　选择“钢条色”预设渐变

图 5-128　选项栏的设置

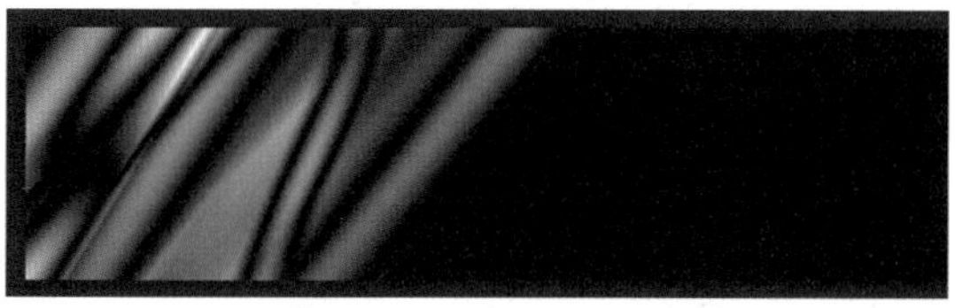

图 5-129　多次应用渐变填充

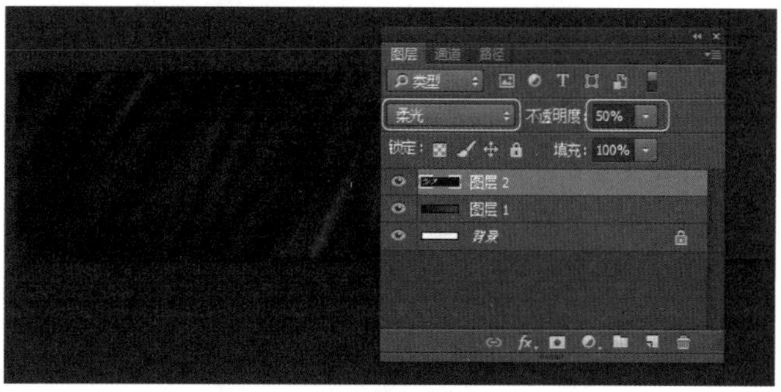


图 5-130　设置图层混合模式和“不透明度”值

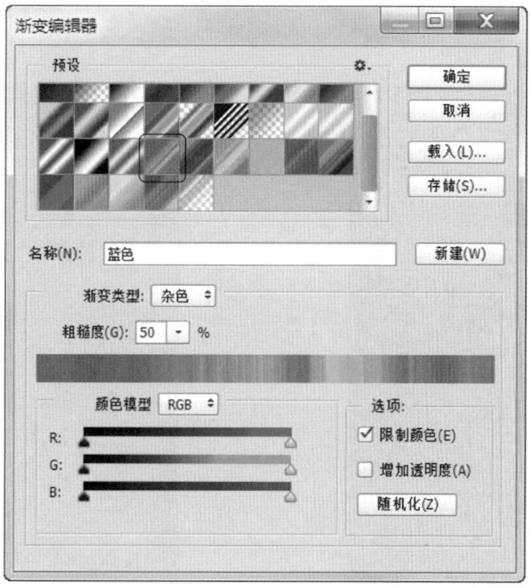


图 5-131　选择“蓝色”渐变样式

图 5-132　按下“角度渐变”按钮

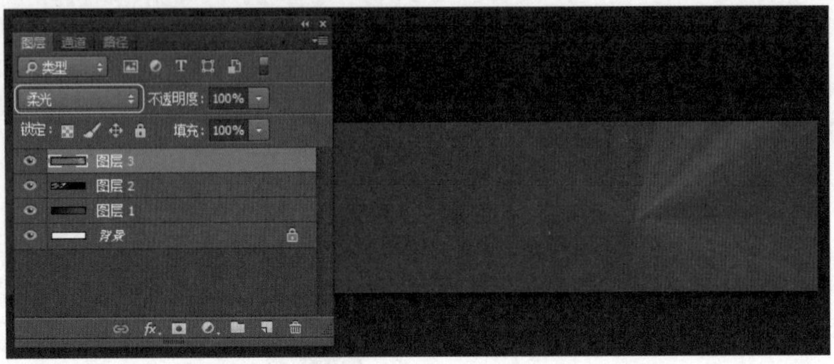


图 5-133　将图层混合模式设置为“柔光”

(6) 在“图层”面板中创建一个新图层，在工具箱中选择“画笔工具”，按 F5 键打开“画笔”面板。在面板中选择“画笔笔尖形状”选项，设置画笔“大小”“硬度”和“间距”，如图 5-134 所示。勾选“形状动态”复选框并选择该选项，设置“大小抖动”值，如图 5-135 所示。勾选“散布”复选框并选择该选项，设置“散布”值，如图 5-136 所示。将前景色和背景色设置为步骤 3 中渐变的两种颜色，勾选“颜色动态”复选框并选择该选项，设置“前景/背景抖动”值，如图 5-137 所示。

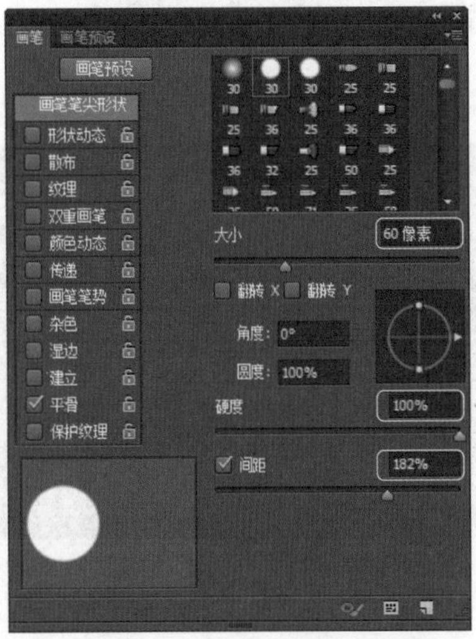


图 5-134　设置“画笔笔尖形状”

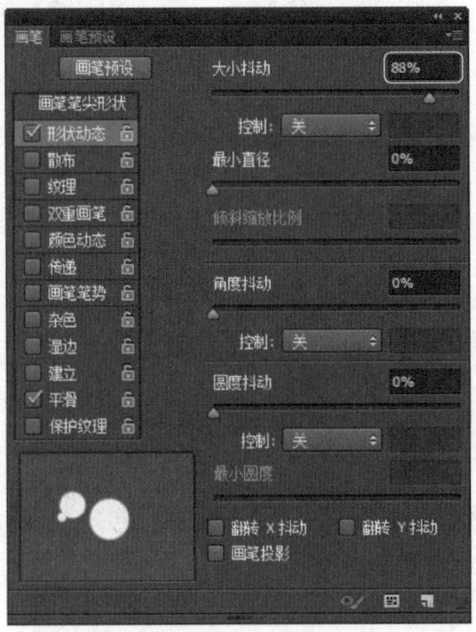


图 5-135　设置“形状动态”

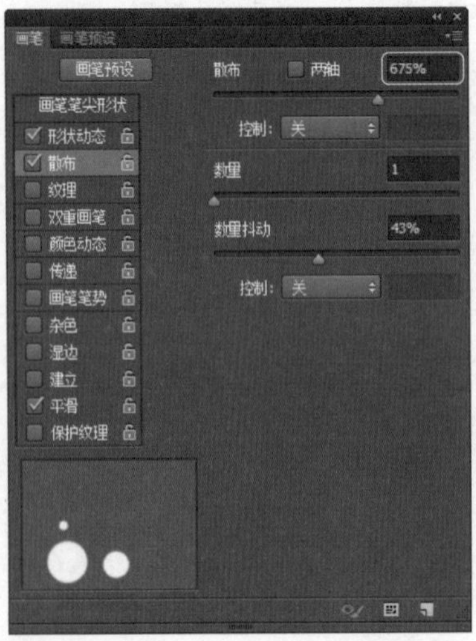


图 5-136　设置“散布”

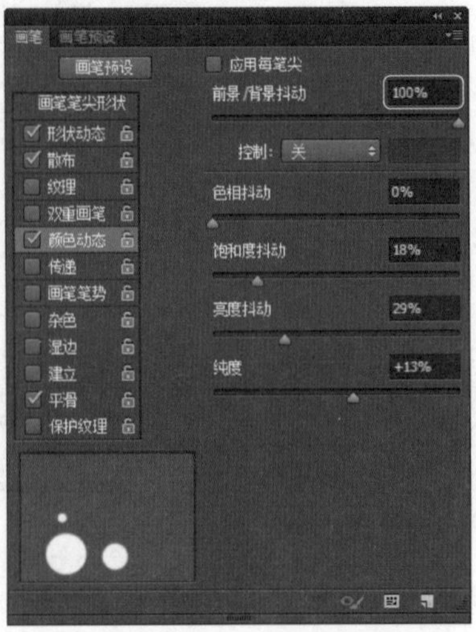


图 5-137　设置“颜色动态”

（7）在图像中不同位置任意拖动鼠标绘制大小不一的散布圆点，由于设置了“颜色动态”，圆点的颜色会在前景色至背景色之间随机过渡。执行“滤镜”→“模糊”→“高斯模糊”命令，打开“高斯模糊”对话框，在对话框中设置“半径”值，如图 5-138 所示。在“图层”面板中将图层混合模式设置为“柔光”，图层“不透明度”值设置为 60%，如图 5-139 所示。

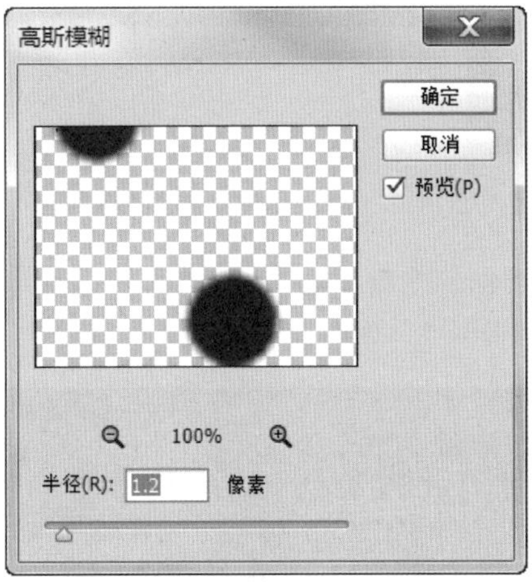


图 5-138　“高斯模糊”对话框

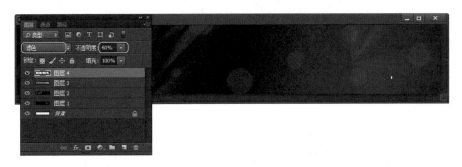

图 5-139　设置图层混合模式和“不透明度”值

（8）分别打开两个珠宝素材图片，将对象拖曳到当前图像中，调整它们的大小、位置和旋转角度。为它们添加“外发光”图层样式，如图 5-140 所示。此时，图像效果如图 5-141 所示。

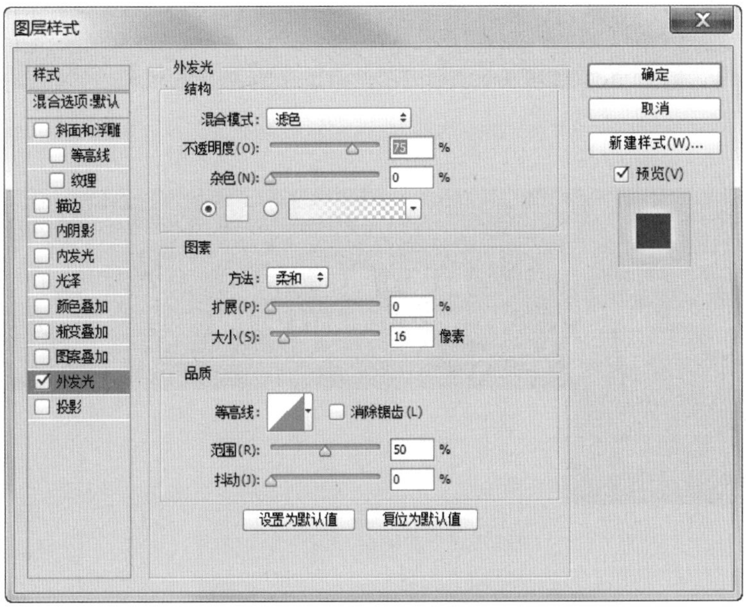


图 5-140　添加“外发光”图层样式

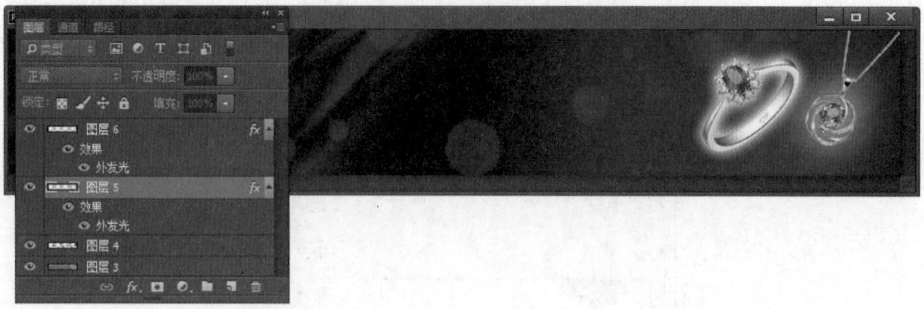


图 5-141　添加素材图片后的图像效果

(9) 使用“横排文字工具”在图像的左侧添加文字,如图 5-142 所示。使用“直线工具”绘制一条分隔线,如图 5-143 所示。在图像中间添加文字,如图 5-144 所示。

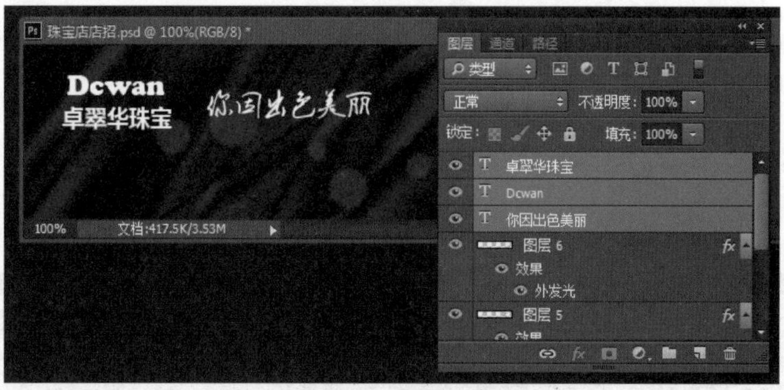


图 5-142　在图像左侧添加文字

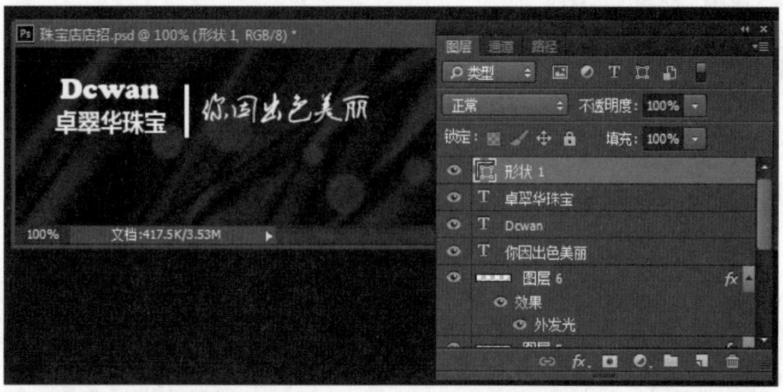


图 5-143　绘制一条分隔线

图 5-144　在图像中间添加文字

(10) 执行“文件”→“存储为 Web 和设备所用格式”命令,打开“存储为 Web 和设备所用格式”对话框,如图 5-145 所示。单击“存储”按钮,打开“将优化结果存储为”对话框,设置保存位置、文件名称和文件格式后单击“保存”按钮保存文件,如图 5-146 所示。本例旺铺店标制作完成后的效果如图 5-147 所示。

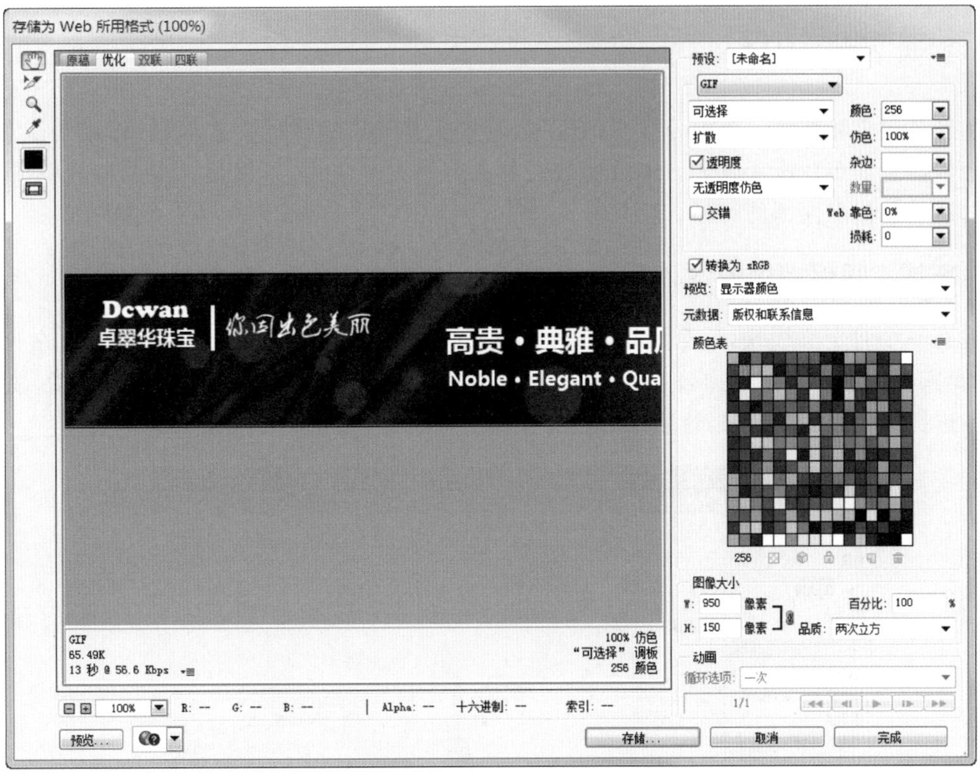

图 5-145 “存储为 Web 和设备所用格式”对话框

图 5-146 “将优化结果存储为”对话框

图 5-147 店招制作完成后的效果

## 5.6 设计宝贝促销区

宝贝促销区是淘宝旺铺的一个十分重要的区域，其替代普通店铺中的公告区域，作用是让卖家将商品的促销信息或公告信息发布在该区域上。宝贝促销区如果能够充分应用，可以最大限度地吸引买家，让买家快速了解店铺的活动和优惠促销的商品。

### 5.6.1 旺铺宝贝促销区的设计

视频讲解

淘宝旺铺有一个自定义模块，这个模块是旺铺装修的一个重要区域，如图 5-148 所示。在自定义模块中，卖家根据需要选择添加公告区、宝贝促销区并应用个性图片。利用自定义模块，卖家可以对店铺进行最大程度的装修，让店铺个性更加突出，展示自己需要的内容。

图 5-148 旺铺中的自定义内容区域

淘宝旺铺的宝贝促销区是旺铺的一个特色，包含了普通店铺的公告栏功能，但功能比公告栏强大实用。宝贝促销区可以用于显示店铺公告、人气宝贝、店铺推荐或新品发布等信息，店家利用这个区域，能够将重要的商品信息和活动展示出来。旺铺的促销区除了支持图片之外，还可以支持 GIF 动画、滚动字母、DIV 层的滚动效果等，这些是淘宝普通版的公告栏所无法做到的。

在装修淘宝旺铺时，要根据店铺的经营内容和性质来确定店铺促销区的主体色，要保证促销区的色调和店铺整体色调协调一致。在促销区中，要注意主体突出，突出最想卖、最热卖或正在促销的商品。新的淘宝旺铺对宝贝促销区的高度没有限制，但为了获得最佳的浏览效果，促销区的高度不要超过 738 像素。同时，宝贝促销区区域中文字的字数有限制，不能超过 20 000 字。

### 5.6.2 旺铺宝贝促销区制作实例——移动硬盘促销区

视频讲解

**生**：老师，您能不能给我讲讲宝贝促销区的制作方法？

**师**：如果你是一个旺铺店主，要制作宝贝促销区一般有 3 种可行的方法。第一种方法，也是最简单的方法，就是直接从互联网寻找合适的免费宝贝促销模板，将其下载后对其进行修改，在模板上添上宝贝促销信息和公告信息等内容，然后将模板应用到店铺促销区即可。

**生**：这是一个很好的方法，方便快捷，适合于设计制作能力不强的店主。但是，其缺点也很明显，一是找到符合需要的模板也许会花很多时间；二是个性化不足。

**师**：你说得很对。如果你是一个熟悉网页制作和设计的店主，你就可以自行设计宝贝促销区。先使用图像制作软件设计宝贝促销区版面，然后进行切片处理并将其保存为网页，通过网页制作软件（如Dreamweaver）编排或添加需要的网页特效，最后将网页代码应用到店铺的宝贝促销区上即可。

**生**：我的店铺我做主，从操作中我还可以学到知识，何乐而不为呢？

**师**：呵呵，不过这种方法对你的设计能力还是要求比较高的，需要你掌握一定的图像设计和网页制作技能。实际上，除了上面介绍的两种方法之外，还有一种最省力也是效果最好的方法，你想不想知道？

**生**：真的有吗？

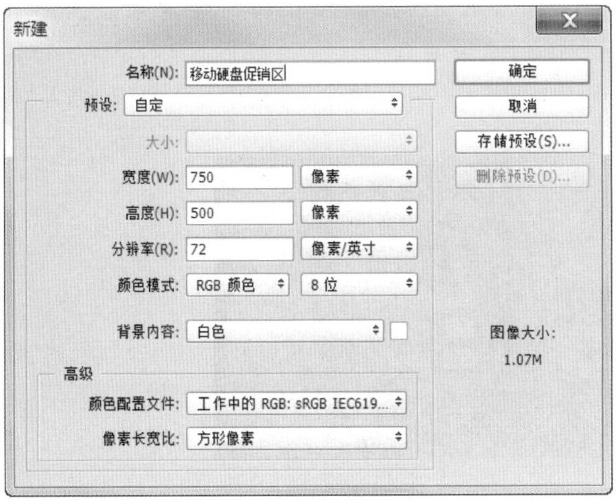


图 5-149 “新建”对话框

**师**：有呀。这个方法就是——花钱买呀。现在淘宝网上有很多专卖提供店铺装修服务和出售装修模板的店铺，就宝贝促销区而言，一个精美的模板的价钱也就是几十元。同时，你也可以让他们专门为你设计一个模板，不过价钱肯定比直接购买现成的要贵些。

**生**：唉，我还是自己制作吧。

**师**：嗯，既然你愿意做，那下面我们就一起使用Photoshop来制作一个用于宝贝促销区的促销宣传图吧。图片包括宣传文字、宝贝图片和放置宝贝的图片框。由于图片背景是海底世界，因此宝贝图片框就设计成一个个的水泡。

（1）启动 Photoshop CC，按 Ctrl＋N 键打开“新建”对话框。在对话框中设置新文档的名称和大小，如图 5-149 所示。单击“确定”按钮关闭对话框创建新文档。

（2）将背景图片放置到文档中，创建一个新图层，在工具箱中选择“椭圆选框工具”，按住 Shift 键拖曳鼠标绘制一个圆形选区。将前景色设置为白色，按 Alt＋Del 键以前景色填充选区。在工具箱中选择“画笔工具”，在选项栏中将“硬度”设置为 0%，如图 5-150 所示。使用画笔沿着选区边缘涂抹，如图 5-151 所示。

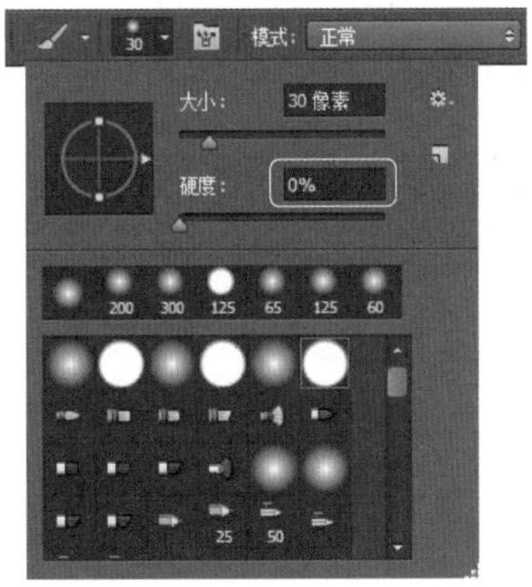


图 5-150 将“硬度”设置为 0%

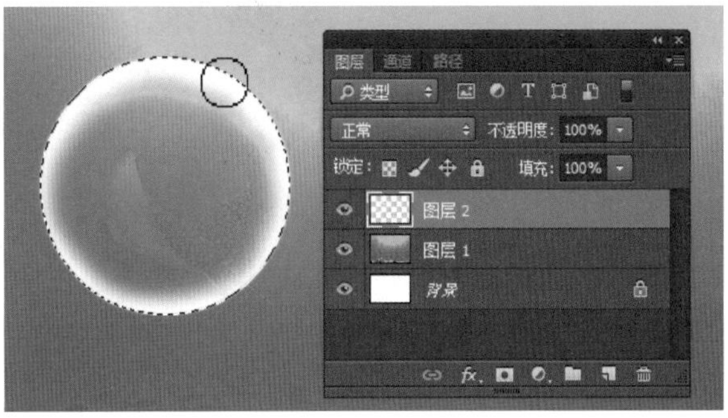


图 5-151 沿着边缘涂抹

（3）在工具箱中选择“橡皮擦工具”，调整笔尖大小使其比选区稍大。用笔尖套住选区单击，获得效果如图 5-152 所示。创建一个新图层，将画笔笔尖调小，使用“画笔工具”在选区中绘制高光区域，将该图层的“不透明度”设置为 50%，如图 5-153 所示。再添加两个图层，使用不同的笔尖大小分别绘制高光区域并分别设置图层的“不透明度值”，如图 5-154 所示。

（4）同时选择水泡所在的 4 个图层，按 Ctrl＋E 键合并图层，将合并后的图层复制两次。移动复制后的水泡将它们分开放置，如图 5-155 所示。打开 3 张素材图片，将对象拖曳到当前图像中，使它们所在的图层位于水泡图层的下方。调整它们的大小，将它们放置到水泡中，如图 5-156 所示。

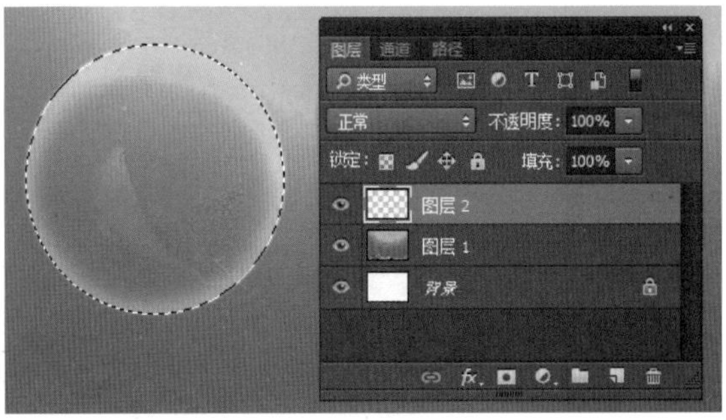


图 5-152 使用“橡皮擦工具”单击

图 5-153 设置"不透明度"值

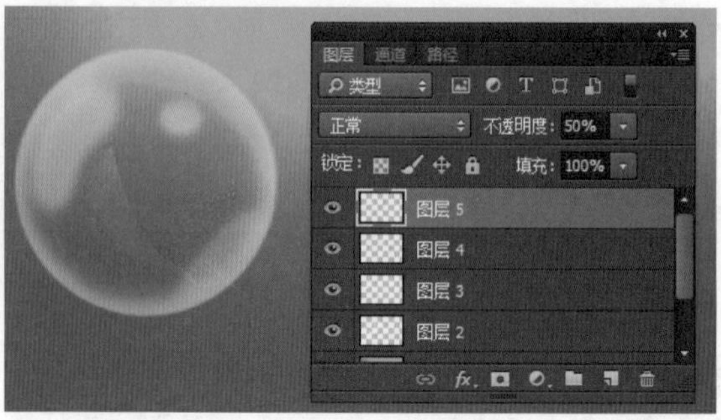


图 5-154 在图层中绘制高光区域

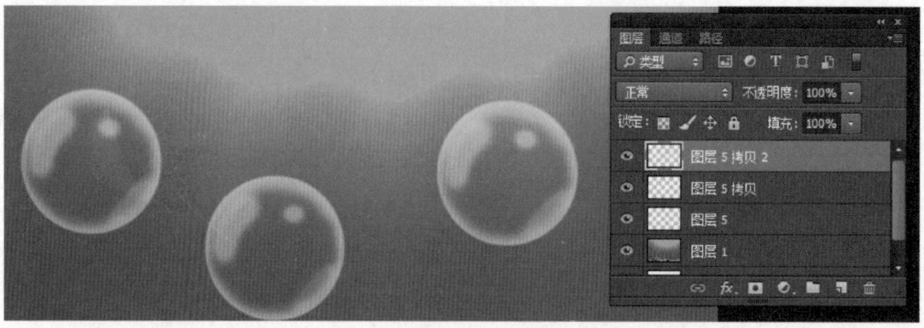


图 5-155 放置图像

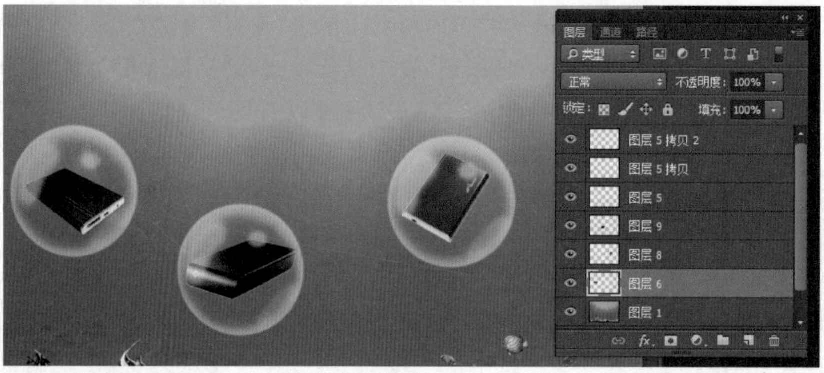


图 5-156 放置素材图像

(5) 在工具箱中选择"横排文字工具"，在选项栏中设置字体和文字大小，将文字颜色设置为白色，如图 5-157 所示。输入文字，拖曳鼠标选择需要强调的文字，将这些文字大小设置为 70 点。此时文字效果如图 5-158 所示。

图 5-157 选项栏的设置

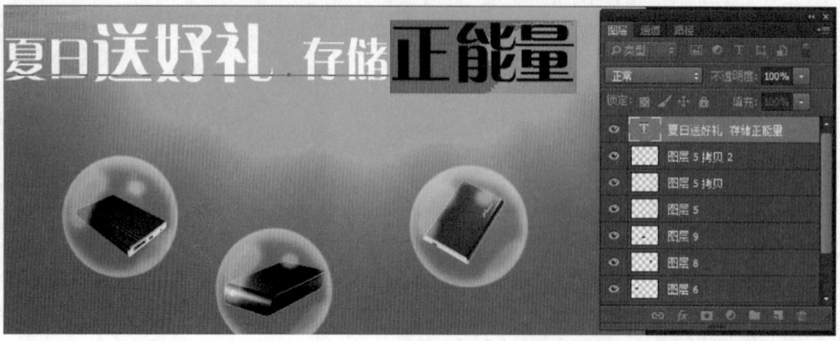


图 5-158 更改文字大小

（6）双击文字所在的图层打开“图层样式”对话框，为文字添加描边效果，如图 5-159 所示。这里描边颜色值为 R：11，G：226，B：254。为文字添加投影效果，如图 5-160 所示。单击“确定”按钮关闭对话框，此时文字效果如图 5-161 所示。继续使用“横排文字工具”输入文字并对其应用相同的图层样式，如图 5-162 所示。

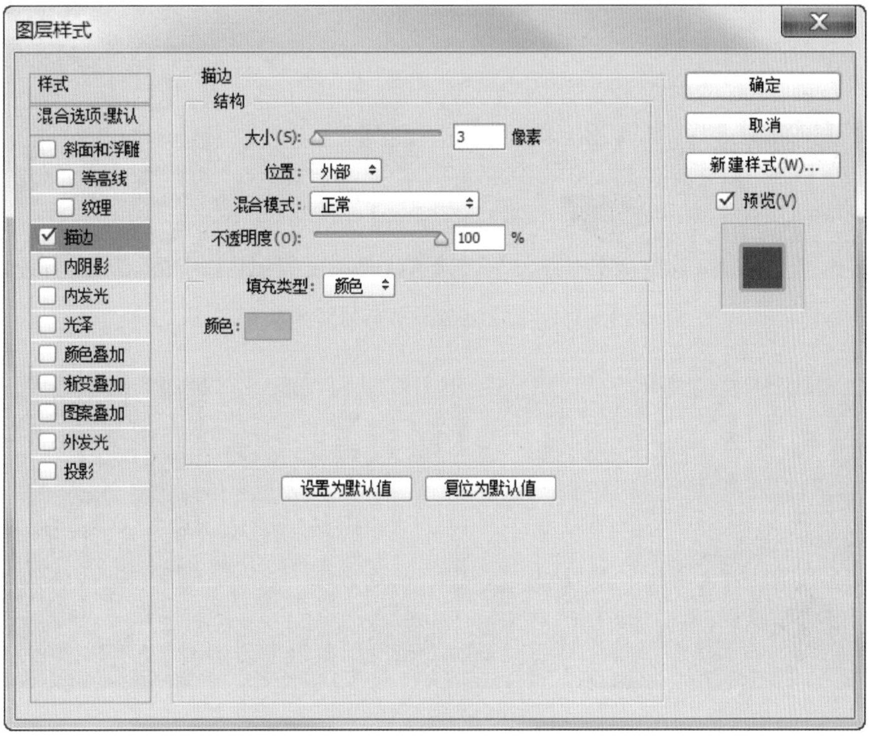


图 5-159　为文字添加描边效果

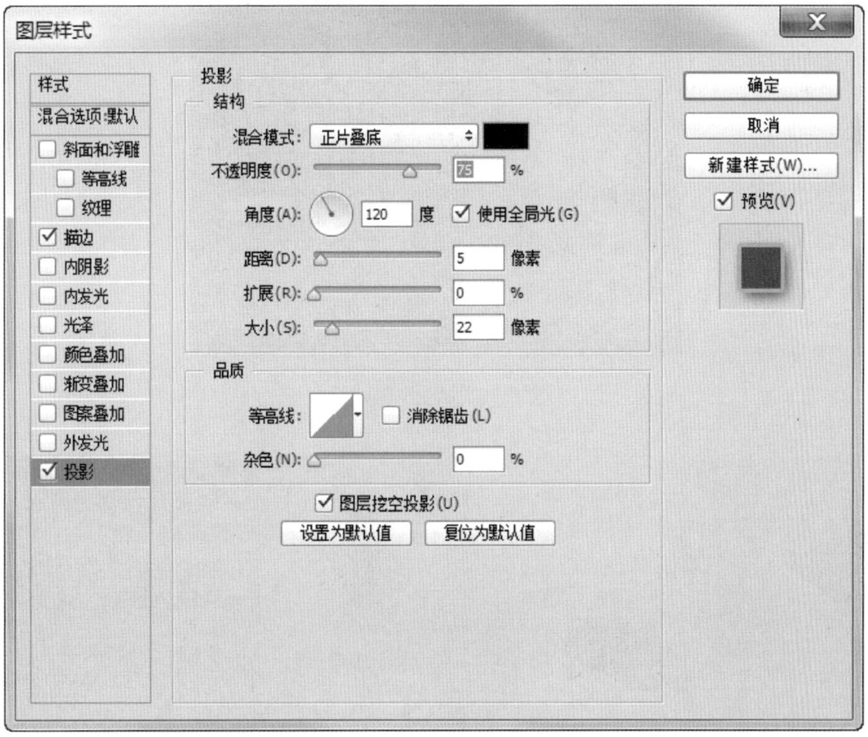


图 5-160　为文字添加投影效果

（7）输入促销说明文字，执行“窗口”→“字符”命令，打开“字符”面板，设置文字字体、大小和行距。选择原价文字后，在“字符”面板中按下“删除线”按钮为文字添加删除线，如图 5-163 所示。将文字图层复制两次，将复制后的文字分别放置到对应宝贝下方，修改文字内容，如图 5-164 所示。

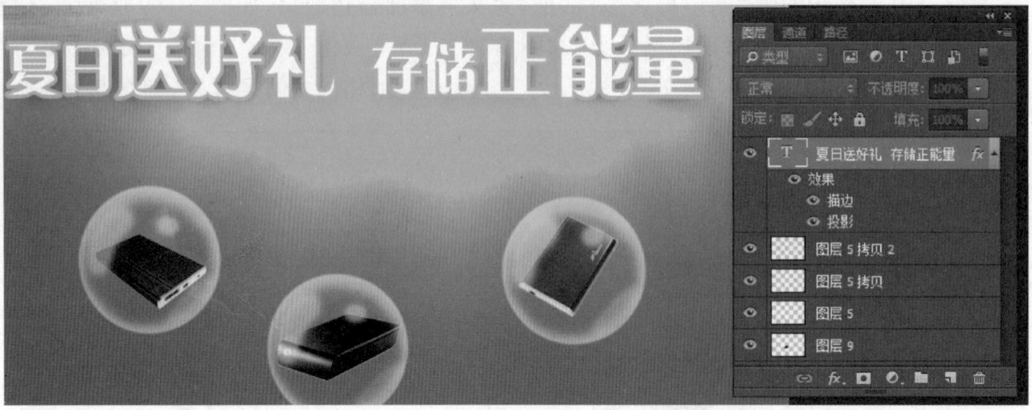


图 5-161 应用图层样式后的文字效果

图 5-162 输入文字并应用图层样式

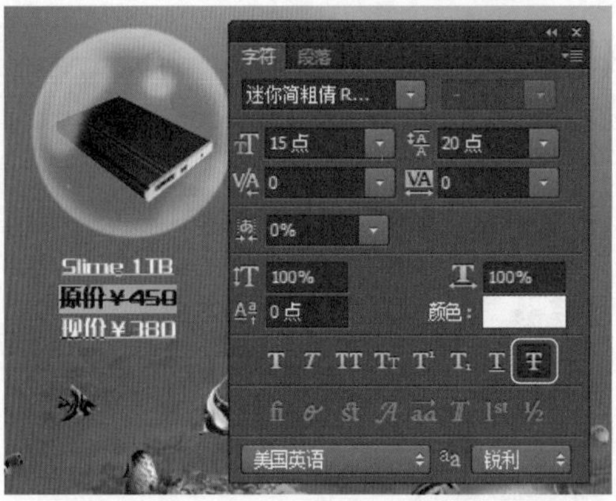


图 5-163 添加删除线

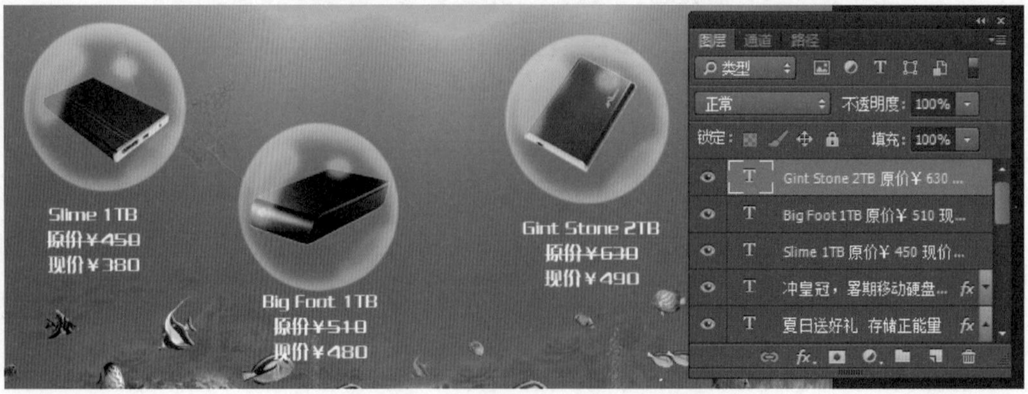


图 5-164 复制文字图层并修改图层中文字

(8) 按 Ctrl+Shift+E 键合并所有图层,将文档保存为需要的格式。本例制作完成后的效果如图 5-165 所示。

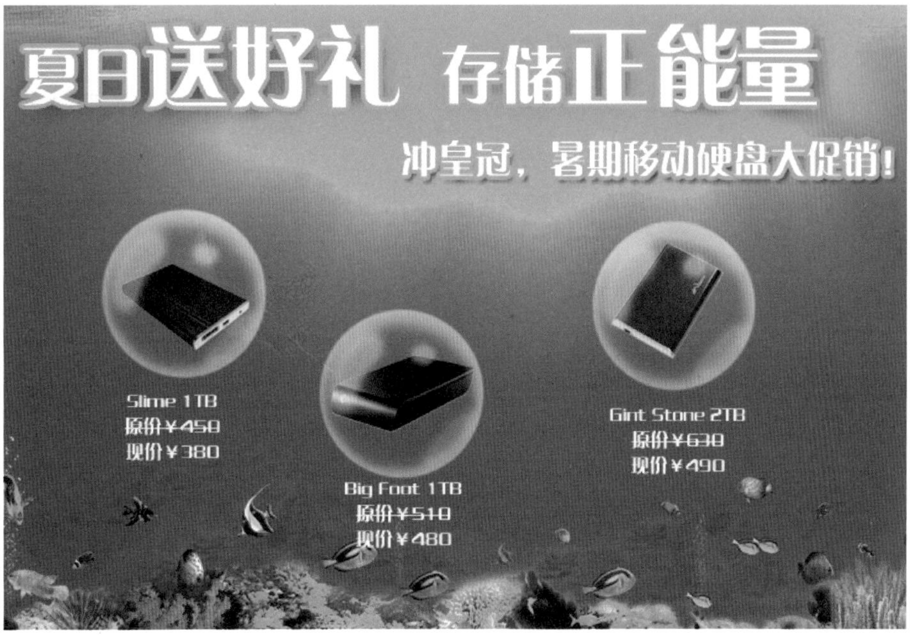


图 5-165 本例制作完成后的效果

**教师点拨**:淘宝店铺包括普通店和旺铺这两种。普通的可装修的部分包括店标、公告、宝贝分类和宝贝描述,其中宝贝描述不在店铺主页面中显示。旺铺可装修的部分包括店招、促销区、分类、页面左右两侧的自定义模块、宝贝描述和自定义页面。旺铺相对于普通店铺功能更强大,装修更灵活,现在已成为淘宝店铺的主流。

# Chapter 6

# 第6章　服装类网店的设计和制作

在众多的淘宝网店中，最常见的当属服装店。网上服装店利润高，但竞争激烈。想在众多的服装卖家中脱颖而出，并不是一件容易的事情。在进入网上服装销售这一行时，设计一个精美独特的网店，是必不可少的条件。本章将通过实例就服装类网店的设计装修进行介绍。

## 6.1 服装类网店设计概述

视频讲解

服装由于其特殊性，在设计网店时，应该努力将服装最好的一面呈现给买家，给买家展示服装最真实最漂亮的一面，这样不仅有助于宝贝的销售，而且能够快速帮助买家找到适合自己的服装。

对于服装店来说，为其取一个好的店名是很重要的。好的店面能够在一定程度上增加网店的访问量，让买家记住店铺，同时增加买家对店铺的好感，促成交易的完成并增加回头客。店名要能够体现经营服装的特点，使消费者容易识别销售的服装类型。

服装类网店在设计上主要依据销售商品的特点来定位店铺的风格，如是男装还是女装、是老年服装还是儿童服装等。网店设计要有特色，要能够迎合大多数人的口味。服装是季节性很强的商品，同时同类产品的同质化严重。买家在网上购买服装时，往往会“货比万家”，因此服装类网店在商品展示时突出款式、价格和流行等吸引买家的内容。

买家在购买服装时，无法面对实体商品，因此宝贝图片就是展示商品的最直观的手段。对于服装店来说，好的图片能够快速吸引买家的注意。服装类网店的宝贝图片要吸引人且清晰漂亮，照片需要向买家传递丰富的商品信息，如商品的大小、质地和款式特点等。因此，宝贝的照片应该专业、漂亮而且要有真实的感觉。宝贝照片，建议使用真人模特来拍摄，这样可以向买家清晰地传递更多信息。

在设计服装类网店时，需要大量素材图片来装饰网店，这些素材图片可以从网络获得，然后利用Photoshop进行适当处理后使其适合于网店，这是提高网店装修效率的一个办法。

服装类网店在制作时，应该针对不同的消费对象确定网店风格。一般来说，时尚可爱的图像、插画以及各种花边等设计元素用于女装类店铺。黑白搭配、粗犷豪放和金属质感等设计风格更适合于男装店铺。对于童装来说，适合儿童的卡通风格则应该是首选。

## 6.2 服装类网店效果图制作

下面介绍一个服装淘宝网店的制作步骤，案例店是一个男装网店，经营以男裤和夏季T恤为主。本例页面顶部放置店铺店标和导航栏，其下为公告区。在公告区下方的宝贝展示区展示网店最近销售的热门商品，网店左侧侧边栏显示宝贝分类、客服和手机店铺等信息。本案例使用Photoshop制作网店主页效果图，下面介绍详细的制作过程。

### 6.2.1 制作店铺店标

视频讲解

下面介绍店铺店标的制作步骤。

(1) 启动Photoshop CC，按Ctrl＋N键打开“新建”对话框，在对话框中设置新建文件的宽度、高度以及背景颜色，如图6-1所示。单击“确定”按钮创建一个新文档，将文档保存为“服装类网店.PSD”文件。

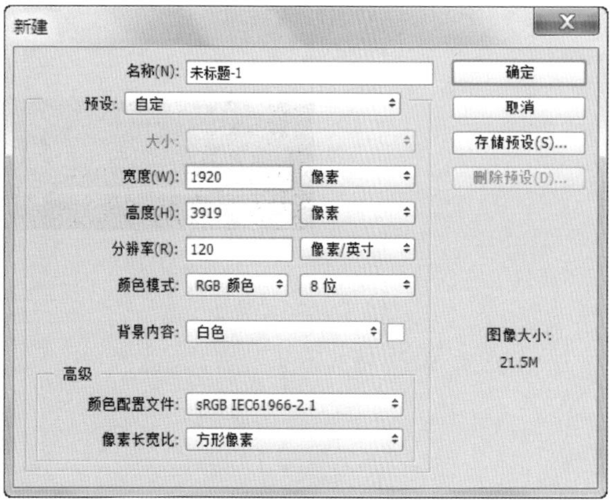


图6-1 “新建”对话框

(2) 打开一张牛仔布纹理图片，如图6-2所示。使用“移动工具”将该图片拖曳3个到当前文档中，将它们放置到文档的顶部并调整它们的大小，如图6-3所示。同时选择3张图片所在的图层，按Ctrl＋E键将它们合并为一个图层，并将该图层命名为“店招背景”。

(3) 在工具箱中选择“横排文字工具”，在选项栏中将“字体”设置为“黑体”，文字大小设置为14.4点，文字颜色设置为白色。在图像中输入文字，如图 6-4 所示。在工具箱中选择“直线工具”，在选项栏将线条颜色设置为白色，线条宽度设置为 4 像素，如图 6-5 所示。在文字左侧绘制一条水平线，如图 6-6 所示。

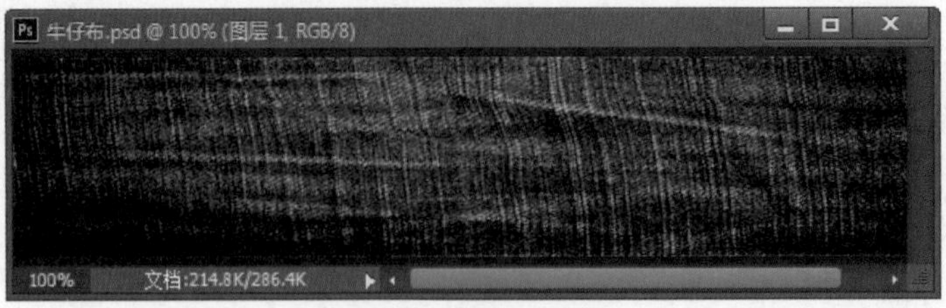


图 6-2　打开纹理图片

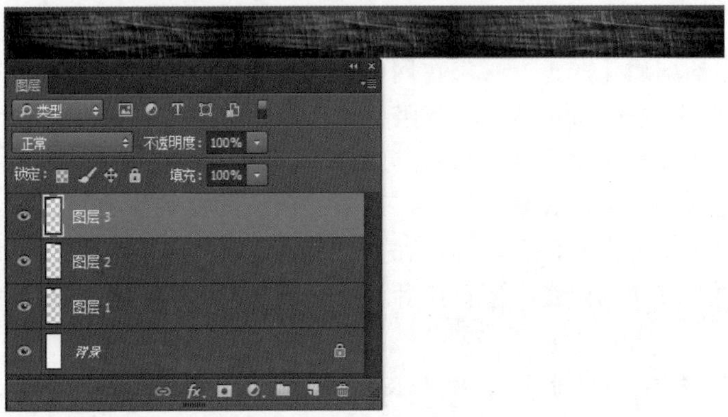


图 6-3　放置素材图片

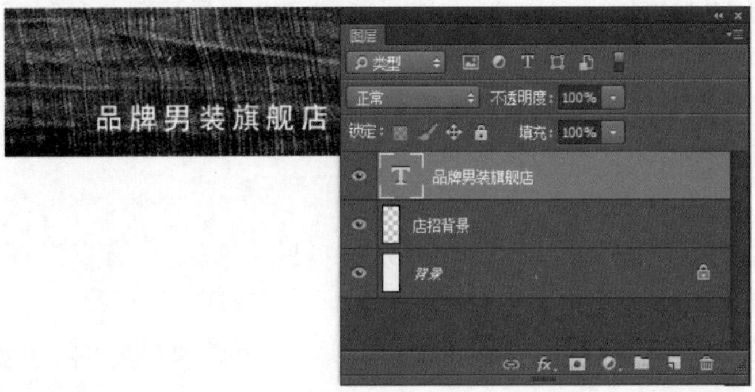


图 6-4　在图像中输入文字

图 6-5　设置填充颜色和宽度

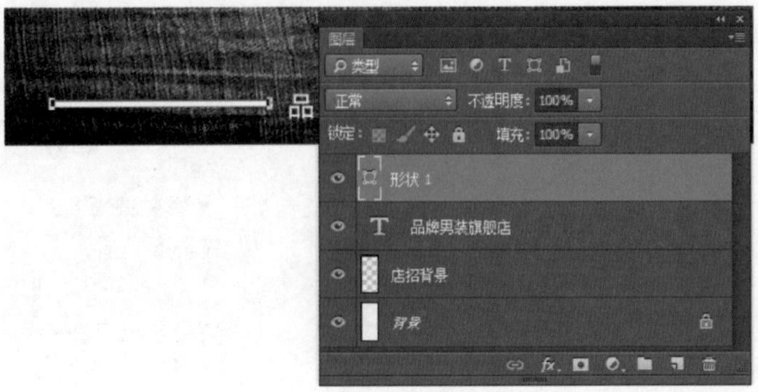


图 6-6　绘制一条水平线

(4) 为该图层添加一个图层蒙版，使用“矩形选框工具”，在选项栏中将工具的“羽化”值设置为 20 像素，从线条中间开始绘制一个矩形选区。在工具箱中选择“渐变工具”，将渐变设置为双色的线性渐变。在图层蒙版中对选区应用渐变，如图 6-7 所示。

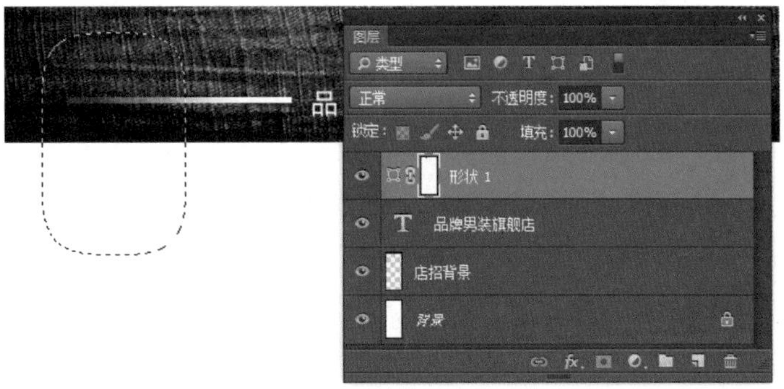


图 6-7　在图层蒙版中应用渐变

(5) 按 Ctrl＋D 键取消选区，复制图形所在的图层后将线条放置到文字的右侧，执行“编辑”→“变换”→“水平翻转”命令，将图形水平翻转。选择这两个图形所在的图层，按 Ctrl＋E 键将它们合并为一个图层，同时将图层命名为“装饰线”，如图 6-8 所示。

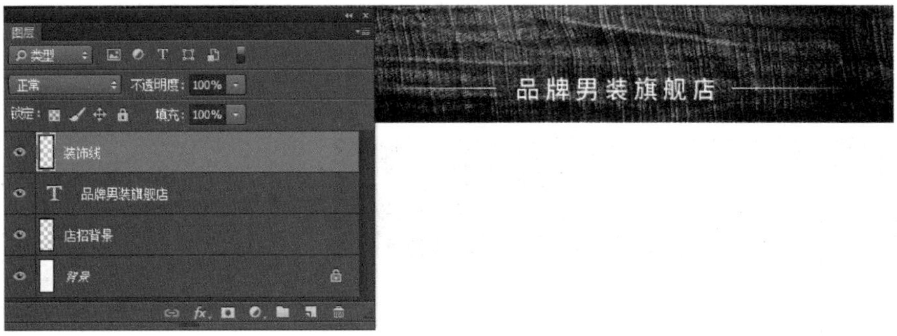


图 6-8　获得装饰线

(6) 在工具箱中选择“横排文字工具”，在选项栏中将字体设置为“黑体”，文字大小设置为 36 点，文字颜色设置为白色。在图形中输入店面文字，打开“图层样式”对话框为文字添加投影效果，如图 6-9 所示。为文字添加颜色叠加效果，如图 6-10 所示。这里，渐变采用双色线性渐变，其起始颜色的颜色值为 R:85，G:128，B:135，终止颜色的颜色值为 R:230，G:234，B:233。此时文字效果如图 6-11 所示。

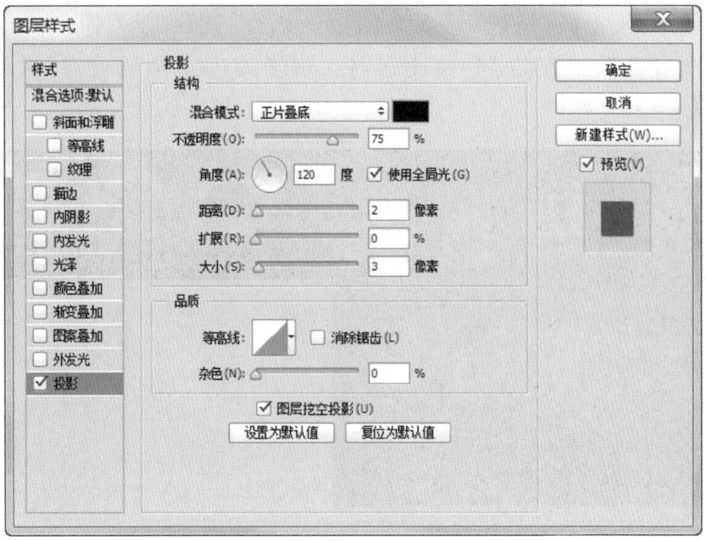


图 6-9　为文字添加投影效果

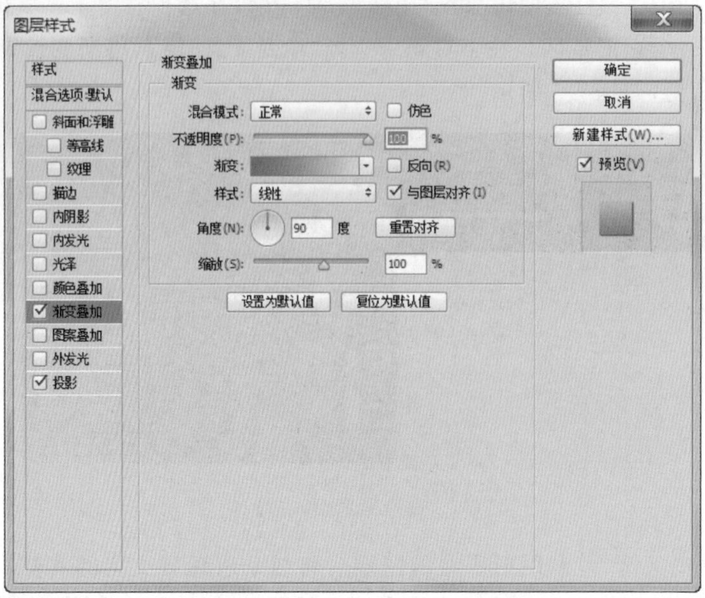


图 6-10　为文字添加颜色叠加效果

(7) 在工具箱中选择“椭圆工具”，在选项栏中取消图形的内部填充，将图形边框线宽度设置为 5 点。将边框线的颜色设置为渐变色，渐变采用黑白两色线性渐变。在打开的面板中，选择色谱条上方起始颜色的透明色标，将其向左拖移，同时将其“不透明度”值设置为 0，如图 6-12 所示。

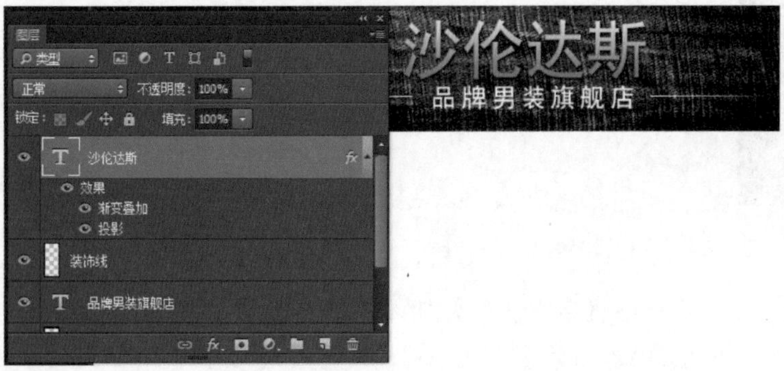


图 6-11　完成设置后的文字效果

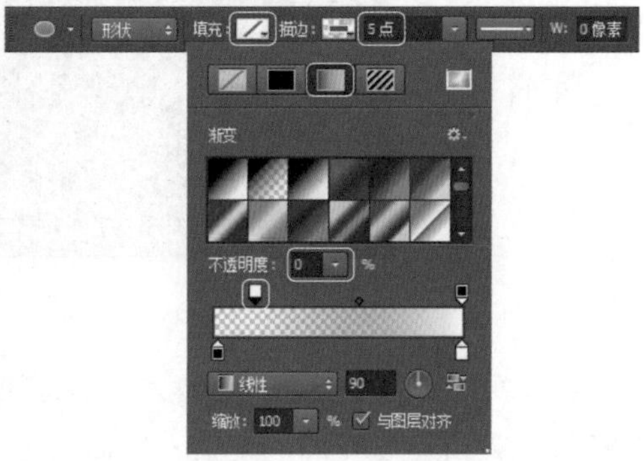


图 6-12　工具选项栏的设置

(8) 按住 Shift 键拖曳鼠标绘制圆形，将绘制的图形放置到图片右上角。将圆形所在图层复制两次，调整它们的位置后，在“图层”面板中同时选择这 3 个图层。执行“图层”→“对齐”→“顶边”命令使它们顶端对齐，然后执行“图层”→“分布”→“左边”命令使它们在水平方向上均匀分布，此时的图形效果如图 6-13 所示。

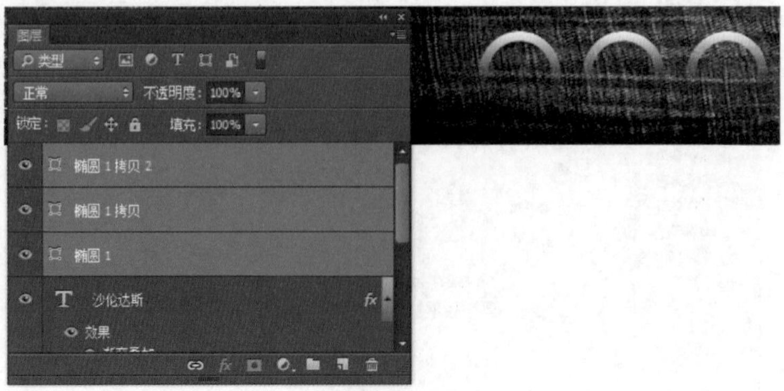


图 6-13　绘制圆形

(9) 在工具箱中选择“横排文字工具”，在选项栏中将字体设置为 Windings，文字大小设置为 36 点，文字颜色设置为白色。在图像上单击，按住 Alt 键并按键盘上的数字键依次输入数字 6 和 7，此时将得到一个白色的竖大拇指图案，如图 6-14 所示。执行“编辑”→“变换”→“水平翻转”命令使图案水平翻转，如图 6-15 所示。

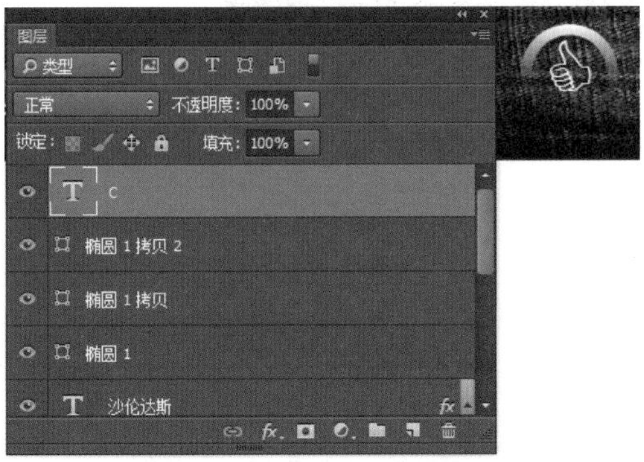


图 6-14 获得竖大拇指图案

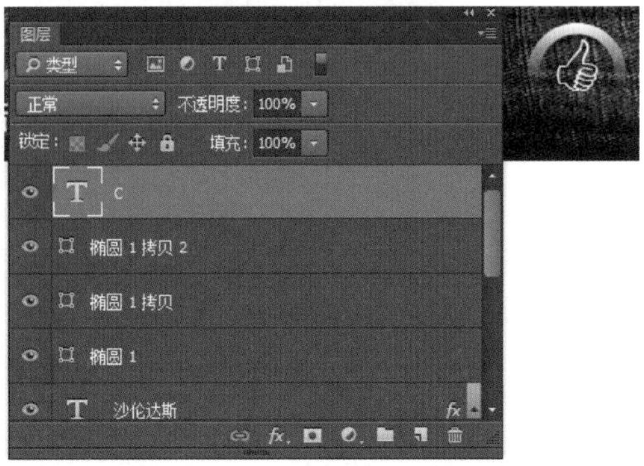


图 6-15 水平翻转图案

(10) 在“图层”面板中，右击图案所在的文字图层，选择关联菜单中的“栅格化文字”命令将图层栅格化。在工具箱中选择“魔棒工具”，在大拇指图案的内部单击选择空白区域，将前景色设置为白色，按 Alt+Del 键以前景色填充选区，如图 6-16 所示。执行“编辑”→“描边”命令，打开“描边”对话框，将描边“宽度”设置为 1 像素，“颜色”设置为黑色，“位置”栏设置为“居外”，“不透明度”设置为 70%，如图 6-17 所示。单击“确定”按钮关闭对话框，按 Alt+D 键取消选区，此时图形效果如图 6-18 所示。

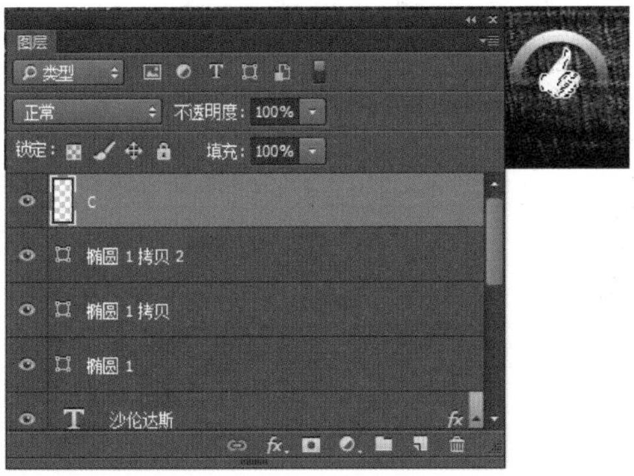


图 6-16 以白色填充选区

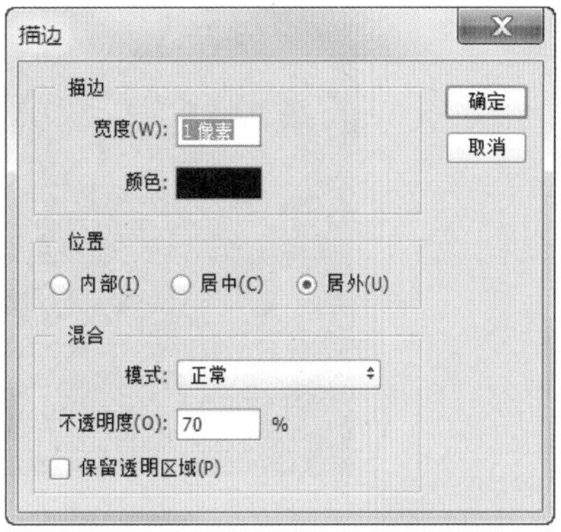


图 6-17 “描边”对话框

(11) 在工具箱中选择“自定形状工具”，将图形的填充色设置为白色，取消图形的边框线，同时将形状设置为“复选标记”，如图 6-19 所示。拖曳鼠标绘制形状，如图 6-20 所示。在选项栏中将形状设置为“蜡笔”，如图 6-21 所示。拖曳鼠标绘制蜡笔形状，如图 6-22 所示。

图 6-18 制作完成后的图形效果

图 6-19 将形状设置为“复选标记”

(12) 在工具箱中选择“横排文字工具”，在选项栏中将字体设置为“黑体”，文字颜色设置为白色，文字大小设置为 15 点。输入文字并调整它们的位置，如图 6-23 所示。在选项栏中设置文字字体和大小，如图 6-24 所示。输入两行英文，选择第二行的英文字符，将文字大小更改为 15 点，如图 6-25 所示。

图 6-20　绘制形状

图 6-21　将形状设置为“蜡笔”

图 6-22　绘制蜡笔形状

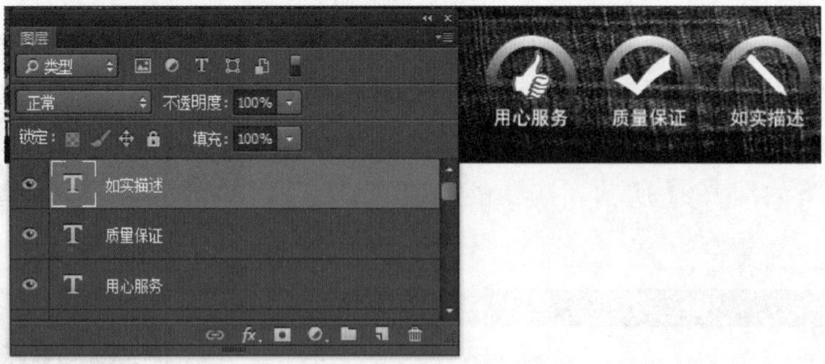


图 6-23　输入文字

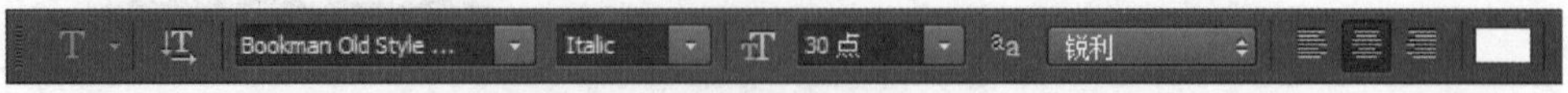


图 6-24　设置文字大小

(13) 在“图层”面板中，单击“创建新组”按钮 创建一个组，将组的名称更改为“店招”。选择店招各个元素所在的图层，将它们拖曳到组中，如图 6-26 所示。店招制作完成后的效果如图 6-27 所示。

图 6-25 输入英文

图 6-26 将店招元素图层拖曳到组中

图 6-27 店招制作完成后的效果

### 6.2.2 制作导航栏

视频讲解

下面介绍导航栏的制作步骤。

(1) 在“图层”面板中创建一个新图层，将图层命名为“背景条”。在工具箱中选择“矩形选框工具”，在图像中绘制一个矩形选区。设置前景色，其颜色值为 R:13，G:21，B:29。使用前景色填充选区，如图 6-28 所示。

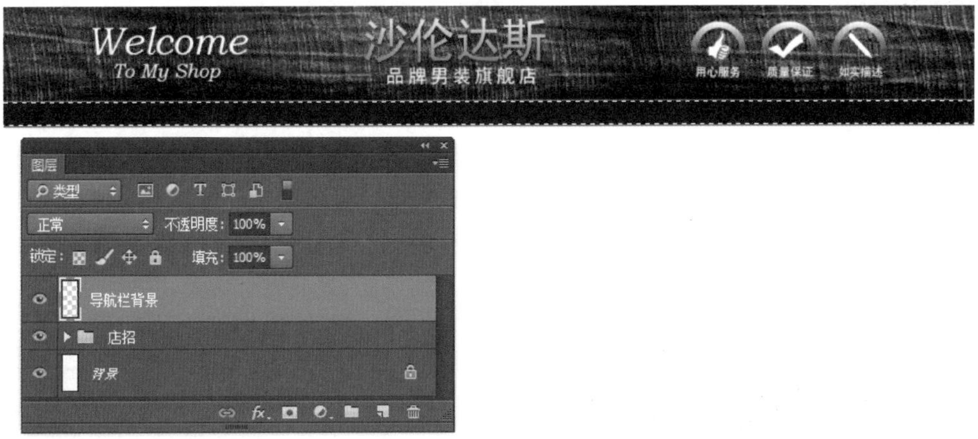


图 6-28 向选区填充颜色

(2) 在工具箱中选择“横排文字工具”，将字体设置为“黑体”，文字的大小设置为 10.8 点，文字的颜色设置为白色。在绘制的背景矩形上输入链接文字，如图 6-29 所示。在“图层”面板中，将相关图层放置到名为“导航栏”的组中，如图 6-30 所示。

### 6.2.3 制作店铺公告区

视频讲解

下面介绍店铺公告的制作步骤。

(1) 在“图层”面板中创建一个名为“公告区”的组，在该组中创建名为“背景”的新图层。使用“矩形选框工具”在该图层中绘制一个矩形选区，设置前景色的颜色，如图 6-31 所示。使用前景色填充选区，如图 6-32 所示。按 Ctrl+D 键取消选区。

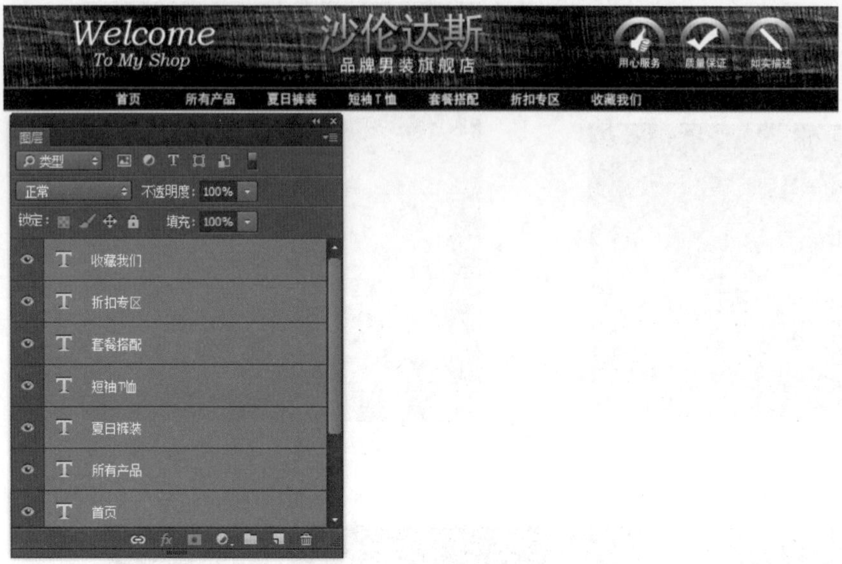

图 6-29　输入链接文字

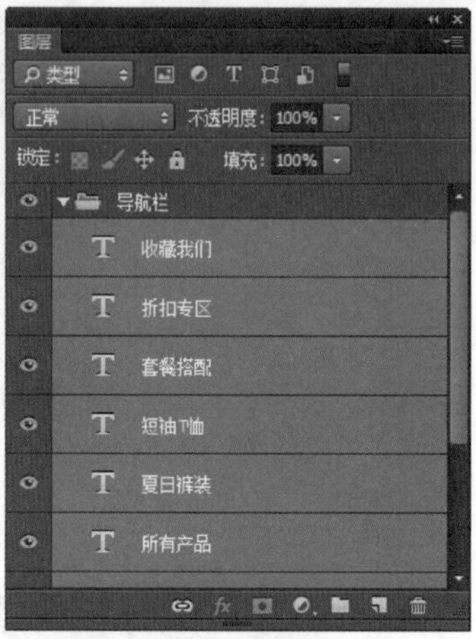

图 6-30　将图层放置到组中

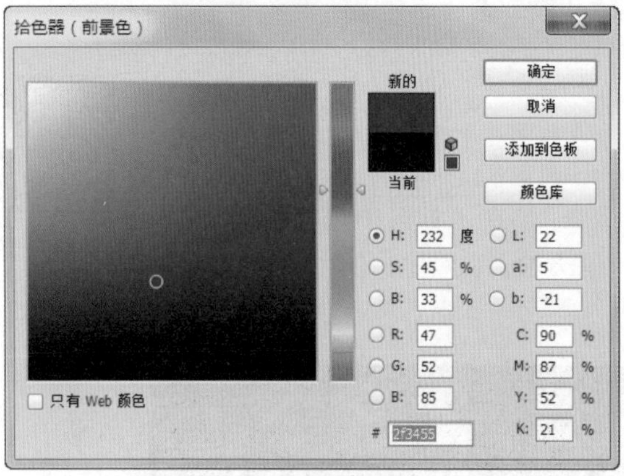

图 6-31　设置前景色颜色

图 6-32　使用前景色填充选区

(2) 在工具箱中选择“画笔工具”，按 F5 键打开“画笔”面板，在面板中设置画笔笔尖形状，并设置笔尖的大小、硬度和间距，如图 6-33 所示。设置画笔笔尖的“形状动态”，如图 6-34 所示。设置笔尖的“散布”，如图 6-35 所示。设置笔尖的“颜色动态”，如图 6-36 所示。

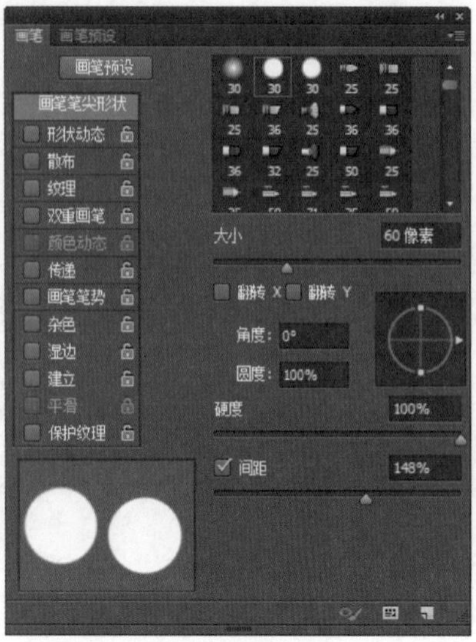

图 6-33　设置画笔笔尖形状

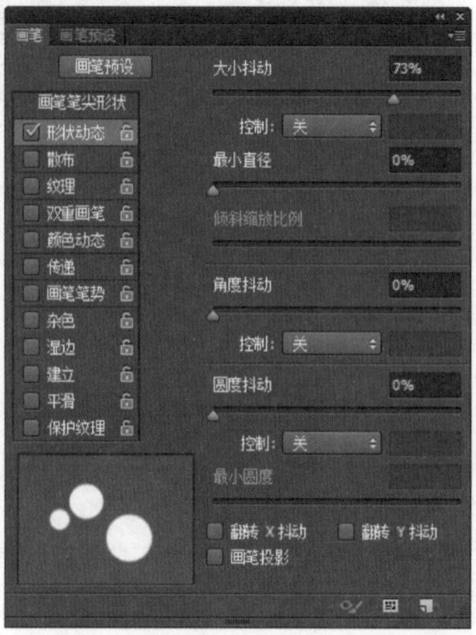

图 6-34　设置画笔笔尖的“形状动态”

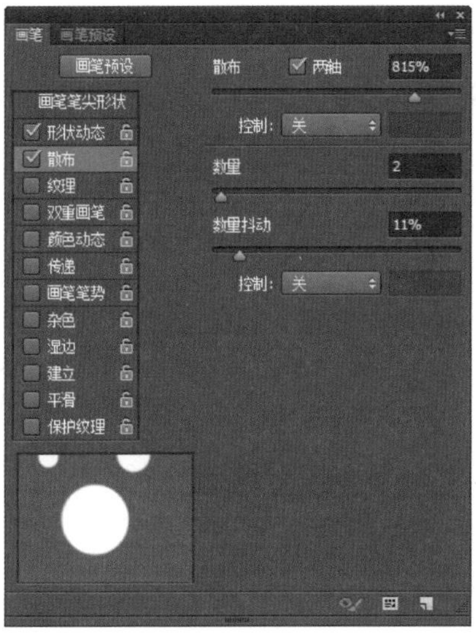


图 6-35 设置笔尖的“散布”

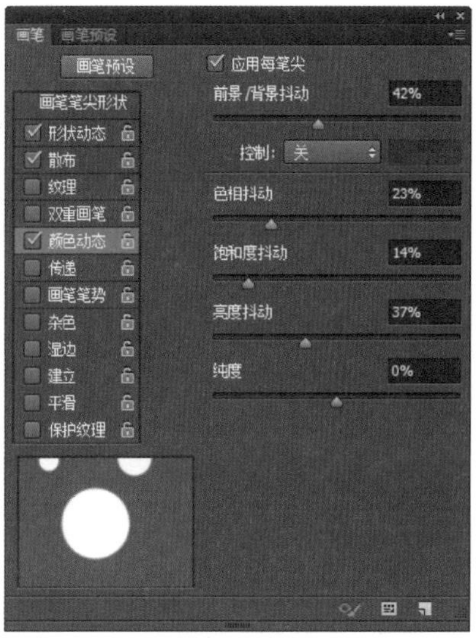


图 6-36 设置笔尖的“颜色动态”



（3）在“图层”面板中创建一个新图层，将其命名为“光斑”。按 D 键将前景色和背景色设置为默认的黑色和白色，在不同的位置单击创建光斑效果。在“图层”面板中将“光斑”图层的图层混合模式设置为“滤色”，将图层的“不透明度”设置为 40%，如图 6-37 所示。

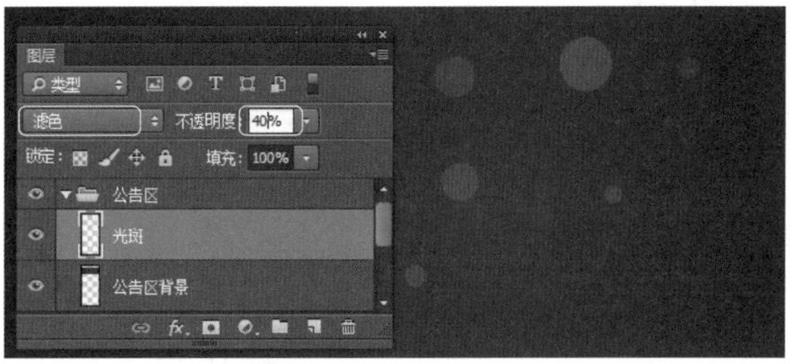


图 6-37 设置图层混合模式和不透明度

（4）在“图层”面板中创建一个新图层，将其命名为“色斑 1”，在“画笔”面板中选择一款圆形的画笔笔尖，将画笔笔尖的“硬度”设置为 0，如图 6-38 所示。打开“拾色器”对话框设置前景色，如图 6-39 所示。使用画笔在图层中单击，将图层混合模式设置为“滤色”，将图层的“不透明度”设置为 40%，如图 6-40 所示。使用相同的方法绘制色斑，这些色斑以不同的颜色放置在不同的图层中，如图 6-41 所示。

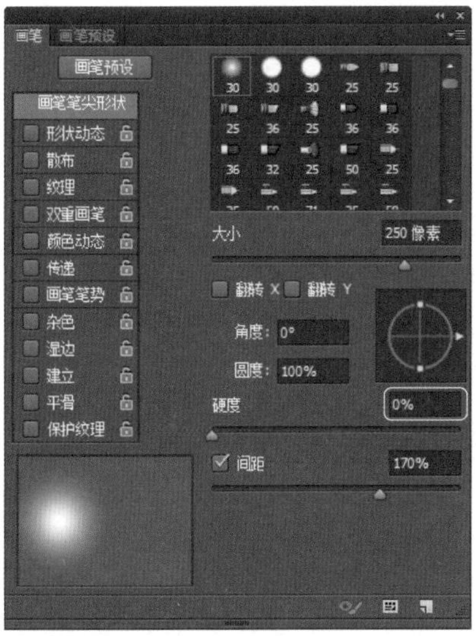


图 6-38 将“硬度”设置为 0

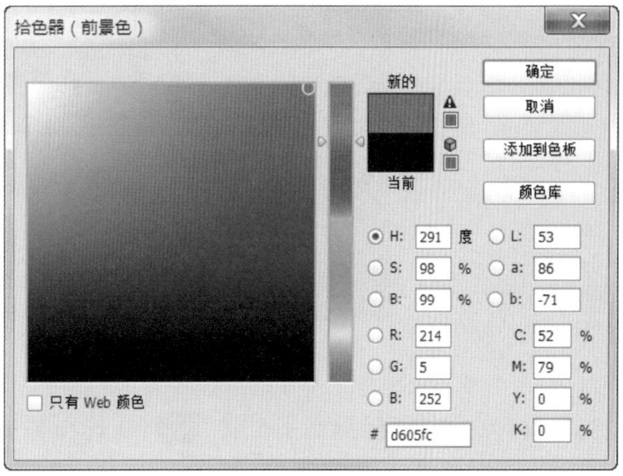


图 6-39 设置前景色

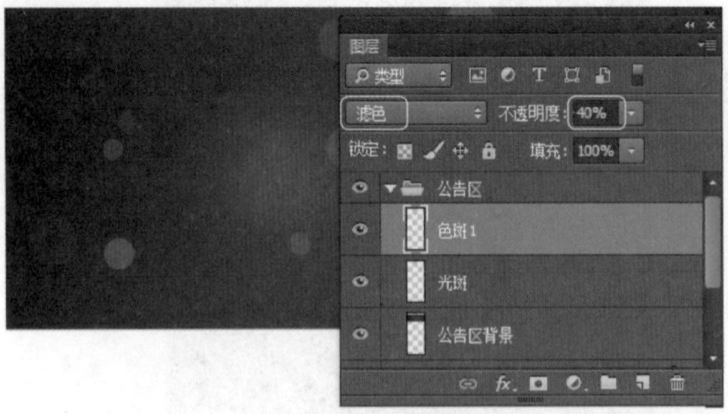


图 6-40　设置图层混合模式和“不透明度”

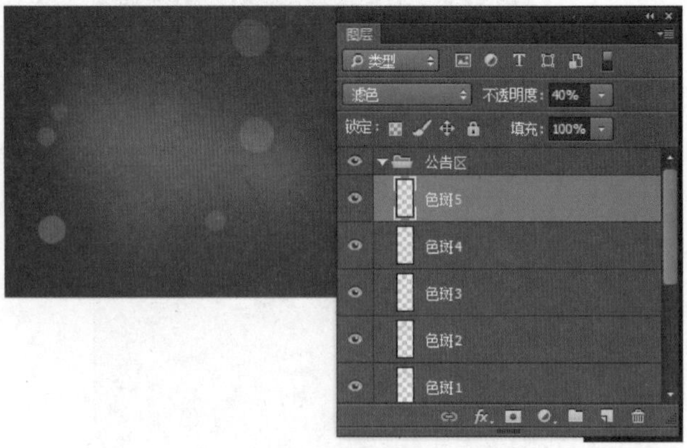


图 6-41　绘制色斑

(5) 打开“牛仔裤. PSD”素材文件，将其中的图片素材拖曳到当前图像中并对图片所在图层命名为“牛仔裤 1”，如图 6-42 所示。在“牛仔裤 1”图层下创建一个名为“投影”的新图层，在工具箱中选择“椭圆选框工具”，在选项栏中“羽化”值设置为 50 像素。拖曳鼠标绘制一个椭圆选区，将前景色设置为黑色后按 Alt+Del 键以黑色填充选区，如图 6-43 所示。

图 6-42　放置图片素材

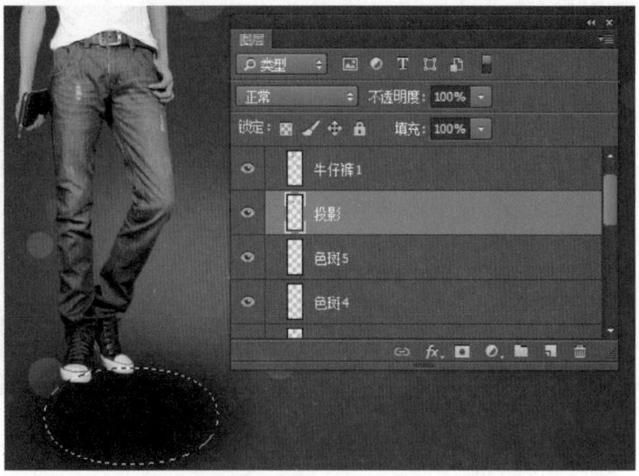


图 6-43　使用黑色填充选区

(6) 按 Ctrl+D 键取消选区，按 Ctrl+T 键对图像进行变换操作。这里，将图像在垂直方向上缩小并将其移动到脚的下方。按 Enter 键确认变换操作，将图层的“不透明度”设置为 50%，如图 6-44 所示。

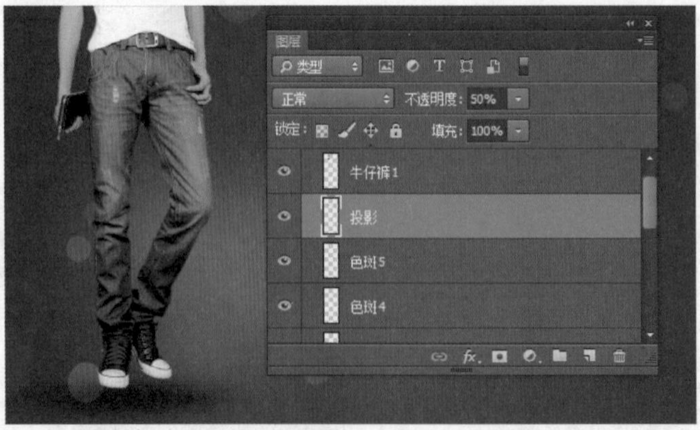


图 6-44　设置图像“不透明度”

(7) 在工具箱中选择“横排文字工具”，在选项栏中设置字体、文字大小和颜色，如图 6-45 所示。在图像中输入文字，同时将文字适当旋转，如图 6-46 所示。在选项栏中更改文字的字体和字号，如图 6-47 所示。输入文字并适当旋转，如图 6-48 所示。

图 6-45 设置文字字体、字号和颜色

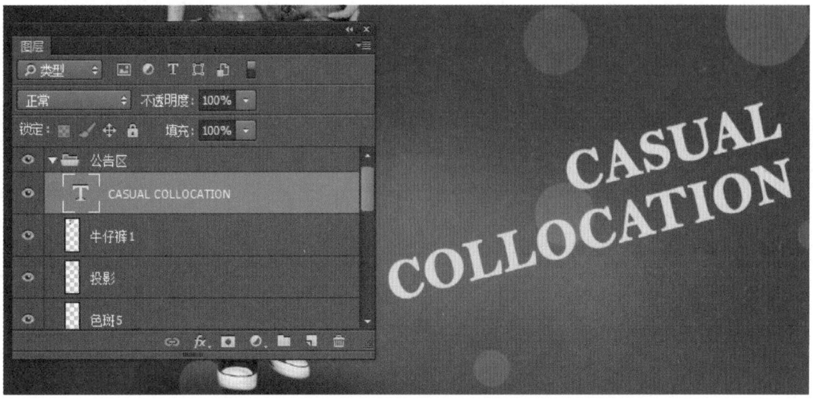


图 6-46 输入文字并适当旋转

图 6-47 更改字体和字号

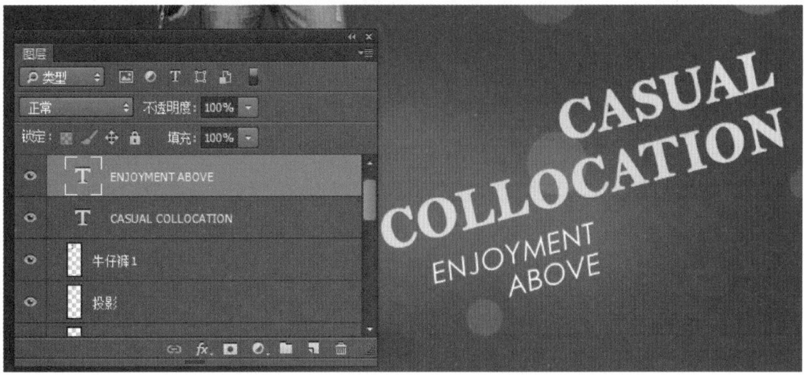


图 6-48 输入文字并适当旋转

（8）在选项栏中设置中文字体和字号，如图 6-49 所示。输入中文文字并适当旋转，如图 6-50 所示。设置中文字体和字号，如图 6-51 所示。输入中文文字并适当旋转，如图 6-52 所示。制作完成的公告区如图 6-53 所示。

图 6-49 设置中文字体和字号

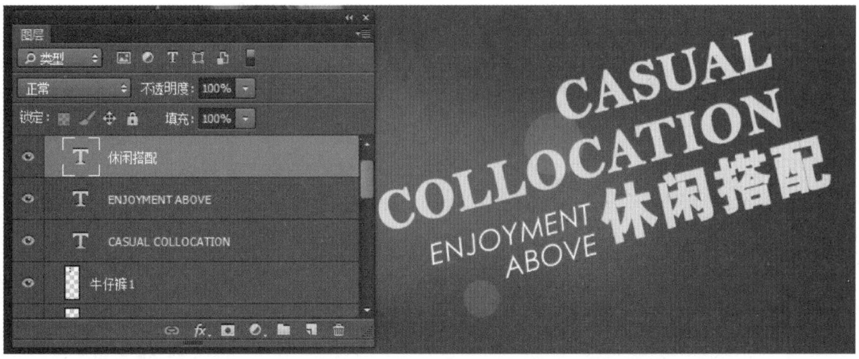


图 6-50 输入中文文字

图 6-51　设置中文字体和字号

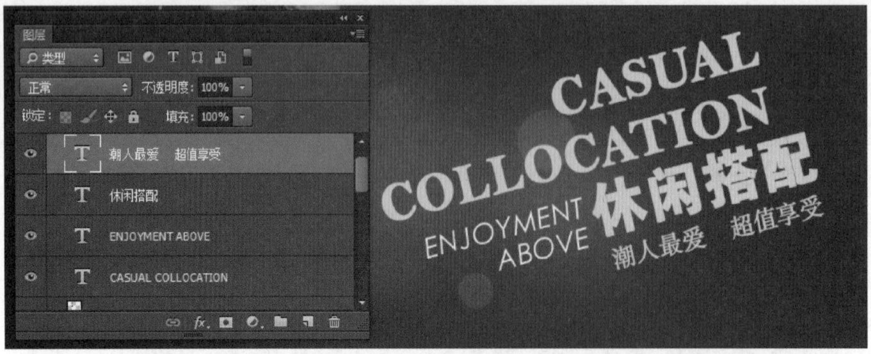


图 6-52　输入中文文字并适当旋转

图 6-53　制作完成的公告区

### 6.2.4　制作宝贝展示区

视频讲解

下面介绍宝贝展示区的制作步骤。

(1) 在“图层”面板中创建一个名为“条幅 1”的组，在工具箱中选择“横排文字工具” T ，在选项栏中设置字体、文字大小和颜色，文字颜色值为 R：6，G：52，B：95，如图 6-54 所示。输入中文，效果如图 6-55 所示。在选项栏中将文字的大小更改为 14 点，输入英文。然后，将文字大小设置为 10 点，在右侧输入字符，如图 6-56 所示。

图 6-54　设置文字字体、文字大小和颜色

图 6-55　输入文字

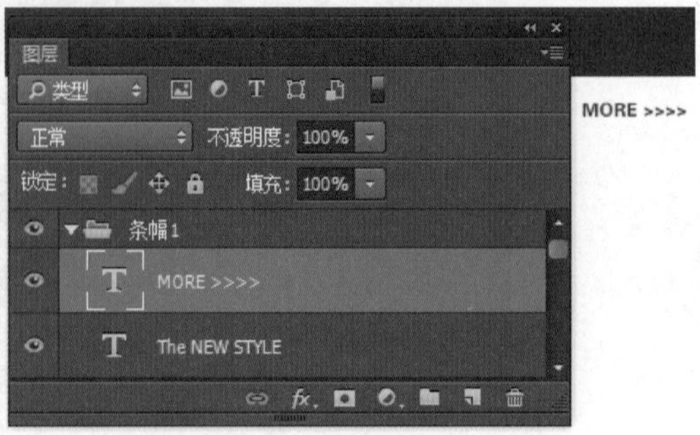


图 6-56　在右侧输入字符

（2）在文字图层下方创建一个名为“圆形”的图层，使用“椭圆选框工具”绘制一个圆形并以白色填充选区。取消选区后打开“图层样式”面板，对图层添加“颜色叠加”图层样式，设置叠加颜色，如图 6-57 所示。为图层添加“外发光”图层样式，设置发光颜色，如图 6-58 所示。关闭“图层样式”对话框，图像效果如图 6-59 所示。

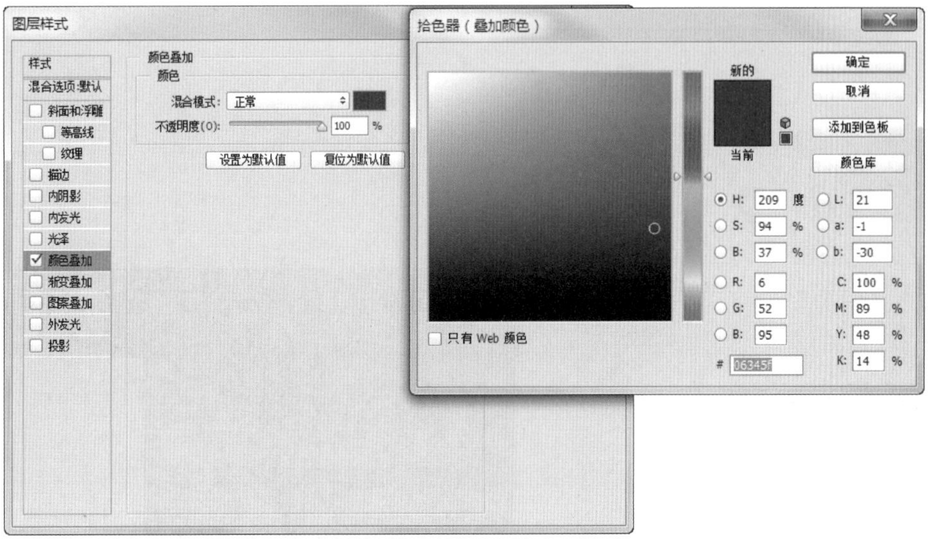


图 6-57　添加“颜色叠加”图层样式

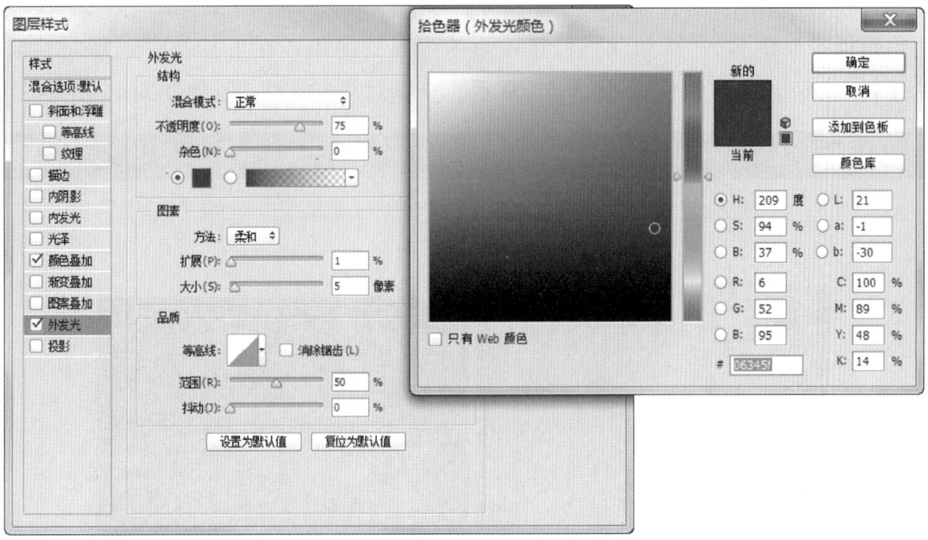


图 6-58　添加“外发光”图层样式

（3）在工具箱中选择“直线工具”，在图像中绘制一条白色细线，将图层栅格化后命名为“线条”。在“图层”面板中右击“圆形”图层的图层样式，选择关联菜单中的“拷贝图层样式”命令。右击“线条”图层，选择关联菜单中的“粘贴图层样式”命令对图层应用图层样式，如图 6-60 所示。

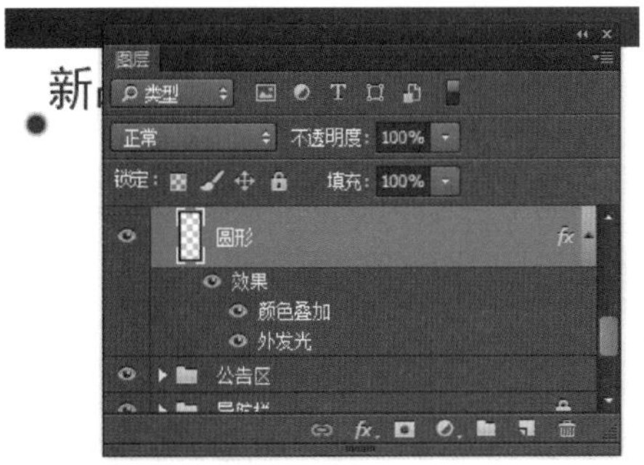


图 6-59　添加图层样式后的图像效果

图 6-60　粘贴图层样式

(4) 为“线条”图层添加一个图层蒙版，使用“矩形选框工具”在直线的末端绘制一个矩形选框。选择“渐变工具”，将前景色变为默认的黑色和白色。打开“渐变编辑器”对话框，将左侧的颜色色标向右侧拖曳，如图 6-61 所示。单击“确定”按钮关闭对话框，选择图层蒙版对选区应用线性渐变填充。此时将获得线条渐隐效果，如图 6-62 所示。

图 6-61 “渐变编辑器”对话框

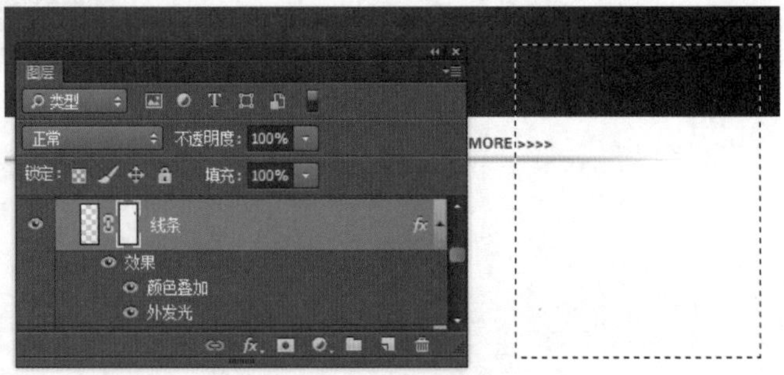


图 6-62 线条获得渐隐效果

(5) 在“图层”面板中创建名为“新品”的组，置入第一张素材图片。在工具箱中选择“横排文字工具”，在选项栏中设置字体、文字大小和颜色，如图 6-63 所示。在图片中输入文字，如图 6-64 所示。

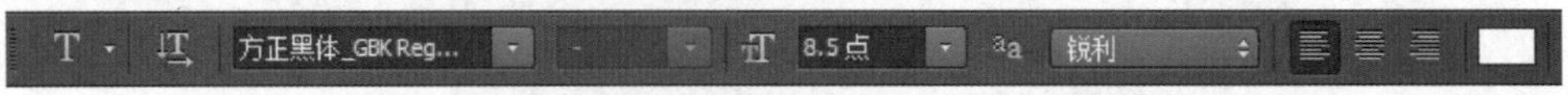


图 6-63 设置字体、文字大小和颜色

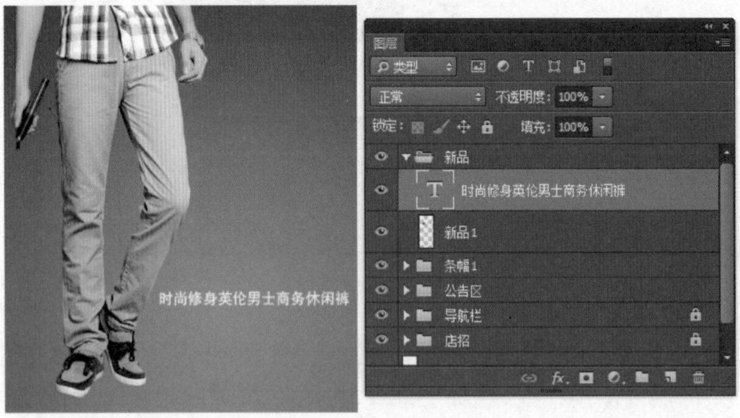


图 6-64 在图片中输入文字

(6) 在选择栏中设置字体、大小和文字颜色，如图 6-65 所示。输入价格，如图 6-66 所示。执行“窗口”→“字符”命令，打开“字符”面板，选择人民币符号，设置其大小，如图 6-67 所示。选择数字“.00”，在“字符”面板中设置数字的大小，同时单击“上标”按钮将其放置到上标位置，单击“下画线”按钮为数字添加下画线，如图 6-68 所示。

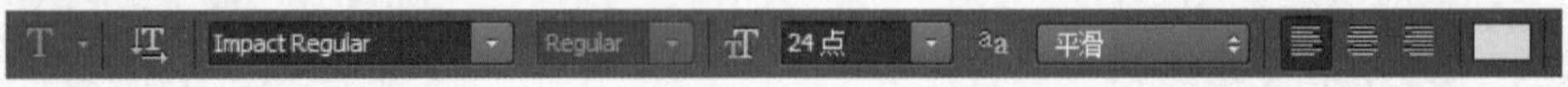


图 6-65 设置文字字体、大小和文字颜色

(7) 输入原价文字，在“字符”面板中设置文字字体和大小，单击“删除线”按钮为文字添加删除线，如图 6-69 所示。在“图层”面板中创建名为“新品 1”的组，将图层放置到该组中。

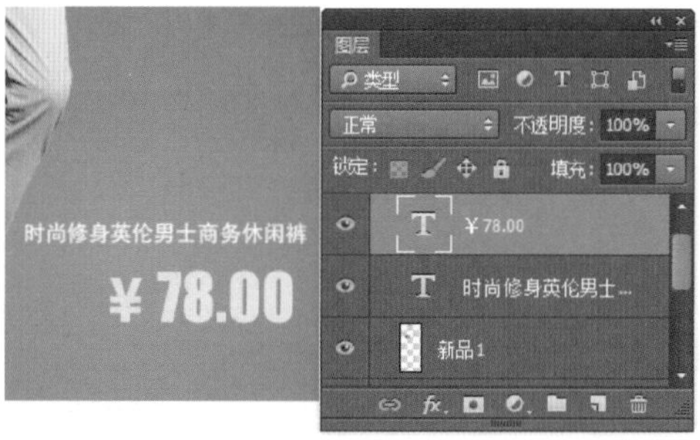


图 6-66　输入价格

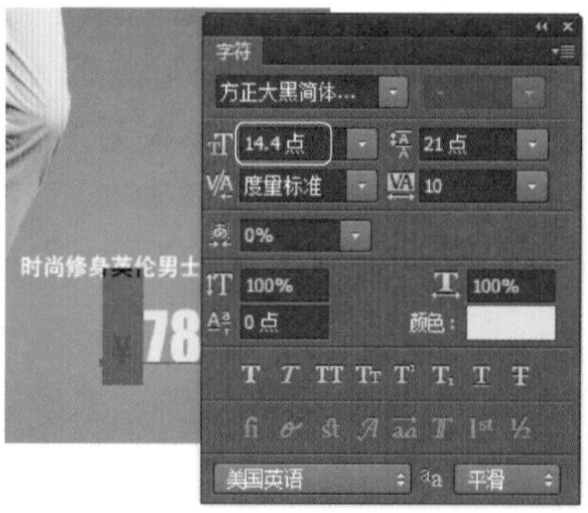


图 6-67　设置字符大小

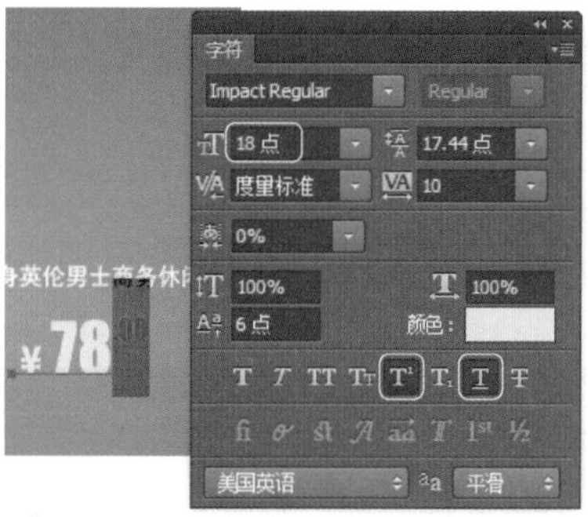


图 6-68　设置数字

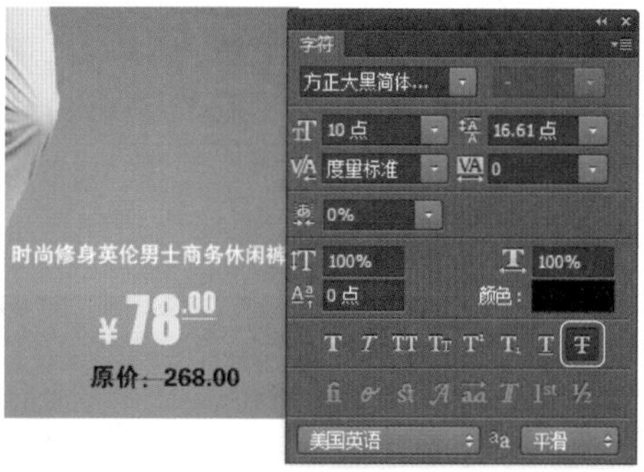


图 6-69　为文字添加删除线

（8）在“图层”面板中创建名为“新品 2”的组，在组中放置宝贝照片和文字，文字的样式设置与前一个新品展示图片中的设置相同，如图 6-70 所示。使用相同的方法放置第三张宝贝图片和相关文字，如图 6-71 所示。制作完成后的整体效果如图 6-72 所示。

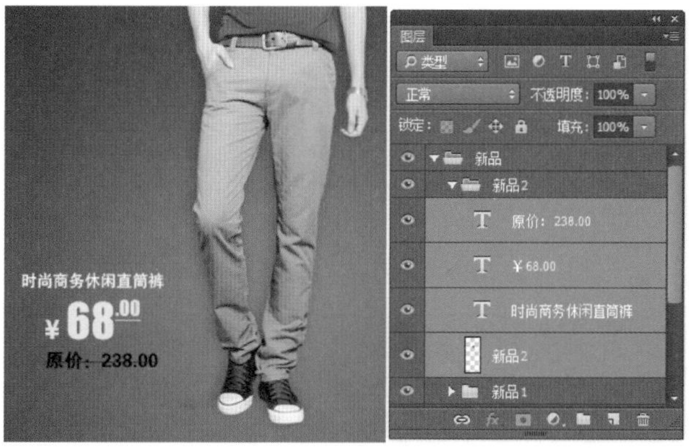


图 6-70　“新品 2”组的结构

图 6-71　放置第三张宝贝图片和相关文字

图 6-72　制作完成后的整体效果

(9) 在“图层”面板中复制“条幅 1”组，将该组命名为“条幅 2”。选择该组的情况下，在图像中使用“移动工具”将图像下移。展开该组，修改图层中的文字，如图 6-73 所示。

图 6-73　更改组中的文字

(10) 创建名为“宝贝专场”组，在组中创建名为“宝贝 1”的组，首先在该组中放置需要展示的宝贝图片，如图 6-74 所示。创建一个名为“透明框”的新图层，使用“矩形选框工具”在图片底部绘制一个矩形选区，在新图层中使用灰色填充选区。取消选区，将图层的“不透明度”设置为 50%，如图 6-75 所示。

(11) 创建一个名为“矩形”的新图层，在其中绘制一个黑色的矩形。打开“图层样式”对话框，为图层添加“描边”图层样式，如图 6-76 所示。此时的图像效果如图 6-77 所示。创建一个名为“高光”的图层，使用“矩形选框工具”绘制矩形选框并用白色填充选区。取消选区后，将图层的“不透明度”设置为 60%，如图 6-78 所示。使用“矩形选框工具”绘制一个大于方框的选区，在图层蒙版中对选区应用黑色到白色的线性渐变填充。取消选区，图像效果如图 6-79 所示。

图 6-74　放置宝贝图片

图 6-75　绘制透明框

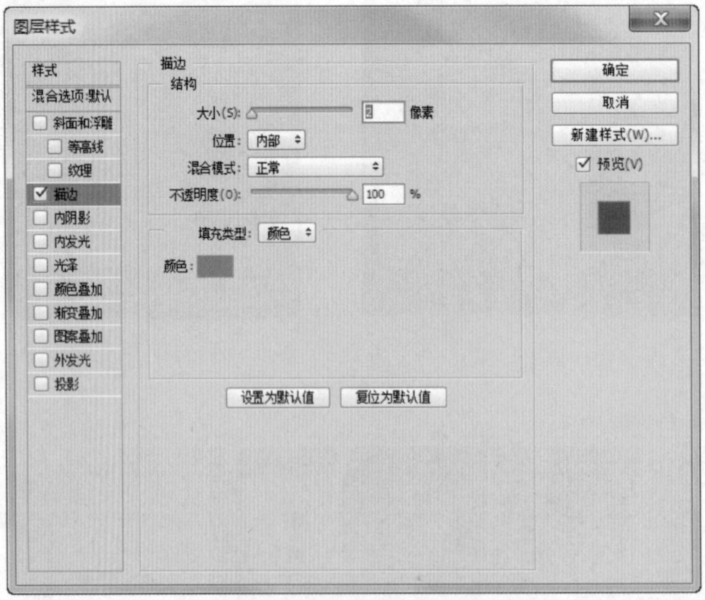


图 6-76　添加“描边”图层样式

(12) 使用“横排文字工具”输入人民币字符和销售价，将字体设置为“方正黑体”并分别设置字符的大小，如图 6-80 所示。输入原价文字，设置字体和大小并为文字添加删除线，如图 6-81 所示。输入品名，如图 6-82 所示。至此，本栏的第一张宝贝展示图片制作完成，效果如图 6-83 所示。

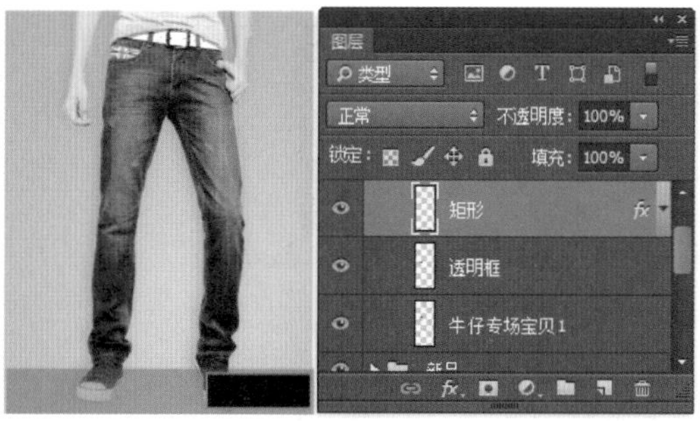


图 6-77 添加图层样式后的效果

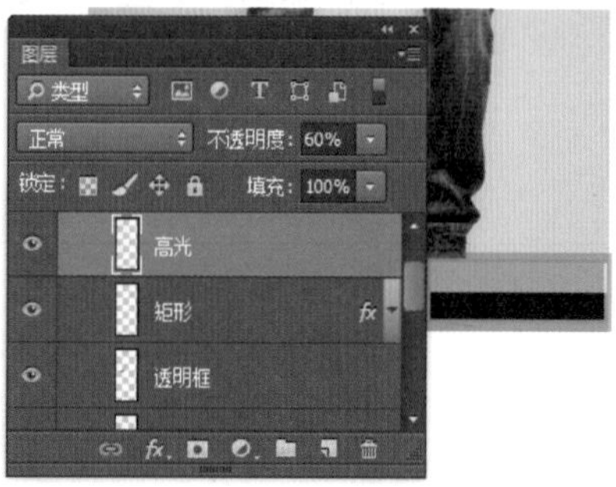


图 6-78 绘制矩形并设置不透明度

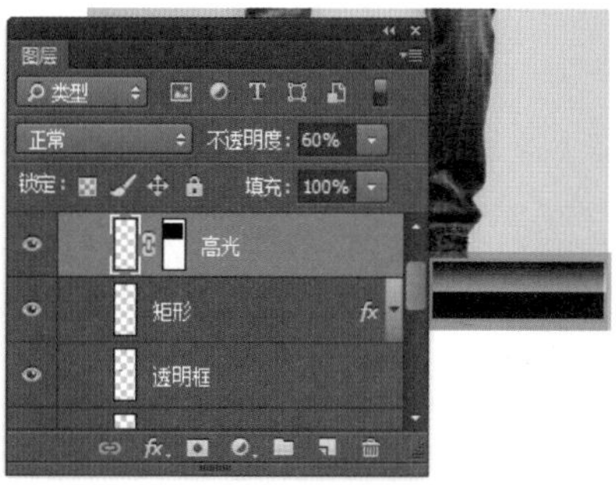


图 6-79 添加图层蒙版

图 6-80 输入单价

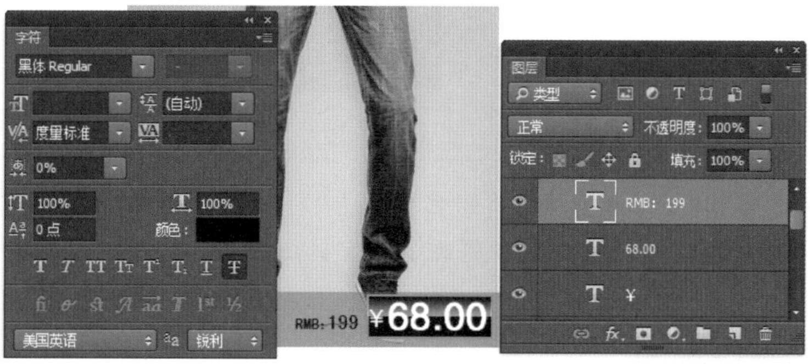


图 6-81 输入原价

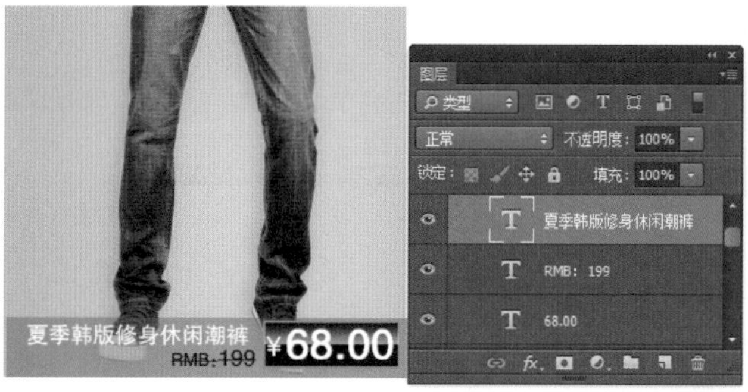


图 6-82 输入品名

图 6-83 本栏的第一张宝贝展示图片

(13) 使用相同的方法添加其他的宝贝展示图片，并添加相关的文字内容。这里，一共需要添加 6 张宝贝展示图片，分为 2 行放置，如图 6-84 所示。

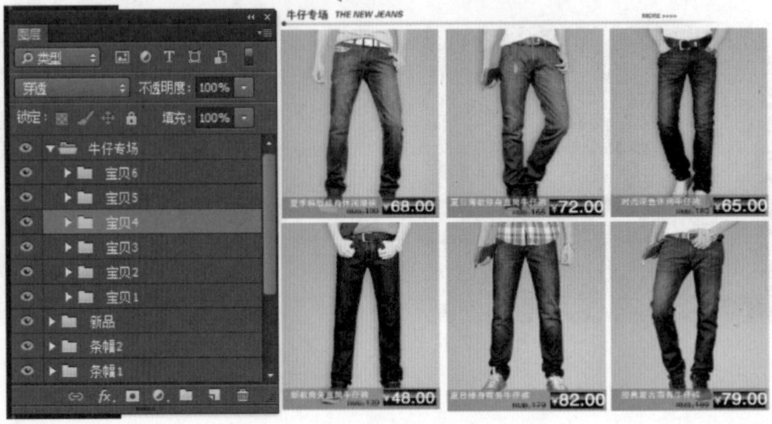


图 6-84　本栏制作完成后的效果

(14) 在"图层"面板中将"条幅 2"组拖曳到"创建新图层"按钮 上复制该组，将组名称更改为"条幅 3"。在该图层被选择的情况下使用"移动工具"将复制对象下移，更改组中文字图层的文字，如图 6-85 所示。

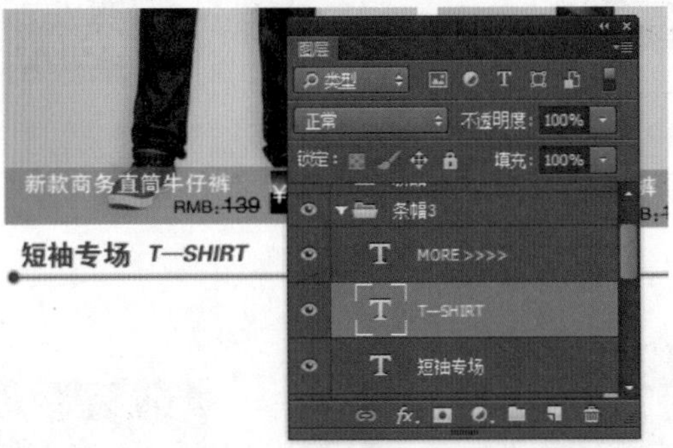


图 6-85　更改文字图层的文字

(15) 在"图层"面板中复制"牛仔专场"组，将组名更改为"短袖专场"。在该组被选择的情况下使用"移动工具"将组中所有图像下移到需要的位置。依次更改组中宝贝图片和对应的文字，该栏制作完成后的效果如图 6-86 所示。

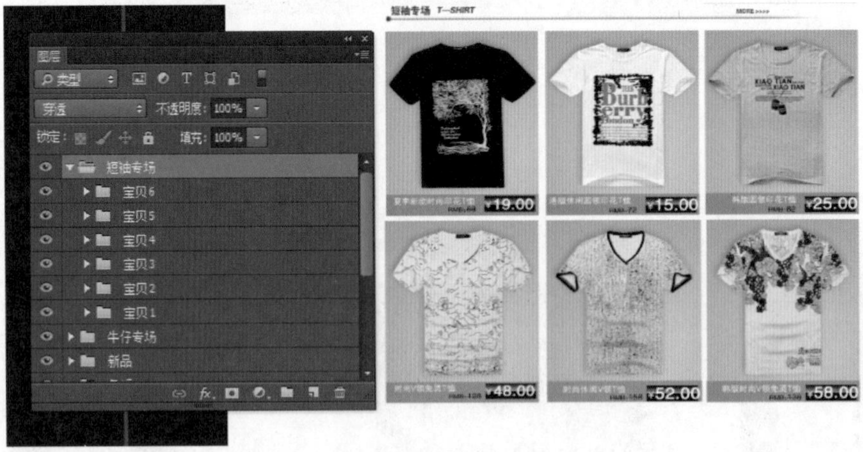


图 6-86　制作完成后的效果

### 6.2.5　制作底部的信息条

视频讲解

下面介绍底部信息条的制作步骤。

(1) 在"图层"面板中创建一个名为"底部信息条"的组，在组中创建一个名为"矩形背景框"的图层。在图层中使用"矩形选框工具" 绘制一个矩形选框，然后使用黑色填充选区。按 Ctrl+

D 键取消选区获得一个矩形背景框，如图 6-87 所示。

（2）创建文字图层并输入文字，在“字符”面板中设置字符的字体、大小和颜色，同时单击“仿斜体”按钮使文字变为斜体，如图 6-88 所示。打开“图层样式”对话框为文字添加“渐变叠加效果”，这里将“角度”设置为 −90°，打开“渐变编辑器”对话框设置渐变颜色，如图 6-89 所示。这里渐变有 4 个色标，其中左侧两个色标的颜色值为 R：201，G：168，B：80，右侧两个色标的颜色值为 R：123，G：82，B：3。添加图层样式后的文字效果如图 6-90 所示。

图 6-87　绘制矩形背景框

图 6-88　设置文字格式

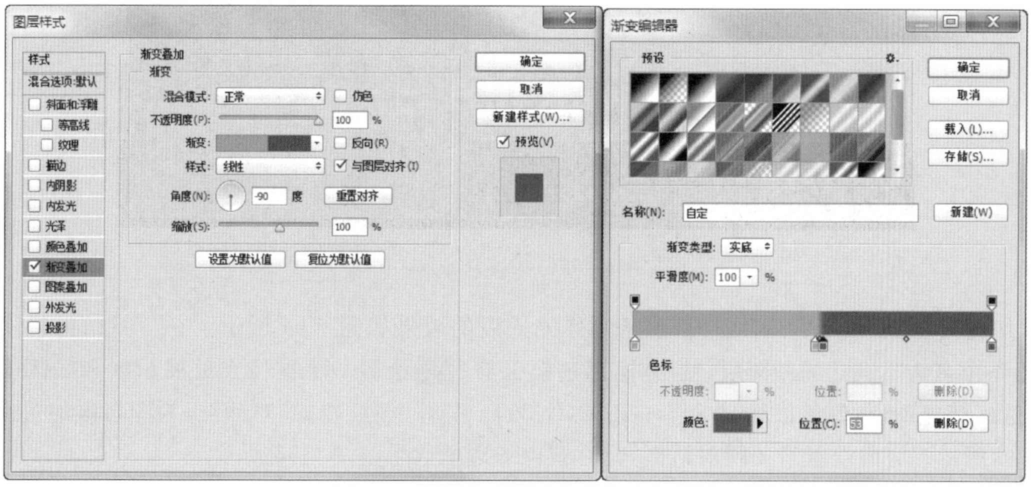


图 6-89　添加“渐变叠加”图层样式

（3）复制文字图层，更改图层中的文字，同时将文字大小设置为 15 点，如图 6-91 所示。创建一个名为“分隔线”的图层，使用“矩形选框工具”绘制一个矩形选框。选择“渐变工具”，打开“渐变编辑器”对话框，色谱条下方放置 3 个颜色色标，颜色均设置为白色。色谱条上方放置 3 个不透明色标，将最左侧和最右侧的不透明度色标的“不透明度”值均设置为 0，中间的不透明度色标的“不透明度”值设置为 100%，如图 6-92 所示。完成设置后关闭对话框，在选区中从上向下拖曳鼠标对选区应用渐变填充。取消选区后将图像宽度缩小得到分隔线，如图 6-93 所示。

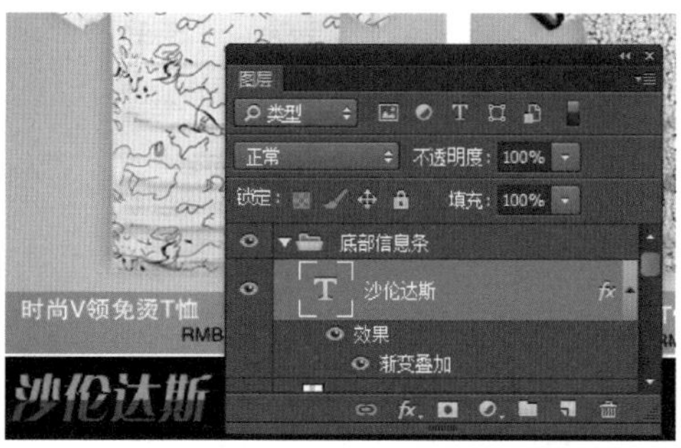


图 6-90　添加图层样式后的文字效果

图 6-91　更改文字

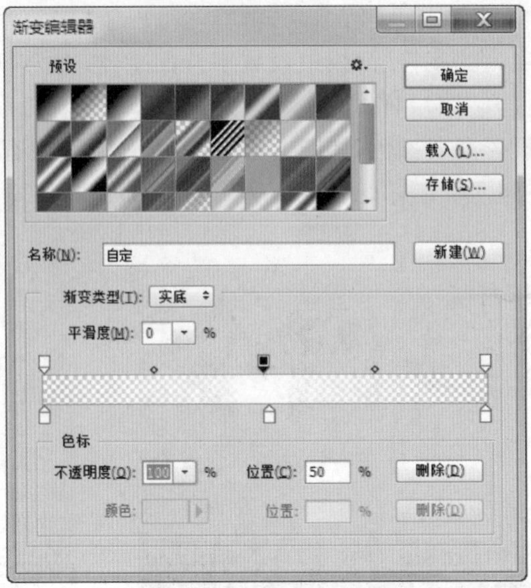


图 6-92 “渐变编辑器”对话框

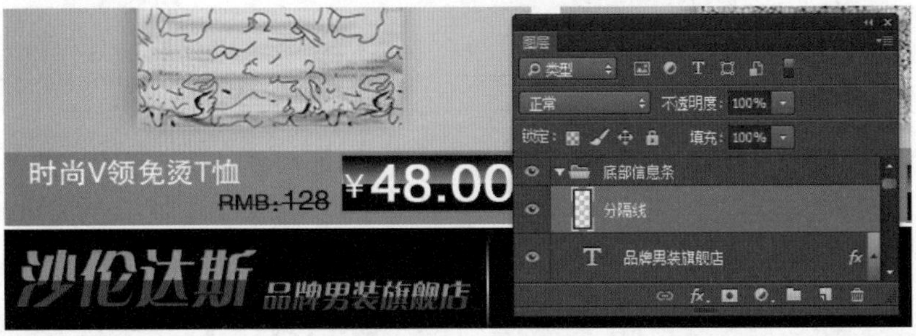


图 6-93 获得分隔线

(4) 添加图片、文字和分隔线，底部信息条制作完成后的效果如图 6-94 所示。在“图层”面板中的“背景”图层上创建一个名为“边框”的新图层，使用“矩形选框工具”绘制一个框住宝贝展示区和底部信息条的矩形选框，对选区填充颜色，颜色值为 R:245,G:252,B:254。打开“图层样式”对话框，为图层添加“投影”图层样式，如图 6-95 所示。完成设置后关闭对话框，此时获得的边框效果如图 6-96 所示。

图 6-94 制作完成的信息条

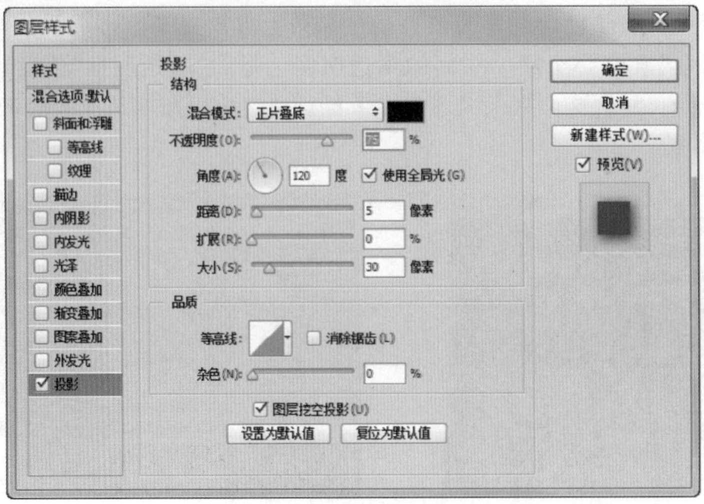


图 6-95 添加“投影”图层样式

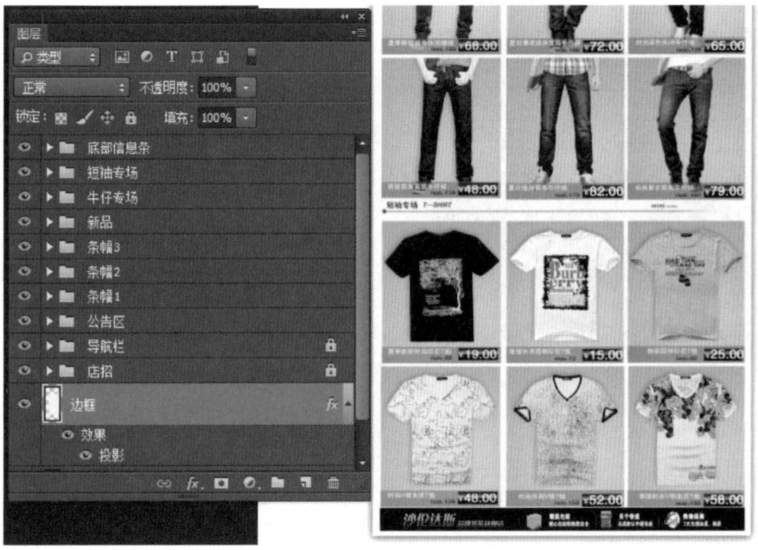

图 6-96 获得边框效果

### 6.2.6 制作左侧的侧边栏

视频讲解

下面介绍页面左侧侧边栏的制作步骤。

(1) 在“图层”面板的“背景”上添加一个名为“左侧侧边栏”组，在该组中放置侧边栏背景素材图像，如图 6-97 所示。在工具箱中选择“横排文字工具”，输入字符“【”，在选项栏中设置其字体、字号和颜色，如图 6-98 所示。选择字符所在的图层后执行“编辑”→“变换”→“顺时针旋转 180°”命令使字符旋转 180°，如图 6-99 所示。

图 6-97 放置背景素材图像

图 6-98 在选项栏中设置字体、字号和颜色

(2) 复制字符所在的图层，执行“编辑”→“变换”→“垂直翻转”命令使字符垂直翻转，将字符放置到侧边栏的下方，如图 6-100 所示。绘制一个无边框的矩形，将矩形复制一次。将这两个矩形分别放置到字符的上方和下方，如图 6-101 所示。

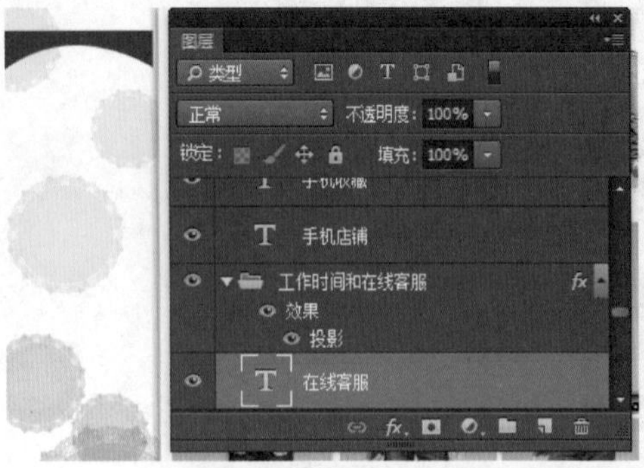


图 6-99　输入并旋转字符

图 6-100　翻转并放置字符

（3）在“图层”面板顶部创建一个名为“左侧侧边栏”的新组，在该组中创建名为“客服中心”的组，在组中输入文字并绘制分隔线，如图 6-102 所示。在“图层”面板中双击组图标打开“图层样式”对话框，为组中所有图层添加“投影”图层样式，如图 6-103 所示。

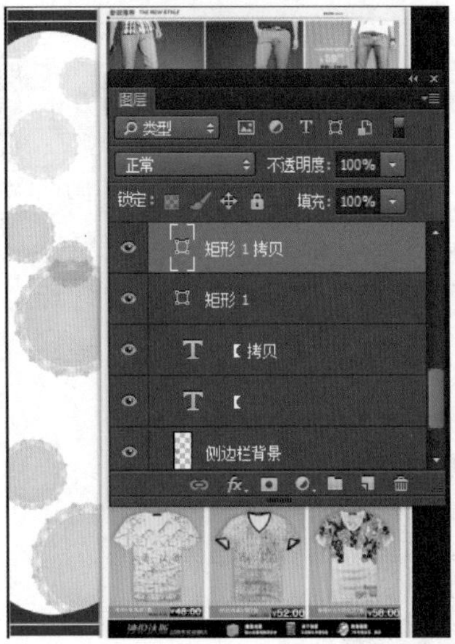


图 6-101　放置矩形

图 6-102　输入文字并绘制分隔线

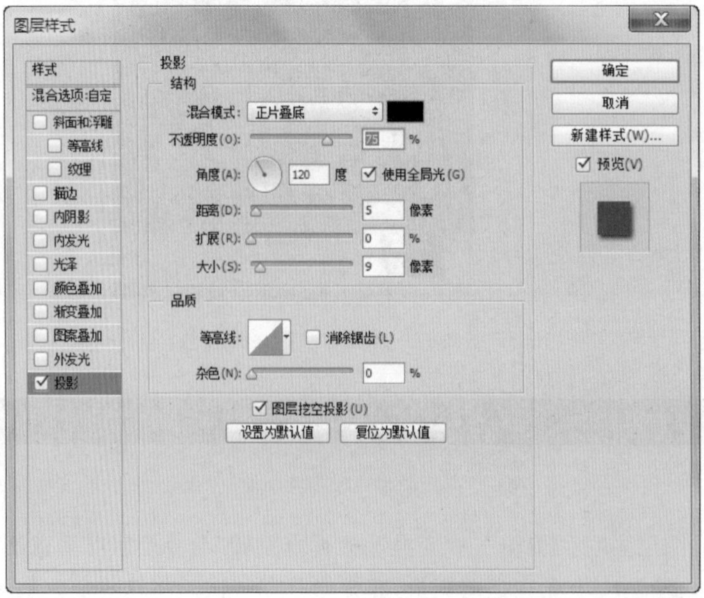


图 6-103　添加“投影”图层样式

（4）创建名为“宝贝分类”的组，在组中输入文字，绘制虚线框，放置栏目图标，如图 6-104 所示。在“图层”面板中右击“客服中心”组，选择关联菜单中的“拷贝图层样式”命令。右击“宝贝分类”组，选择关联菜单中的“粘贴图层样式”命令粘贴图层样式。此时，图像效果如图 6-105 所示。

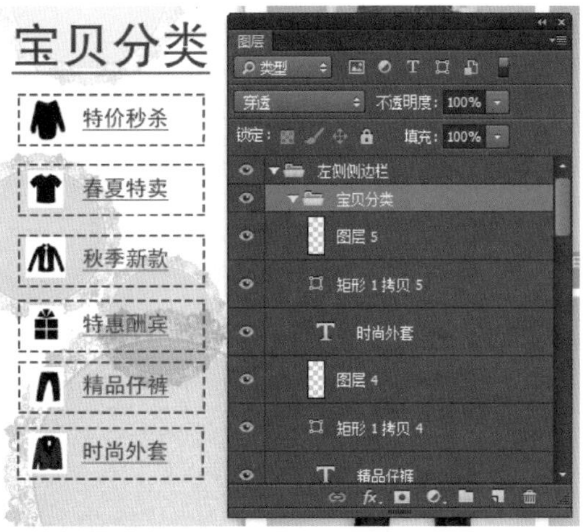


图 6-104　创建“宝贝分类”组

图 6-105　复制图层样式

（5）创建名为“收藏店铺”的组，在组中创建一个名为“正方形”的新图层，使用“矩形选框工具”绘制一个正方形选区，使用灰色对选区进行填充，如图 6-106 所示。选择“渐变工具”，打开“渐变编辑器”对话框设置渐变样式，如图 6-107 所示。创建一个名为“渐变”的新图层，在该图层中对选区应用渐变填充，将图层“不透明度”值设置为 80%，如图 6-108 所示。在两个图层间放置人像素材，如图 6-109 所示。

图 6-106　使用灰色填充选区

图 6-107　“渐变编辑器”对话框

图 6-108　应用渐变填充后的效果

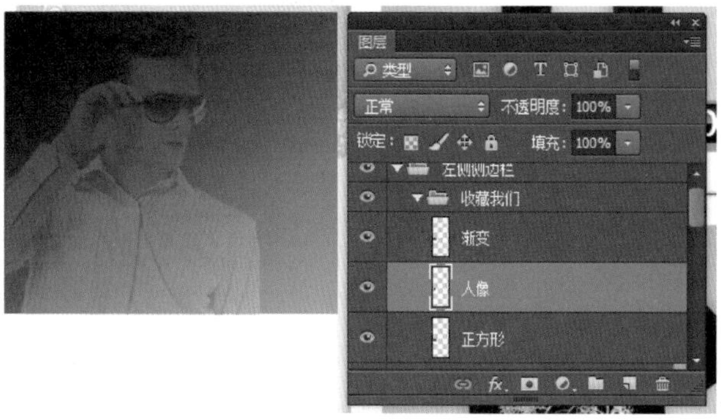


图 6-109　放置人像素材

(6) 创建一个名为“文字 1”的新图层，在工具箱中选择“横排文字蒙版工具”，输入文字后按 Ctrl+Enter 键获得文字选区，如图 6-110 所示。选择“渐变工具”，打开“渐变编辑器”对话框定义渐变样式，如图 6-111 所示。这里，渐变起始颜色值为 R:178，G:165，B:113，终止颜色为白色。从下向上拖曳鼠标对选区应用文字选区，取消选区并为图层添加投影效果，如图 6-112 所示。

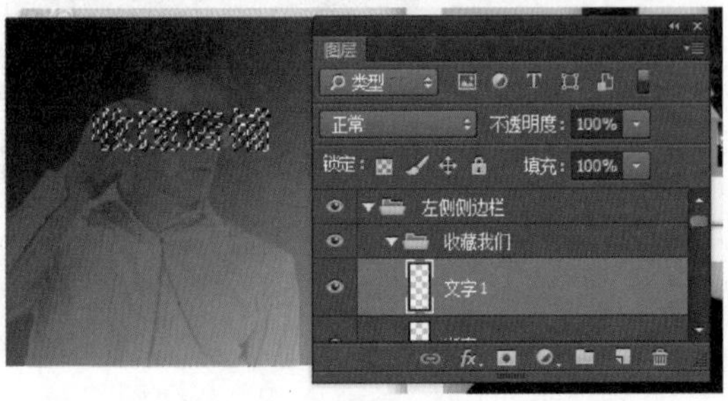


图 6-110 创建文字选区

图 6-111 “渐变编辑器”对话框

(7) 使用“横排文字工具”创建文字图层，为文字图层添加“投影”图层样式，如图 6-113 所示。绘制虚线分隔线并添加投影效果，如图 6-114 所示。

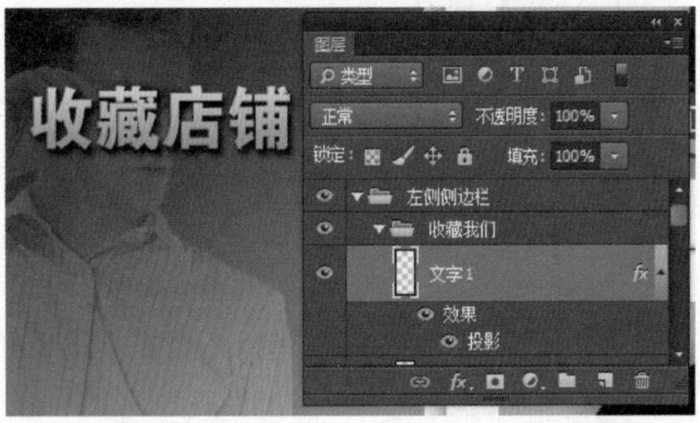


图 6-112 应用渐变并添加投影效果

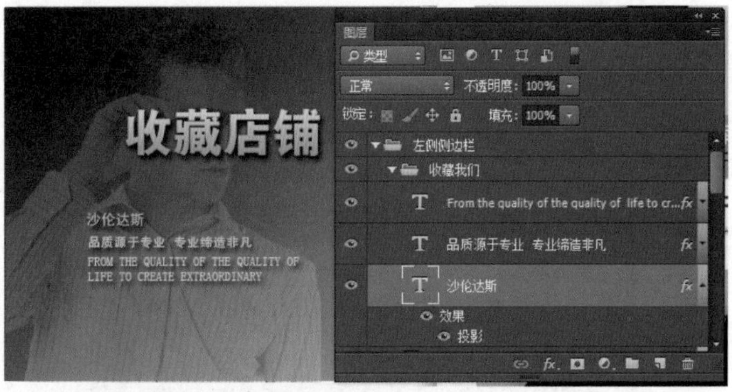


图 6-113 输入文字并添加“投影”图层样式

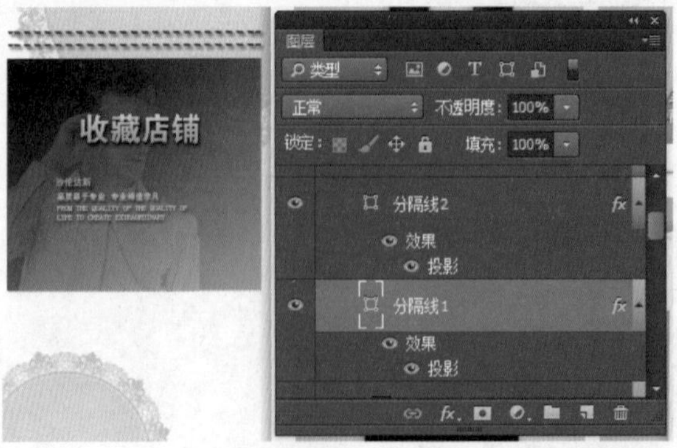


图 6-114 绘制分隔线并添加投影效果

(8) 在“图层”面板中创建名为“手机收藏”的组，为该组添加“投影”图层样式。输入文字并添加二维码图片，为二维码图片所在的图层添加“描边”图层样式，如图 6-115 所示。制作完成后的效果如图 6-116 所示。

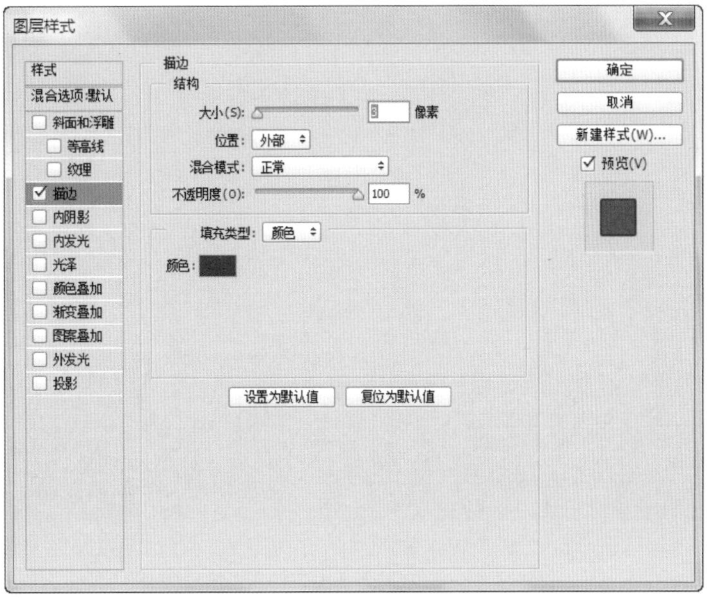


图 6-115　添加“描边”图层样式

(9) 对页面中各个组成元素的位置和大小进行适当调整，效果满意后完成本例的制作。本例制作完成的页面效果如图 6-117 所示。

图 6-116　制作完成后的效果

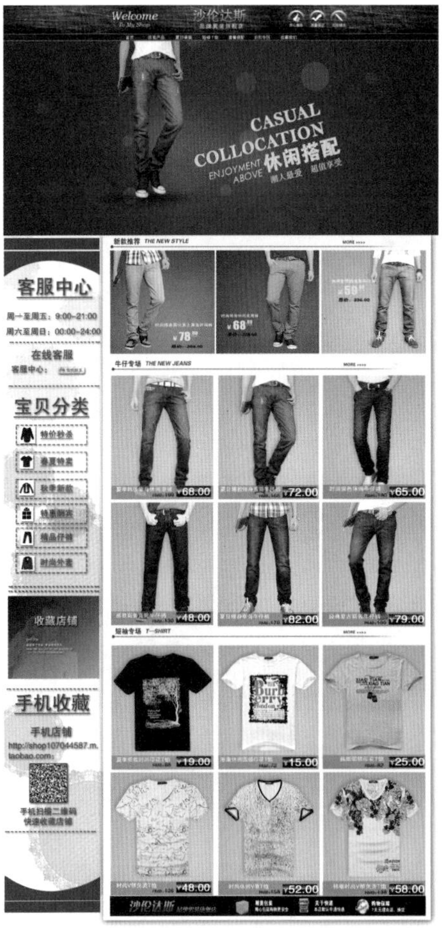


图 6-117　页面制作完成后的效果

# Chapter 7

# 第7章 化妆品类网店的设计和制作

化妆品利润丰厚，蕴藏巨大的市场商机，同时化妆品行业的竞争也日益激烈。随着网络的发展，作为一种新兴的销售模式，化妆品的网络销售也得到了迅猛的发展，各类化妆品网店在网上越来越多。本章将介绍一个淘宝化妆品网店实例的制作过程。

## 7.1 化妆品类网店设计概述

视频讲解

如今，网上的美容化妆品类网店越来越多，店铺间的竞争也越来越激烈。化妆品类网店要获得成功，需要具有鲜明的特色、有竞争力的价格和一定的信誉，只有这样才能在竞争中立于不败之地。

化妆品类产品的销售，一定要有一个品牌，好的卖点是店铺的闪光点，也是能够吸引买家购物的地方。在对网店进行设计时，需要学会分析热门产品，如近期你销售的产品中最热门的产品是什么，市场上热销的产品是什么。要善于分析产品热销的原因，在网店设计时，突出产品的这些特点，将最有特色的卖点展示给买家。

美容化妆品类网店的经营者应该具有一定的化妆品常识，要对销售的产品充分了解。在设计网店时真实展示产品的特点，避免广告夸大其辞，避免向买家传递模糊信息，使买家被产品的表象迷惑。化妆品是一类特殊产品，不同年龄、肌肤性质和特点，使用相同的产品可能会产生不同的效果，因此在网店中应该真实反映用途和效果，敢于对买家说真话，真实地表现产品的适用对象和可能存在的禁忌。

美容化妆品类网店在设计时要注意面向的销售对象。例如，化妆品类网店大多面向的是女性消费者，网店设计需要更多侧重女性的特点，色彩搭配要表现出女性的美丽、柔美和时尚的特点，可以使用高明度和低纯度色彩来营造高雅且妩媚的氛围，如橙黄色、粉色、红色、淡绿色、米黄色和水蓝色等。

美容化妆品网店的内容以商品交易为主，因此主页的内容主要是销售商品的目录和各类商品信息等。在网店设计时，图文的比例要适中，以获得良好的视觉效果。在页面的设计上，此类网店页面常采用分栏结构，无须复杂的结构，页面布局和配色简洁明了，方便实用。

## 7.2 化妆品类网店效果图制作

本例页面顶部设计网店名称和导航栏，其下为公告区，用于显示宝贝广告。在公告区下方宝贝展示区展示热卖产品和特色精品，网店左侧边栏显示客服信息、宝贝分类和热卖产品推荐。本例使用 Photoshop 制作网店主页效果图，下面介绍详细的制作过程。

### 7.2.1 制作店铺店标

视频讲解

下面介绍店铺店标的制作步骤。

(1) 启动 Photoshop CC，按 Ctrl＋N 键打开“新建”对话框，在对话框中设置新建文件的宽度、高度以及背景颜色，如图 7-1 所示。单击“确定”按钮创建一个新文档，将文档保存为“化妆品类网店.PSD”文件。

(2) 在“图层”面板中单击“创建新组”按钮 创建一个组，将组的名称更改为“店招”。在群组中放置名为“店标背景”和“水纹”的素材图片，如图 7-2 所示。将水纹图片和背景图片交错叠放在一起，为“水纹”图层添加一个图层蒙版。

(3) 在工具箱中选择“渐变工具” ，在选项栏中对工具进行设置，如图 7-3 所示。在“图层”面板中选择图层后，从上到下拖曳鼠标在蒙版中应用渐变填充。这里，渐变线的长度应该与叠放后两张图片的高度相同。此时

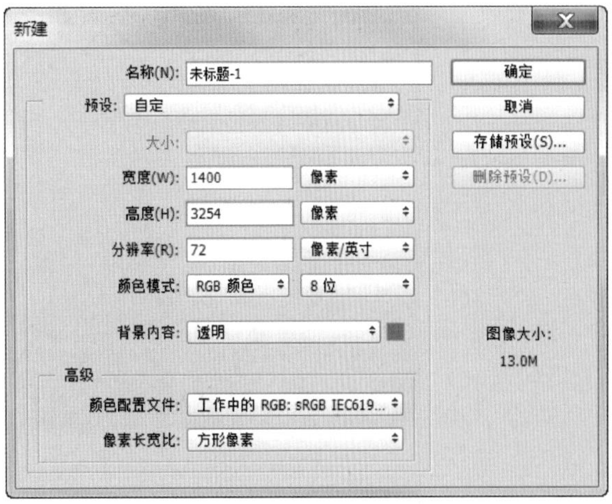


图 7-1 “新建”对话框

图片融合在一起，如图 7-4 所示。

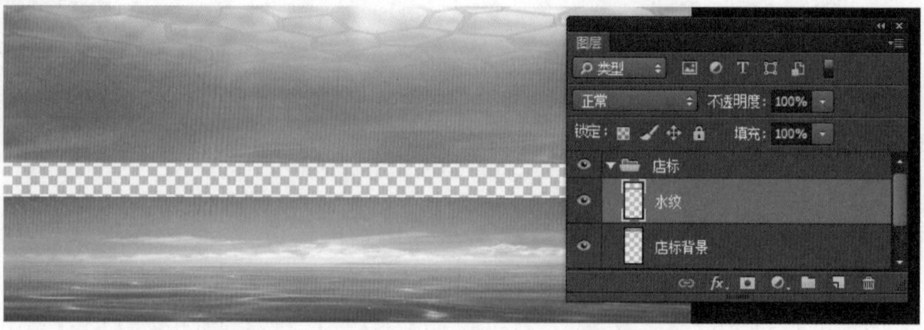


图 7-2　放置素材图片

图 7-3　在选项栏中对工具进行设置

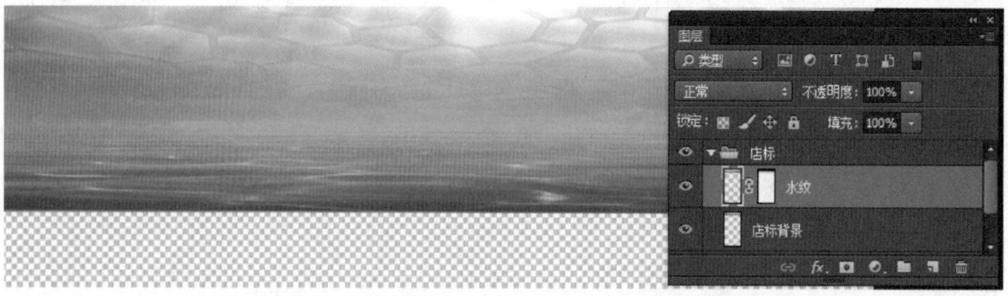


图 7-4　在蒙版中应用渐变填充

(4) 在“图层”面板中创建一个名为“天际线”的新图层，选择该图层后使用“矩形选框工具”绘制一个长条形选区，使用“油漆桶工具”对选区填充颜色，填充颜色的颜色值为 R：0，G：42，B：84。在图层面板中将该图层的“不透明度”设置为 40%，如图 7-5 所示。添加一个图层蒙版，使用与步骤(3)相同的方法在蒙版中应用渐变填充，如图 7-6 所示。

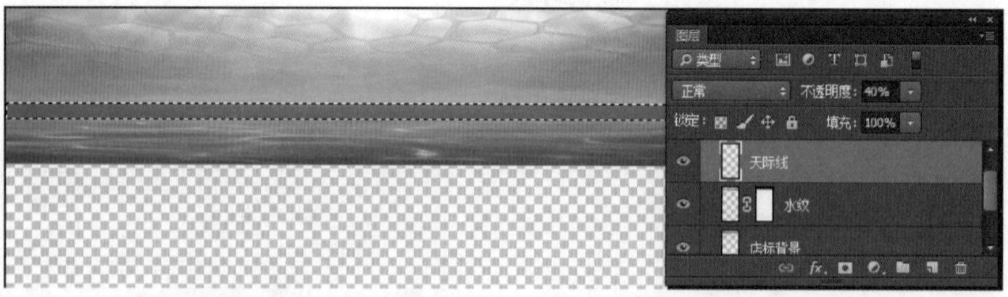


图 7-5　向选区填充颜色并设置图层的“不透明度”值

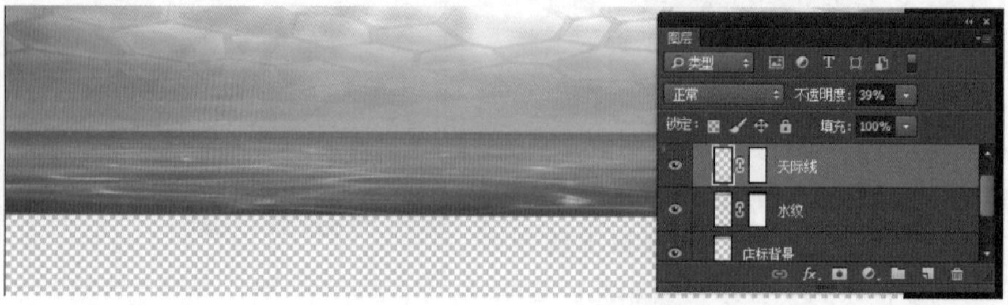


图 7-6　添加图层蒙版后的效果

（5）在“店招”组中创建一个名为“底座”的新组，在该组中创建一个名为“底座”的新图层。在工具箱中选择“椭圆选框工具”，在图层中绘制一个椭圆形，使用白色填充选区，如图 7-7 所示。在“图层”面板中双击该图层打开“图层样式”对话框，为图层添加“斜面和浮雕”图层样式，如图 7-8 所示。在样式列表中勾选“等高线”复选框，选择该选项为其添加“等高线”图层样式，如图 7-9 所示。

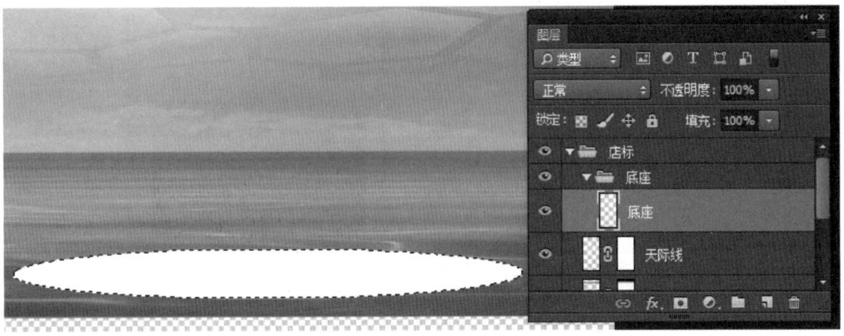


图 7-7　绘制选区并填充颜色

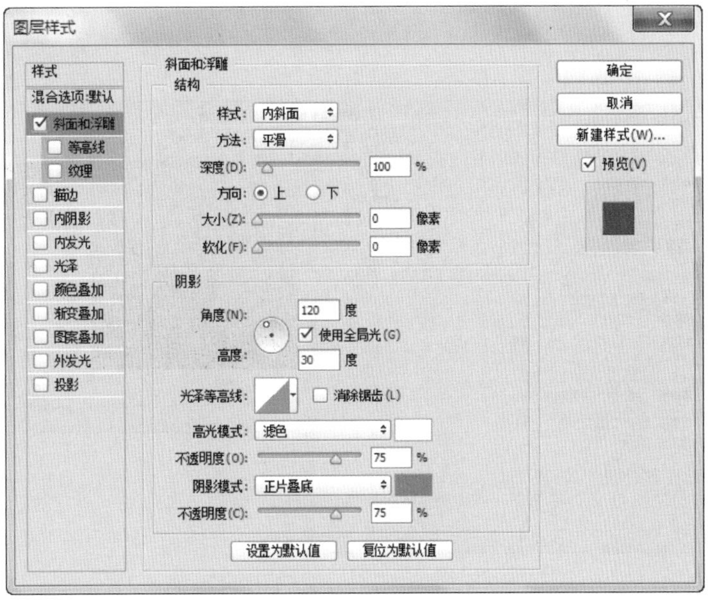


图 7-8　添加“斜面和浮雕”图层样式

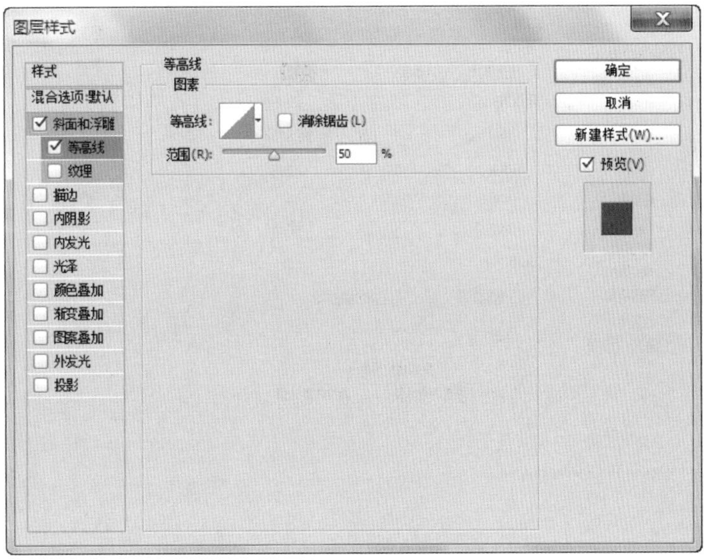


图 7-9　添加“等高线”图层样式

(6) 为图层添加“颜色叠加”图层样式，打开“拾色器”对话框设置叠加颜色，如图 7-10 所示。为图层添加“外发光”图层样式，打开“拾色器”对话框设置外发光颜色，如图 7-11 所示。为图层添加“投影”图层样式，如图 7-12 所示。单击“确定”按钮关闭“图层样式”对话框，取消选区。此时，获得的图像效果如图 7-13 所示。

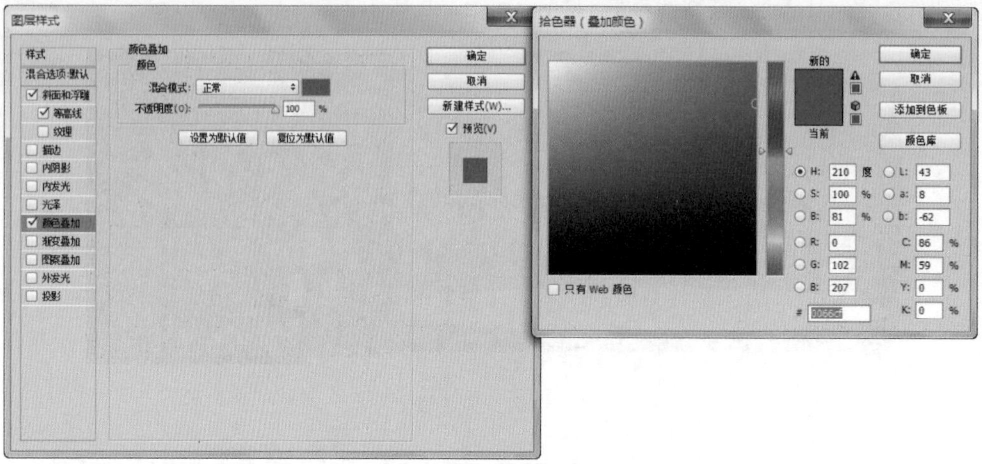


图 7-10　添加“颜色叠加”图层样式

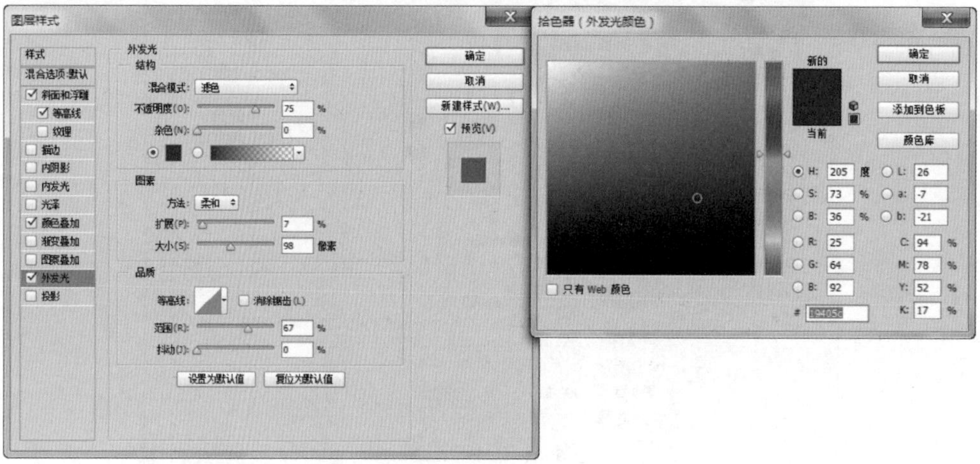


图 7-11　添加“外发光”图层样式

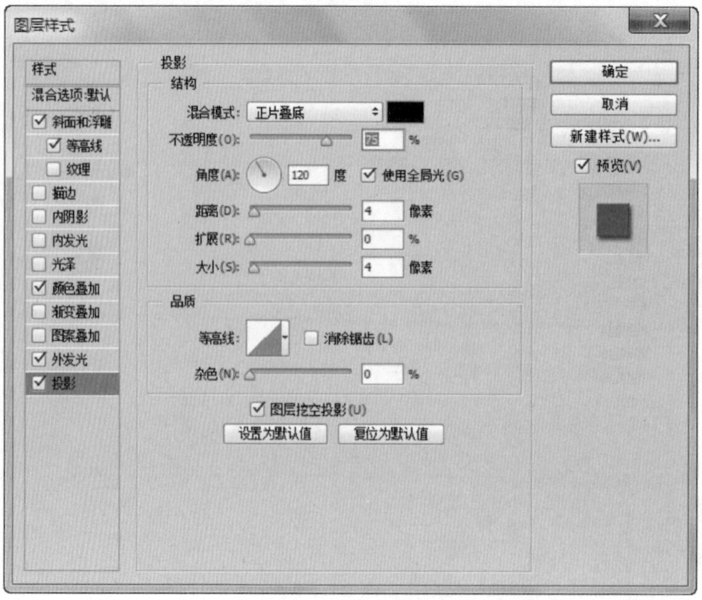


图 7-12　添加“投影”图层样式

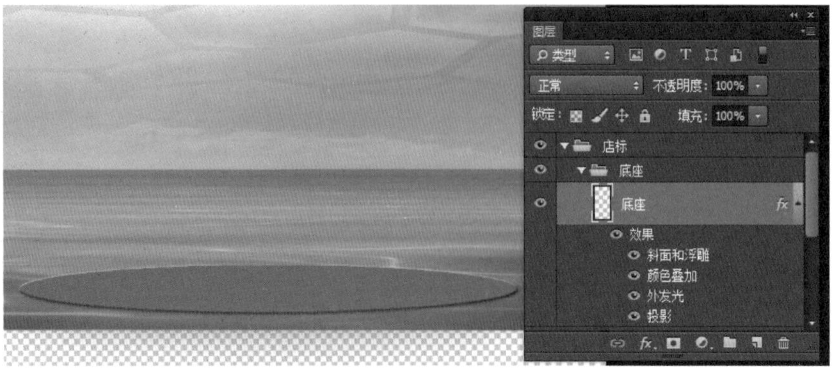


图 7-13　添加图层样式后的效果

(7) 使用“钢笔工具”绘制路径，如图 7-14 所示。将路径转换为选区后，使用白色填充选区，如图 7-15 所示。在“底座”图层下方创建一个名为“厚度”的新图层，在图层中添加白色。打开图层的“图层样式”对话框，为图层添加“颜色叠加”图层样式，打开“拾色器”对话框设置叠加颜色，如图 7-16 所示。添加图层样式后的图像效果如图 7-17 所示。



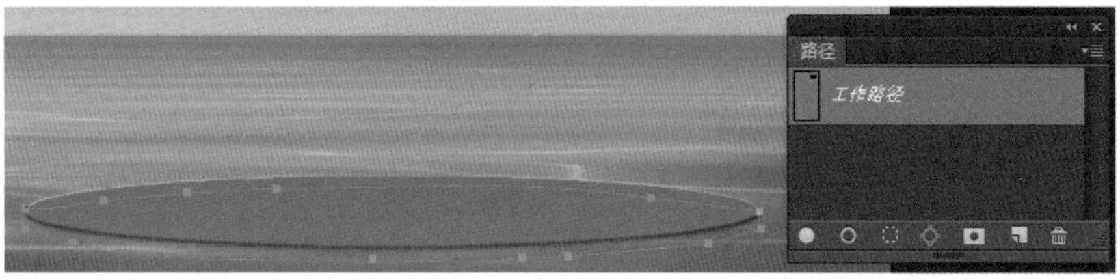


图 7-14　绘制路径

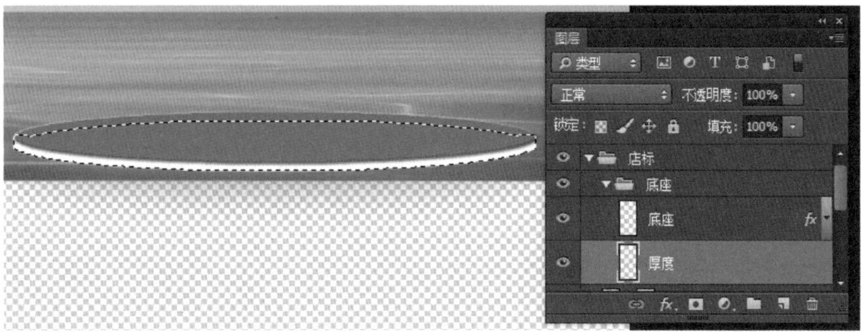


图 7-15　向选区填充颜色

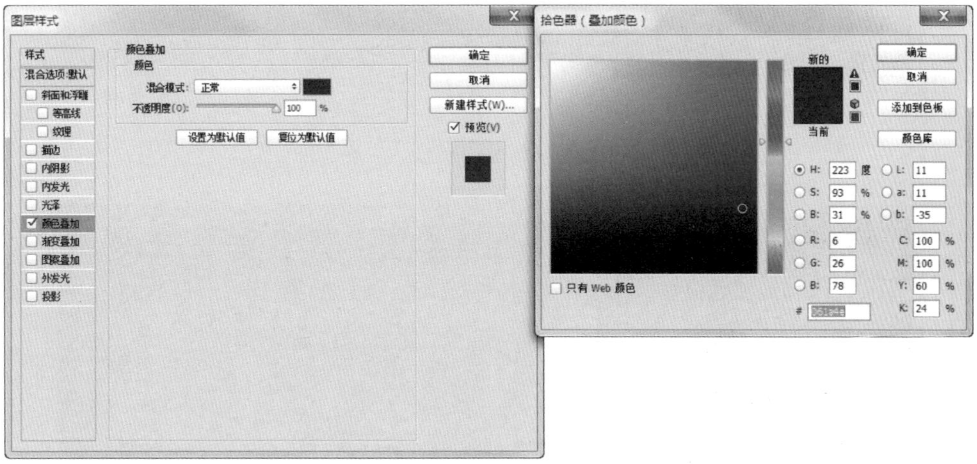


图 7-16　添加“颜色叠加”图层样式

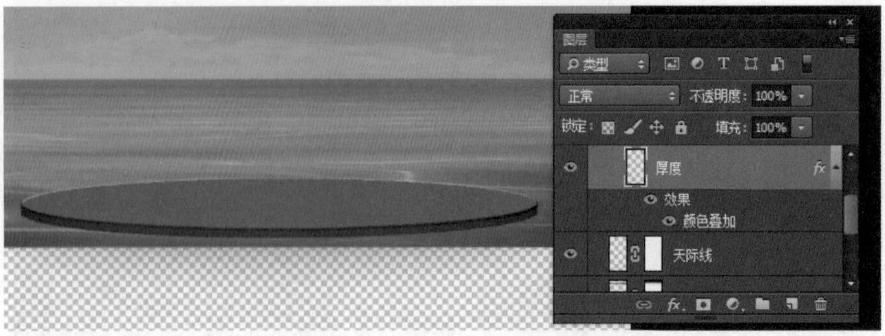


图 7-17　添加图层样式后的图像效果

(8) 在“图层”面板中复制“厚度”图层，并将复制图层放置到“厚度”图层下方。将该图层命名为“倒影”，同时将图层的“不透明度”值设置为 20%，如图 7-18 所示。

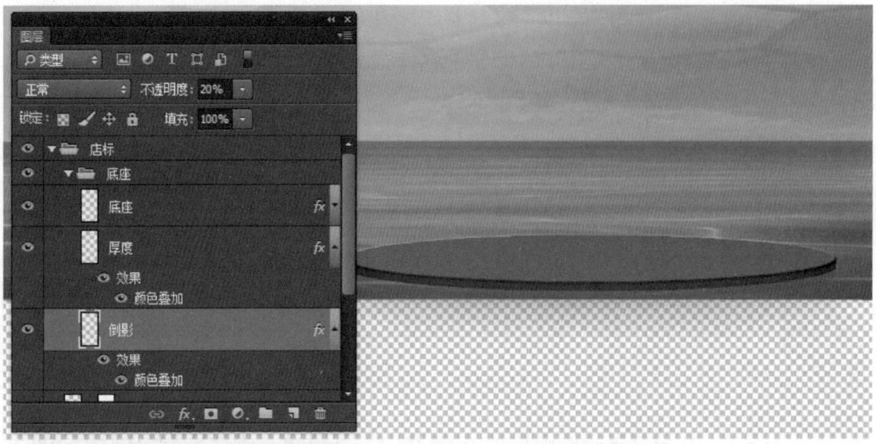


图 7-18　复制图层并更改图层的“不透明度”值

(9) 在文档中放置一个溅起水花的素材图片，将图片所在图层的图层混合模式设置为“强光”，图层的“不透明度”设置为 80%，如图 7-19 所示。为该图层添加一个图层蒙版，使用“画笔工具”以黑色在蒙版中涂抹，遮盖水花中不需要的部分，如图 7-20 所示。将化妆品素材图片放置到图像中，如图 7-21 所示。

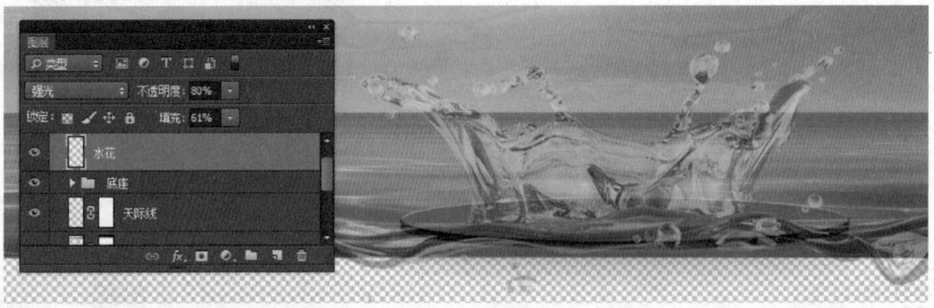


图 7-19　设置图层混合模式和“不透明度”

图 7-20　在图层蒙版中涂抹

图 7-21　放置化妆品素材

(10) 在工具箱中选择“椭圆工具”，按住 Shift 键拖曳鼠标绘制一个圆形。在“属性”面板将描边颜色设置为白色，描边的宽度设置为 2 点，描边线条设置为直线，如图 7-22 所示。将该图像图层放置到“底座”组的下方，复制该图层。使用“移动工具”将复制图层略微下移，如图 7-23 所示。

图 7-22　对线条进行设置

图 7-23　复制图层

(11) 在“图层”面板中创建一个新图层，再次使用“椭圆工具”绘制一个圆形，图形的属性设置与步骤(10)绘制的图形相同。复制该圆形，图像效果如图 7-24 所示。再次绘制一个圆形，如图 7-25 所示。绘制几个装饰性的小圆形，如图 7-26 所示。创建一个名为“圆环”的组，将绘制的图形图层放置到该组中，如图 7-27 所示。

(12) 在工具箱中选择“横排文字工具”，在选项栏中对字体、文字大小和颜色进行设置，如图 7-28 所示。输入文字，如图 7-29 所示。在选项栏中减小文字大小，输入宣传口号，如图 7-30 所示。

图 7-24　绘制圆形

图 7-25　再绘制一个圆形

图 7-26　绘制几个装饰性圆形

图 7-27　将图层放置到组中

图 7-28　在选项栏中对字体、文字大小和颜色进行设置

图 7-29　输入文字

图 7-30　输入宣传口号

(13) 在工具箱中选择“钢笔工具”，在店标区域左侧绘制一个矩形。使用“添加锚点工具”在矩形右边添加锚点，将右边修改为弧形，如图 7-31 所示。在“路径”面板中单击“将路径作为选区载入”按钮将路径转化为选区，如图 7-32 所示。打开“拾色器”对话框设置前景色，如图 7-33 所示。在“图层”面板中创建一个名为“边框”的新图层，按 Alt＋Del 键在该图层中使用前景色填充选区，将图层的“不透明度”值设置为 50%，如图 7-34 所示。

图 7-31　绘制形状

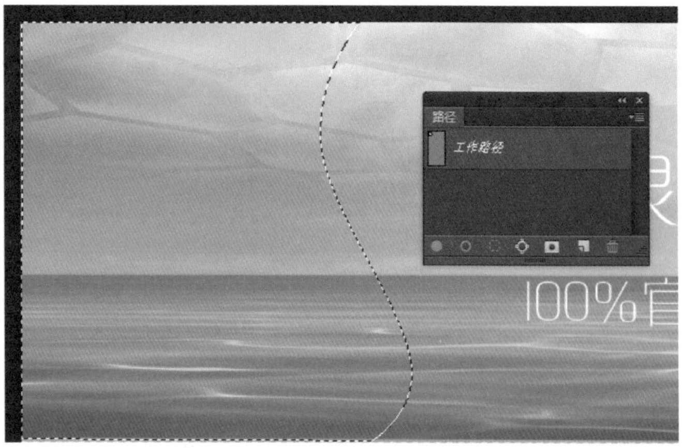


图 7-32　将路径转化为选区

(14) 为图层添加“投影”图层样式，如图 7-35 所示。在绘制的图形中输入文字，如图 7-36 所示。在工具箱中选择“矩形工具”，在选项栏中对工具进行设置，如图 7-37 所示。图形填充颜色的设置如图 7-38 所示。在文字“完美皮肤护理专家”下方绘制一个矩形，如图 7-39 所示。至此，店标制作完成。制作完成的店标效果如图 7-40 所示。

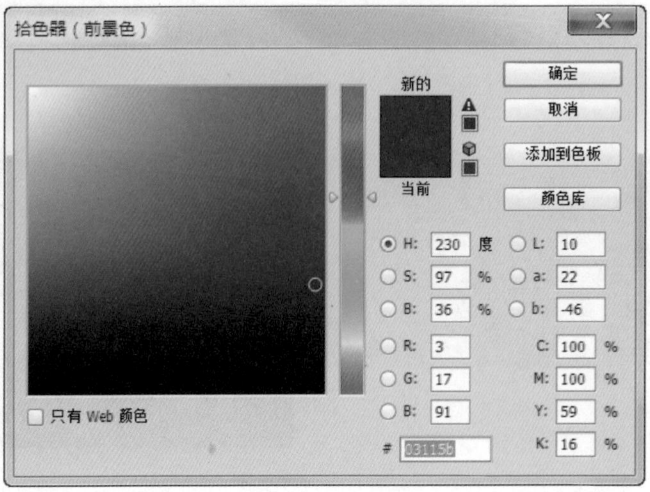


图 7-33　设置前景色

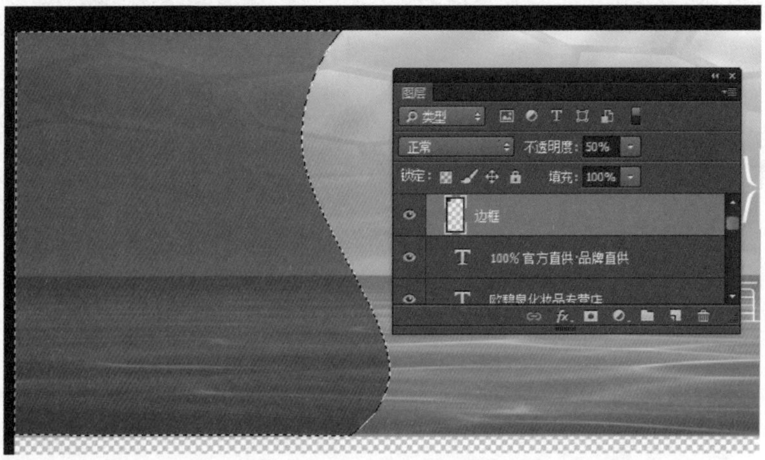


图 7-34　对选区填充颜色并设置“不透明度”值

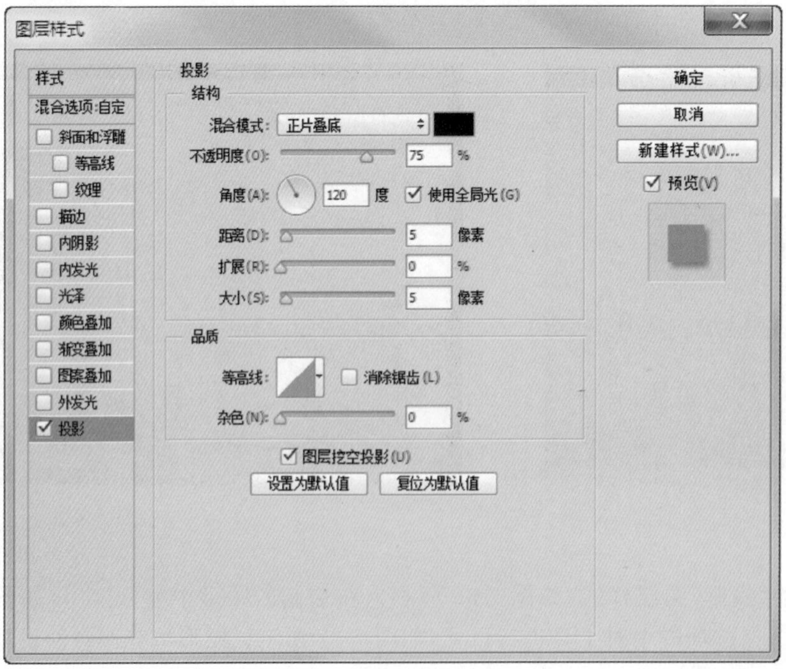


图 7-35　为图层添加“投影”图层样式

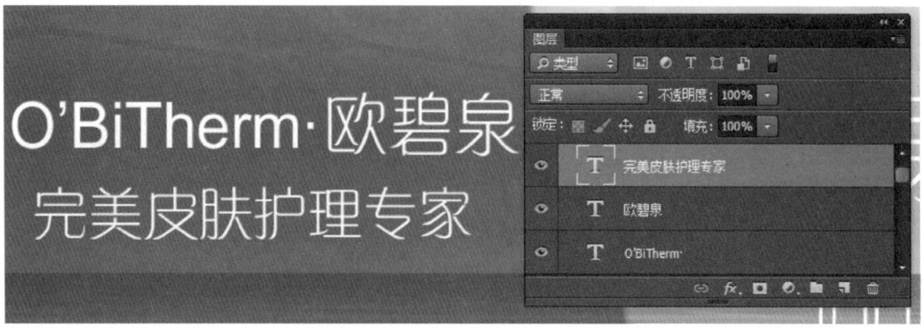


图 7-36　在绘制的图形中输入文字

图 7-37　对工具进行设置

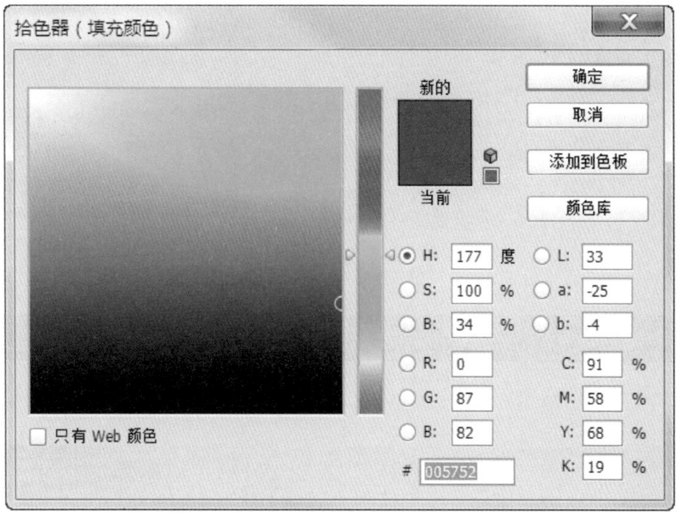


图 7-38　图形填充颜色的设置

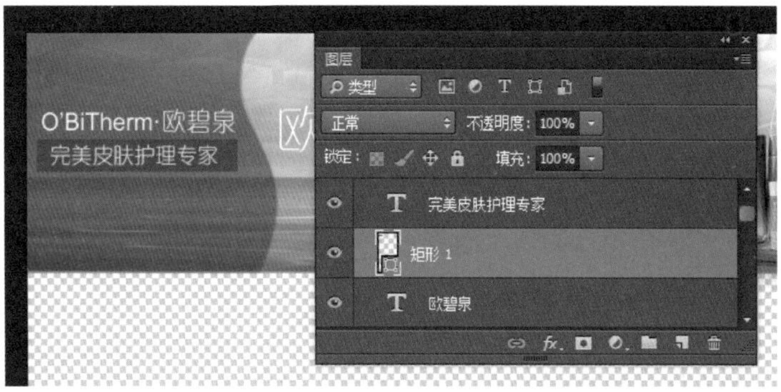


图 7-39　绘制矩形

图 7-40　制作完成的店标

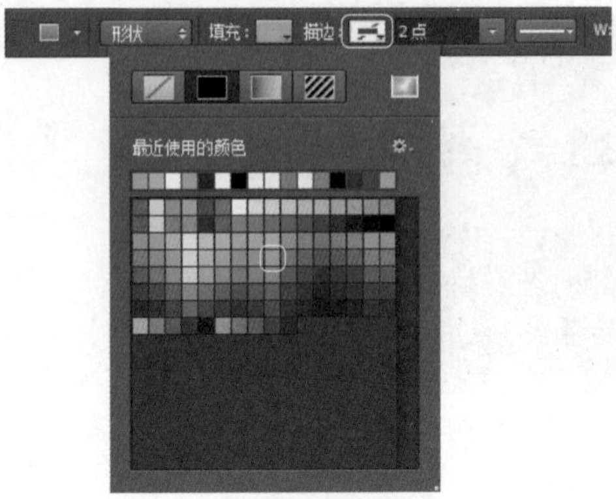


图 7-41　对工具进行设置

### 7.2.2　制作导航栏

视频讲解

下面介绍导航栏的制作步骤。

(1) 在工具箱中选择“矩形工具”，在选项栏中设置填充颜色并取消图形边框，如图 7-41 所示。拖曳鼠标绘制一个矩形，在“图层”面板中将形状图层的名称更改为“边条”，如图 4-42 所示。

(2) 在“图层”面板中创建名为“导航栏”的组。在工具箱中选择“横排文字工具”，在属性栏中设置文字的字体和大小，文字的颜色设置为白色，如图 7-43 所示。输入文字，将图形和文字所在的图层放置到“导航栏”组中，如图 7-44 所示。

图 7-42　绘制图形

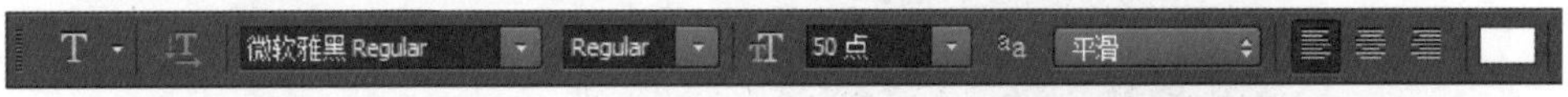


图 7-43　设置文字

图 7-44　将图层放置到组中

### 7.2.3　制作店铺公告区

视频讲解

下面介绍店铺公告的制作步骤。

(1) 在“图层”面板中创建一个名为“公告区”的组，在该组中创建名为“背景”的新图层。选择该图层，使用“矩形选框工具”绘制一个矩形选区，设置前景色的颜色，如图 7-45 所示。执行“编辑”→“填充”命令，打开“填充”对话框，在对话框的使用下拉列表中选择“前景色”选项，如图 7-46 所示。单击“确定”按钮即可使用前景色填充选区，如图 7-47 所示。按 Ctrl+D 键取消选区。

(2) 执行“滤镜”→“渲染”→“镜头光晕”命令，打开“镜头光晕”对话框。在对话框中设置滤镜效果，如图 7-48 所示。单击“确定”按钮关闭对话框应用滤镜，此时的图像效果如图 7-49 所示。

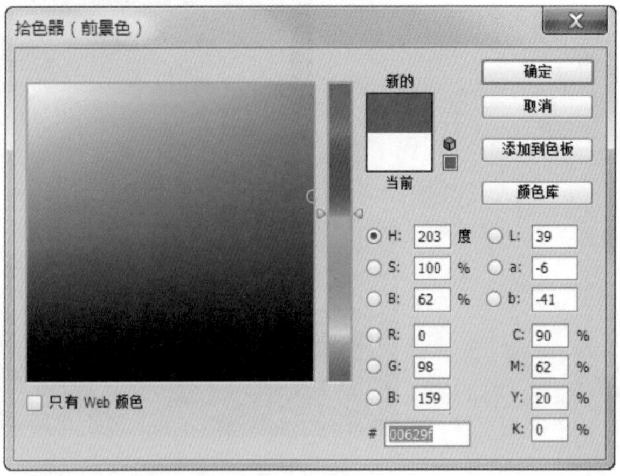


图 7-45　设置前景色

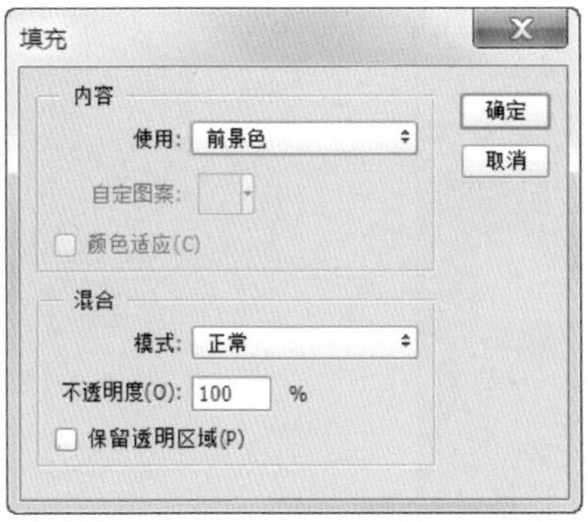


图 7-46 “填充”对话框

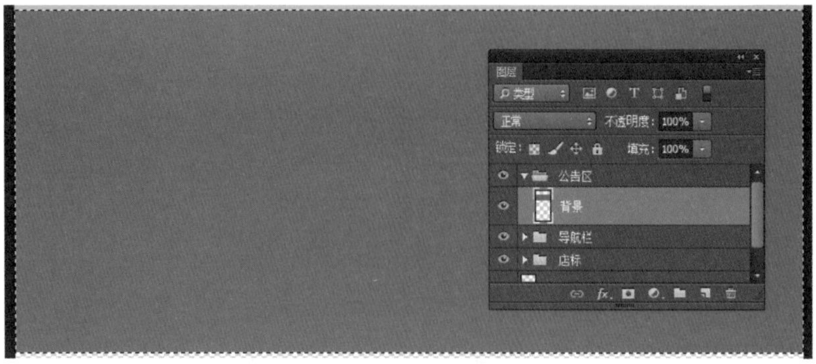


图 7-47 使用前景色填充选区

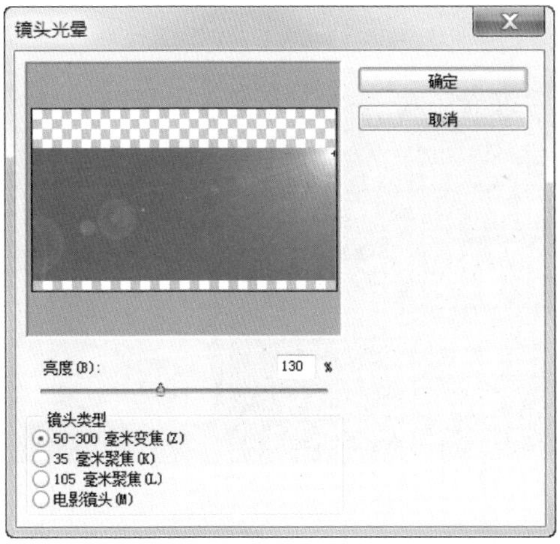


图 7-48 “镜头光晕”对话框

图 7-49 应用滤镜后的效果



(3) 在工具箱中选择“圆角矩形工具”，按住 Shift 键拖曳鼠标绘制圆角矩形。在打开的“属性”面板中将图形的填充颜色设置为白色，圆角的半径设置为 5 像素，如图 7-50 所示。在工具箱中选择“移动工具”，按 Shift＋Alt 键拖曳绘制的圆角矩形，将其在垂直方向上复制 3 次，如图 7-51 所示。

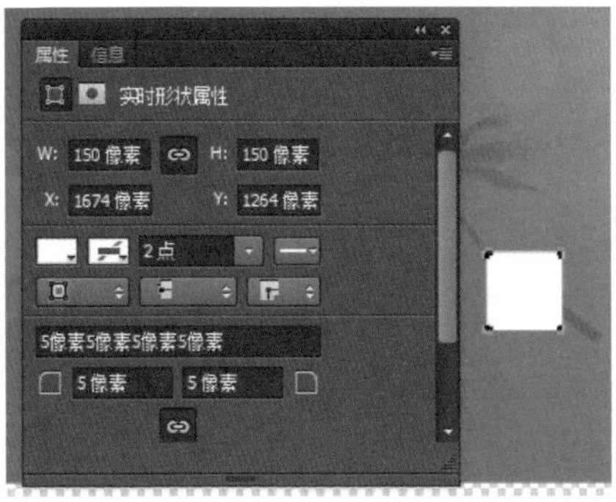


图 7-50 绘制圆角矩形

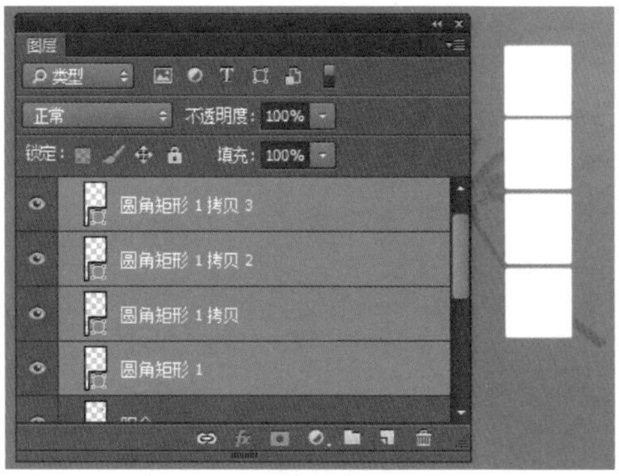


图 7-51 复制图形

(4) 使用相同的方法继续复制圆角矩形并放置它们，如图 7-52 所示。设置这些圆角矩形所在图层的“不透明度”值，使其以某个圆角矩形为中心向外逐渐变浅，如图 7-53 所示。在“图层”面板中选择这些图层，执行“图层”→“图层编组”命令将图层编组，图层组命名为“方块”。

(5) 将素材图片放置到当前图像中，将其放置在一个圆角矩形上。调整其大小，使其比圆角矩形略大，如图 7-54 所示。在“图层”面板中，按 Ctrl 键并选择该圆角矩形所在的图层，获得包含圆角矩形的选区，如图 7-55 所示。为素材图片所在的图层添加图层蒙版，图片获得圆角效果，如图 7-56 所示。使用相同的方法再添加两张素材图片，如图 7-57 所示。

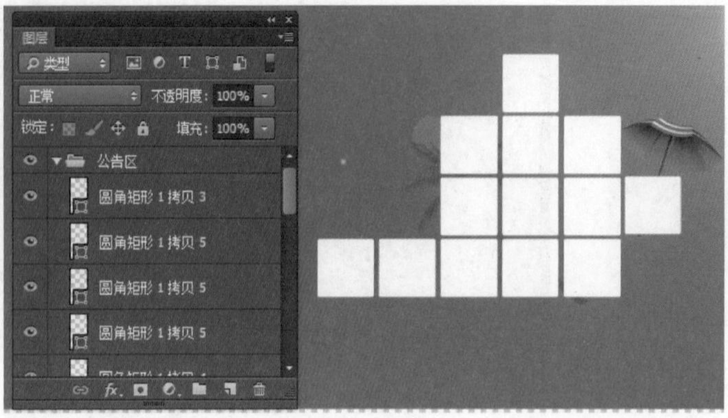


图 7-52　复制圆角矩形

图 7-53　设置图层的“不透明度”值

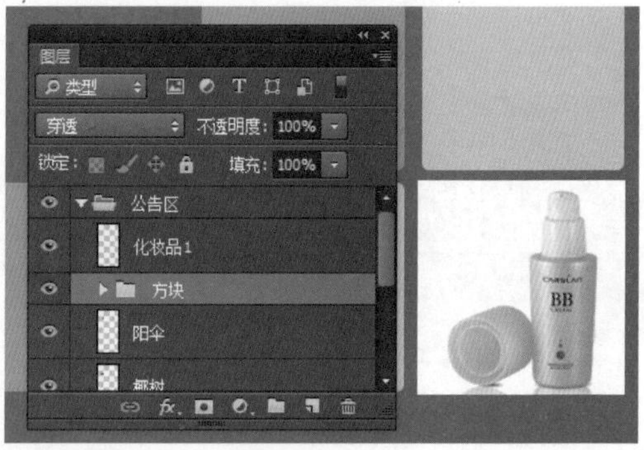


图 7-54　放置素材图片

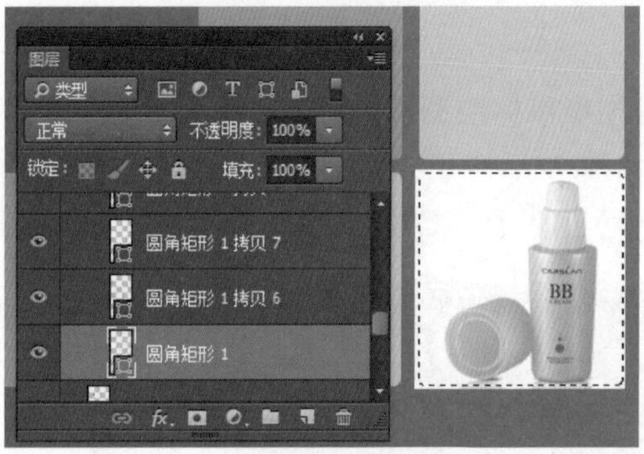


图 7-55　获得选区

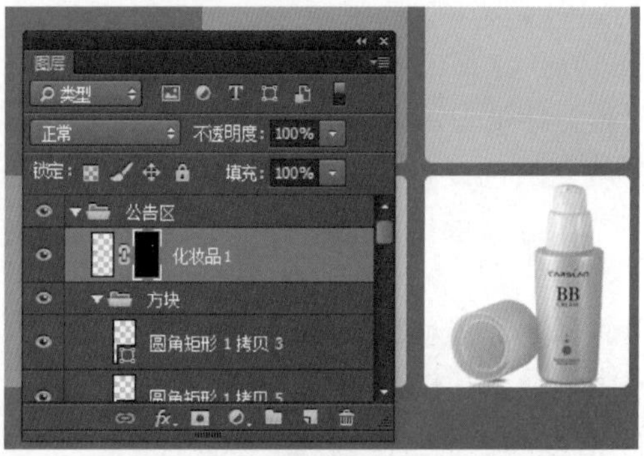


图 7-56　为图层添加图层蒙版

图 7-57　再添加两张素材图片

(6) 在“公告区”组中置入海底背景图片，如图 7-58 所示。置入一幅白云的素材图片，为该图层添加一个图层蒙版。在工具箱中选择“矩形选框工具”，在选项栏中将“羽化”值设置为 50 像素，如图 7-59 所示。选择图层蒙版后在图层蒙版中绘制矩形选区，如图 7-60 所示。使用黑色填充选区使白云素材图片与其下海素材图片的边界自然过渡，取消选区，此时的图像效果如图 7-61 所示。

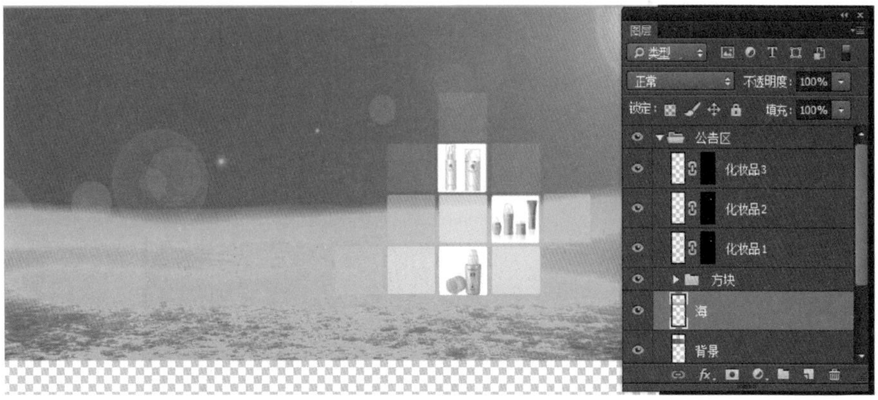


图 7-58　添加海底素材图片

图 7-59　设置“羽化”值

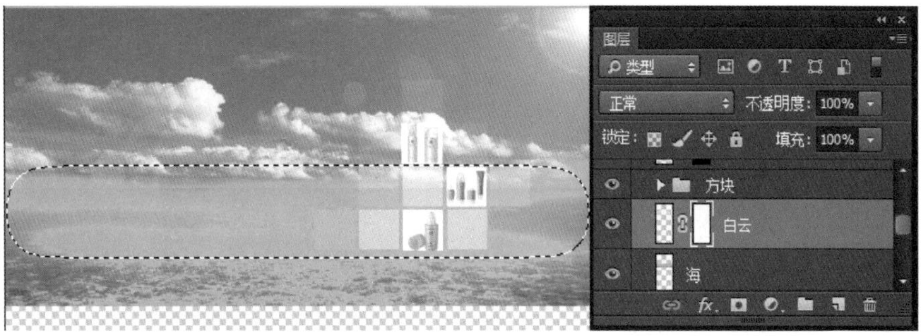


图 7-60　绘制矩形选区

图 7-61　使用黑色填充选区后的图像效果

(7) 在图像中放置热气球素材图片，将其复制两次，调整它们的大小和位置，如图 7-62 所示。放置海鸥素材图片，调整它们的大小和位置，如图 7-63 所示。

(8) 在工具箱中选择“横排文字工具”，使用该工具输入文字。打开“字符”面板设置文字的字体和颜色，如图 7-64 所示。在“图层”面板中双击文字所在的图层打开“图层样式”面板，为图层添加“投影”图层样式，如图 7-65 所示。单击“确定”按钮关闭对话框，设置完成后的文字效果如图 7-66 所示。

(9) 使用“横排文字工具”分别输入文字“防晒”和“保湿”，在“字符”面板中设置文字的字体、大小和颜色，同时在适当的位置放置它们，如图 7-67 所示。输入文字“娇媚水嫩”，按 Enter 键将文字分为两行。在“字

图 7-62　放置热气球

图 7-63　放置海鸥图片

图 7-64　输入文字并进行设置

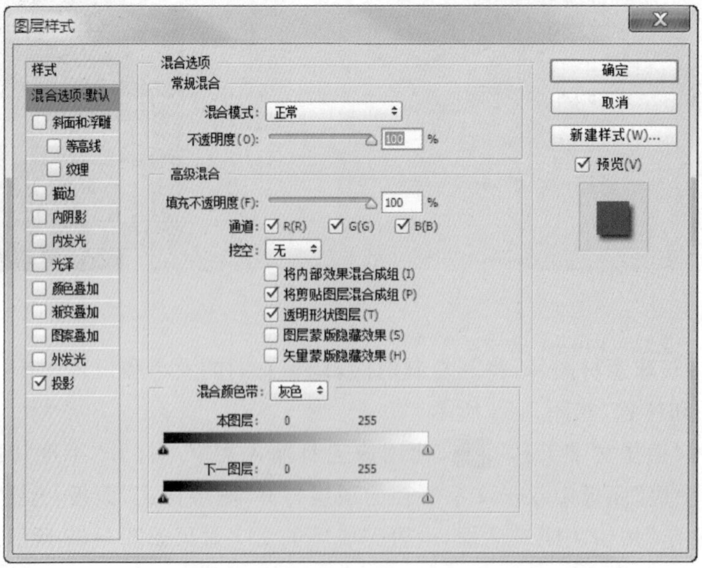


图 7-65　为图层添加“投影”图层样式

符”面板中设置文字的字体、大小和颜色，将文字放置到适当的位置，如图 7-68 所示。

图 7-66　设置完成后的文字效果

图 7-67　分别输入文字

图 7-68　设置并放置文字

（10）右击“图层”面板的“{欧碧泉夏日蜜养润颜系列}”图层样式列表任一选项，选择关联菜单中的“拷贝图层样式”命令，按 Ctrl 键依次单击选择步骤(9)创建的文字图层。右击选择的图层，选择关联菜单中的“粘贴图层样式”命令粘贴图层样式，如图 7-69 所示。

图 7-69　粘贴图层样式后的效果

（11）输入文字并在“字体”面板中设置文字的字体、大小和颜色，如图 7-70 所示。将“投影”图层样式粘贴到该图层，如图 7-71 所示。

图 7-70　输入并对文字进行设置

图 7-71　粘贴“投影”图层样式

（12）在工具箱中选择“圆角矩形工具”，绘制一个包含步骤（11）文字的圆角矩形，在“图层”面板中将圆角矩形所在的图层放置到文字的下方。首先在打开的“属性”面板中设置图形的填充颜色，这里将图形的填充方式设置为“渐变”。打开“渐变编辑器”对话框，将渐变设置为双色渐变，渐变的起始颜色和终止颜色均设置为白色。将渐变右侧透明色标的“不透明度”设置为 0，如图 7-72 所示。将渐变设置为“线性”，渐变的旋转角度设置为 0°，如图 7-73 所示。设置圆角矩形的圆角半径，如图 7-74 所示。

图 7-72　“渐变编辑器”对话框

图 7-73　设置渐变角度

（13）使用“横排文本工具”，输入文字并设置文字的字体、大小和颜色，如图 7-75 所示。对各个元素的位置进行适当调整，效果满意后完成公告区的制作。公告区制作完成后的效果如图 7-76 所示。

图 7-74　设置圆角半径

图 7-75　输入文字并对文字进行设置

图 7-76　公告区制作完成后的效果

### 7.2.4　制作宝贝展示区

视频讲解

下面介绍宝贝展示区的制作步骤。

(1) 在“图层”面板中创建一个名为“宝贝展示区”的组，在该组中创建一个名为“背景”的组。在该组中创建一个名为“蓝色背景”的新图层，打开“拾色器”对话框，设置前景色，如图 7-77 所示。在工具箱中选择“油漆桶工具”后在图层中单击，使用前景色填充图层，如图 7-78 所示。

(2) 在“背景”图层上方放置一幅海底素材图片，如图 7-79 所示。复制该图层，并将图像下移。执行“编辑”→“变换”→“垂直翻转”命令，将图层中图像垂直翻

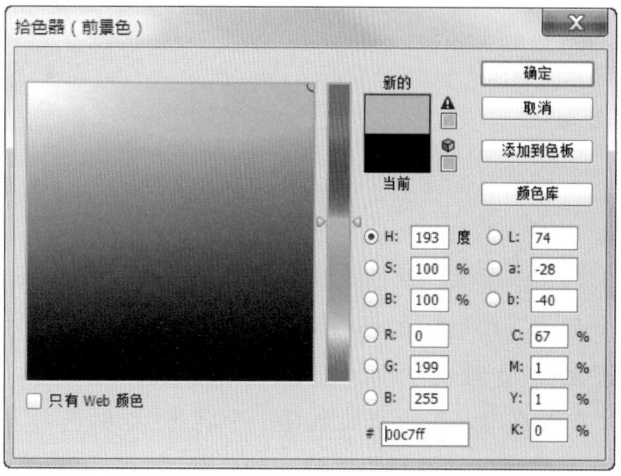


图 7-77　设置前景色

转，如图 7-80 所示。

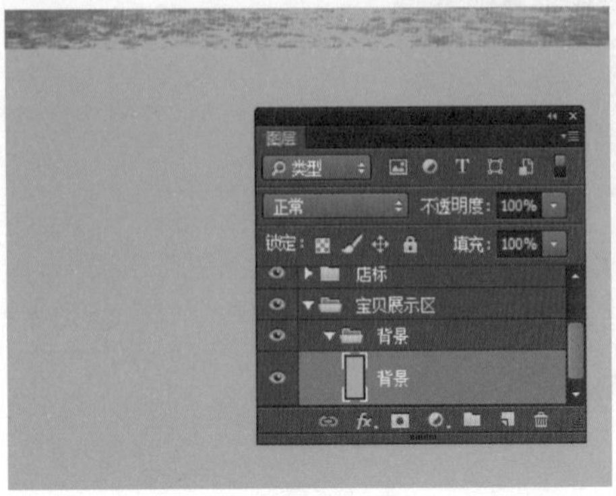


图 7-78　填充图层

图 7-79　添加素材图片

（3）再次复制图层，为该图层添加图层蒙版。在工具箱中选择“画笔工具”，在选项栏中设置画笔笔尖的“大小”和“硬度”，如图 7-81 所示。使用黑色在图层蒙版中涂抹，使当前图层与上一图层在交界处的边界不明显，如图 7-82 所示。

图 7-80　复制图层并将图像垂直翻转

图 7-81　画笔笔尖的“大小”和“硬度”

图 7-82　使边界不明显

（4）在图像的底部放置沙滩素材图片，如图 7-83 所示。放置岩石和海星素材图片，如图 7-84 所示。创建一个名为“背景框”的新图层，使用“矩形选框工具”绘制矩形选区，以白色填充该选区。在“图层”面板中设置图层的“不透明度”值，如图 7-85 所示。

（5）在“图层”面板中创建一个名为“本周热卖”的组。在工具箱中选择“自定形状工具”，在选项栏中设置填充颜色并选择需要绘制的形状，如图 7-86 所示。图形填充颜色的设置如图 7-87 所示。拖曳鼠标绘制图形，如图 7-88 所示。

图 7-83　在图像底部放置沙滩素材

图 7-84　放置岩石和海星素材图片

图 7-85　填充选区并设置“不透明度”值

图 7-86　设置需要绘制形状的填充颜色和形状

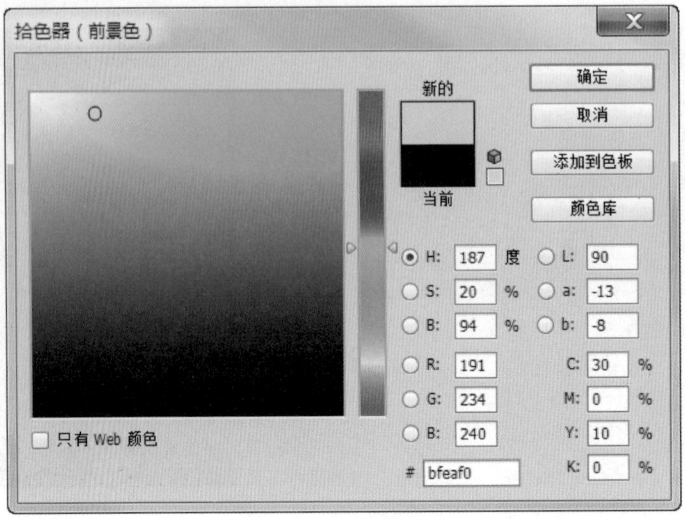


图 7-87　填充颜色的设置

图 7-88　绘制图形

(6) 复制步骤(5)中绘制的形状，在选项栏中取消图形的颜色填充，设置描边颜色，将形状的描边宽度设置为 2 点，设置描边线条的样式，如图 7-89 所示。这里，描边颜色的设置如图 7-90 所示。按 Ctrl+T 键，在选项栏中按下“保持长宽比”后输入宽度，百分比值将图形等比例放大，如图 7-91 所示。将该图层与步骤(5)制作的“形状 2”图层合并为一个图层，栅格化后更名为“云彩”。调整图形的大小，制作完成后的效果如图 7-92 所示。

图 7-89　设置描边效果

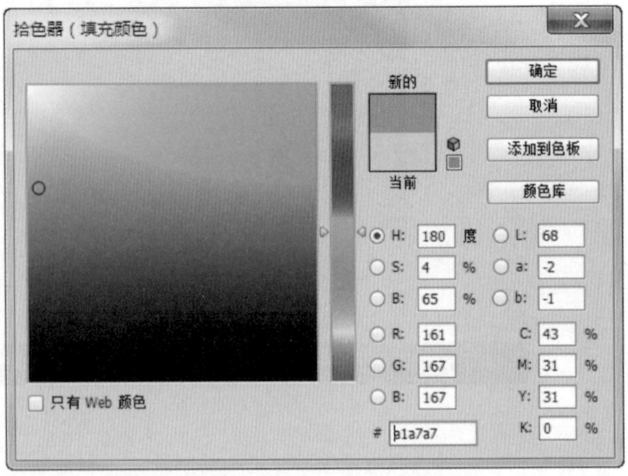


图 7-90　描边颜色的设置

图 7-91　将图形等比例放大

图 7-92　图形制作完成后的效果

(7) 放置化妆品素材图片，如图 7-93 所示。使用“横排文本工具” T 输入文字，如图 7-94 所示。输入文字“289 元”，选择“元”字后在“字符”面板中按下“上标”按钮后将其设置为上标，如图 7-95 所示。输入文字“原价 448 元”，在“字符”面板中设置文字字体、大小和颜色。按下“删除线”按钮后为文字添加删除线，如图 7-96 所示。

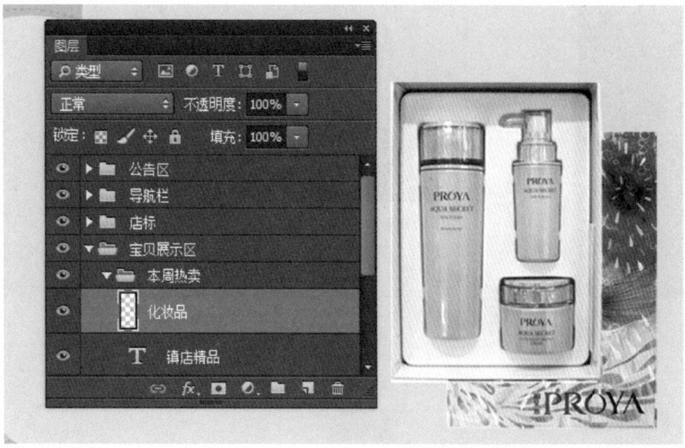


图 7-93　放置化妆品素材

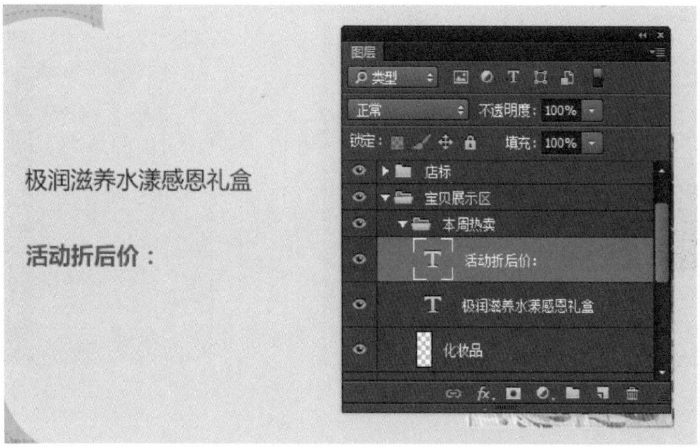


图 7-94　输入文字

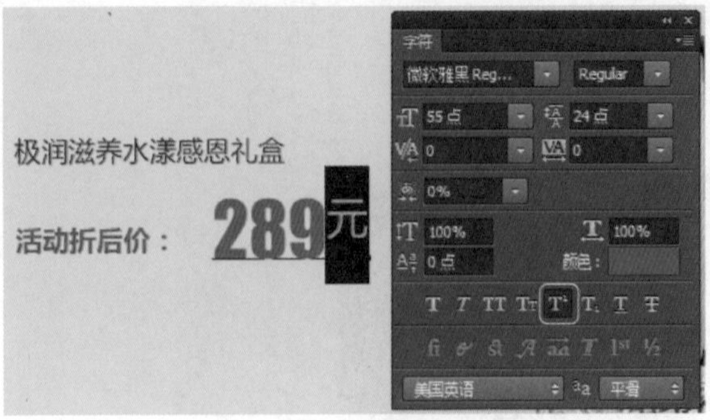


图 7-95　将选择文字设置为上标

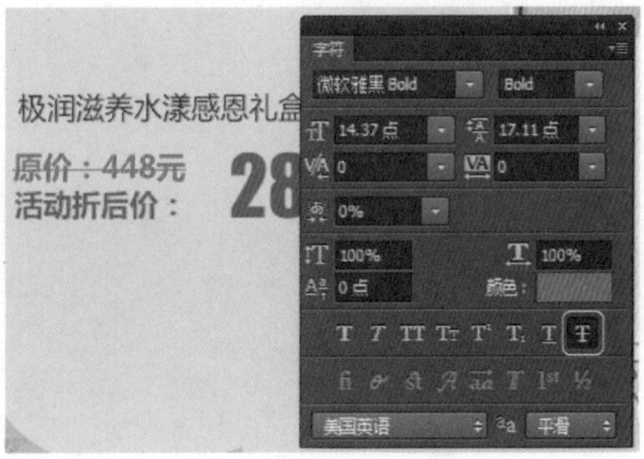


图 7-96　添加删除线

（8）在工具箱中选择“圆角矩形工具”，拖曳鼠标绘制一个圆角矩形。在“属性”面板中首先对图形应用双色的线性渐变填充，如图 7-97 所示。在设置时，双击起始颜色色标打开“拾色器”对话框，设置渐变的起始颜色，如图 7-98 所示。设置渐变的终止颜色，如图 7-99 所示。在“所有角半径值”文本框中更改对应圆角的半径值更改圆角半径，如图 7-100 所示。输入文字并对文字进行设置，如图 7-101 所示。

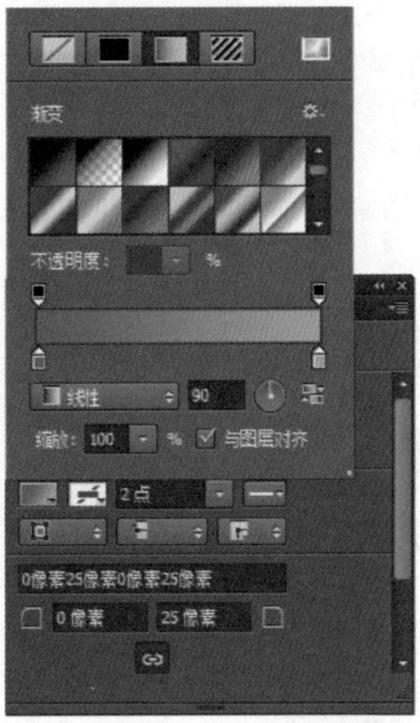

图 7-97　对图形应用渐变填充

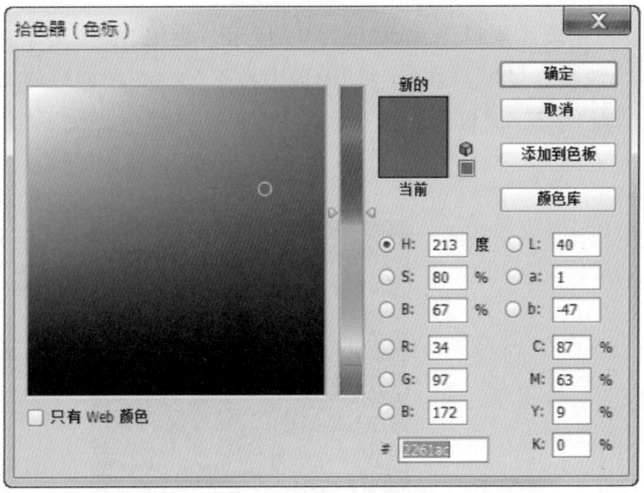


图 7-98　渐变起始颜色的设置

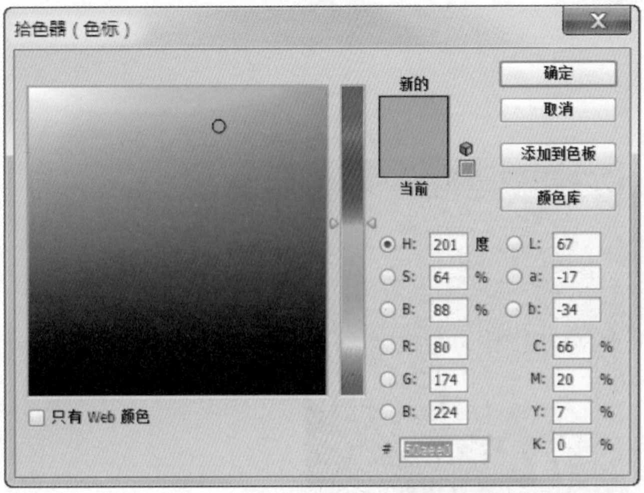


图 7-99　渐变终止颜色的设置

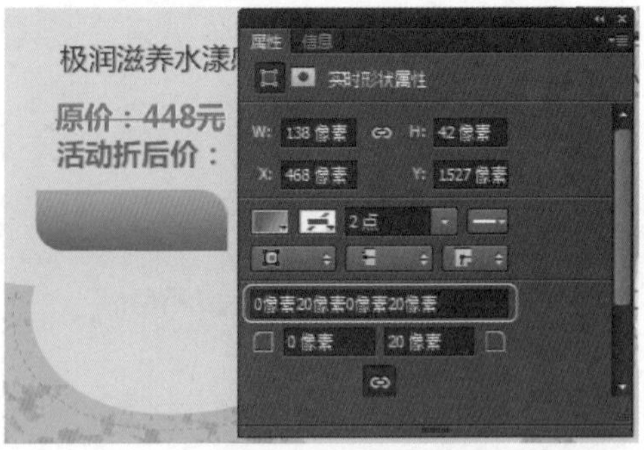


图 7-100　更改圆角的半径值

（9）创建一个名为“连接线”的新图层，在工具箱中选择“钢笔工具”绘制路径，选择“转换点工具”拖曳路径上的锚点更改锚点的类型，拖曳锚点上控制柄更改路径的形状，如图 7-102 所示。在工具箱中选择“画笔工具”，打开“画笔”面板，设置画笔笔尖的“大小”“硬度”和“间距”，如图 7-103 所示。设置前景色，如图 7-104 所示。打开“路径”面板，在面板中选择路径后单击“用画笔描边路径”按钮，如图 7-105 所示。在面板中单击“删除当前路径”按钮删除路径，如图 7-106 所示。

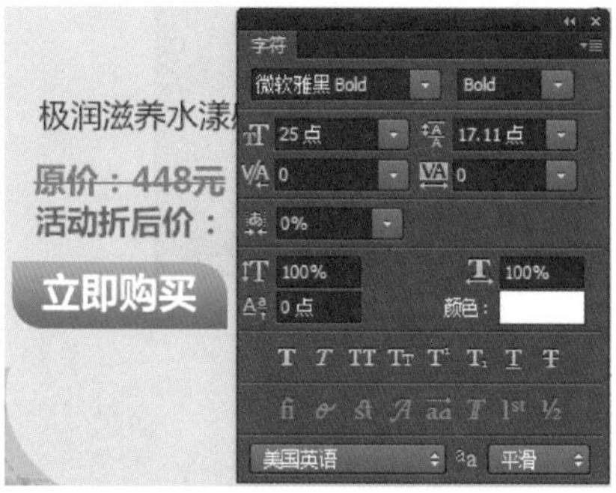

图 7-101 输入文字并对文字进行设置

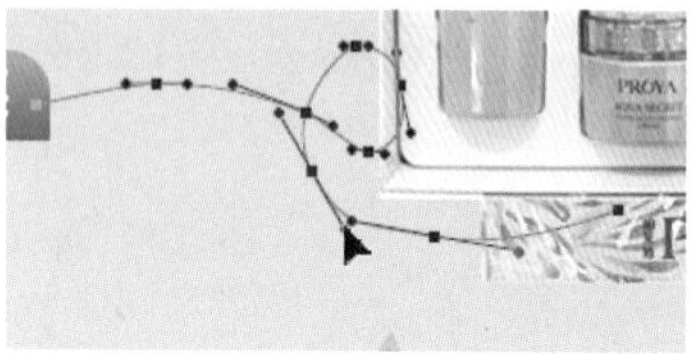
图 7-102 更改路径的形状

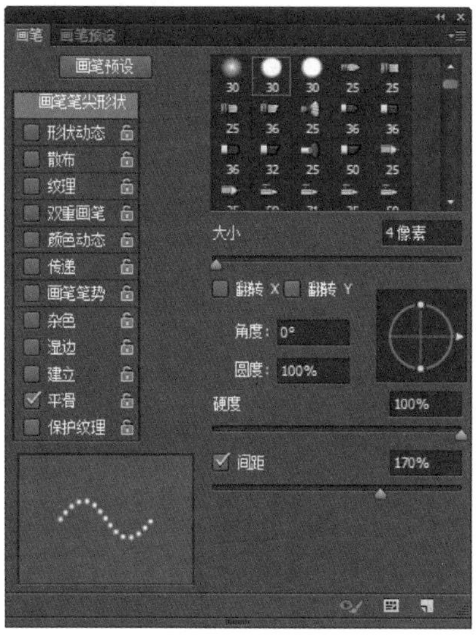

图 7-103 “画笔”面板

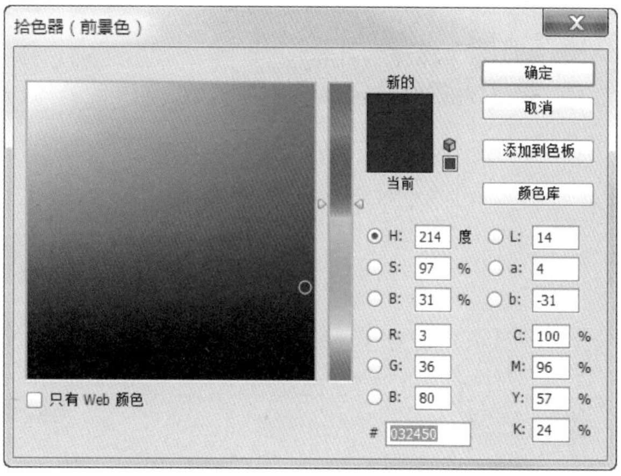

图 7-104 设置前景色

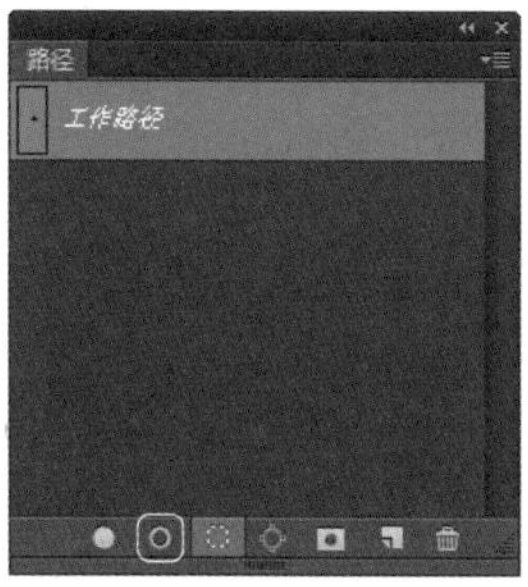

图 7-105 单击“用画笔描边路径”按钮

图 7-106 删除路径

(10) 在“云彩”图层下创建一个名为“内框”的新图层，使用“矩形选框工具”工具绘制一个包含云彩图形的矩形选框。对选区进行填充，填充颜色的 RGB 值为 R：5，G：151，B：254。将图层的“不透明度”值设置为 30%，如图 7-107 所示。在图像中放置挂钩素材图片，如图 7-108 所示。使用“横排文字工具”，在两个挂钩间添加文字。在“字符”面板中对文字样式进行设置，如图 7-109 所示。

(11) 在“图层”面板中创建名为“精品套装”的组。在工具箱中选择“矩形工具”，在选项栏中设置填充颜色并取消图形描边，如图 7-110 所示。这里，填充颜色的设置如图 7-111 所示。拖曳鼠标绘制矩形，在工具箱中选择“添加锚点工具”，在图形路径上添加锚点。利用锚点对图形形状进行编辑，如图 7-112 所示。

图 7-107　填充选区并设置不透明度值

图 7-108　放置挂钩素材

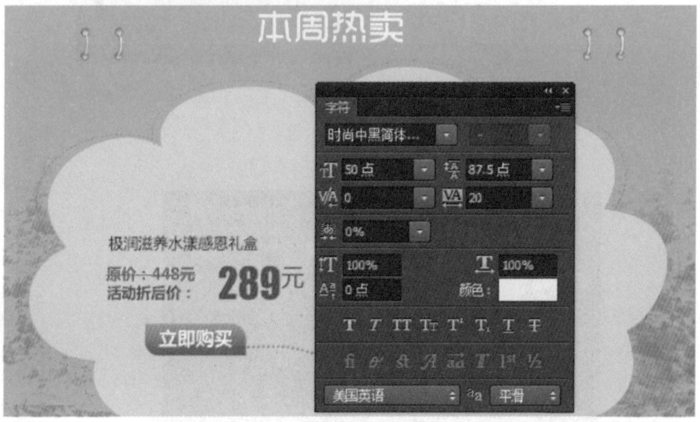


图 7-109　添加文字并对文字进行设置

图 7-110　选项栏的设置

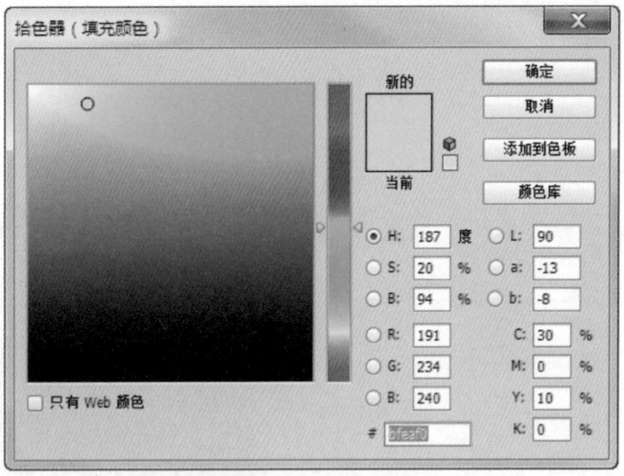

图 7-111　填充颜色的设置　　　　图 7-112　编辑形状

(12) 复制步骤(11)制作的形状图层，选择该图层。在工具箱中选择“矩形工具”，在选项栏中取消颜色填充，设置描边颜色、描边样式和描边宽度，如图 7-113 所示。描边颜色的设置如图 7-114 所示。在工具箱中选择“移动工具”，将图形向右上角移动。复制这两个形状图层，将复制后的图形放置到前两个图形的右侧，执行“编辑”→“变换”→“水平翻转”命令将图形水平翻转。将这 4 个图层栅格化，合并这 4 个图层并对合并后的图层命名，如图 7-115 所示。

(13) 放置化妆品素材图片，如图 7-116 所示。使用“横排文字工具”输入文字，如图 7-117 所示。绘制与步骤(8)相同的圆角矩形并添加文字，如图 7-118 所示。使用与步骤(9)相同的方法制作连接线，如图 7-119 所示。

图 7-113　对图形描边进行设置

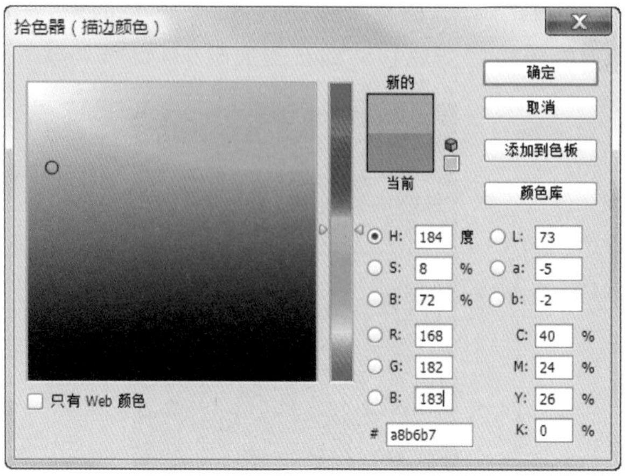


图 7-114　描边颜色的设置

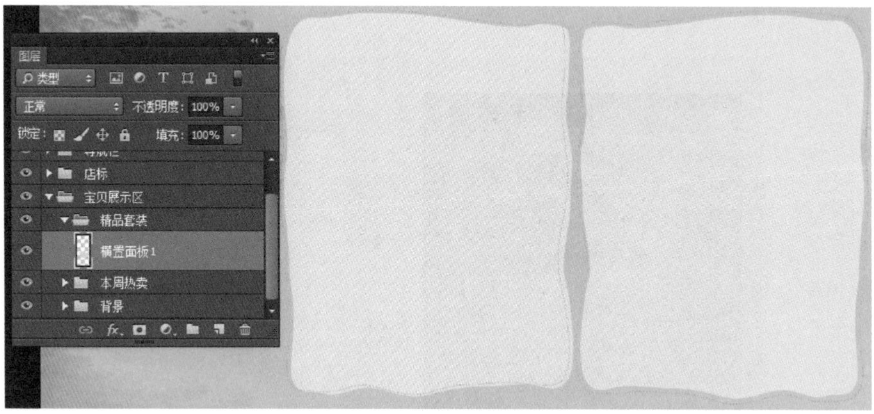


图 7-115　创建完成的图层

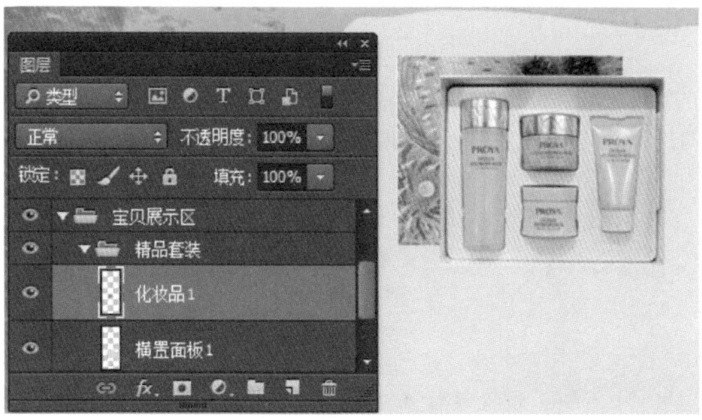


图 7-116　放置化妆品素材图片

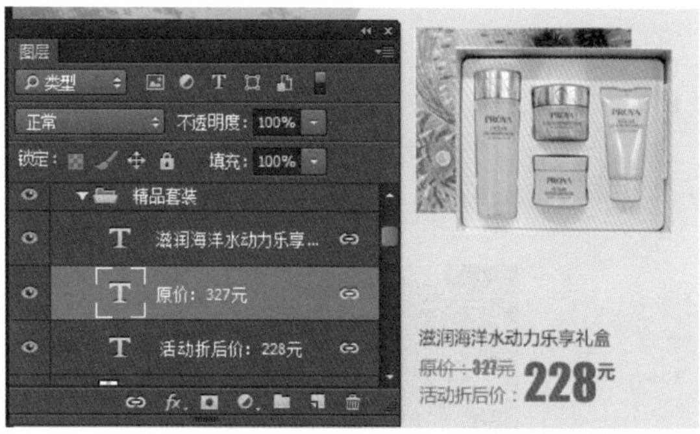


图 7-117　输入文字

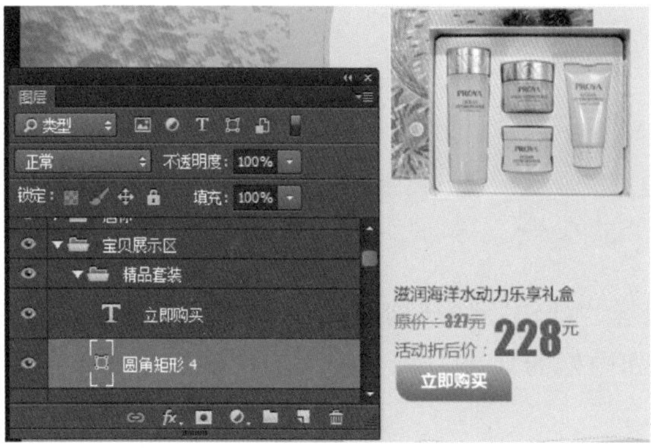


图 7-118　绘制圆角矩形并添加文字

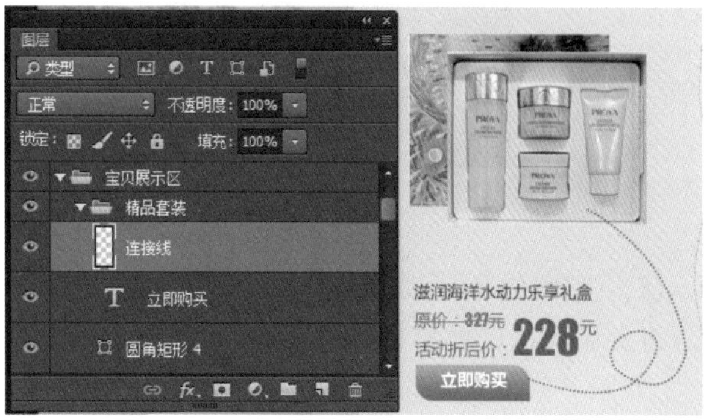


图 7-119　制作连接线

(14) 在“图层”面板中创建名为“展品 1”的组，复制该组并将组命名为“展品 2”。选择该组，使用“移动工具” 将该组中图像移动到右侧面板中，如图 7-120 所示。展开组，更改组中文字内容，如图 7-121 所示。

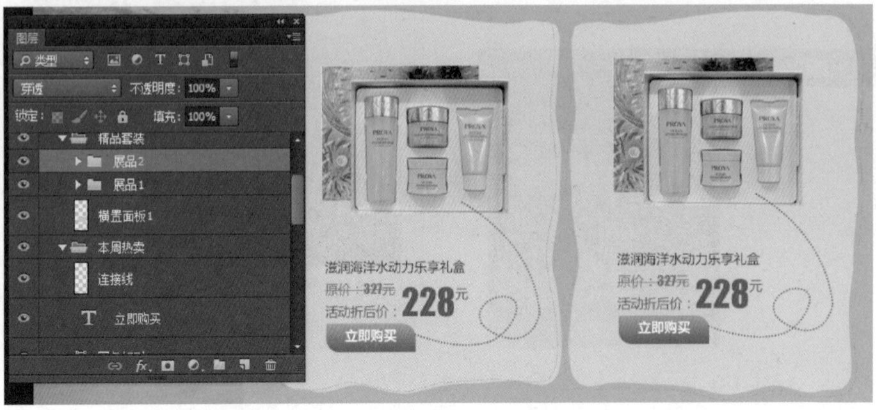


图 7-120　移动图像的位置

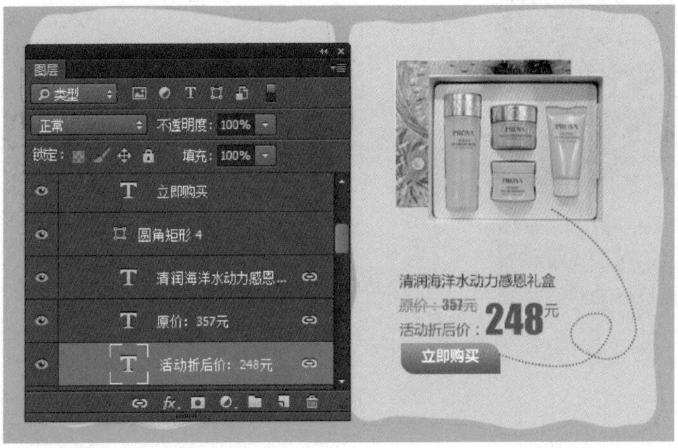


图 7-121　更改文字

(15) 在“图层”面板中复制“横置面板 1”图层，将复制图层命名“横置面板 2”同时将该图层下移，如图 7-122 所示。复制“展品 1”和“展品 2”组，同时选择复制的组后将组中图像下移到面板中，如图 7-123 所示。在两个组中依次更改相关的图片和文字，如图 7-124 所示。

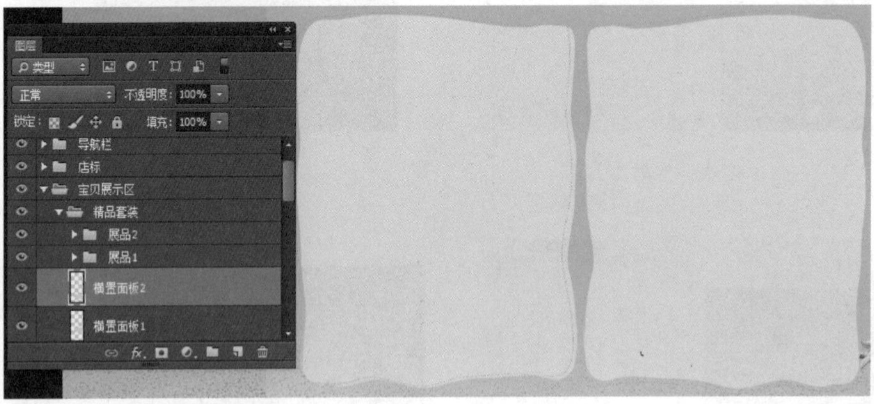


图 7-122　复制并下移图层

(16) 在“图层”面板中复制“本周热卖”组中的“内框”图层、“挂钩”和“挂钩拷贝”图层以及“本周热卖”文字图层，将复制图层放置到“精品套装”组中，调整它们的位置和内框的大小。将文字图层中的文字更改为“精品套装”，如图 7-125 所示。

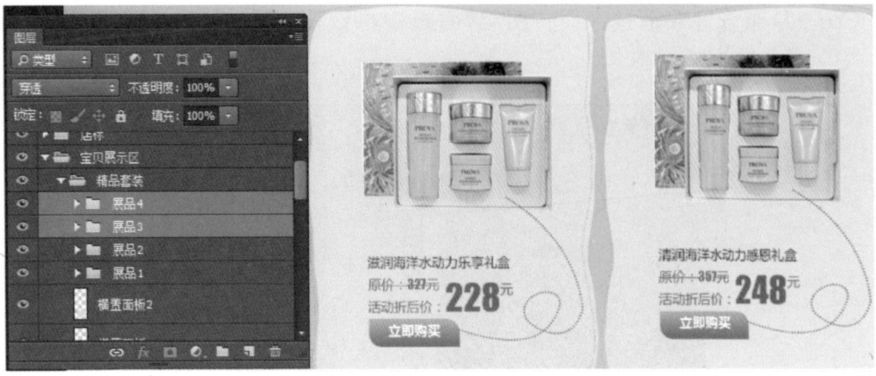


图 7-123　复制组并将它们下移到面板中

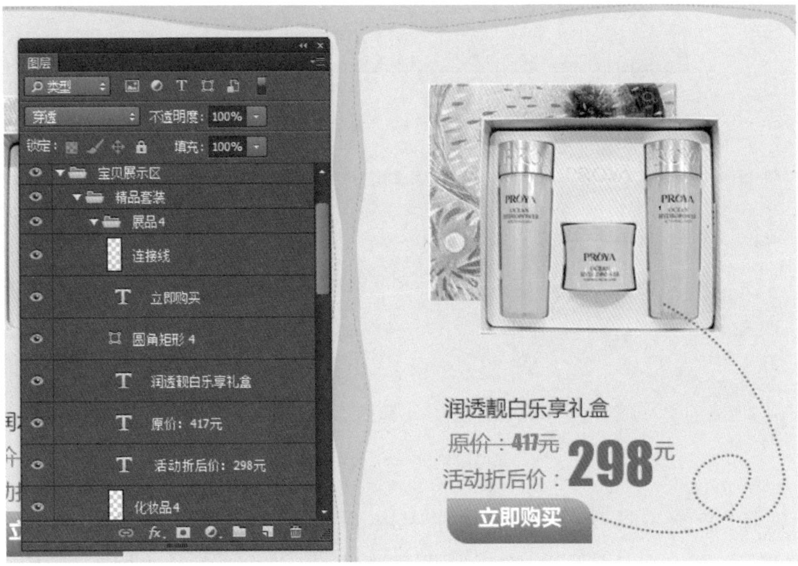


图 7-124　更改组中相应图层的内容

图 7-125　复制图层并对图层进行调整

## 7.2.5　制作底部的信息条

下面介绍底部信息条的制作步骤。

视频讲解

(1) 在"图层"面板中创建一个名为"底部信息条"的组，在组中创建一个名为"背景框"的图层。在图层中使用"矩形选框工具"绘制一个矩形选框，设置前景色，如图 7-126 所示。使用前景色填充选区，按 Ctrl+D 组合键取消选区，在“图层”面板中将该图层的“不透明度”值设置为 40%，如图 7-127 所示。

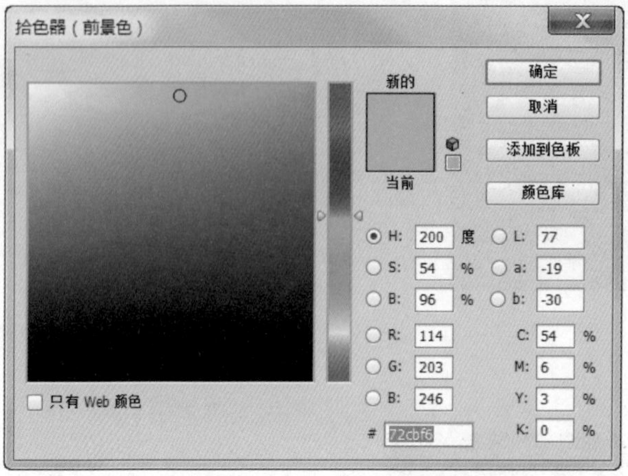


图 7-126　设置前景色

图 7-127　绘制背景框

(2) 在工具箱中选择“椭圆工具”，在选项栏中取消描边并将填充色设置为白色，按住 Shift 键拖曳鼠标绘制一个白色圆形，如图 7-128 所示。将形状图层栅格化，选择“矩形选框工具”框选圆形上半部，按 Del 键删除选区内容，如图 7-129 所示。将图层命名为“半圆”，将图层的“不透明度”值设置为 50%，如图 7-130 所示。

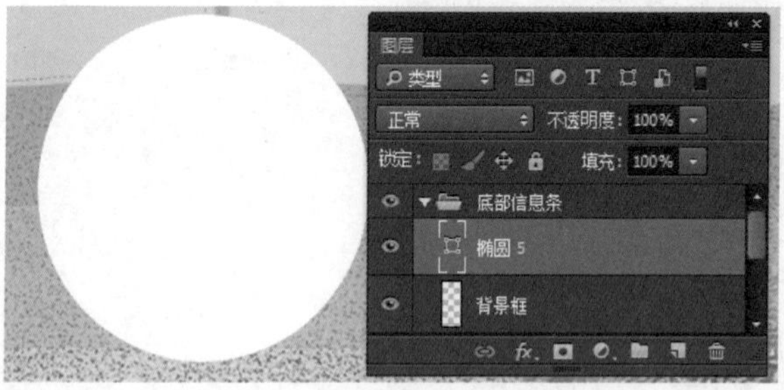


图 7-128　绘制白色圆形

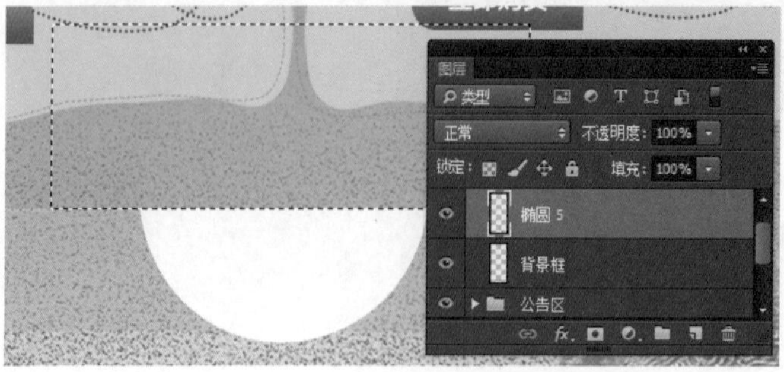


图 7-129　删除选区内容

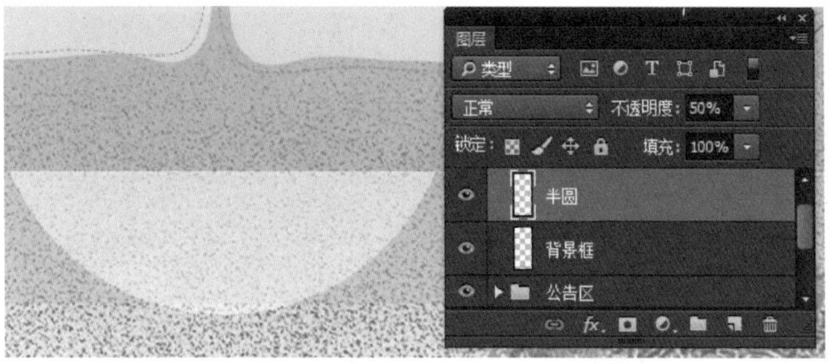


图 7-130　图层更名并设置“不透明度”值

(3) 在工具箱中选择“椭圆工具”，在选项栏中取消图形的填充，将描边颜色设置为白色并设置描边宽度，如图 7-131 所示。按住 Shift 键拖曳鼠标绘制一个圆形，如图 7-132 所示。

图 7-131　选项栏的设置

(4) 使用“横排文字工具”输入文字，在“字符”面板中设置文字的字体、大小和颜色，如图 7-133 所示。继续输入文字并对文字进行设置，如图 7-134 所示。在“图层”面板中复制形状图层和文字图层，更改文字的内容，如图 7-135 所示。

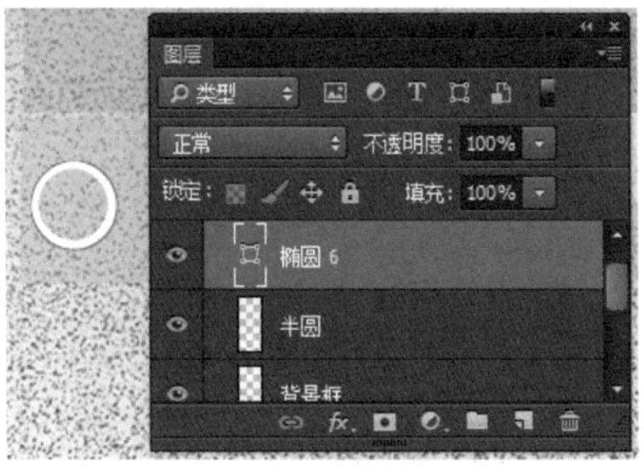


图 7-132　绘制一个圆形

图 7-133　输入文字并对文字进行设置

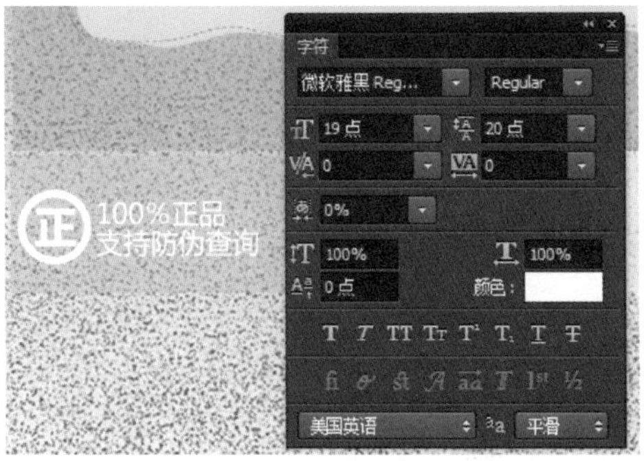


图 7-134　继续输入文字

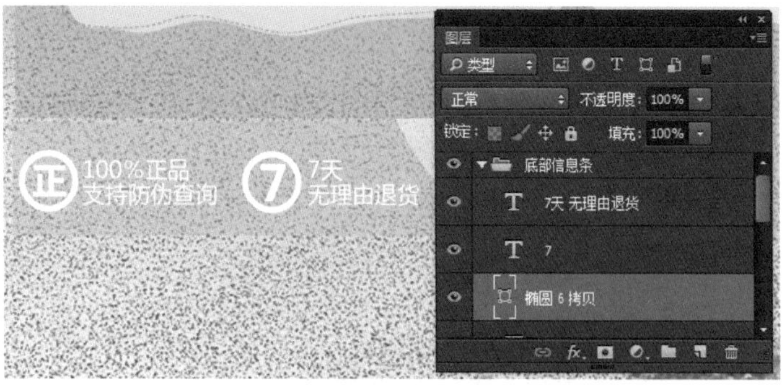


图 7-135　复制图层并更改文字内容

(5) 使用“横排文字工具”在文档窗口中单击，按 Alt 键的同时依次按数字键盘上的数字 1、9、1，这样会得到一个符号(倒置的问号)。选中这个符号，在“字符”面板中将字体设置为 Windings，此时将获得一个时钟。设置文字的大小和颜色，如图 7-136 所示。输入对应的文字并对文字进行设置，如图 7-137 所示。

(6) 在工具箱中选择“自定形状工具”，在选项栏中选择需要绘制的图形，如图 7-138 所示。使用该工具绘制形状，执行“编辑”→“变换路径”→“水平翻转”命令，将图形水平翻转，如图 7-139 所示。将该图层栅格化，在工具箱中选择“橡皮擦工具”，在选项栏设置笔尖的“大小”和“硬度”，如图 7-140 所示。在图像上依次单击获得 3 个圆点，如图 7-141 所示。

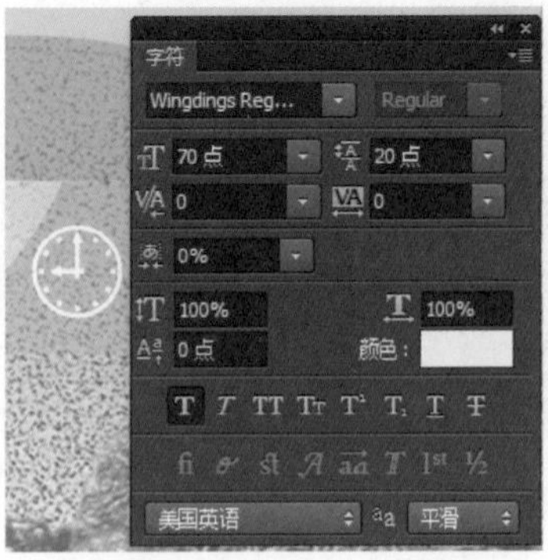

图 7-136　获得时钟

图 7-137　输入文字并设置

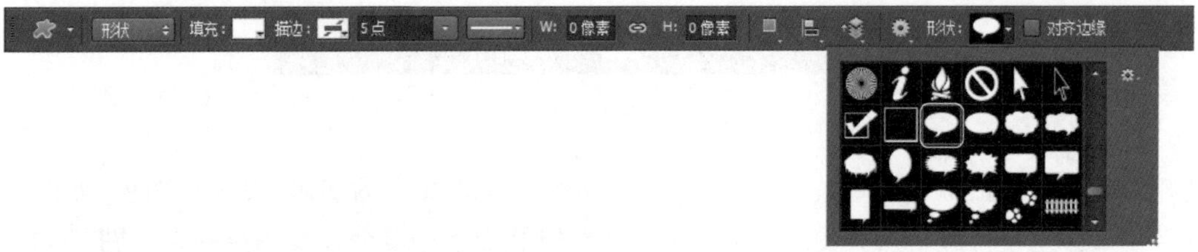

图 7-138　选择需要绘制的形状

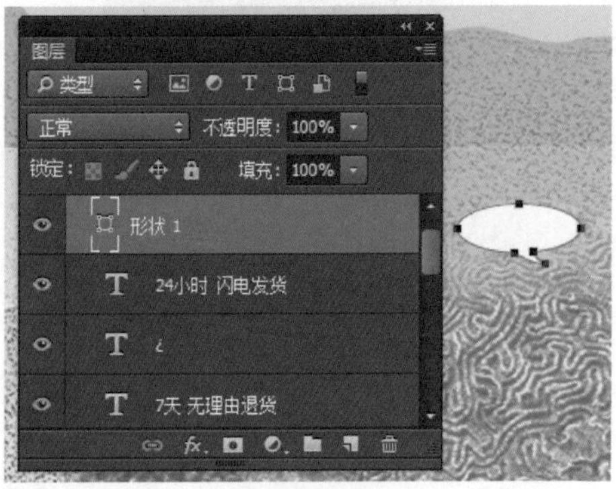


图 7-139　绘制图形并水平翻转

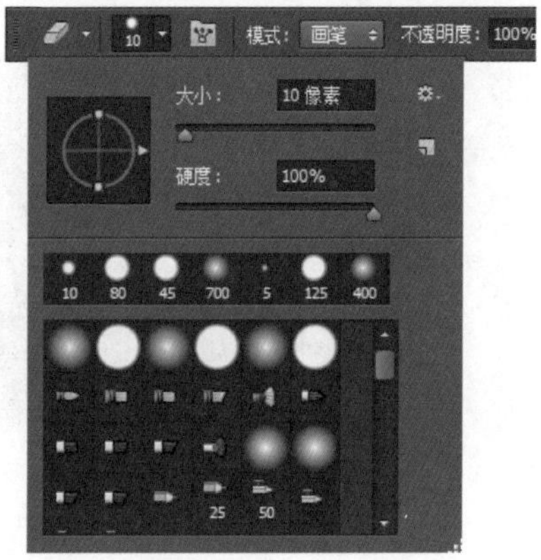

图 7-140　设置笔尖的“大小”和“硬度”

(7) 使用“横排文字工具”T输入文字，设置文字的样式，如图 7-142 所示。输入文字“返回顶部”并设置文字样式，如图 7-143 所示。使用“自定形状工具”绘制一个右向箭头，执行“编辑”→“变换路径”→“逆时针旋转 90°”命令，使箭头竖向放置，如图 7-144 所示。至此，底部信息条制作完成。制作完成后的效果如图 7-145 所示。

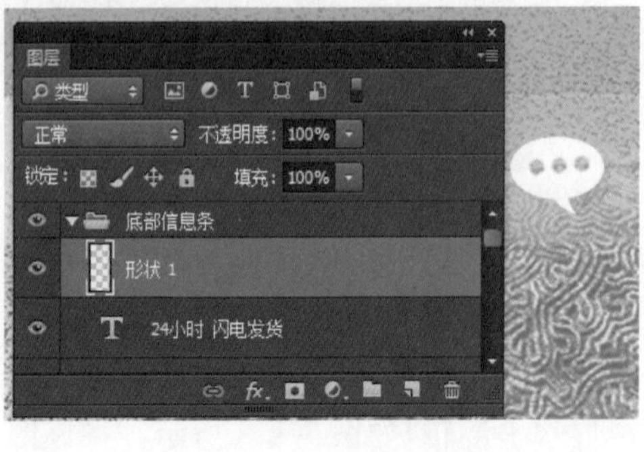


图 7-141　获得 3 个圆点

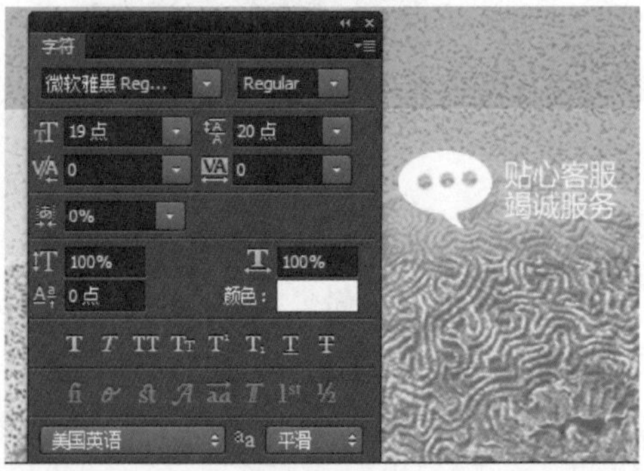


图 7-142　输入文字 1

图 7-143 输入文字 2

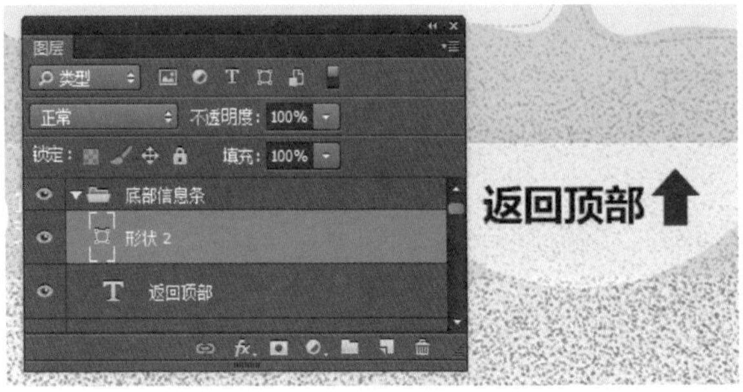


图 7-144 绘制箭头

图 7-145 信息条制作完成后的效果

## 7.2.6 制作左侧的侧边栏

视频讲解

下面介绍页面左侧侧边栏的制作步骤。

(1) 在“图层”面板中添加一个名为“侧边栏”组，在该组中创建名为“在线客服”组。在工具箱中选择“矩形工具”，在选项栏中将填充颜色设置为白色并取消图形描边。拖曳鼠标绘制图形，在“图层”面板中将该形状图层的“不透明度”值设置为 50%，如图 7-146 所示。使用“横排文字工具”输入文字，设置文字的样式，如图 7-147 所示。

图 7-146 绘制图形并设置“不透明度”值

图 7-147 输入文字并对文字进行设置

(2) 复制步骤(1)创建的图形和文字图层，将矩形高度缩小，更改图形的填充颜色，这里使用的颜色值为 R:2,G:96,B:167。更改文字图层中文字的字号将文字缩小，如图 7-148 所示。放置“和我联系”素材图片并配置文字，如图 7-149 所示。添加“在线时间”栏中的内容，如图 7-150 所示。

图 7-148 复制图层并对图层内容进行修改

图 7-149 放置素材图片并配置文字

(3) 在“图层”面板顶部创建一个名为“宝贝分类”的新组，将“在线客服”文字图层以及下面的矩形形状图层复制到该组中，更改文字图层的文字。使用“移动工具”将这两个图层的内容下移，如图 7-151 所示。

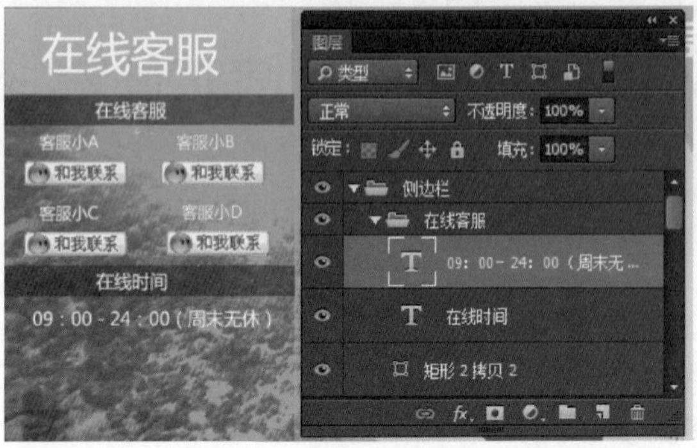

图 7-150　添加“在线时间”栏中的内容

图 7-151　复制图层并将图层内容下移

(4) 在工具箱中选择“圆角矩形工具”，在选项栏中取消对图形描边，同时将填充方式设置线性渐变填充，如图 7-152 所示。这里，渐变起始颜色的颜色值为 R:114，G:203，B:246，渐变终止颜色的颜色值为 R:0，G:98，B:159。拖曳鼠标绘制圆角矩形，在“图层”面板中双击获得的形状图层，打开“图层样式”对话框，为该图层添加“投影”图层样式，如图 7-153 所示。单击“确定”按钮关闭“图层样式”对话框，获得的图形效果如图 7-154 所示。

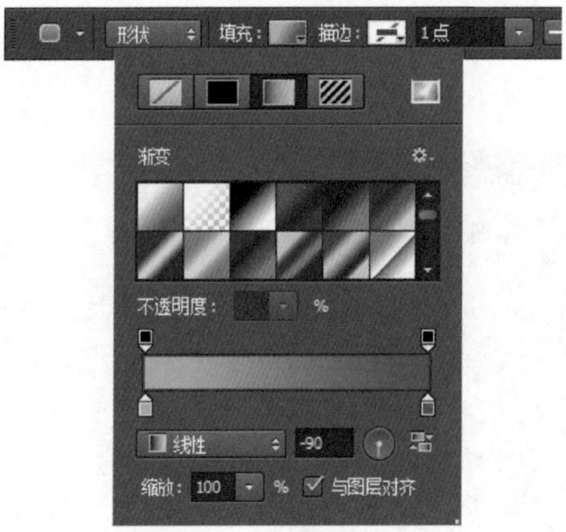


图 7-152　设置渐变填充

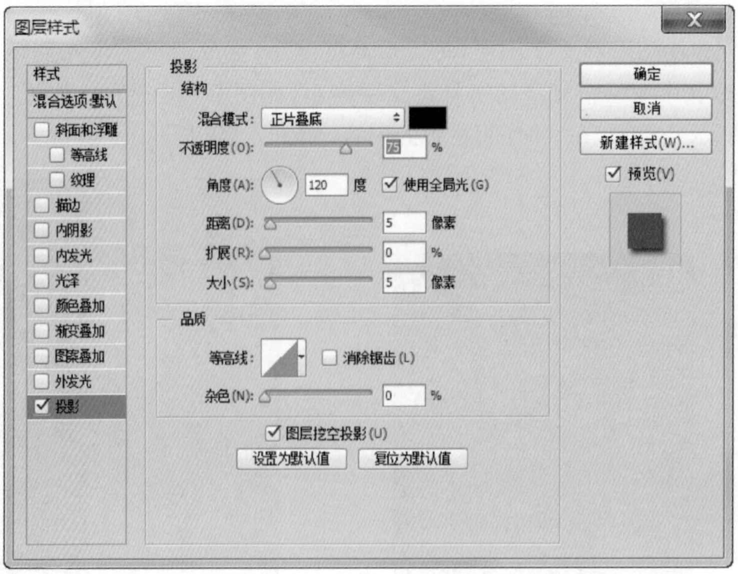


图 7-153　添加“投影”图层样式

(5) 在工具箱中选择“画笔工具”，在选项栏中设置画笔笔尖的“大小”和“硬度”，如图 7-155 所示。将前景色设置为白色，在“图层”面板中创建一个新图层，在该图层中以不同大小的画笔笔尖创建光斑效果，如图 7-156 所示。在工具箱中选择“橡皮擦工具”，在该图层中涂抹，抹掉光斑位于矩形外的部分。将该图层的图层“不透明度”值设置为 50%，如图 7-157 所示。

图 7-154 获得的图形效果

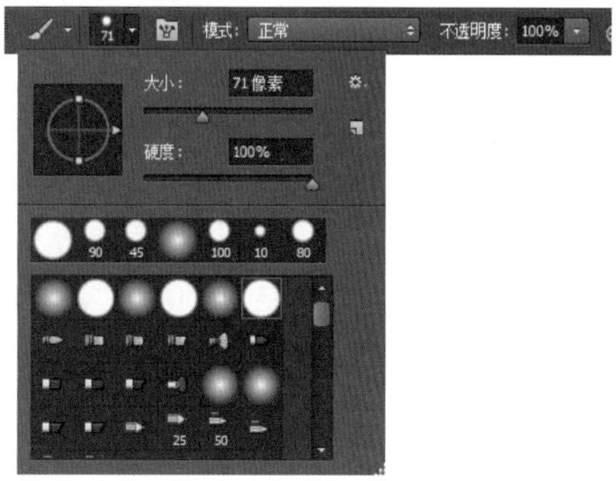


图 7-155 设置画笔笔尖的“大小”和“硬度”

图 7-156 创建光斑

图 7-157 抹掉光斑位于矩形外的部分并设置图层“不透明度”值

(6) 使用“横排文字工具”输入文字并设置文字样式，如图 7-158 所示。通过复制图层并修改文字图层中文字的方式制作其他的宝贝分类按钮，如图 7-159 所示。

(7) 在“图层”面板中创建名为“热卖推荐”组，使用与前面步骤中相同的方法制作栏目标题。放置化妆品素材图片并添加相应的说明文字，如图 7-160 所示。在 RMB 文字图层下添加一个新图层，使用“矩形选框工具”绘制一个框选文字 RMB 的矩形选区。打开“拾色器”对话框设置前景色，如图 7-161 所示。按 Del 键使用前景色填充选区，如图 7-162 所示。按 Ctrl+D 组合键取消选区。

图 7-158　输入文字并设置文字样式

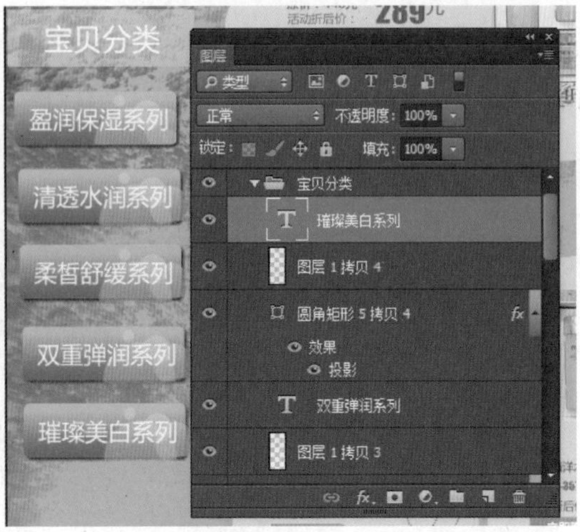


图 7-159　制作其他的宝贝分类按钮

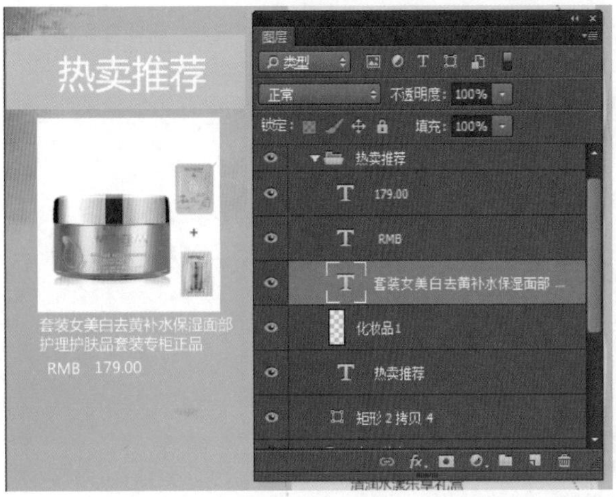


图 7-160　放置图片并添加说明文字

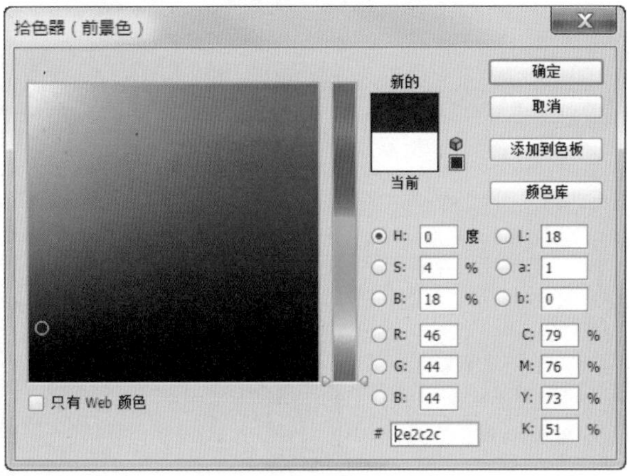


图 7-161　设置前景色

(8) 复制步骤(7)创建图层,将复制图层下移。更改素材图片和对应的文字,如图 7-163 所示。至此,侧边栏制作完成。对整个页面中各个组成元素的位置和大小进行适当调整,效果满意后完成本例的制作。本例制作完成的页面效果如图 7-164 所示。

图 7-162　使用前景色填充选区

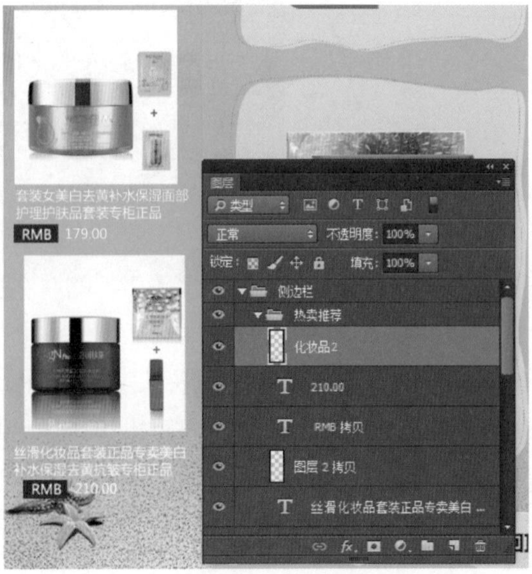


图 7-163　复制图层并更改相应的内容

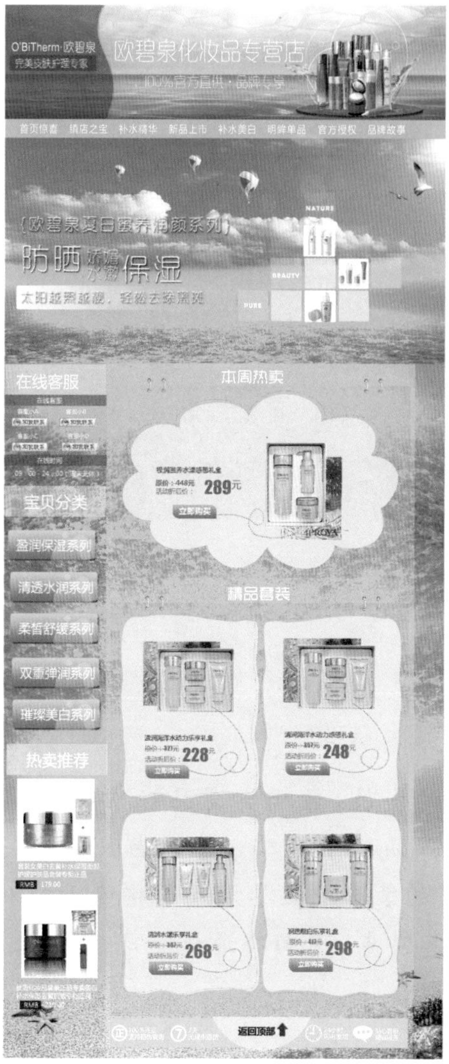


图 7-164 本例页面制作完成后的效果

Chapter 8

# 第8章　数码类产品网店的设计和制作

随着时代的发展，数码类商品在网上的销售已经蔚然成风。数码类产品往往给人一种时尚且具有科技含量的感觉，因此，此类网店的装修应该尽量表现得专业。相对于其他网店，数码类网店有其特点，下面将通过一个案例来介绍数码类产品网店的制作过程。

## 8.1 数码类网店设计概述

视频讲解

数码类网店是网上很常见的一类网店，与其他类型的网店相比，由于数码类产品的自身的特征，决定了此类网店进入门槛相对较高，店家应该具有一定的数码类产品的专业知识，如产品的功能特点、产品真伪的辨识和产品质量优劣的识别知识。同时，店家还应该具有一定的排除产品小故障的能力，能够回答买家的专业问题，解决买家使用中出现的一些小问题。在设计网店时，店家的专业能力是需要重点表现的。

数码类网店中往往需要使用大量的图片，网店页面在设计时应该将宝贝分类细化，图片放置有规律。图片分类应该科学合理，能够让买家方便区分，让买家能够快速地找到感兴趣的宝贝。

数码类网店的设计一定要突出自己的特色，当前网上卖数码类产品的网店较多，具有特色是使自己网店脱颖而出的关键。网店销售便宜的行货、买家能够享受到优质的服务以及合理的退货保障政策等都是网店的特点，在网店设计时应该突出这些特点，让买家切实感受到这些特色，能够放心购买。

数码类网店在店铺颜色的选择上常使用红色、灰色、黑色和蓝色等，这些颜色能够获得高端而时尚的感觉。网店色彩的搭配切忌过于花哨，色彩是为了配合宝贝展示而不能抢了宝贝的风头。网店制作时，尽量使用稳重大方的色彩搭配方案，如红色与灰色、蓝色与白色以及黑白灰色的搭配等。

下面介绍一个数码类网店的详细制作过程。

## 8.2 数码类网店效果图制作

本案例页面布局与传统的淘宝网店相同，店铺首页包括网店店标、导航栏、店铺公告、宝贝展示等内容，页面左侧侧边栏放置客服信息、宝贝分类以及热销产品推荐等内容。下面介绍使用 Photoshop 制作网店主页效果图的详细过程。

### 8.2.1 制作店铺店标

视频讲解

下面介绍店铺店标的制作步骤。

（1）启动 Photoshop CC，按 Ctrl＋N 组合键打开“新建”对话框，在对话框中设置新建文件的宽度、高度以及背景颜色，如图 8-1 所示。单击“确定”按钮创建一个新文档，将文档保存为“数码类网店.PSD”文件。

（2）在“图层”面板中单击“创建新组”按钮创建一个组，将组的名称更改为“店铺店标”。在群组中创建名为“店标背景”新图层，在工具箱中选择“矩形选框工具”，使用该工具绘制一个矩形选框。将前景色设置为黑色，使用“油漆桶工具”在选区中单击对选区填充颜色，如图 8-2 所示。完成颜色填充后按 Ctrl＋D 组合键取消选区。

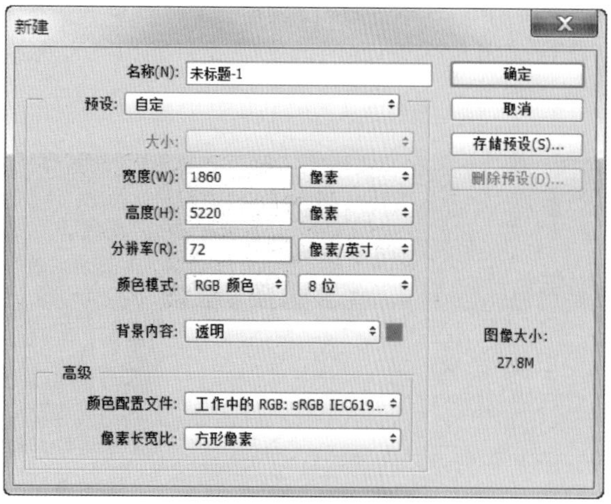

图 8-1 “新建”对话框

（3）在店标区域左上角放置纹理素材图片，在“图层”面板中将图层混合模式设置为“明度”，图层的“不透明度”值设置为 80%，如图 8-3 所示。在“图层”面板中创建一个名为“光晕”的新图层，打开“拾色器”对话框设置前景色，如图 8-4 所示。在工具箱中选择“画笔工具”，将笔尖“硬度”设置为 0。使用该工具在图层中涂抹。涂抹完成后将图层的“填充”值设置为80%，如图8-5所示。放置飘带素材图片，如图8-6所示。

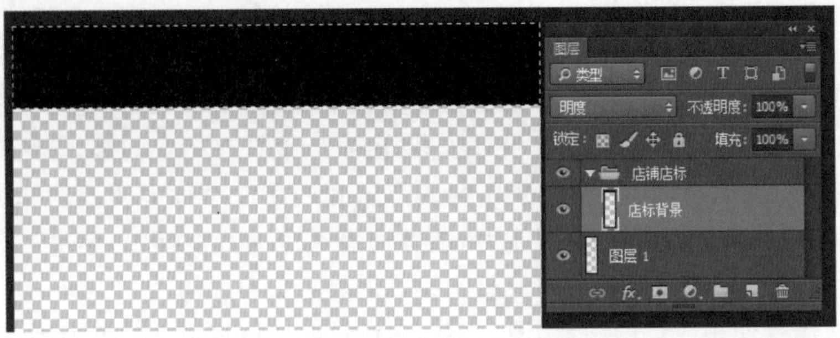


图 8-2 对选区填充黑色

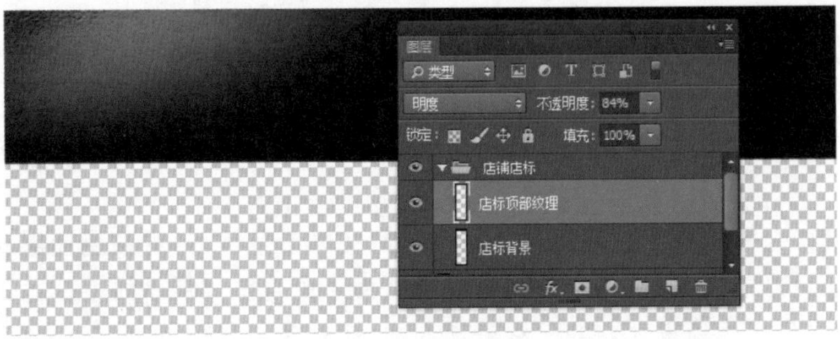


图 8-3 放置纹理图片

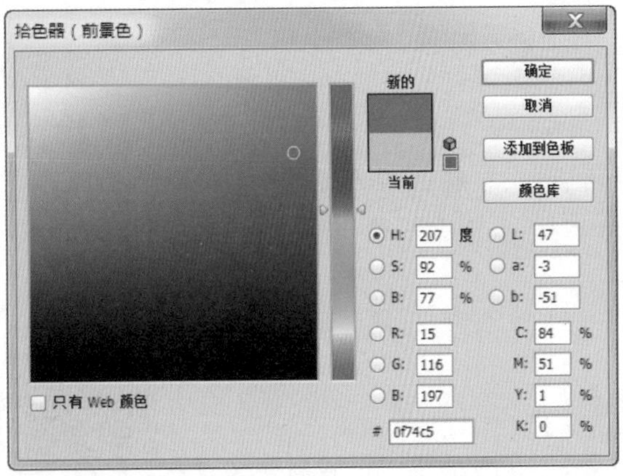


图 8-4 设置前景色

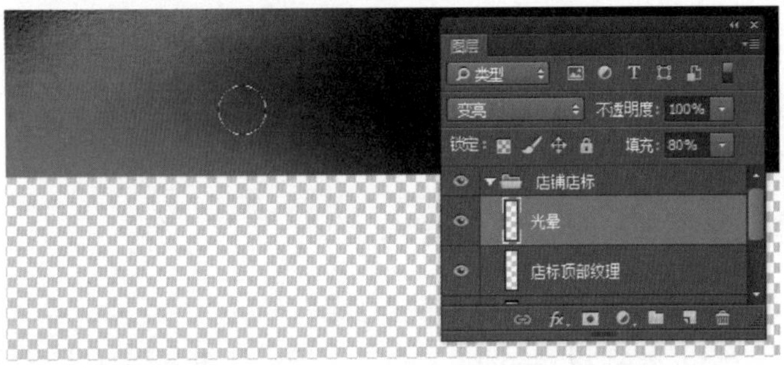


图 8-5 获得“光晕”效果

(4) 在工具箱中选择“横排文本工具”T，使用该工具输入文字，在“字符”面板中设置字体、文字大小和颜色，如图8-7所示。打开“图层样式”对话框，为文字添加“斜面和浮雕”图层样式，如图8-8所示。单击“确定”按钮关闭对话框，此时的文字效果如图8-9所示。

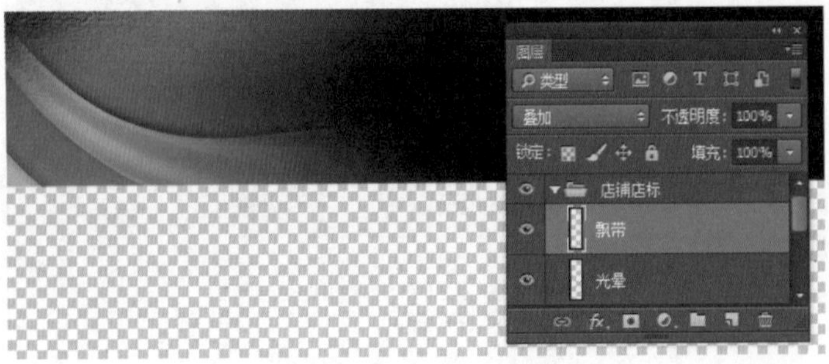


图 8-6 放置飘带素材

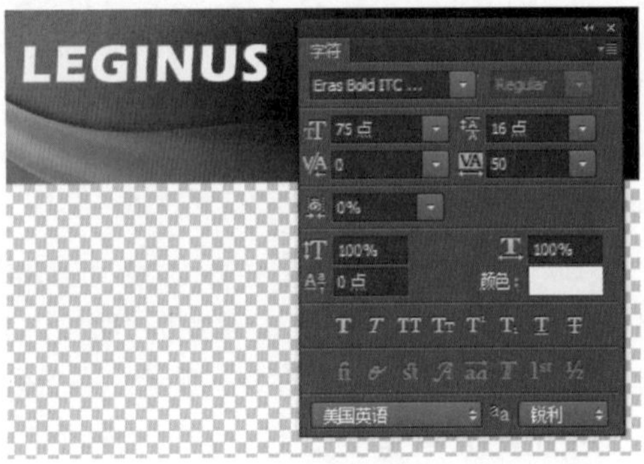


图 8-7 在“字符”面板中对文字进行设置

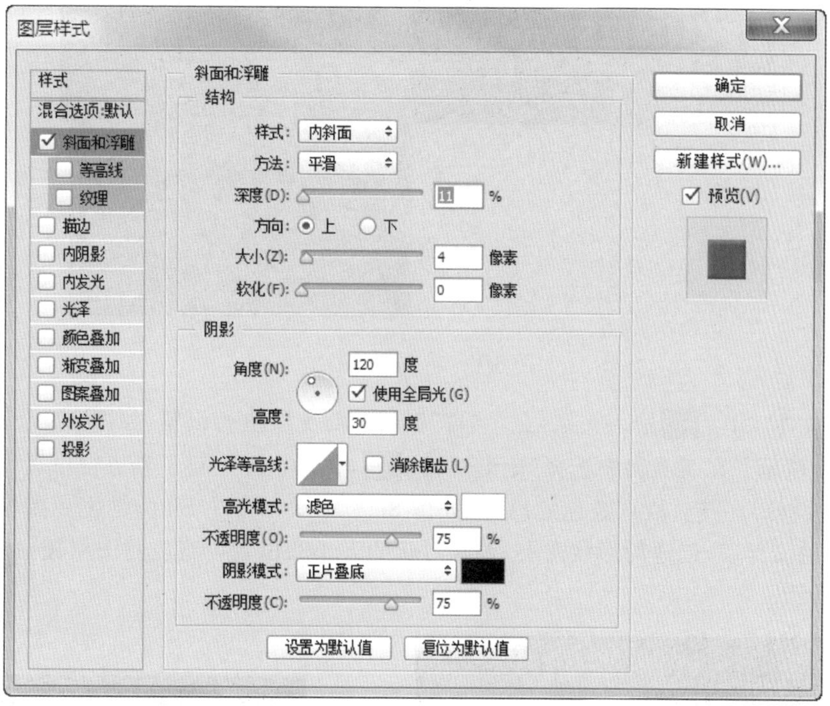


图 8-8 添加“斜面和浮雕”图层样式

(5) 输入文字“官方旗舰店”，在“字符”面板中设置文字字体、大小和颜色，如图 8-10 所示。选择文字“旗舰店”，在“字符”面板中单击“设置文字颜色”色块打开“拾色器”对话框，设置文字颜色，如图 8-11 所示。单击“确定”按钮关闭“拾色器”对话框，此时文字效果如图 8-12 所示。复制 LEGINUS 文字图层的图层样式，将其与文字“官方旗舰店”粘贴在一起，如图 8-13 所示。

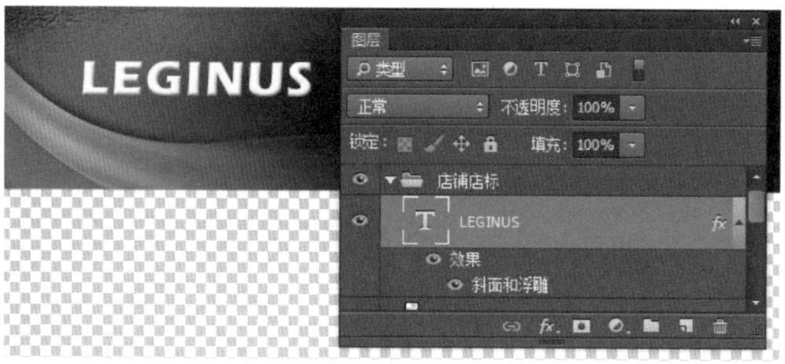


图 8-9 添加图层样式后的文字效果

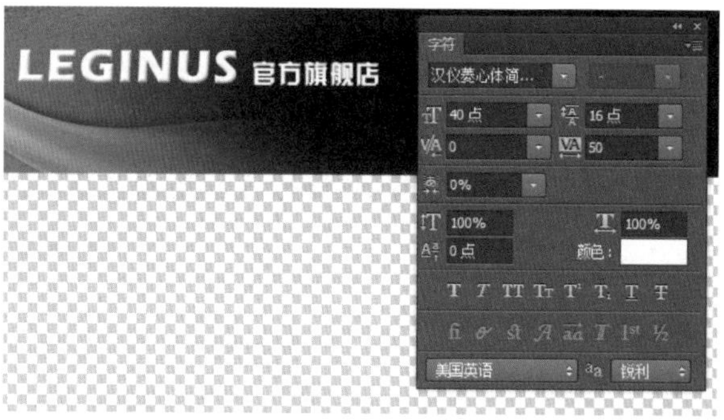


图 8-10 输入文字并对文字进行设置

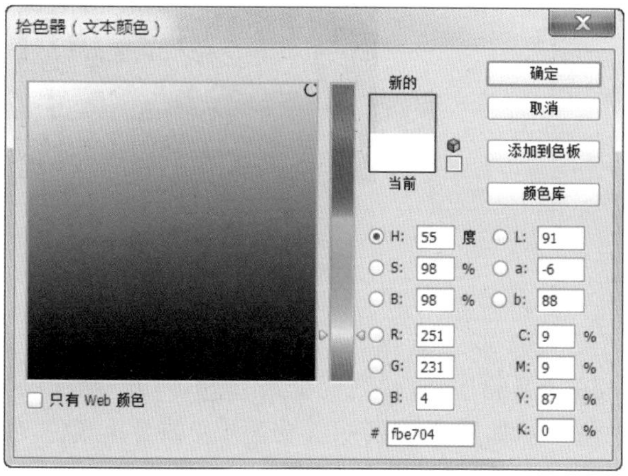


图 8-11 设置文本颜色

图 8-12 完成颜色设置后的文字效果

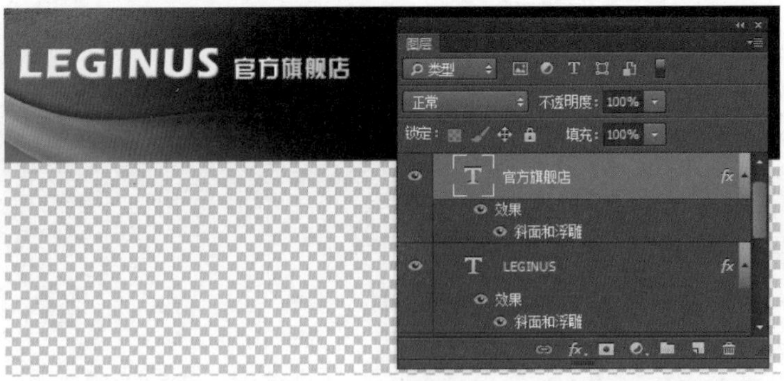


图 8-13　粘贴图层样式

(6) 使用“横排文本工具” 输入文字,在“字符”面板中对文字进行设置,如图 8-14 所示。放置数码设备素材图片,如图 8-15 所示。在工具箱中选择“矩形工具” ,在选项栏中对工具进行设置,如图 8-16 所示。这里,图形的描边颜色设置为白色,填充颜色的设置,如图 8-17 所示。按住 Shift 键拖曳鼠标绘制一个正方形,如图 8-18 所示。复制步骤(5)创建的形状图层,调整形状的大小和位置。将复制图层栅格化,将图层合并为一个图层,如图 8-19 所示。

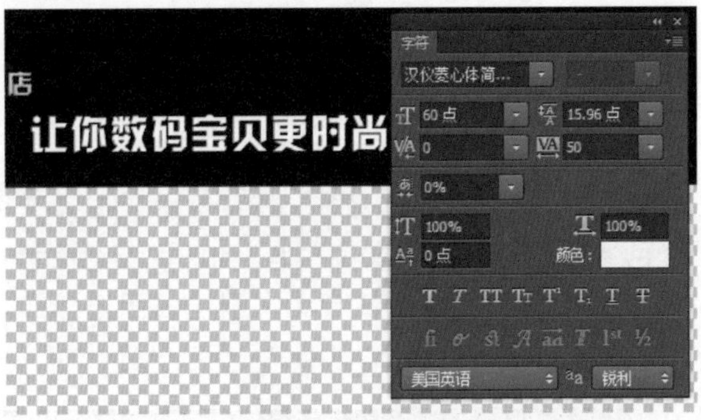


图 8-14　在“字符”面板中对文字进行设置

图 8-15　放置数码设备素材图片

图 8-16　对工具进行设置

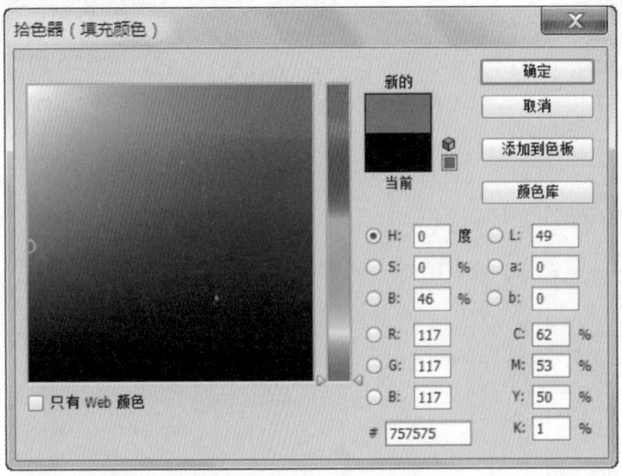


图 8-17　设置填充颜色

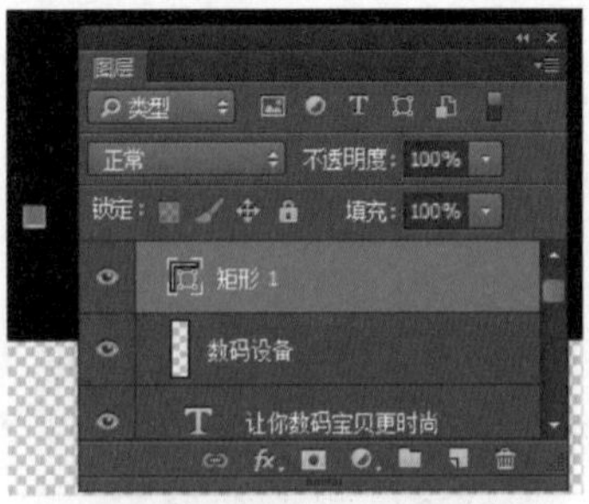


图 8-18　绘制正方形

(7) 在“图层”面板中创建名为“光效果”的新图层,在工具箱中选择“渐变工具” ,打开“渐变编辑器”对话框对渐变进行设置,如图 8-20 所示。设置渐变的起始颜色,如图 8-21 所示。设置渐变的终止颜色,如图 8-22 所示。在选项栏中单击“径向渐变”按钮,如图 8-23 所示。选择“椭圆形工具” 绘制一个圆形选区,在选区中使用“渐变工具”由中心向外拖曳鼠标对其应用径向渐变填充,如图 8-24 所示。

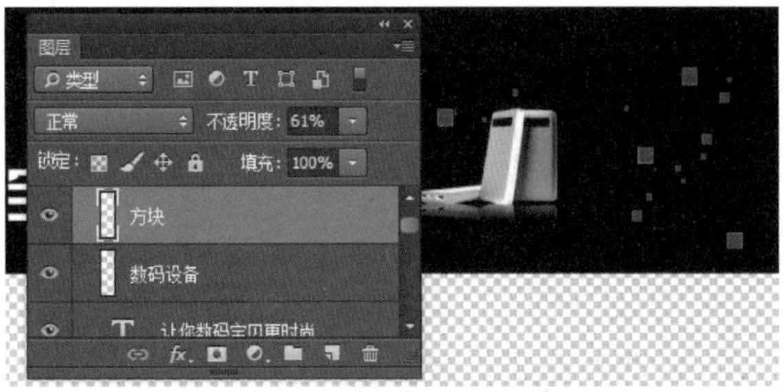


图 8-19 复制并合并形状图层

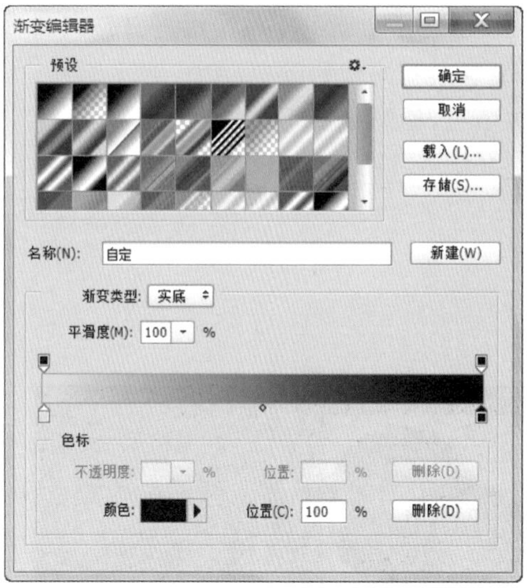


图 8-20 “渐变编辑器”对话框

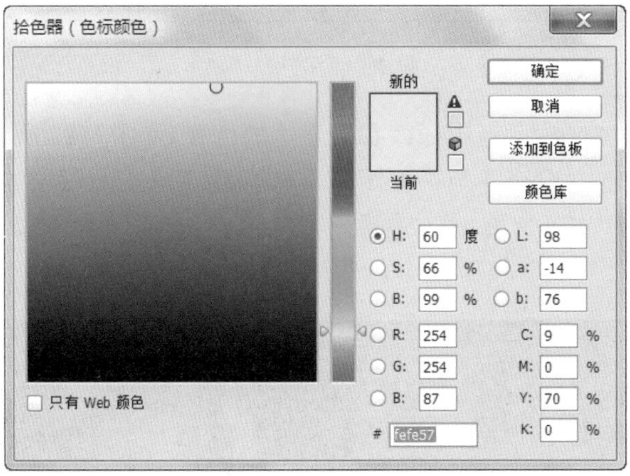


图 8-21 设置渐变的起始颜色

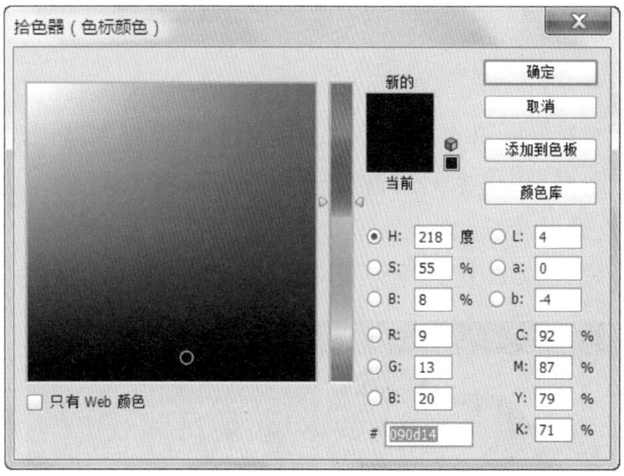


图 8-22 设置渐变的终止颜色

图 8-23 按下“径向渐变”按钮

（8）复制“光效果”图层，将该图层放置到原图层的下方。使用“移动工具”移动该选区及图像。这里，渐变填充方式与步骤（7）相同，只需更改渐变的起始颜色，如图 8-25 所示。对选区应用渐变填充后的效果如图 8-26 所示。按 Ctrl+D 组合键取消选区，按 Ctrl+T 组合键，拖曳变换框上的控制柄将图像适当缩小。

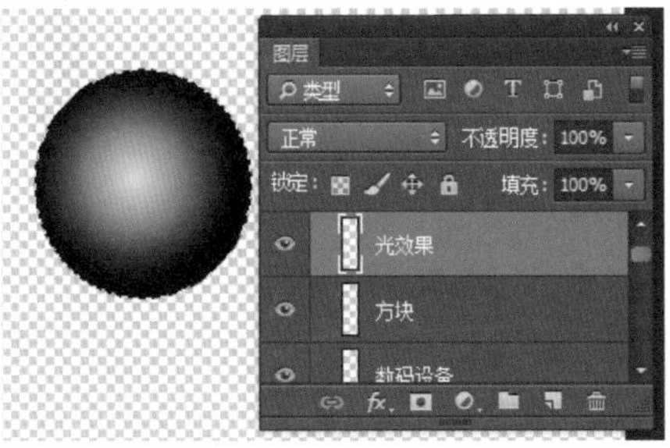


图 8-24 对选区应用渐变填充

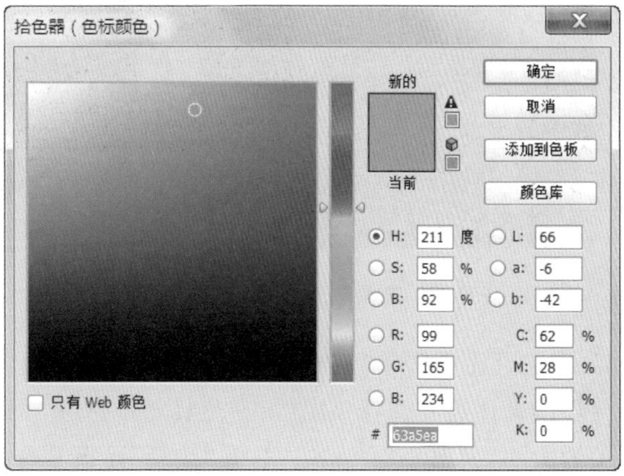


图 8-25 更改渐变的起始颜色

(9) 创建一个新的空白图层,使用“椭圆形工具”再次绘制一个圆形选区。再次对选区应用渐变填充。这里,设置渐变的初始颜色,如图 8-27 所示。渐变的终止颜色与前面步骤相同,对选区应用与前面步骤中相同的径向填充,如图 8-28 所示。

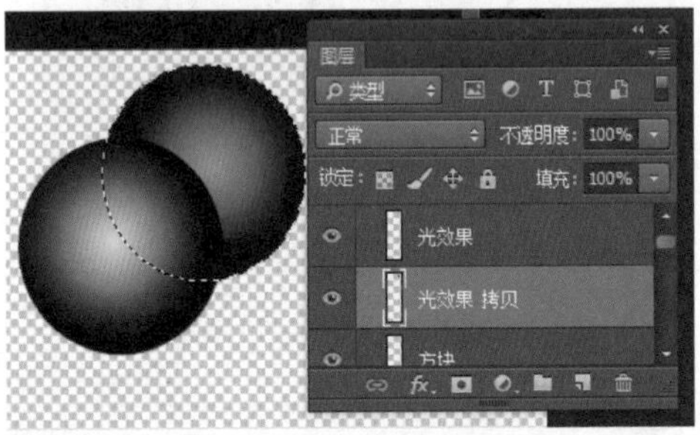


图 8-26 对选区应用渐变填充

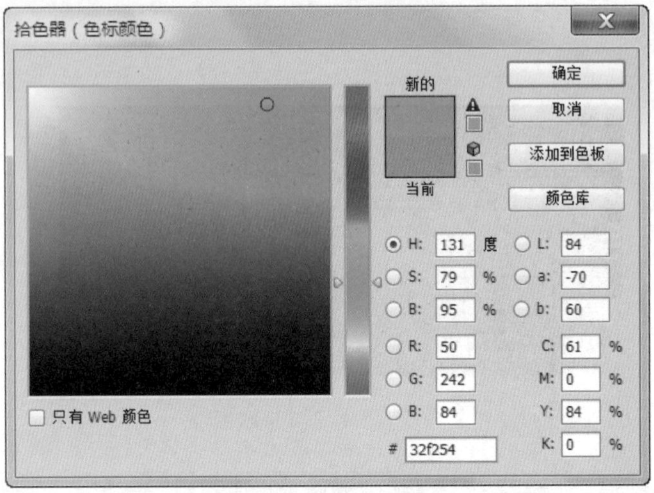


图 8-27 设置渐变的初始颜色

(10) 取消选区,使用“移动工具”分别将图层中的图像放置到店标区右侧合适的位置,如图 8-29 所示。在“图层”面板中同时选择这 3 个图层,按 Ctrl+E 组合键将它们合并为一个图层。将合并后图层的图层混合模式设置为“颜色减淡”,如图 8-30 所示。在工具箱中选择“矩形选框工具”,绘制一个矩形选区,如图 8-31 所示。按 Del 键删除选区内容,如图 8-32 所示。

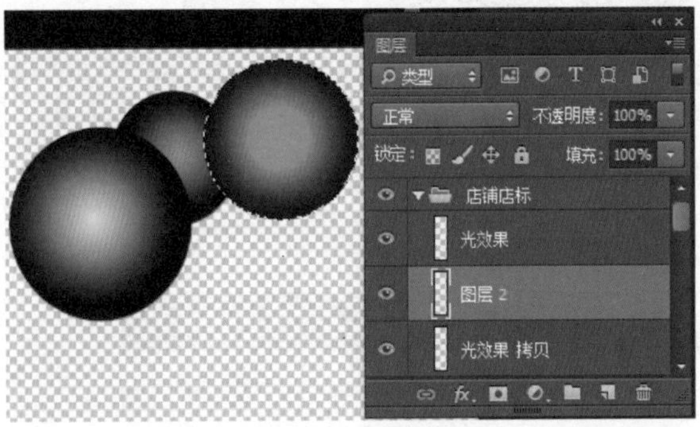


图 8-28 对选区应用填充

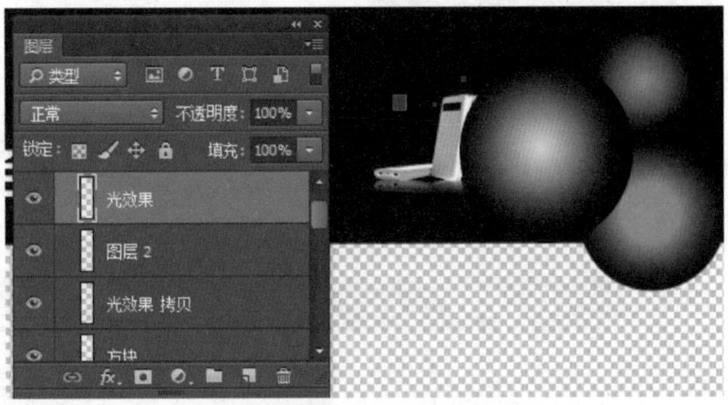


图 8-29 放置图像

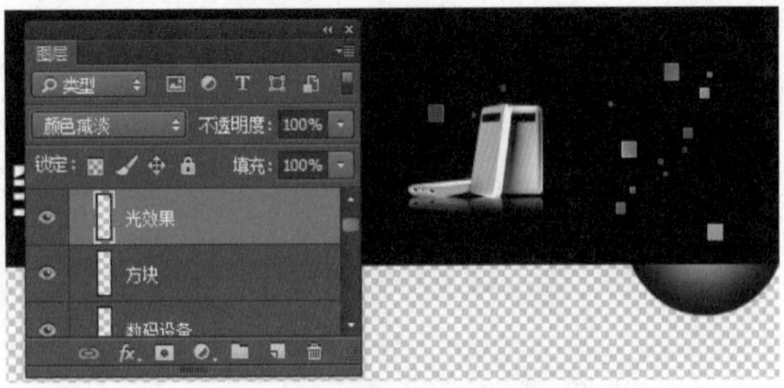


图 8-30 将图层混合模式设置为“颜色减淡”

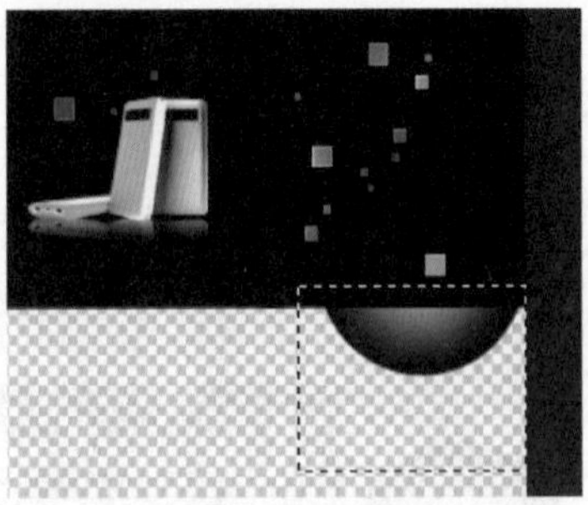

图 8-31 绘制矩形选区

(11) 在工具箱中选择“钢笔工具”绘制一段弧形路径,对路径形状进行编辑,如图 8-33 所示。创建一个名为“线”的新图层并选择该图层,在工具箱中选择“画笔工具”,打开“画笔”面板,选择柔性画笔笔尖并设置笔尖的大小,如图 8-34 所示。打开“路径”面板并选择绘制的路径,将前景色设置为白色,单击“用画笔描边路径”按钮描边路径。使用“移动工具”将绘制的图像移到店标右侧,如图 8-35 所示。

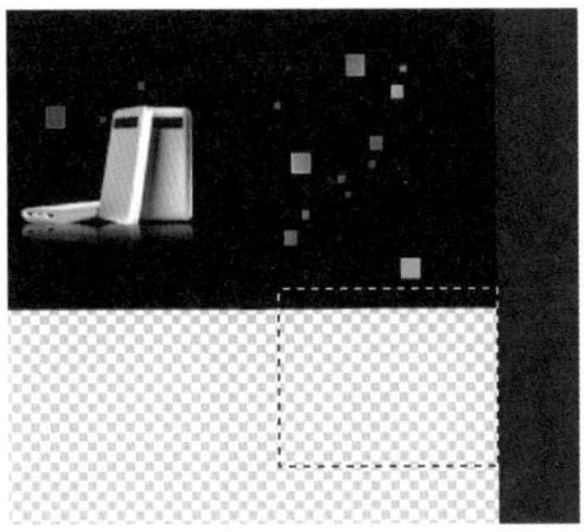

图 8-32 删除选区内容

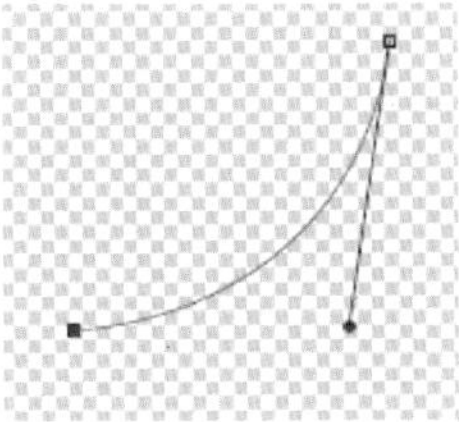

图 8-33 绘制弧形路径

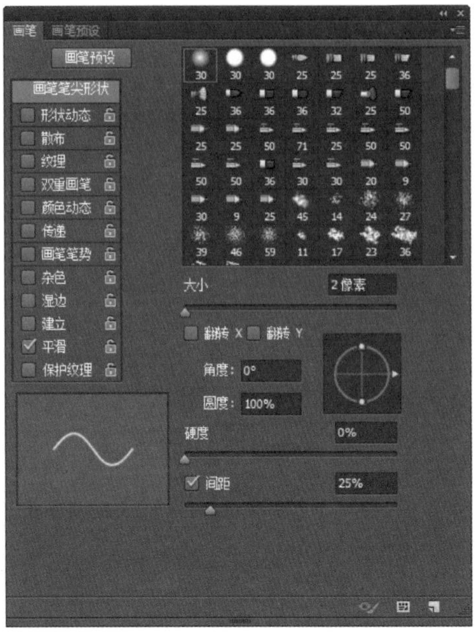


图 8-34 选择画笔笔尖并设置大小

（12）在“图层”面板中双击“线”图层打开“图层样式”对话框，为图层添加“渐变叠加”图层样式，渐变使用“色谱”渐变，如图 8-36 所示。为图层添加“外发光”图层样式，如图 8-37 所示。单击“确定”按钮关闭对话框，线条效果如图 8-38 所示。

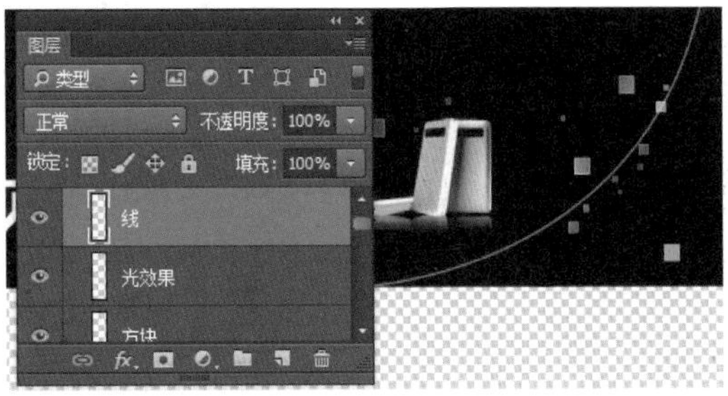


图 8-35 放置绘制图像

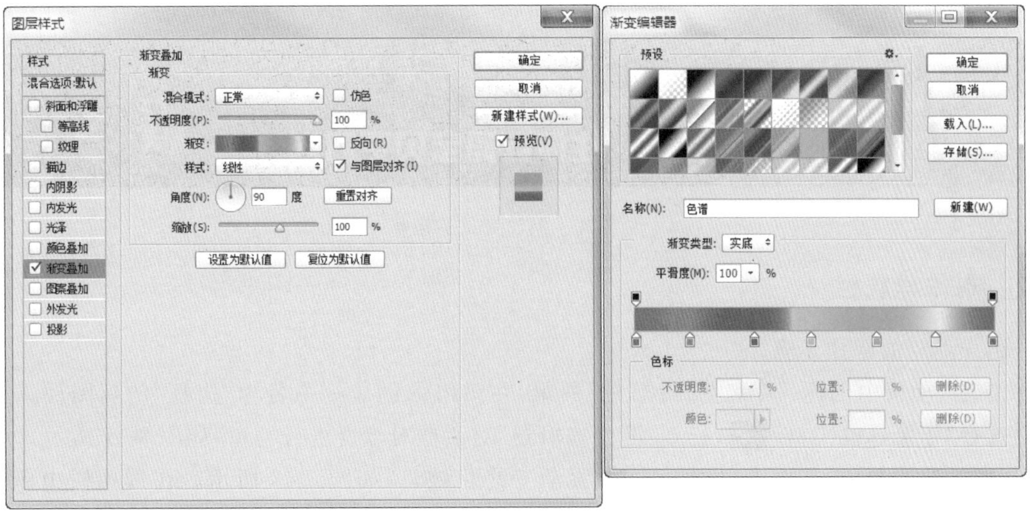


图 8-36 添加“渐变叠加”图层样式

（13）将“线”图层复制 3 次，分别调整它们的位置、大小和旋转方向，如图 8-39 所示。至此，店标制作完成。制作完成的店标效果如图 8-40 所示。

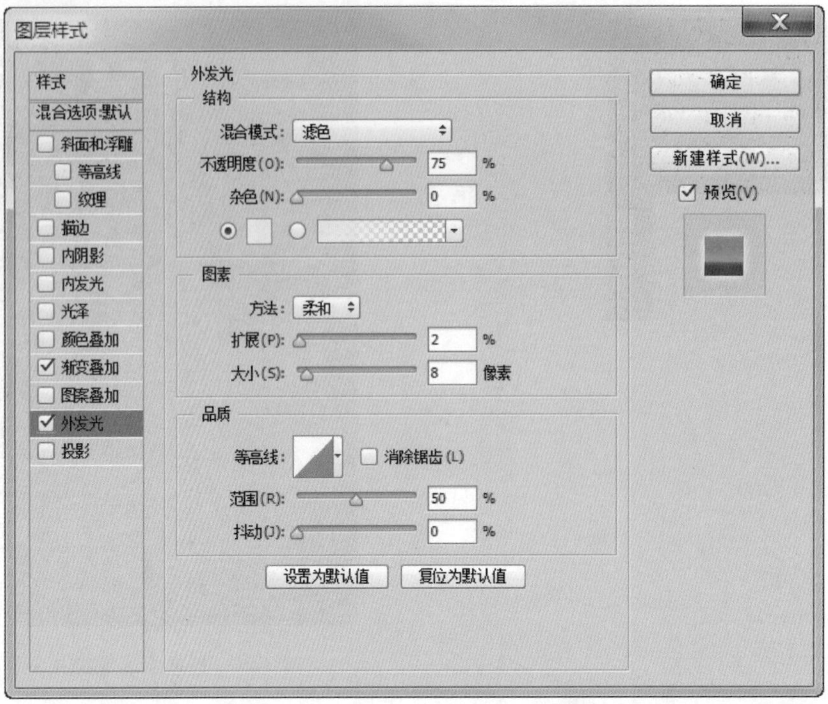


图 8-37　为图层添加“外发光”图层样式

图 8-38　添加图层样式后的线条效果

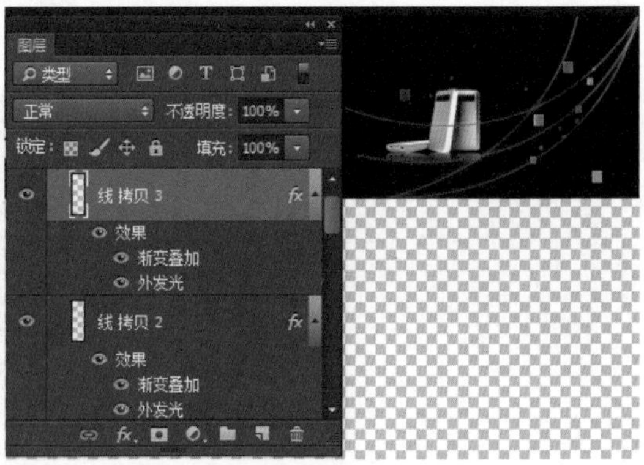


图 8-39　复制图层

图 8-40　制作完成的店标

### 8.2.2　制作导航栏

视频讲解

下面介绍导航栏的制作步骤。

(1) 在“图层”面板中创建一个名为“导航栏”的组，在该组中创建一个名为“边框”的新图层。在工具箱中选择“矩形选框工具”，打开“渐变编辑器”对话框对渐变进行编辑，如图 8-41 所示。这里，设置渐变的起始颜色，如图 8-42 所示。设置渐变终止颜色，如图 8-43 所示。在选项栏中单击“线性渐变”按钮，如图 8-44 所示。在选区中从下向上拖曳鼠标对选区应用渐变填充，如图 8-45 所示。

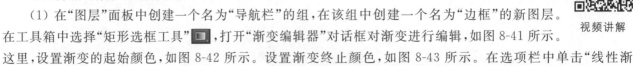

(2) 按 Ctrl+D 组合键取消选区，在“图层”面板中双击“边框”图层打开“图层样式”对话框，为图层添加“斜面和浮雕”图层样式，如图 8-46 所示。在工具箱中选择“横排文字工具”，输入文字并设置文字的字体、大小和颜色，如图 8-47 所示。输入文字，将图形和文字所在的图层放置到“导航栏”组中。

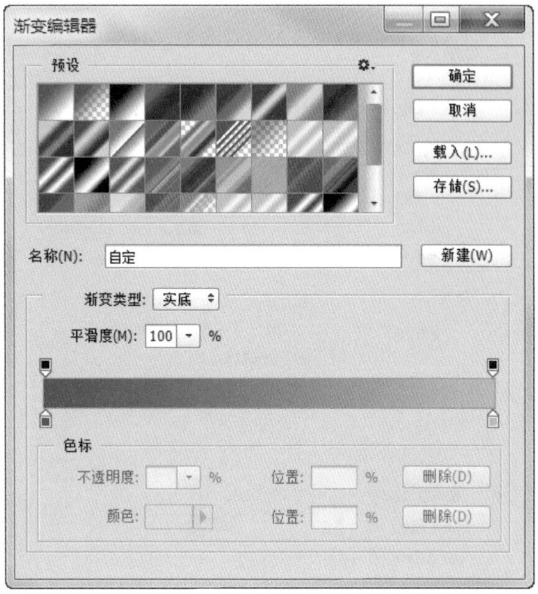


图 8-41 “渐变编辑器”对话框

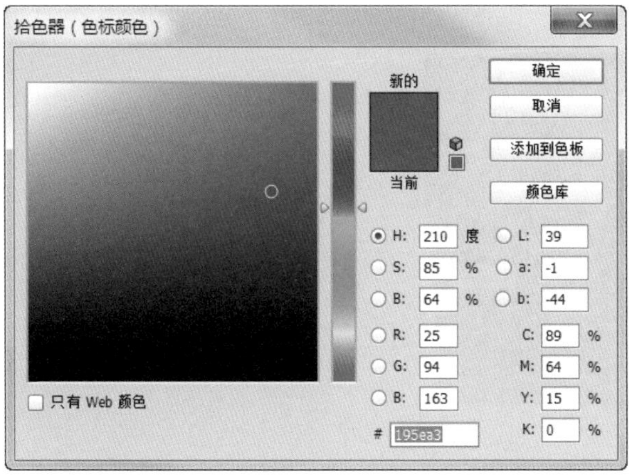


图 8-42 设置渐变的起始颜色

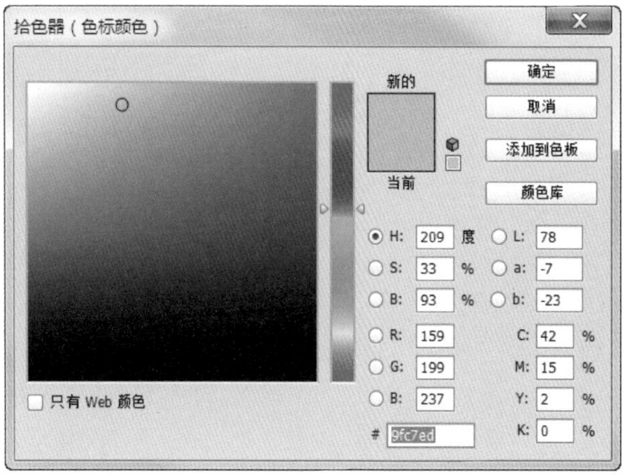


图 8-43 设置渐变的终止颜色

图 8-44 按下“线性渐变”按钮

图 8-45 对选区应用渐变填充

（3）双击文字图层打开“图层样式”对话框，为文字添加“投影”图层样式，如图 8-48 所示。继续输入其他文字，这些文字使用与文字“首页惊喜”相同的字体、大小、颜色和图层样式。将文字“收藏店铺”的颜色设置为黄色，使之更突出，如图 8-49 所示。

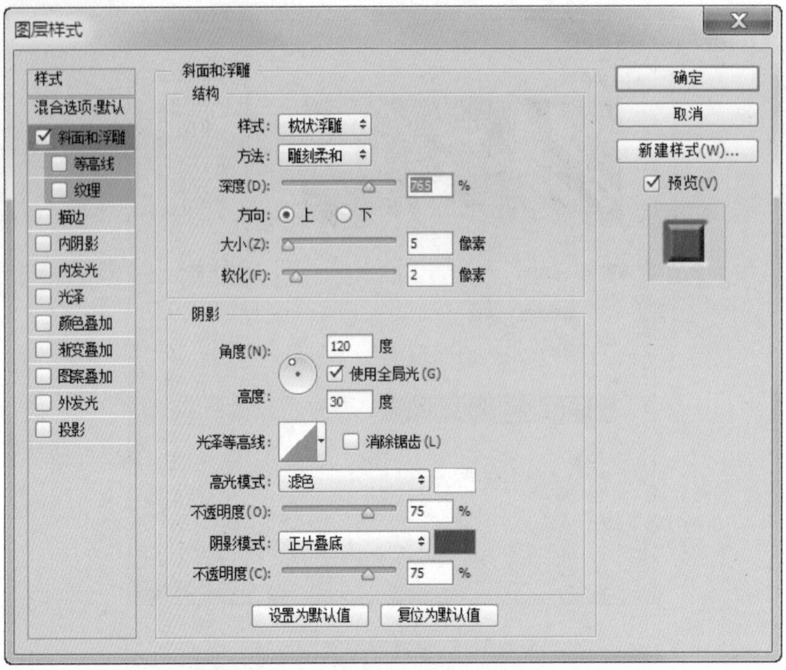


图 8-46　添加“斜面和浮雕”图层样式

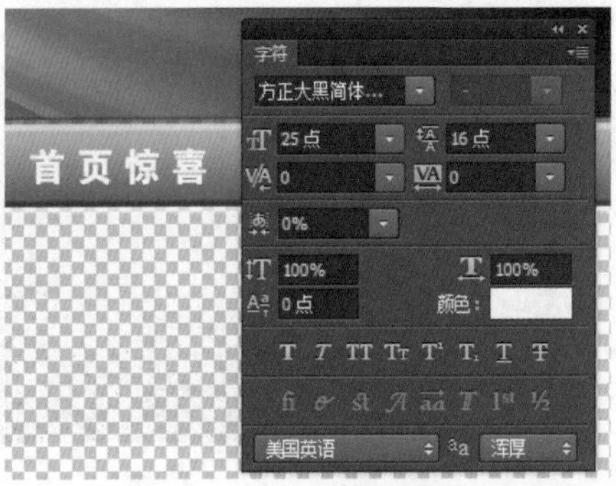


图 8-47　输入文字并对文字进行设置

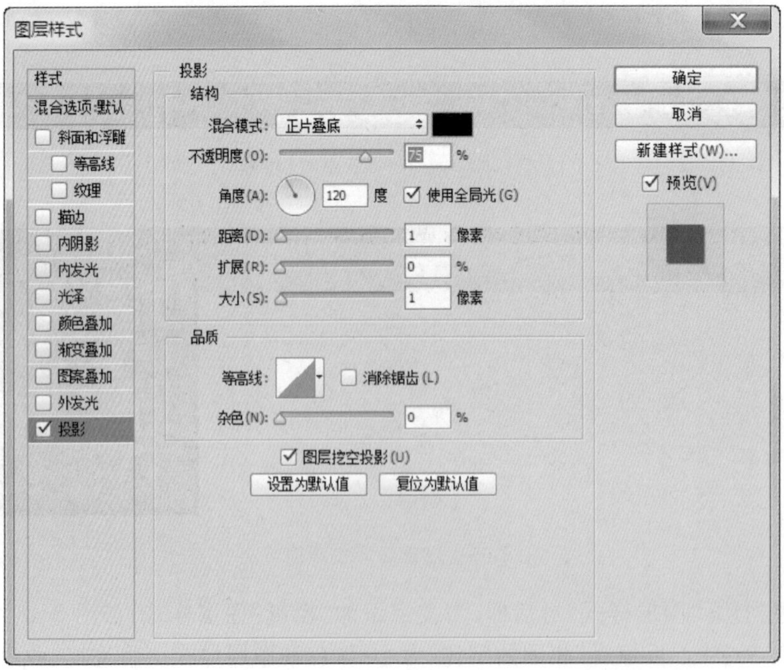


图 8-48　添加“投影”图层样式

图 8-49 输入其他文字

（4）在工具箱中选择“圆角矩形工具”，在选项栏中将填充颜色设置为红色，同时取消图形的描边，如图 8-50 所示。拖曳鼠标在文字图层下绘制一个圆角矩形，在“属性”面板中将圆角矩形的圆角半径设置为 18 像素，如图 8-51 所示。

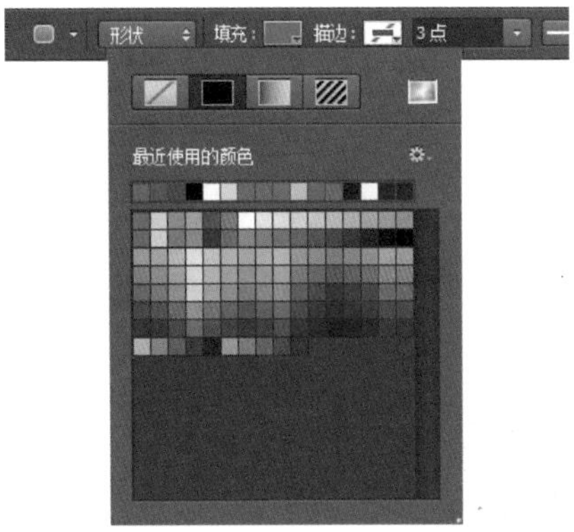


图 8-50 工具选项栏的设置

图 8-51 绘制圆角矩形并设置圆角半径

（5）打开形状图层的“图层样式”对话框，为图层添加“斜面和浮雕”图层样式，如图 8-52 所示。为图层添加“颜色叠加”图层样式，设置叠加颜色，如图 8-53 所示。为图层添加“投影”图层样式，设置投影颜色，如图 8-54 所示。单击“确定”按钮关闭“图层样式”对话框，图形效果如图 8-55 所示。

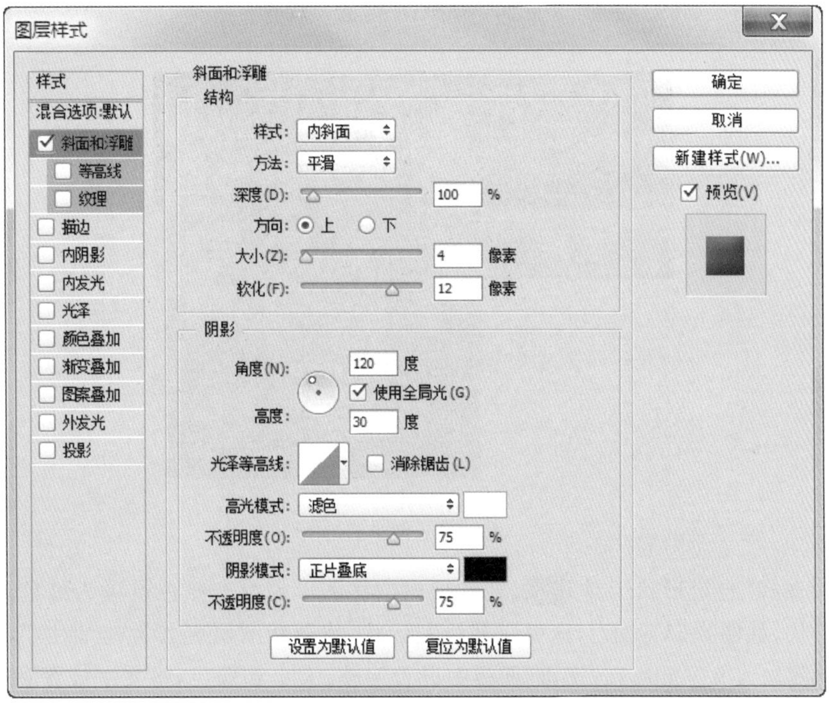


图 8-52 添加“斜面和浮雕”图层样式

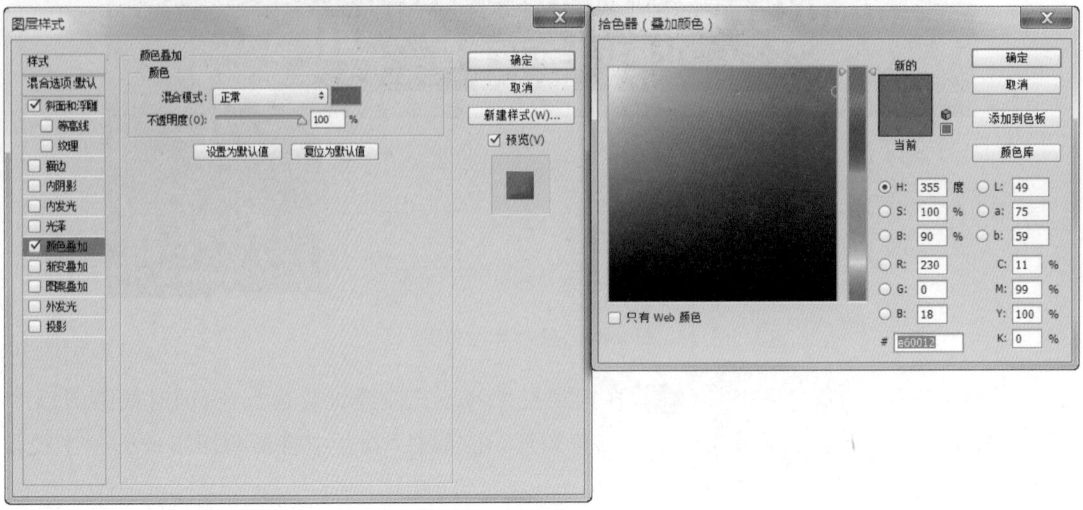


图 8-53　添加“颜色叠加”图层样式

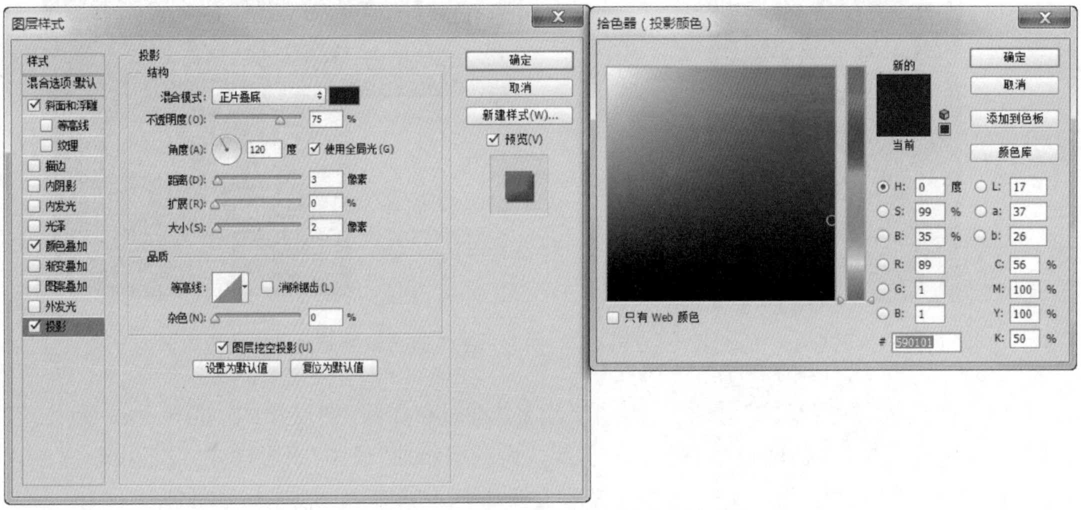


图 8-54　添加“投影”图层样式

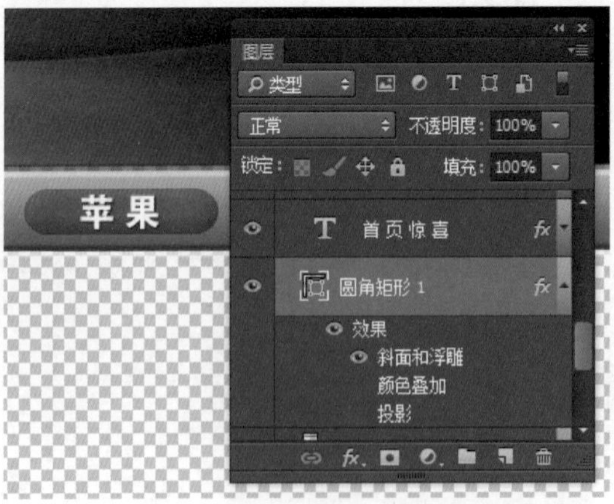


图 8-55　添加图层样式后的图形效果

(6) 在工具箱中选择“自定形状工具”，在选项栏中将图形的填充颜色设置为红色，在“形状”列表中选择名为“会话 9”的形状，如图 8-56 所示。拖曳鼠标绘制形状，将形状图层更名为“会话框”，如图 8-57 所示。使用“横排文本工具”输入文字 hot，在“字符”面板中设置字体、大小和颜色，将文字放置到会话框中，如图 8-58 所示。至此，导航栏制作完成。导航栏制作完成后的效果如图 8-59 所示。

图 8-56　选择需要绘制的图形

图 8-57　绘制形状

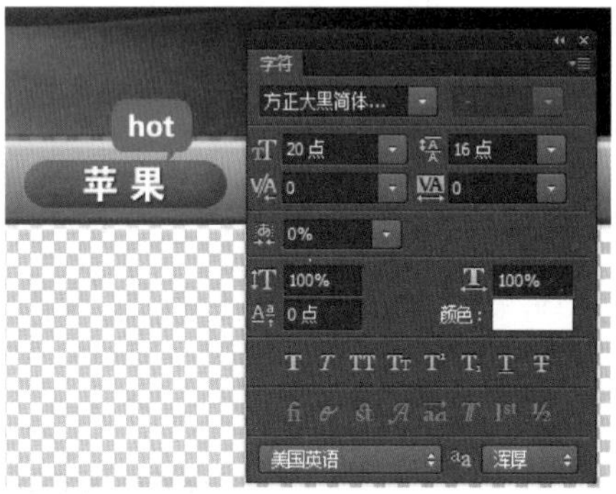

图 8-58　对文字进行设置

图 8-59　导航栏制作完成后的效果

### 8.2.3　制作店铺公告区

视频讲解

下面介绍店铺公告的制作步骤。

(1) 在“图层”面板中创建一个名为“公告区”的组，在该组中创建名为“背景”的新图层。选择该图层，使用“矩形选框工具”绘制一个矩形选区，在工具箱中选择“渐变工具”，打开“渐变编辑器”对话框设置渐变效果。这里，将右侧的色标颜色设置为白色，左侧色标颜色的设置，如图 8-60 所示。在选区中从上向下拖曳鼠标对选区应用渐变填充，如图 8-61 所示。

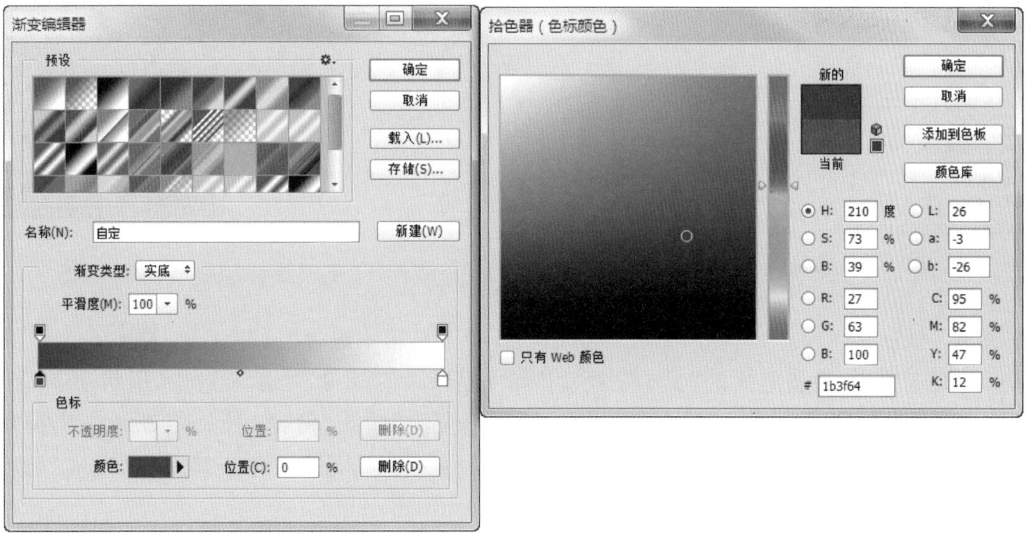

图 8-60　对渐变进行设置

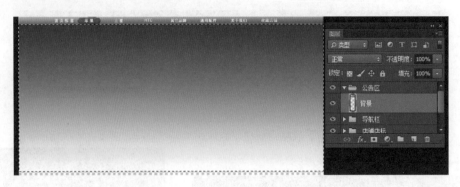

图 8-61　对选区应用渐变填充

(2) 按 Ctrl+D 组合键取消选区，在“图层”面板中创建一个名为“阳光”的新图层。使用“矩形选框工具”绘制一个矩形选区，以黑色填充选区，如图 8-62 所示。执行“滤镜”→“渲染”→“镜头光晕”命令，打开“镜头光晕”对话框，在对话框中设置滤镜效果，如图 8-63 所示。单击“确定”按钮关闭对话框应用滤镜，按 Ctrl+D 组合键取消选区，在“图层”面板中将图层混合模式设置为“滤色”，如图 8-64 所示。

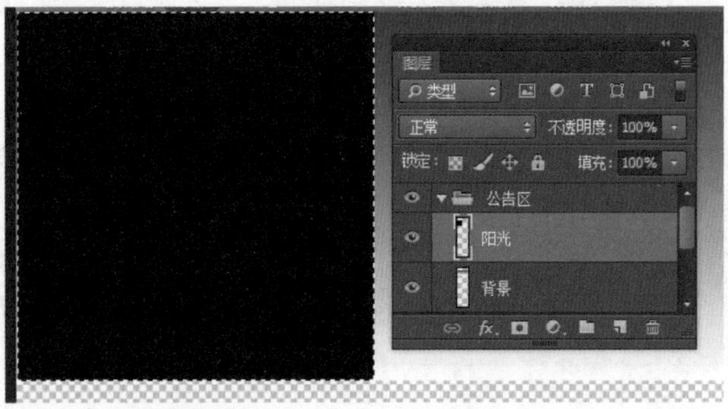


图 8-62　以黑色填充绘制的选区

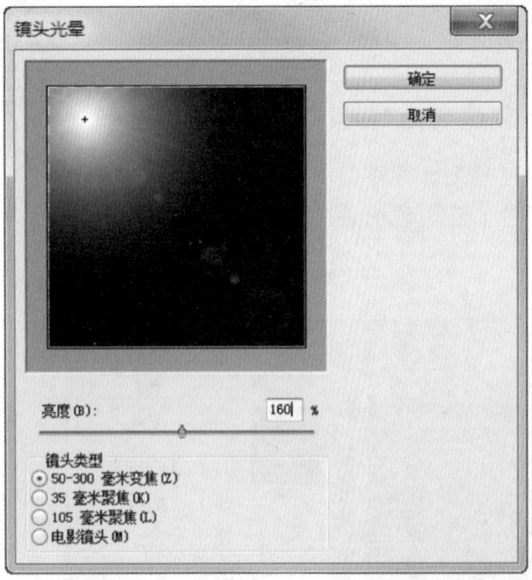


图 8-63　“镜头光晕”对话框

图 8-64　将图层混合模式设置为“滤色”

(3) 在“图层”面板中创建一个名为“光斑”的新图层，在工具箱中选择“画笔工具”。打开“画笔”面板，选择一款圆形的画笔笔尖，设置笔尖的“大小”“硬度”和“间距”，如图 8-65 所示。选中“形状动态”复选框，设置“大小抖动”值，如图 8-66 所示。选中“散布”复选框，设置笔尖的“散布”值，如图 8-67 所示。将前景色设置为白色，使用“画笔工具”在图像中不同的位置多次单击获得大小不同的白色光斑。在“图层”面板中将该图层的“不透明度”值设置为 20%，如图 8-68 所示。

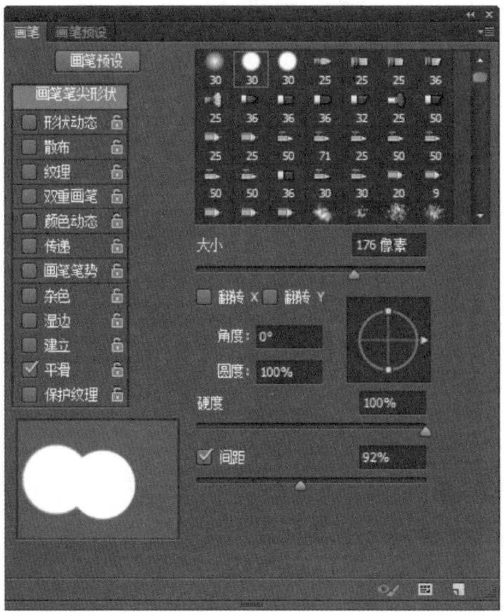


图 8-65 设置画笔笔尖的“大小”“硬度”和“间距”

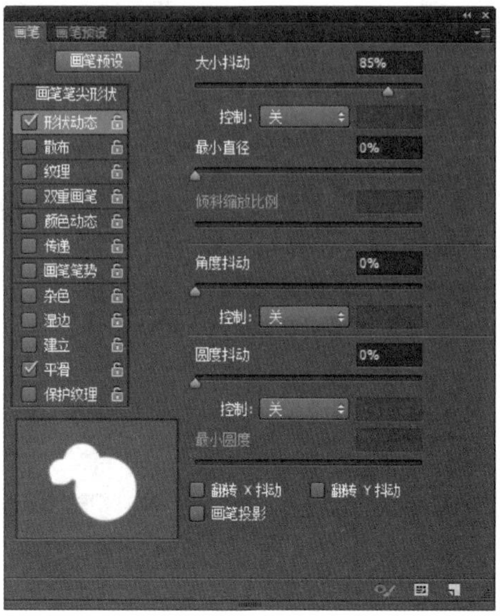


图 8-66 设置“大小抖动”值

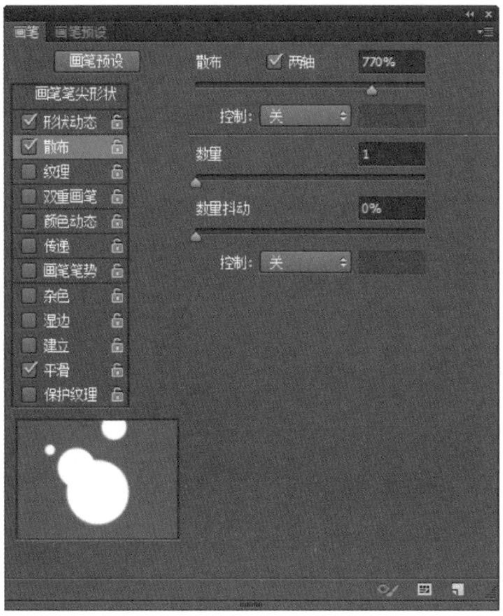


图 8-67 设置“散布”值

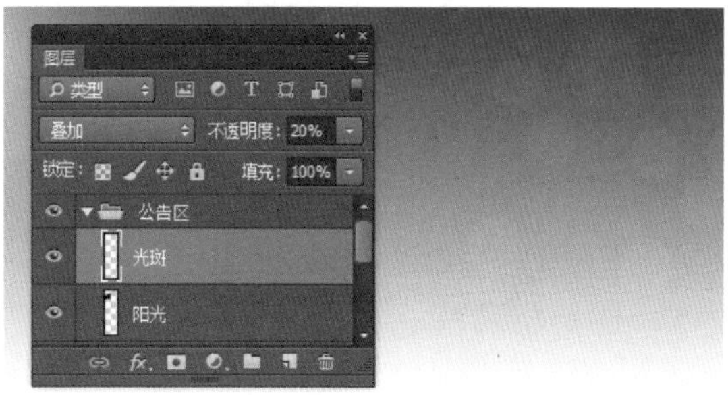


图 8-68 设置图层的“不透明度”值

(4) 放置草地、山脉、建筑物和移动电源素材图片，如图 8-69 所示。在“移动电源”图层下创建一个名为“投影”的新图层，在工具箱中选择“椭圆选框工具”，在选项栏中将“羽化”值设置为 25 像素，如图 8-70 所示。前景色设置为黑色，按 Alt＋Del 组合键以前景色填充选区。此时获得投影效果，如图 8-71 所示。按 Ctrl＋D 组合键取消选区。

图 8-69 放置素材图片

图 8-70 设置“羽化”值

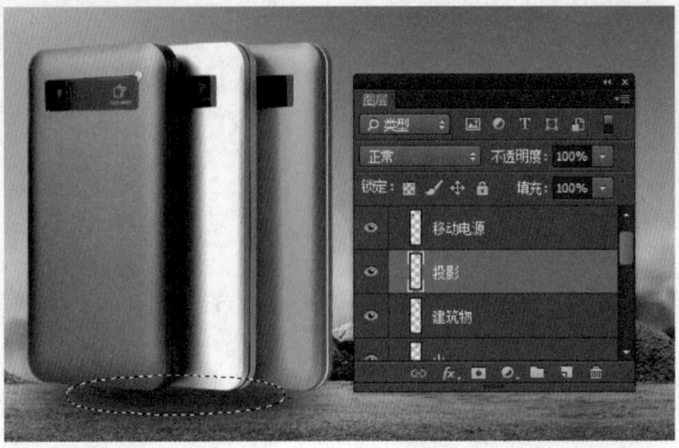


图 8-71 获得投影效果

（5）在工具箱中选择“横排文字工具” T ，输入文字，在“字符”面板中设置文字的字体、大小和颜色，如图 8-72 所示。打开文字图层的“图层样式”对话框，为图层添加“斜面和浮雕”图层样式，如图 8-73 所示。为图层添加“内发光”图层样式，如图 8-74 所示。为图层添加“渐变叠加投影”图层样式并设置渐变效果，如图 8-75 所示。这里，渐变的起始颜色和终止颜色均为白色，中间添加一个颜色色标，设置该色标的颜色，如图 8-76 所示。为图层添加“外发光”图层样式，如图 8-77 所示。为图层添加“投影”图层样式，如图 8-78 所示。文字添加图层样式后的效果如图 8-79 所示。

图 8-72 输入文字并对文字进行设置

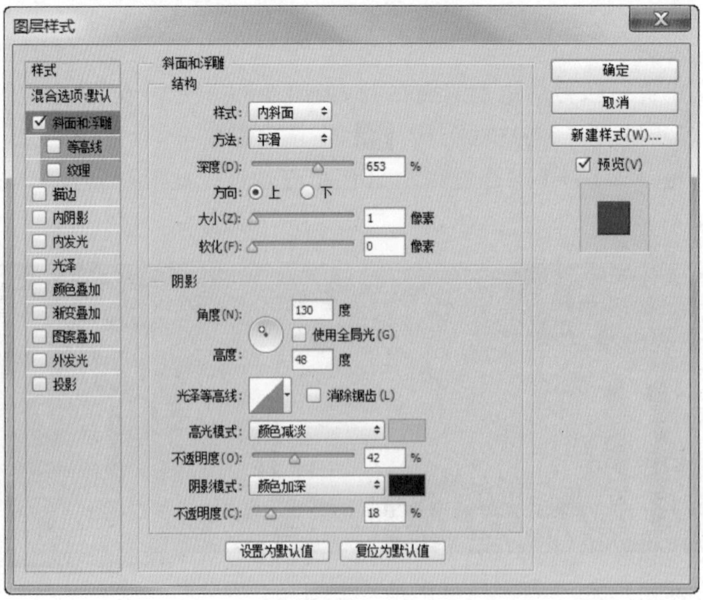


图 8-73 添加“斜面和浮雕”图层样式

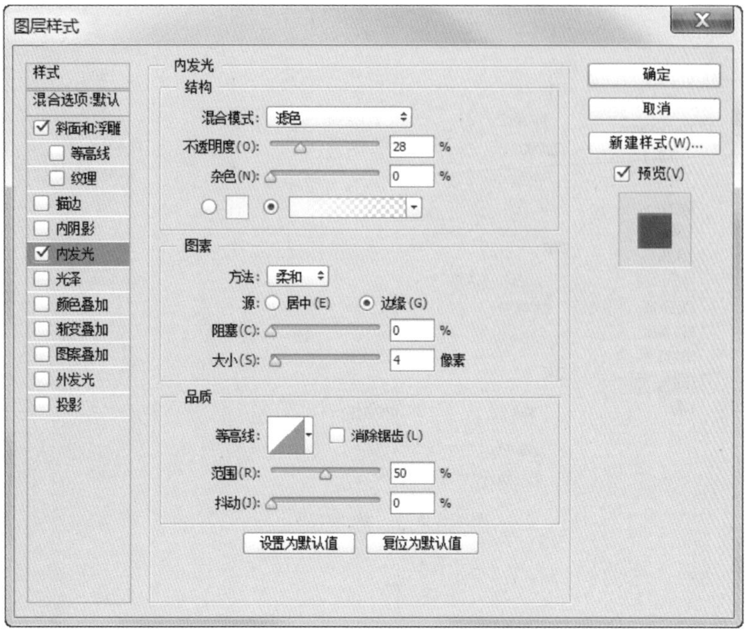


图 8-74 添加"内发光"图层样式

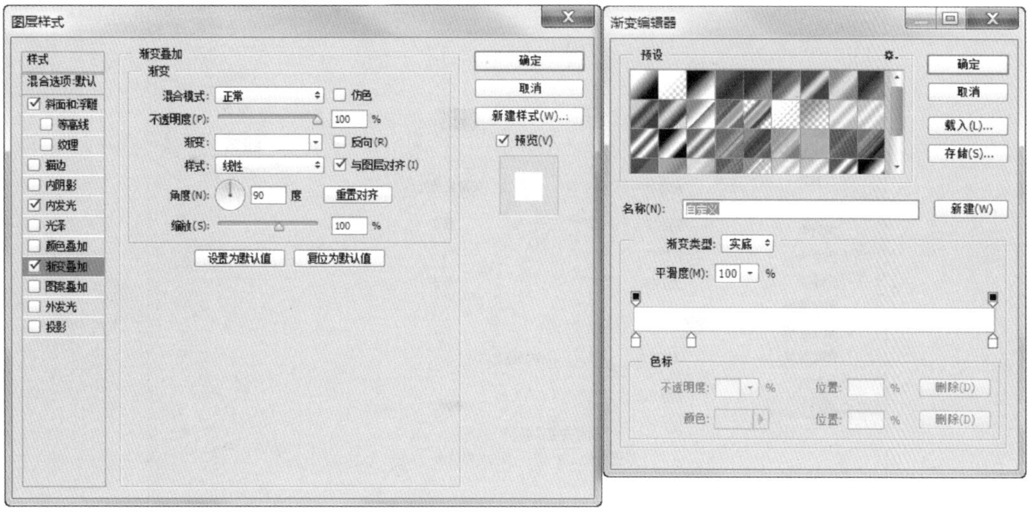


图 8-75 添加"渐变叠加投影"图层样式

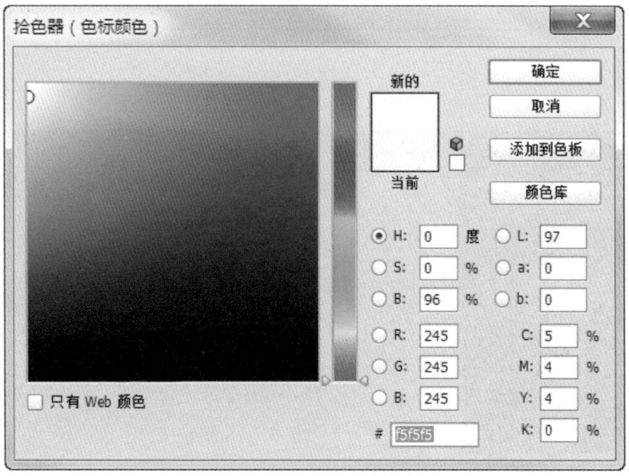


图 8-76 设置色标颜色

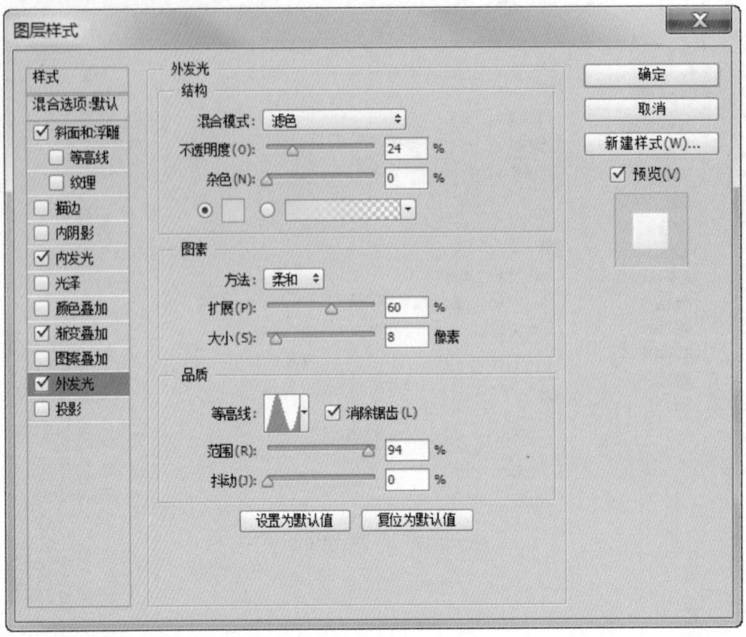


图 8-77　添加"外发光"图层样式

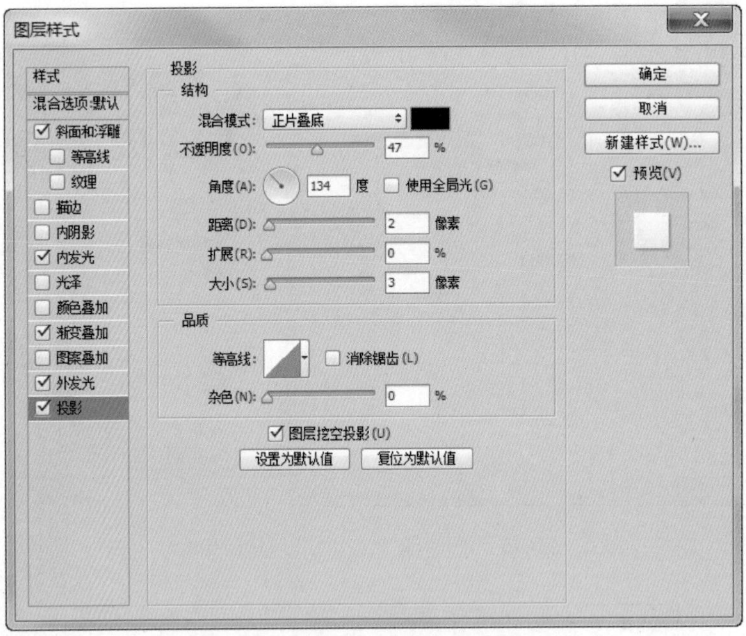


图 8-78　为图层添加"投影"图层样式

图 8-79　文字添加图层样式后的效果

(6) 输入文字“容量”,设置文字的字体、大小和颜色,这里将文字颜色设置为黄色,如图 8-80 所示。打开“图层样式”对话框,为图层添加“斜面和浮雕”图层样式,如图 8-81 所示。为图层添加“描边”图层样式,其中描边颜色设置为黑色,如图 8-82 所示。单击“确定”按钮关闭“图层样式”对话框,文字效果如图 8-83 所示。输入 7000mAh,将文字“容量”的图层样式粘贴到此文字图层,如图 8-84 所示。

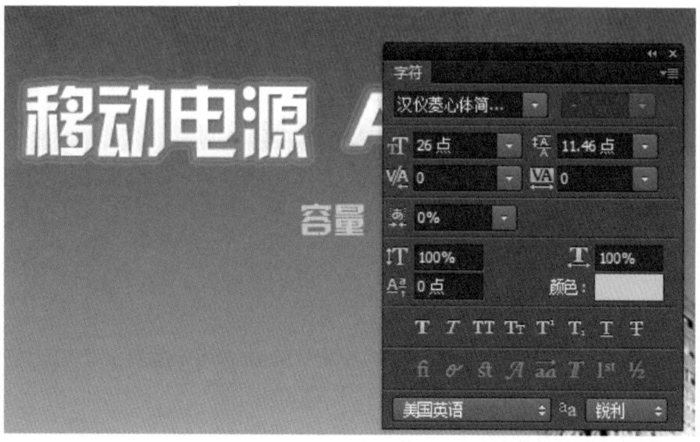


图 8-80 输入文字并对文字进行设置

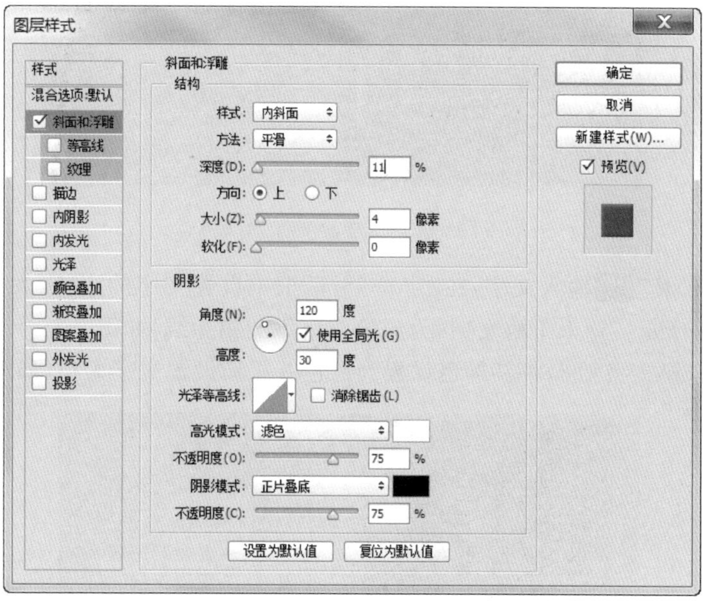


图 8-81 添加“斜面和浮雕”图层样式

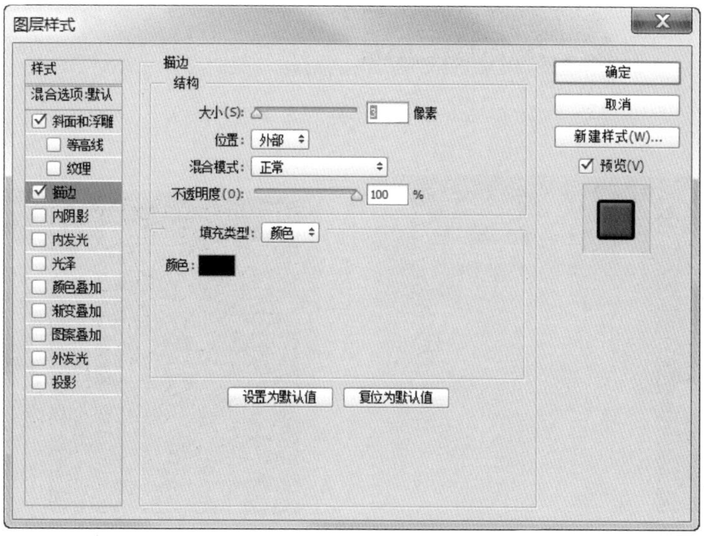


图 8-82 添加“描边”图层样式

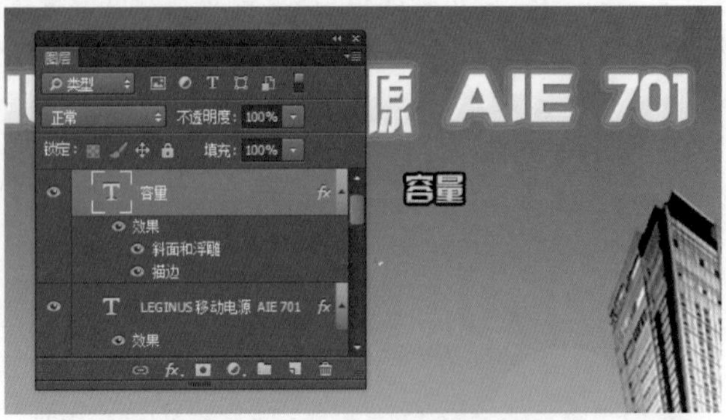


图 8-83　添加图层样式后的文字效果

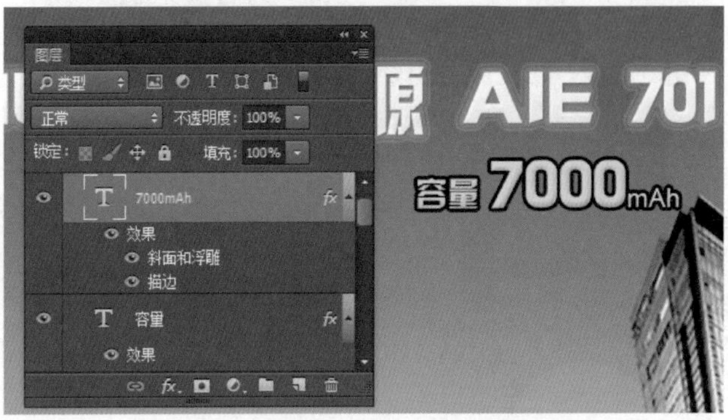


图 8-84　输入文字并粘贴图层样式

(7) 使用“横排文字工具” 输入文字，在“字符”对话框中设置文字的字体、大小和行间距，将文字的颜色设置为白色，如图 8-85 所示。输入价格文字，为原价文字添加删除线，如图 8-86 所示。选择文字“促销价”，将其颜色设置为黄色。选择文字 188，将其颜色设置为红色并重新设置文字大小，如图 8-87 所示。

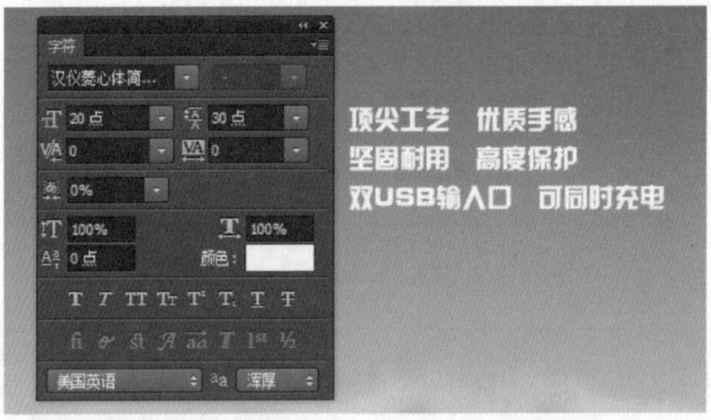


图 8-85　输入文字并对文字进行设置

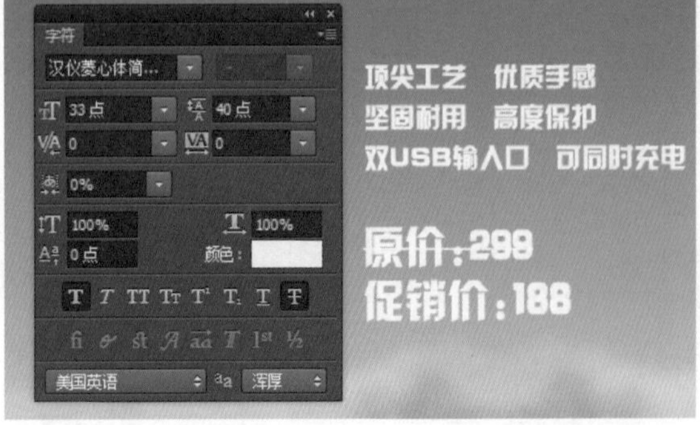


图 8-86　为原价文字添加删除线

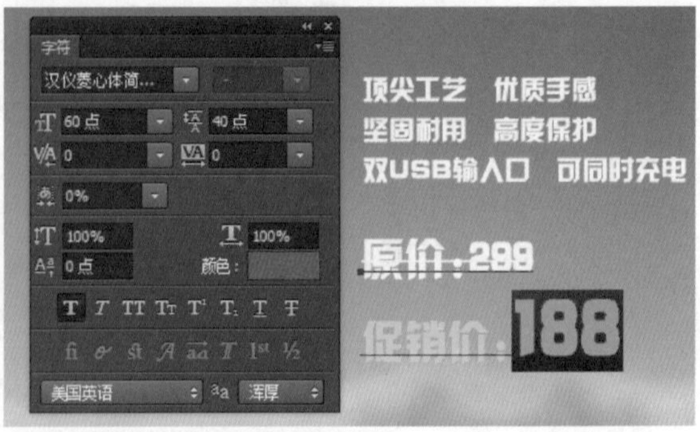


图 8-87　对文字“188”进行设置

（8）双击价格文字所在的图层打开“图层样式”对话框，为图层添加“斜面和浮雕”图层样式，如图 8-88 所示。为图层添加“投影”图层样式，如图 8-89 所示。单击“确定”按钮关闭“图层样式”对话框，添加了图层样式后的文字效果，如图 8-90 所示。至此，宝贝公告区制作完成。制作完成后的效果如图 8-91 所示。

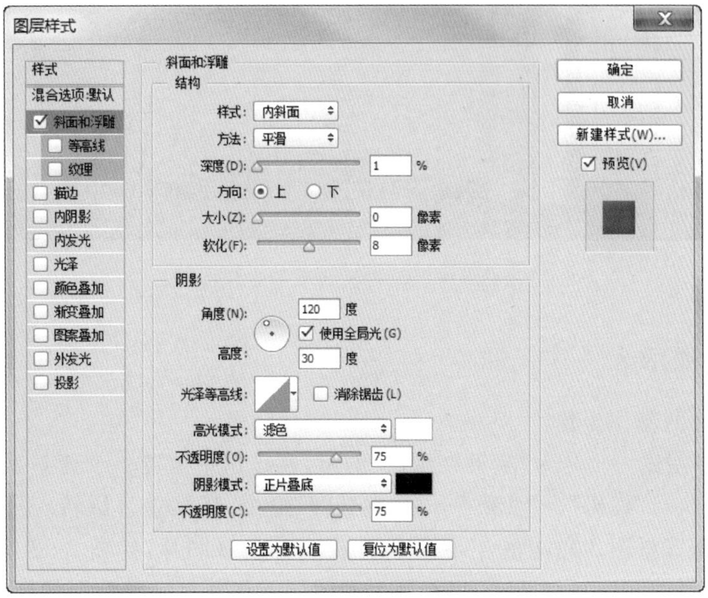


图 8-88　添加“斜面和浮雕”图层样式

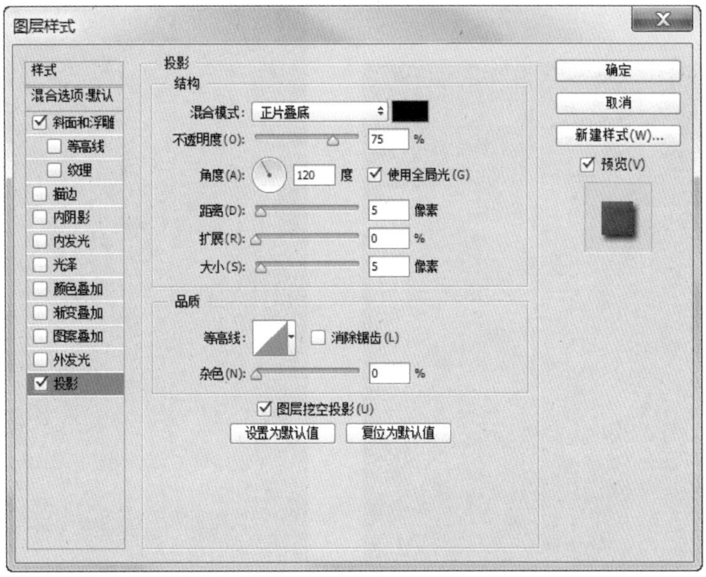


图 8-89　为图层添加“投影”图层样式

图 8-90　添加图层样式后的文字效果

图 8-91　宝贝公告区制作完成后的效果

### 8.2.4　制作宝贝展示区

视频讲解

下面介绍宝贝展示区的制作步骤。

(1) 在“图层”面板中创建一个名为“宝贝展示区”的组，在该组中放置一个背景素材图片。复制背景图片所在的图层，执行“编辑”→“变换”→“垂直翻转”命令，将其垂直翻转。将翻转后的图像下移使其顶端与前一个背景图片底端重合，两张图片拼合为一张图片，如图 8-92 所示。在“图层”面板中同时选择这两个图层，将选择的图层复制两次，将复制后的图层下移并充满整个图像区域，如图 8-93 所示。创建一个名为“背景”的新组，将背景图层放置到该组中。

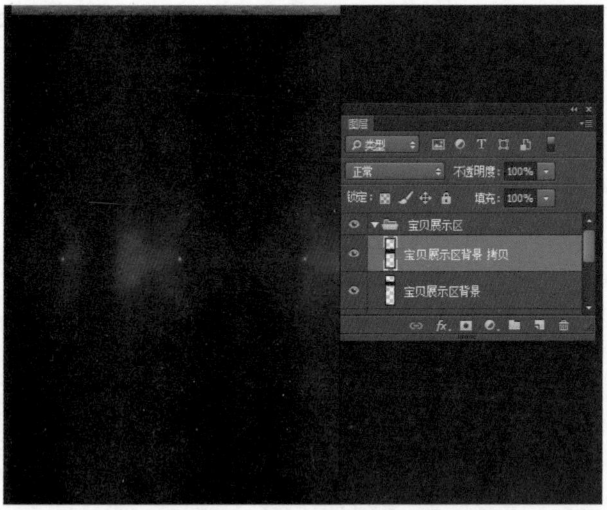


图 8-92　拼合两张素材图片

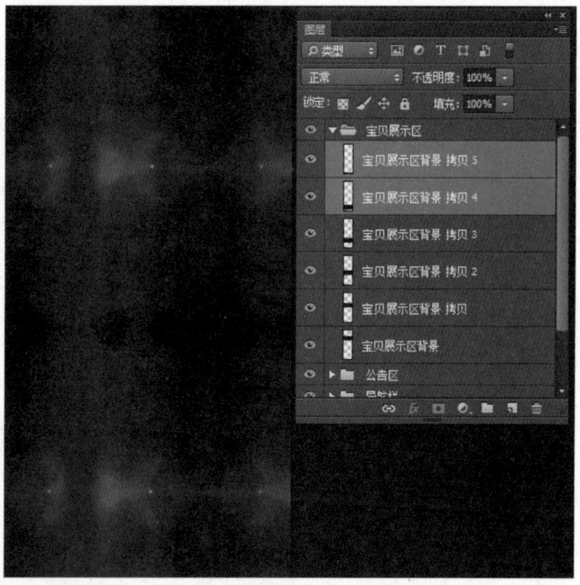


图 8-93　复制图层

(2) 在“图层”面板中创建一个名为“新品推荐”的组，在组中创建一个名为“边框”的新图层。在工具箱中选择“多边形套索工具”，使用该工具绘制一个多边形选区。打开“拾色器”对话框设置前景色，如图 8-94 所示。按 Alt+Del 组合键以前景色填充选区，如图 8-95 所示。完成填充后按 Alt+D 组合键取消选区。在“边框”图层下创建一个名为“阴影”的新图层，选择“多边形套索工具”，打开“拾色器”对话框设置前景色，如图 8-96 所示。使用前景色填充选区，如图 8-97 所示。

(3) 创建一个名为“标签”的新图层，使用“多边形套索工具”绘制一个多边形。将前景色设置为黄色，如图 8-98 所示。使用前景色填充选区，如图 8-99 所示。按 Ctrl+D 组合键取消选区，创建一个名为“高光”的新图层。绘制一个三角形选区，打开“拾色器”对话框设置前景色，如图 8-100 所示。使用前景色填充选区，如图 8-101 所示。取消选区，再创建一个名为“箭头”的新图层，绘制一个箭头形的选区，使用黑色填充选区，如图 8-102 所示。

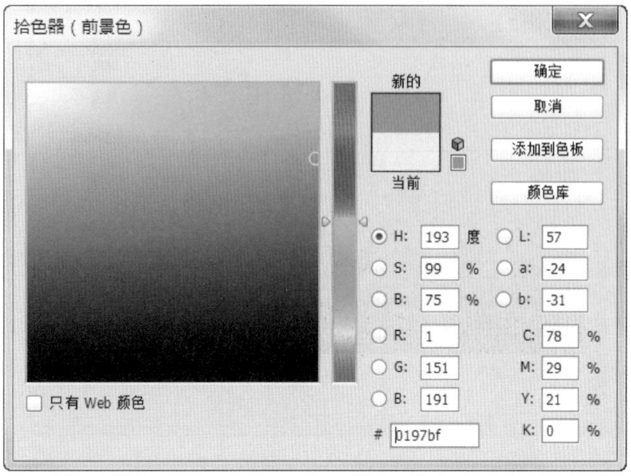


图 8-94　设置前景色

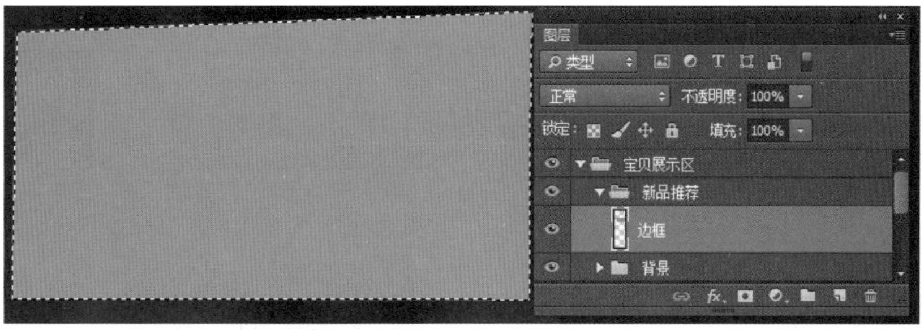


图 8-95　使用前景色填充选区

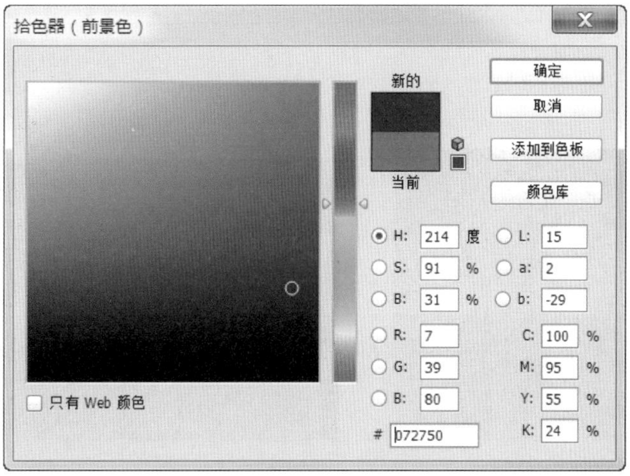


图 8-96　设置前景色

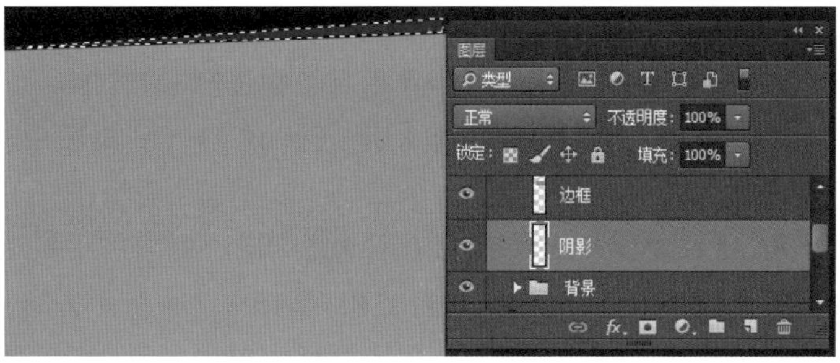


图 8-97　填充选区后的效果

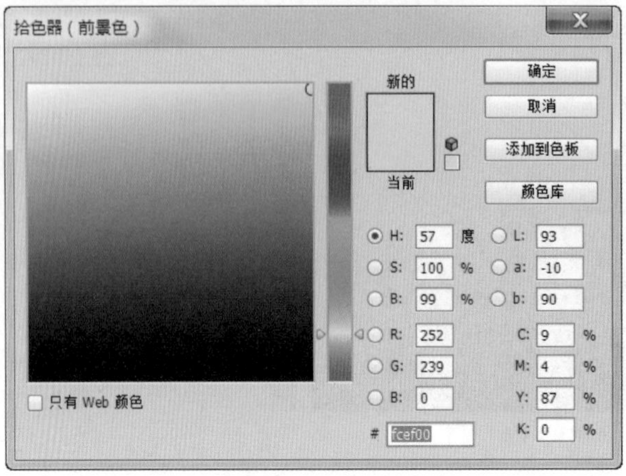


图 8-98　设置前景色

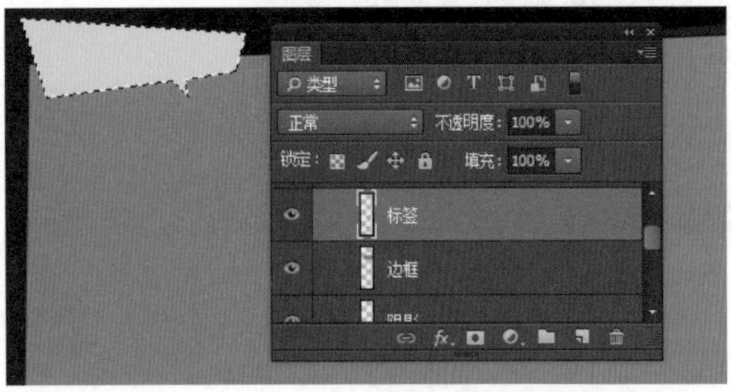


图 8-99　使用前景色填充选区

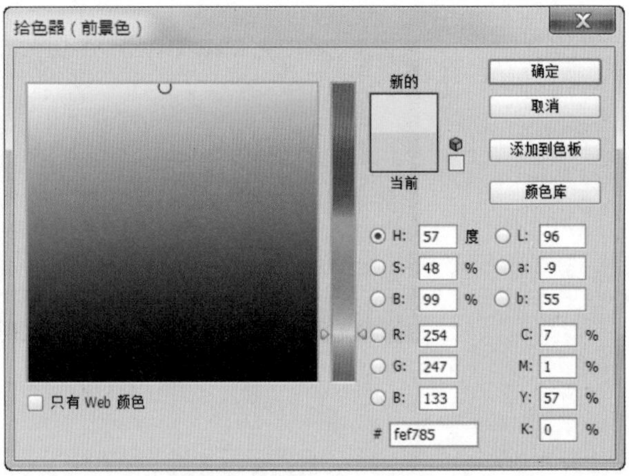


图 8-100　打开“拾色器”对话框设置前景色

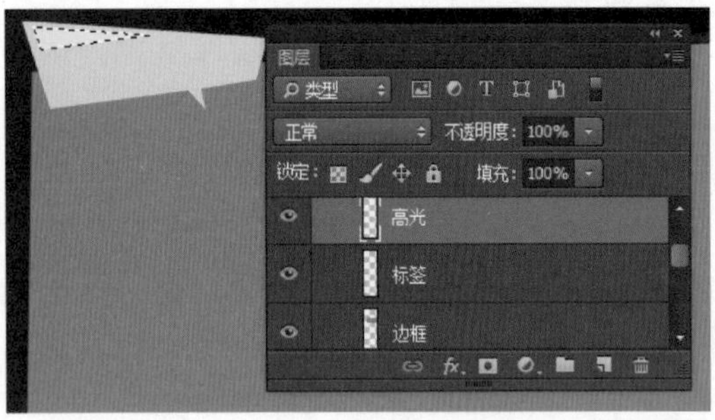


图 8-101　使用前景色填充选区

图 8-102　绘制并使用黑色填充选区

(4) 使用“横排文字工具” 输入文字“新品推荐”，在“字符”面板中对文字字体、大小和颜色进行设置，如图 8-103 所示。创建一个名为“展示区域”的新图层，在工具箱中选择“圆角矩形工具” ，在选项栏中将工具模式设置为“路径”，如图 8-104 所示。绘制一个圆角矩形路径，在“属性”面板中设置圆角半径，如图 8-105 所示。

(5) 打开“路径”面板，单击“将路径作为选区载入”按钮 获得一个圆角矩形选区。在工具箱中选择“渐变工具” ，打开“渐变编辑器”对话框对渐变效果进行编辑，如图 8-106 所示。这里，设置渐变起始颜色，如图 8-107 所示。设置渐变终止颜色，如图 8-108 所示。在选项栏中单击“径向渐变”按钮，选中“反相”复选框，如图 8-109 所示。应用渐变填充后的效果如图 8-110 所示。取消选区后复制当前图层，将复制图层内容并排放置到右侧，如图 8-111 所示。

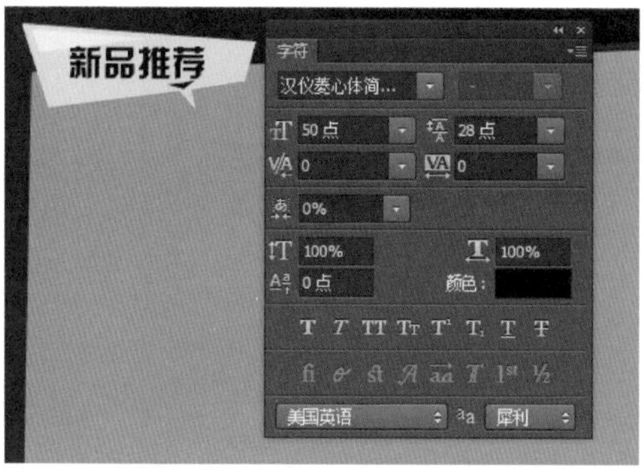


图 8-103　输入文字并对文字进行设置

图 8-104　将工具模式设置为“路径”

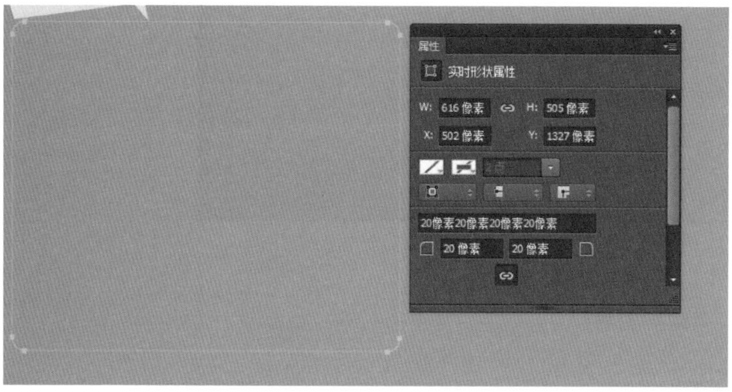


图 8-105　绘制圆角半径

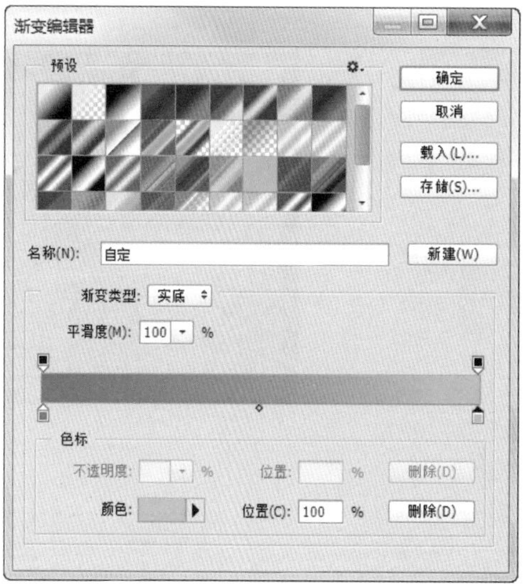


图 8-106　“渐变编辑器”对话框

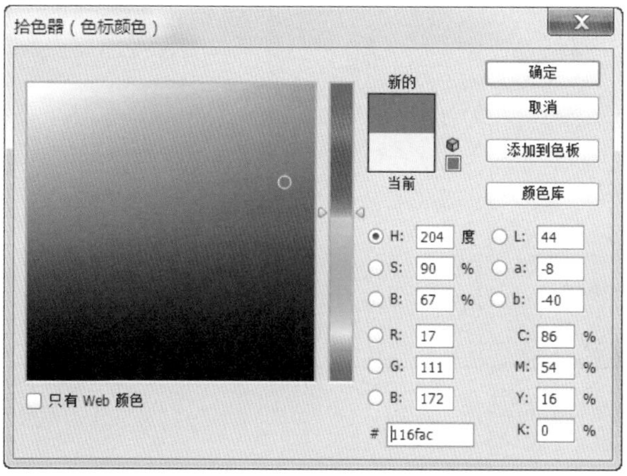


图 8-107　渐变起始颜色的设置

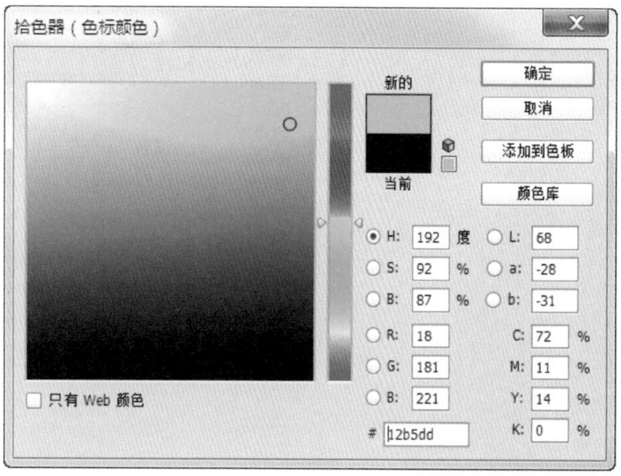


图 8-108　渐变终止颜色的设置

图 8-109　选项栏的设置

（6）在“图层”面板中创建名为“宝贝展示区域”的组，将步骤（3）～步骤（5）创建的图层放置到该组中。创建一个名为“宝贝及价格”的组，在组中放置素材图片。打开“图层样式”对话框为其添加“投影”图层样式，如图 8-112 所示。单击“确定”按钮关闭“图层样式”对话框。添加图层样式后的图像效果如图 8-113 所示。

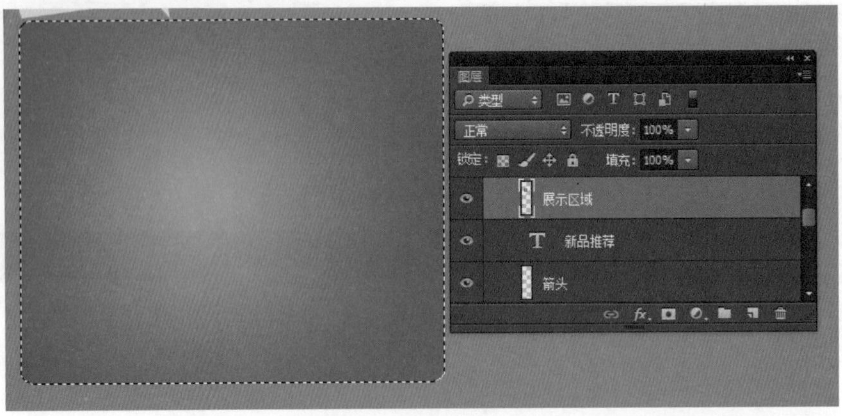


图 8-110　应用径向渐变填充

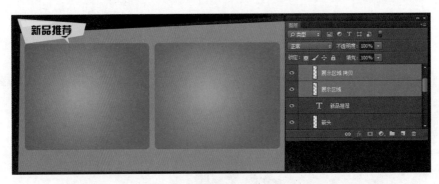

图 8-111　并排放置图层内容

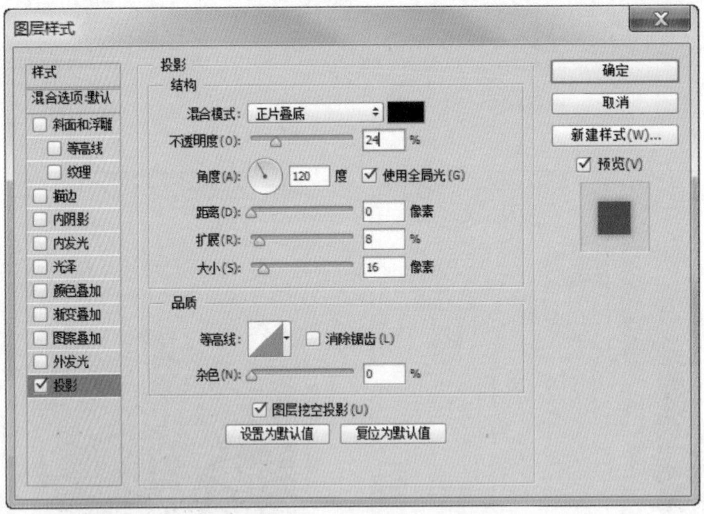


图 8-112　添加“投影”图层样式

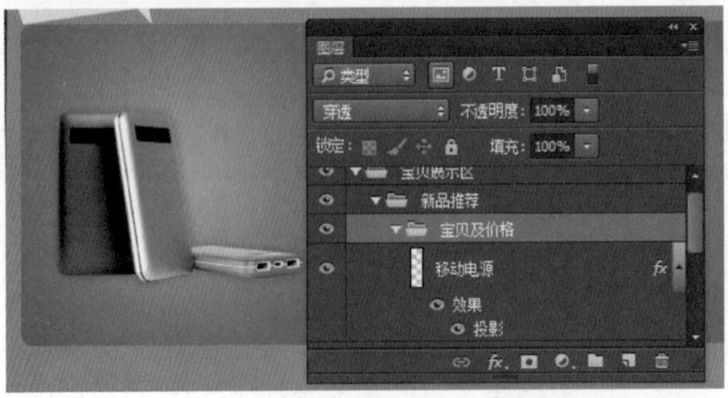


图 8-113　添加图层样式后的图像效果

(7) 使用“横排文字工具” T 输入文字，在“字符”面板中设置文字字体、大小、行距和颜色，如图 8-114 所示。这里，文字的颜色设置为黄色。打开“图层样式”对话框为文字图层添加“斜面和浮雕”图层样式，如图 8-115 所示。为图层添加“投影”图层样式，如图 8-116 所示。单击“确定”按钮关闭“图层样式”对话框，此时的文字效果如图 8-117 所示。

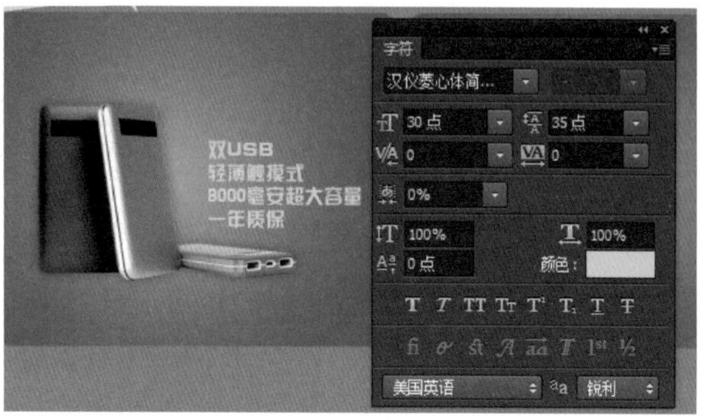


图 8-114　输入文字并对文字进行设置

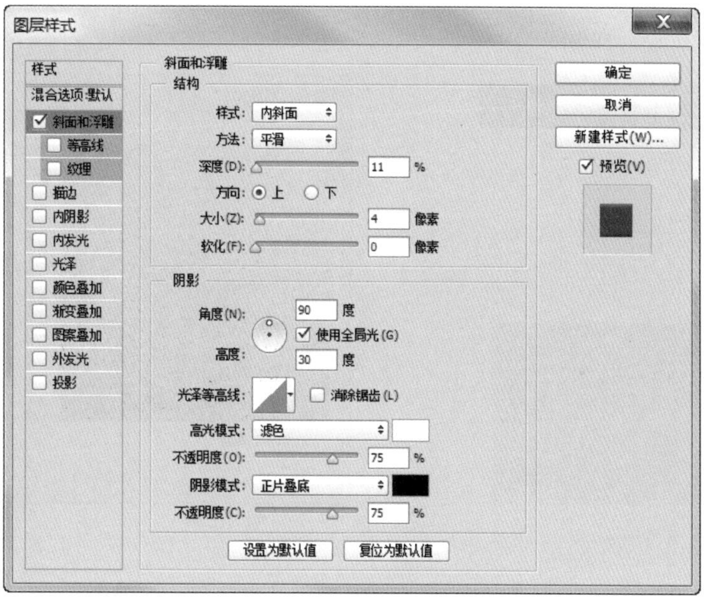


图 8-115　添加“斜面和浮雕”图层样式

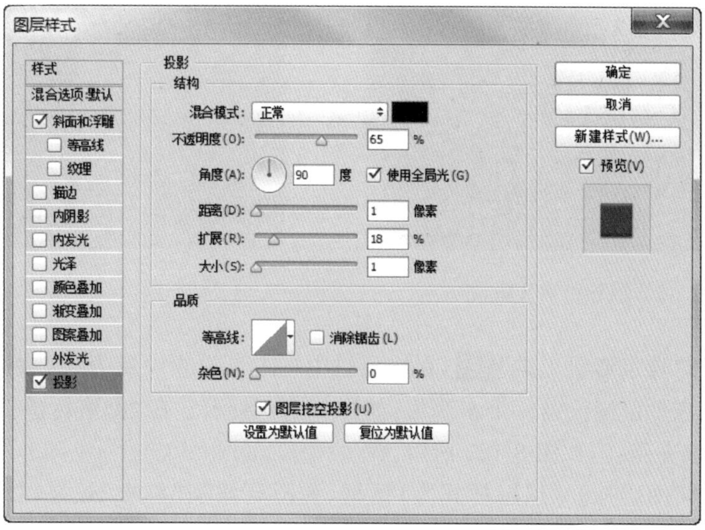


图 8-116　为图层添加“投影”图层样式

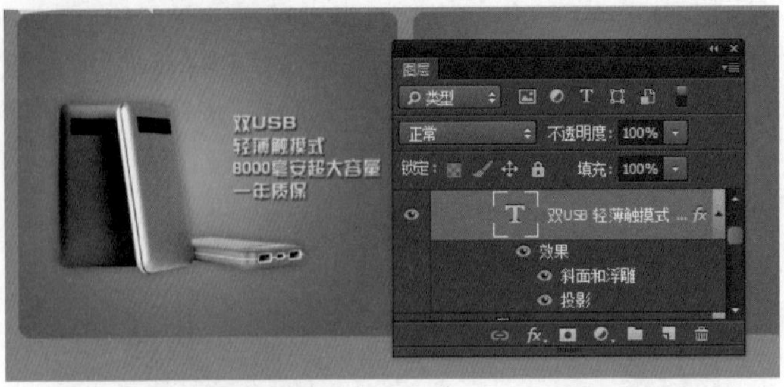

图 8-117　添加图层样式后的文字效果

(8) 创建一个名为“价格背景”的新图层，在工具箱中选择“矩形工具”，在选项栏将工具模式设置为绘制路径，如图 8-118 所示。拖曳鼠标绘制一个矩形路径，再使用“椭圆工具”绘制一个圆形，调整其大小和位置，如图 8-119 所示。在“图层”面板中创建一个名为“价格标签”的新图层，选择该图层。打开“拾色器”对话框设置前景色，如图 8-120 所示。在工具箱中选择“路径选择工具”，单击矩形路径选择该路径。打开“路径”面板，单击面板下方的“用前景色填充路径”按钮用前景色填充路径，如图 8-121 所示。应用相同的方法以黄色填充圆形路径，如图 8-122 所示。

图 8-118　工具选项栏的设置

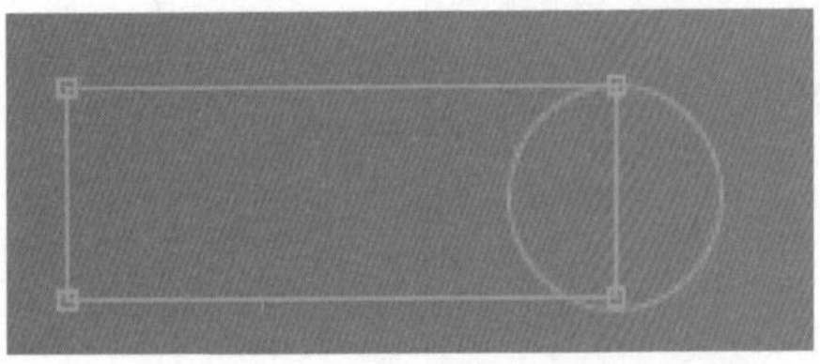

图 8-119　绘制形状路径

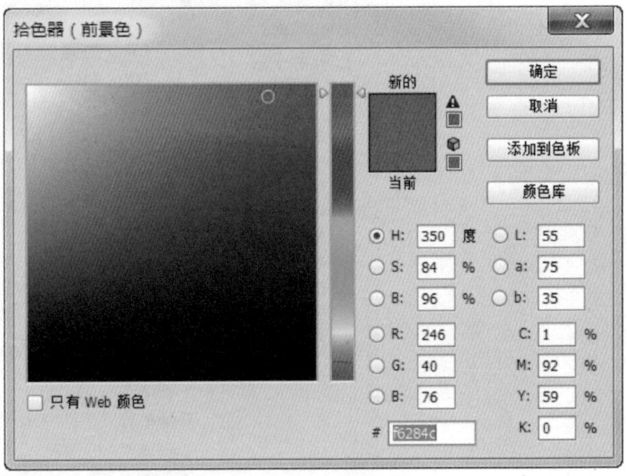


图 8-120　设置前景色

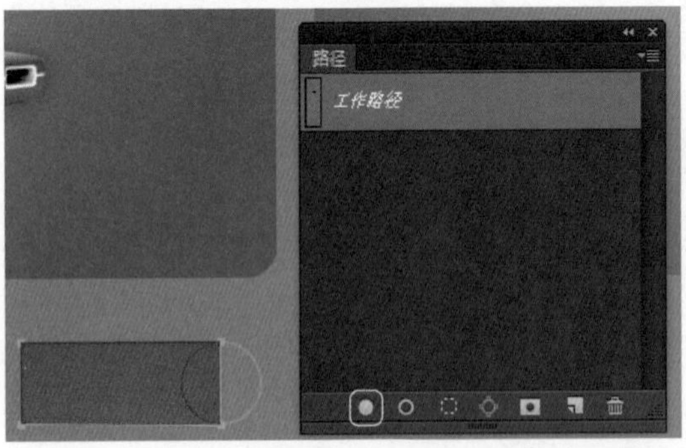

图 8-121　使用前景色填充路径

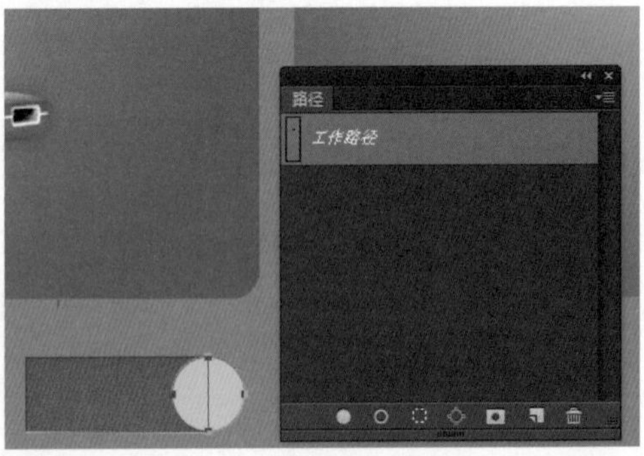

图 8-122　使用黄色填充圆形路径

(9) 在工具箱中选择“自定形状工具”，在选项栏中将工具模式设置为绘制路径，同时选择绘制“水滴”形状，如图 8-123 所示。拖曳鼠标绘制一个水滴形，如图 8-124 所示。在“价格标签”图层下创建一个新图层，选择该图层后使用黑色填充路径，如图 8-125 所示。

(10) 双击“价格标签”图层打开“图层样式”对话框，为图层添加“投影”效果，如图 8-126 所示。单击“确定”按钮关闭“图层样式”对话框，在“图层”面板中同时选择“价格标签”图层和水滴所在的图层，按 Ctrl+E 组合键合并图层，如图 8-127 所示。

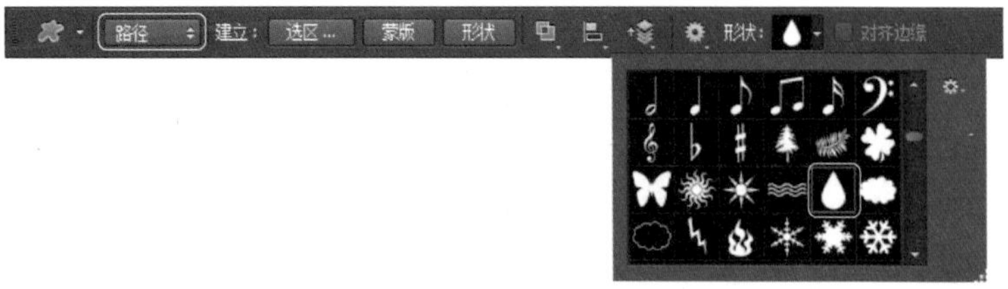


图 8-123　在选项栏中对工具进行设置

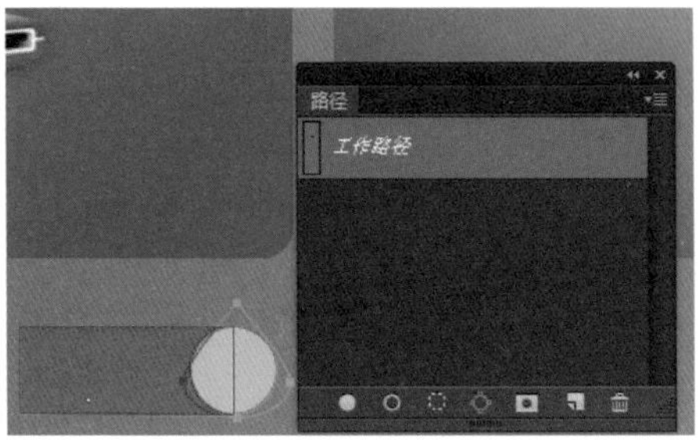


图 8-124　绘制一个水滴形

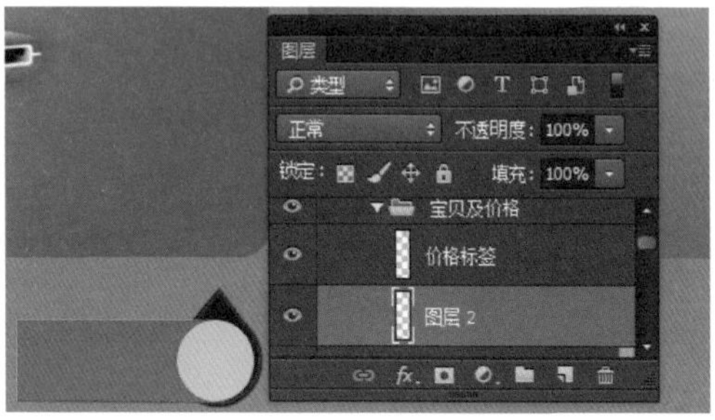


图 8-125　使用黑色填充路径

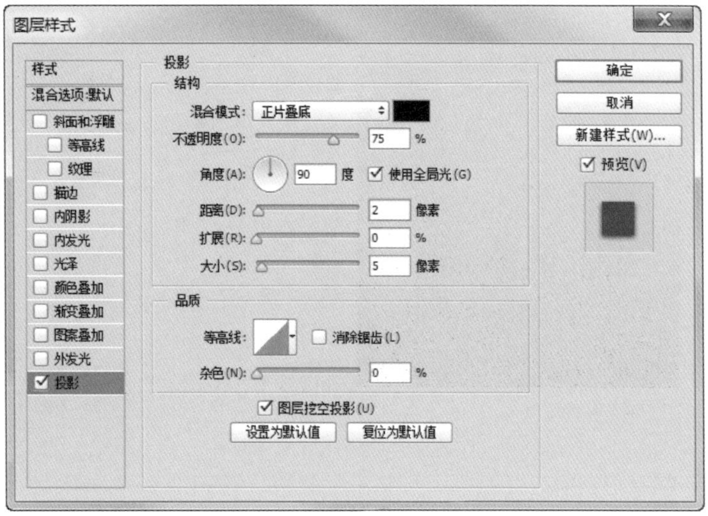


图 8-126　为图层添加“投影”图层样式

(11) 使用“横排文字工具” T 在价格标签形状上输入价格文字，分别选择价格数字和文字“元”设置它们的格式。它们的字体和文字颜色设置得相同，文字“元”设置得比价格数字要小，如图 8-128 所示。在“图层”面板中双击文字图层打开“图层样式”对话框，为图层添加“渐变叠加”图层样式。这里，设置渐变效果，如图 8-129 所示。渐变的第一个色标和最后一个色标的颜色设置为白色，中间两个色标的颜色设置如图 8-130 所示。为图层添加“投影”图层样式，如图 8-131 所示。单击“确定”按钮关闭“图层样式”对话框，添加图层样式后的文字效果如图 8-132 所示。

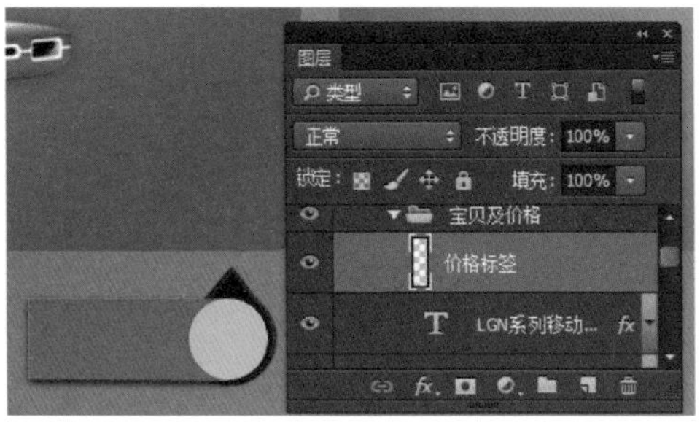


图 8-127　添加图层样式后合并图层

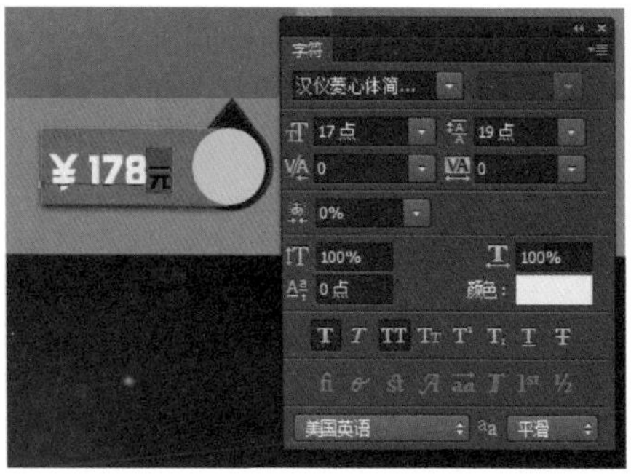


图 8-128　设置文字的格式

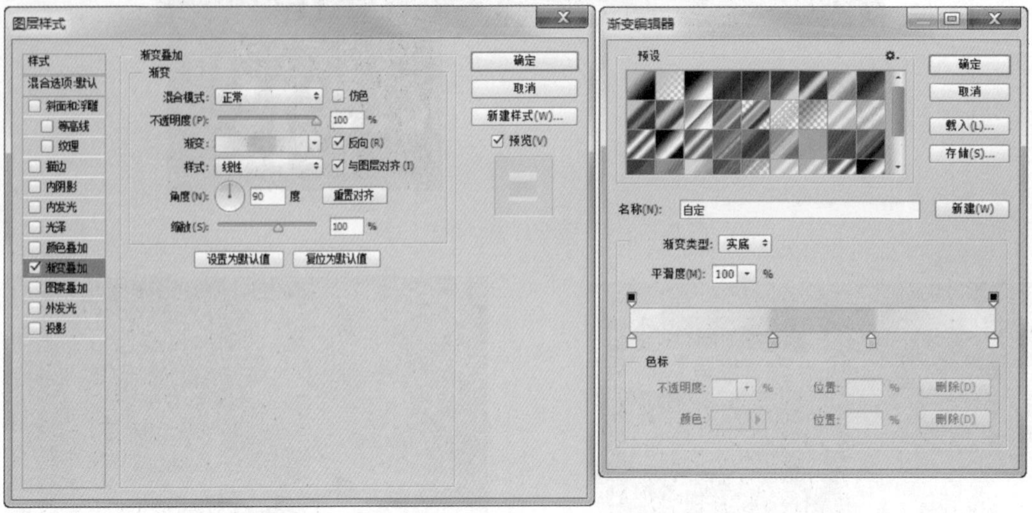


图 8-129 设置“渐变叠加”的渐变

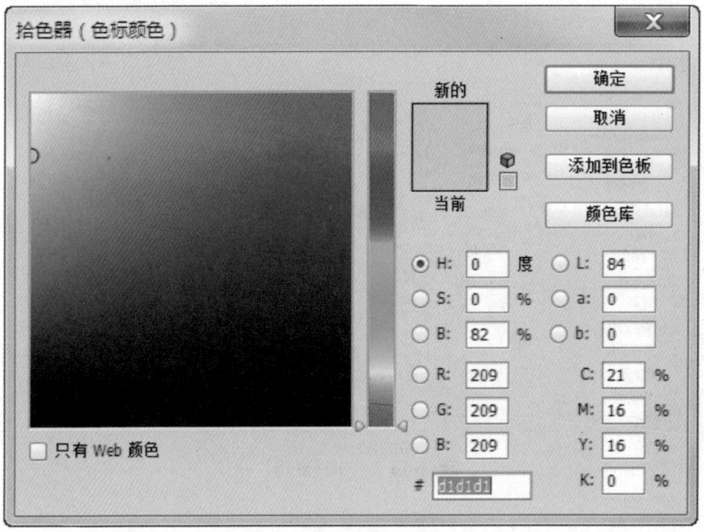


图 8-130 中间两个色标的颜色设置

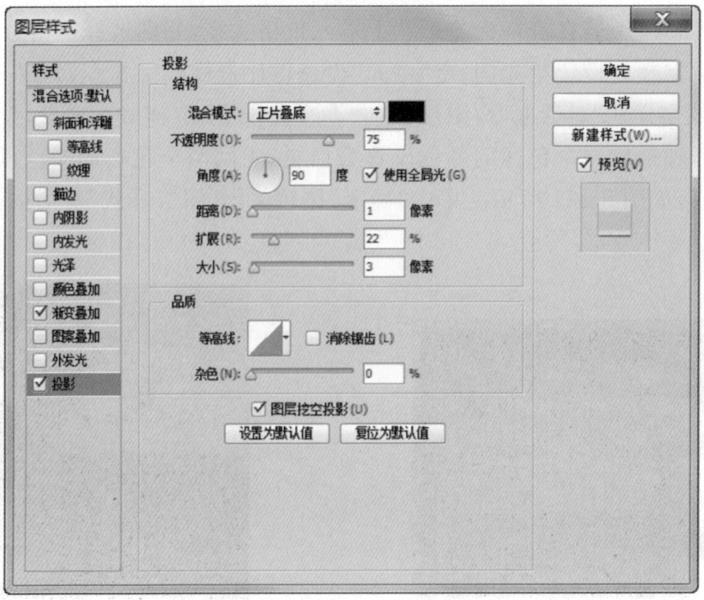


图 8-131 添加“投影”图层样式

（12）使用"横排文字工具"输入文字"特价"，在"字符"面板中设置文字的字体、大小和颜色，如图 8-133 所示。复制宝贝价格文字图层的图层样式，将其粘贴到当前文字图层。此时文字效果如图 8-134 所示。

（13）在"图层"面板中复制"宝贝及价格"组，将复制后的组命名为"宝贝及价格 2"。选择该组，使用"移动工具"将该组中图像移动到右侧面板中，如图 8-135 所示。展开组，更改组中宝贝图片和文字内容，如图 8-136 所示。"新品推荐"区制作完成后的效果如图 8-137 所示。

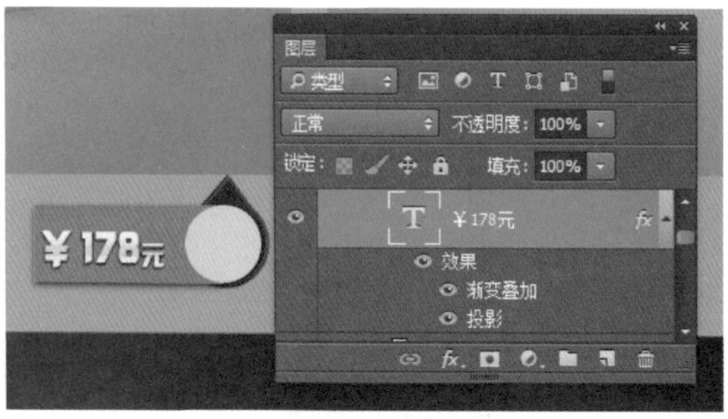

图 8-132　添加图层样式后的文字效果

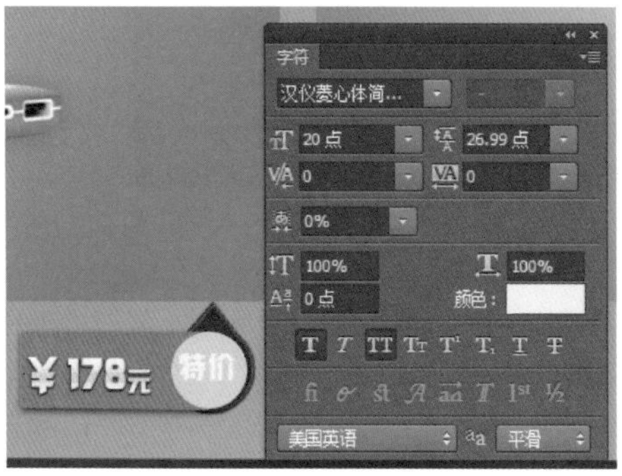

图 8-133　设置文字的格式

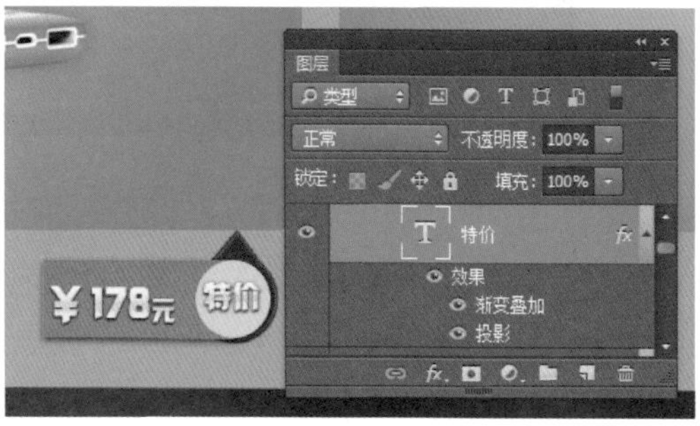

图 8-134　粘贴图层样式后的文字效果

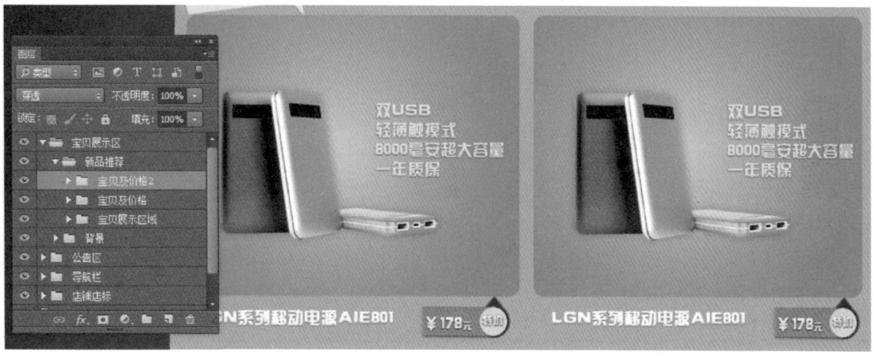

图 8-135　复制组并移动组中图像的位置

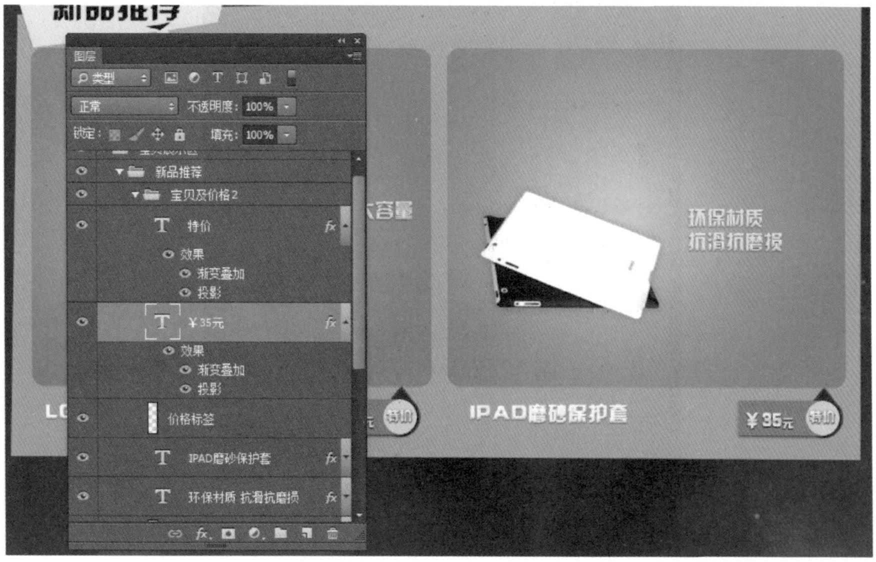

图 8-136　更改宝贝图片和文字

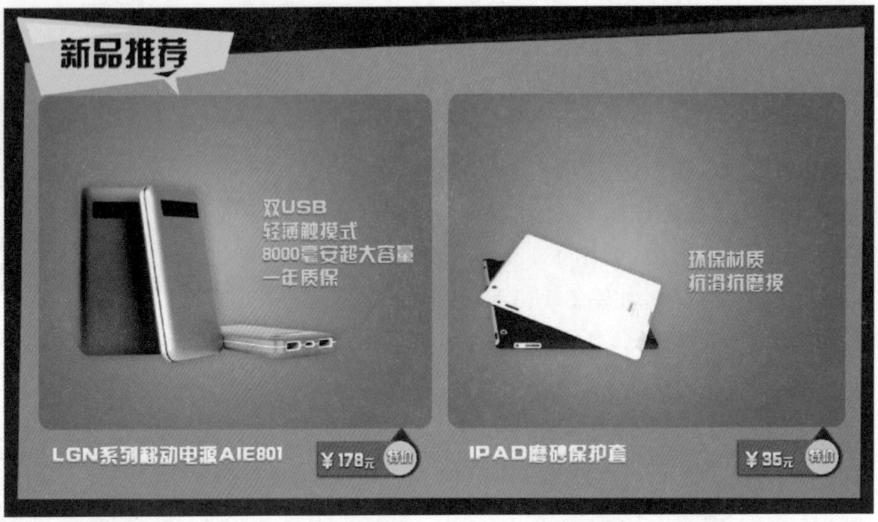


图 8-137 “新品推荐”区制作完成后的效果

(14) 在“图层”面板中复制“新品推荐”组，将组名更改为“苹果配件”，将组中图像下移，更改组中宝贝图像和说明文字，如图 8-138 所示。使用相同的方法制作宝贝展示区其他栏目，宝贝展示区制作完成后的效果如图 8-139 所示。

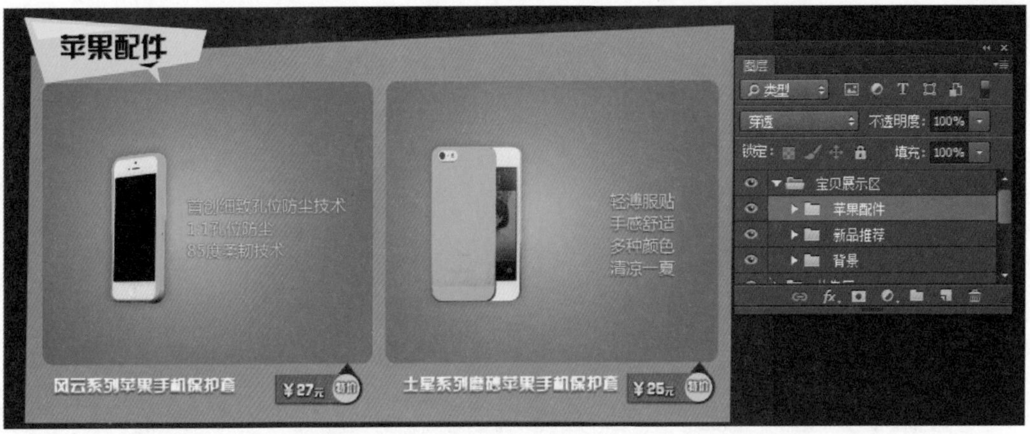


图 8-138 复制组并更改组中相关内容

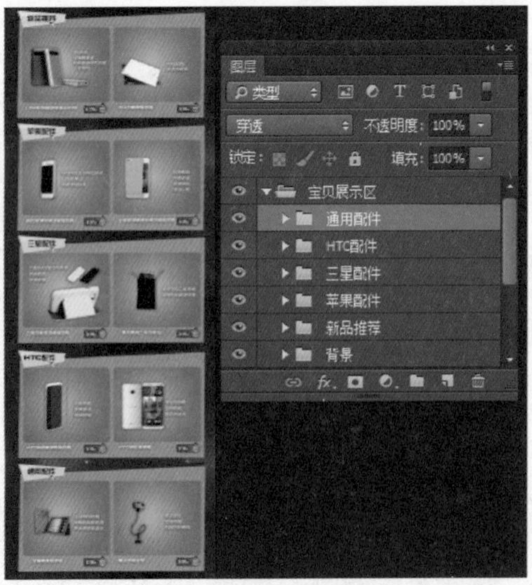


图 8-139 宝贝展示区制作完成后的效果

### 8.2.5 制作底部的信息条

视频讲解

下面介绍底部信息条的制作步骤。

(1) 在“图层”面板中创建一个名为“底部信息条”的组，在组中创建一个名为“背景框”的图层。在图层中使用“矩形选框工具”绘制一个矩形选框，设置前景色，如图 8-140 所示。使用前景色填充选区，如图 8-141 所示。完成填充后，按 Ctrl+D 组合键取消选区。

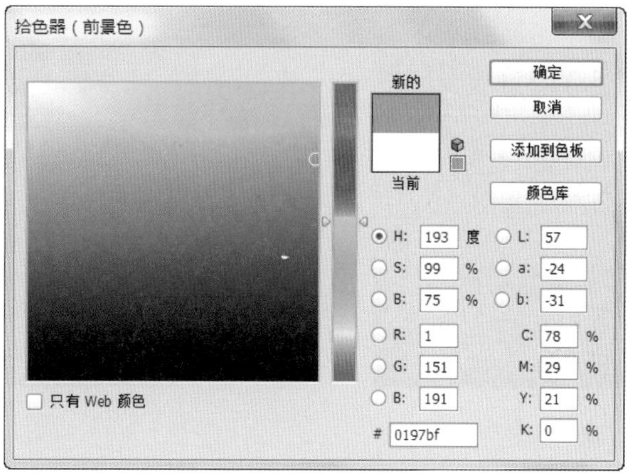


图 8-140 设置前景色

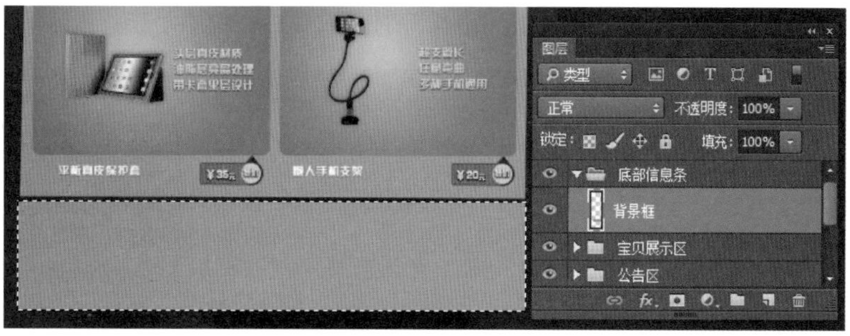


图 8-141 使用前景色绘制选区

(2) 在工具箱中选择“椭圆工具”，在选项栏中取消对形状的填充，将描边颜色设置为白色，设置描边宽度，如图 8-142 所示。按住 Shift 键拖曳鼠标绘制一个白色圆形，如图 8-143 所示。在工具箱中选择“自定形状工具”，在选项栏中对工具进行设置，如图 8-144 所示。拖曳鼠标绘制图像，图形放置在圆圈中，如图 8-145 所示。使用“横排文字工具”输入文字并对文字进行设置，如图 8-146 所示。

图 8-142 工具选项栏的设置

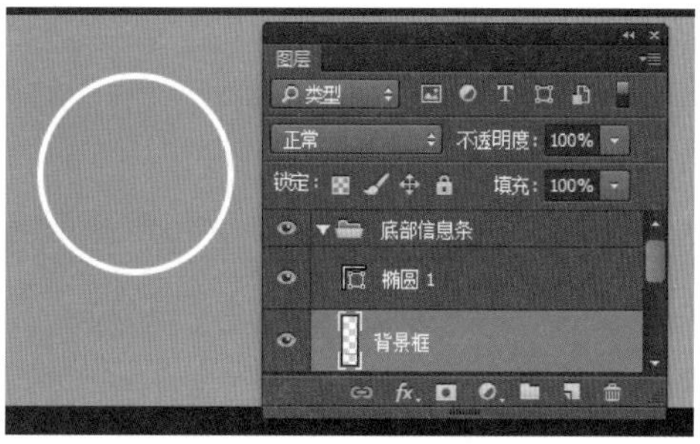


图 8-143 绘制一个白色圆形

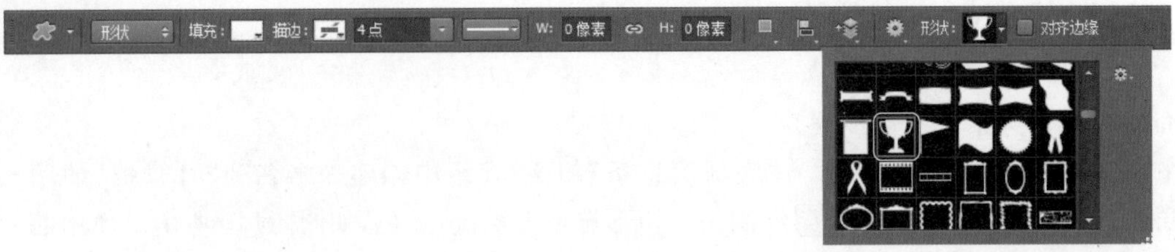


图 8-144　对工具进行设置

图 8-145　绘制形状

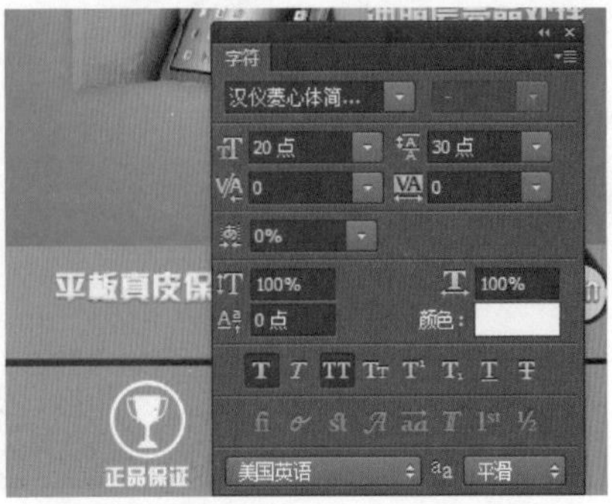

图 8-146　输入文字并对文字进行设置

(3) 在“图层”面板中复制“椭圆 1”形状图层,将该图层中的圆形右移。选择“自定形状工具”,在选项栏中设置需要绘制的形状,如图 8-147 所示。拖曳鼠标绘制形状,如图 8-148 所示。在图形下添加文字,如图 8-149 所示。使用相同的方法制作其他的图标,制作完成后的效果如图 8-150 所示。

图 8-147　选择需要绘制的形状

图 8-148　绘制形状

图 8-149　添加文字

图 8-150　信息条制作完成后的效果

### 8.2.6　制作左侧的侧边栏

视频讲解

下面介绍页面左侧侧边栏的制作步骤。

(1) 在“图层”面板中添加一个名为“侧边栏”组,在该组中创建名为“客服中心”的组。在工具箱中选择“自定形状工具”，在选项栏中设置形状的填充颜色和需要绘制的形状，如图 8-151 所示。这里，设置填充颜色，如图 8-152 所示。拖曳鼠标绘制形状，将形状图层的名称更改为“标签”，如图 8-153 所示。

图 8-151　选择需要绘制的图形

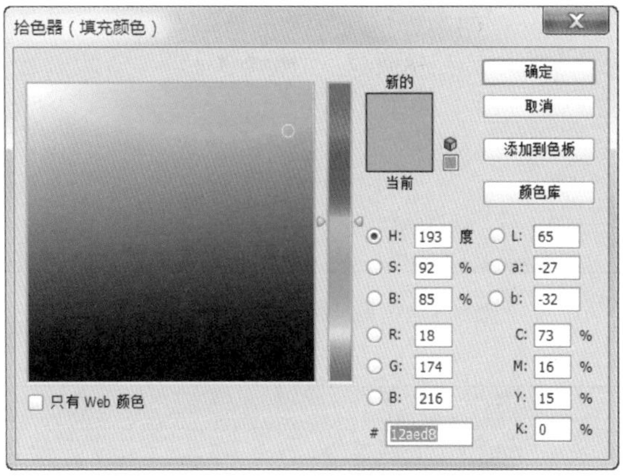


图 8-152　设置填充颜色

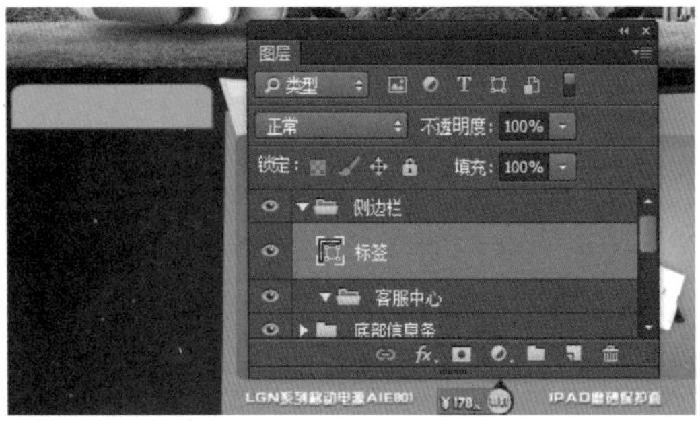


图 8-153　绘制图形

（2）使用“横排文字工具”输入文字并对文字进行设置，如图 8-154 所示。打开“图层样式”对话框，为图层添加“内阴影”图层样式，如图 8-155 所示。为图层添加“内发光”图层样式，如图 8-156 所示。为图层添加“渐变叠加”图层样式，对渐变进行设置，如图 8-157 所示。这里，设置渐变起始颜色，如图 8-158 所示。设置渐变终止颜色，如图 8-159 所示。为图层添加“投影”图层样式，如图 8-160 所示。单击“确定”按钮关闭图层样式对话框，此时的文字效果如图 8-161 所示。

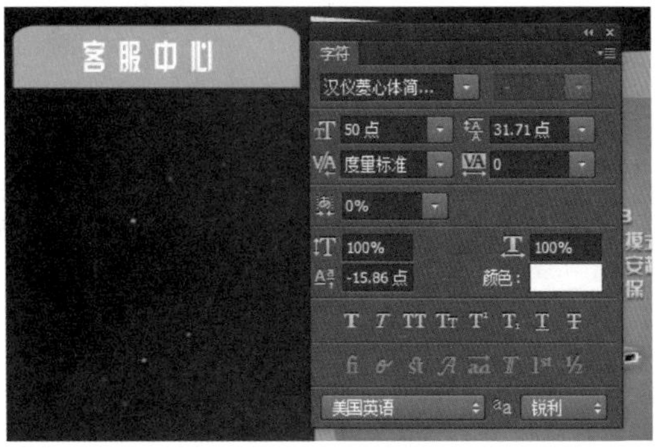


图 8-154　输入文字并对文字进行设置

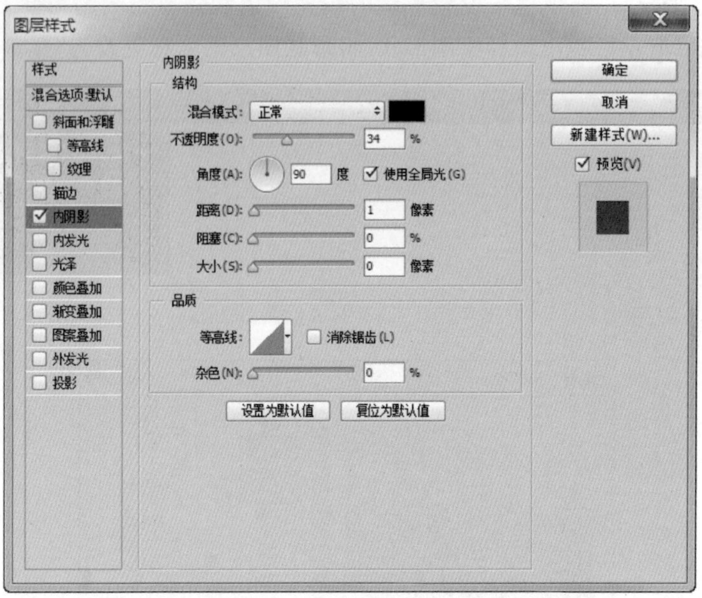


图 8-155　添加“内阴影”图层样式

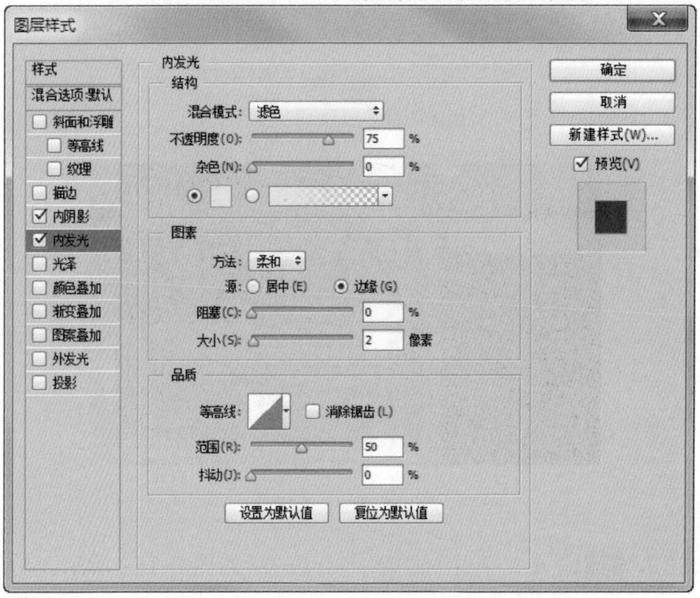


图 8-156　为图层添加“内发光”图层样式

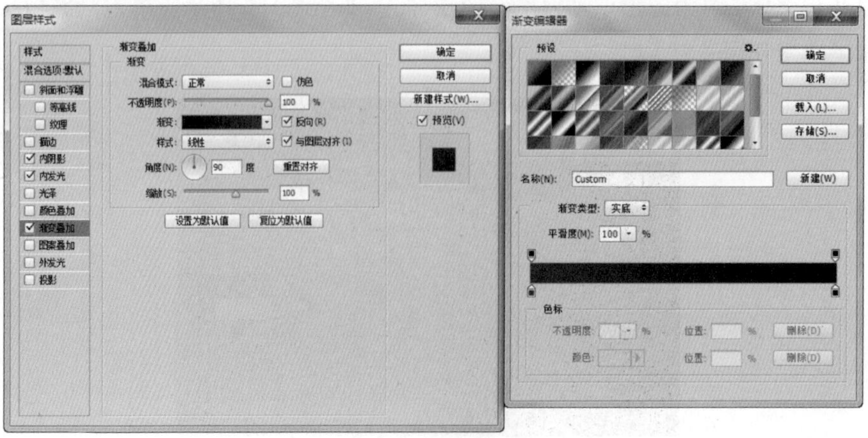

图 8-157　添加“渐变叠加”图层样式

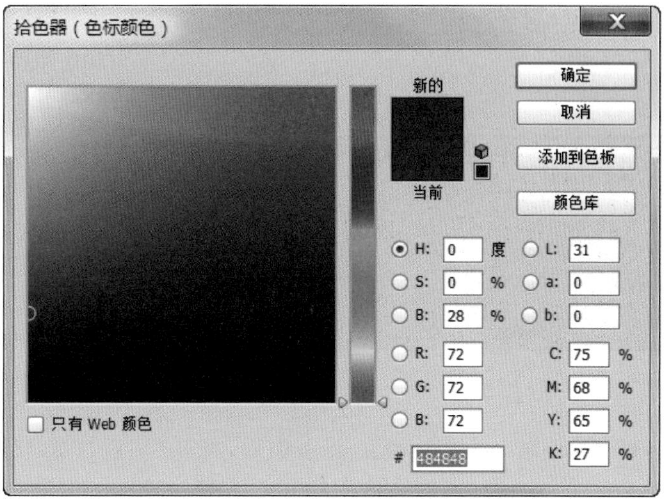


图 8-158　渐变起始颜色的设置

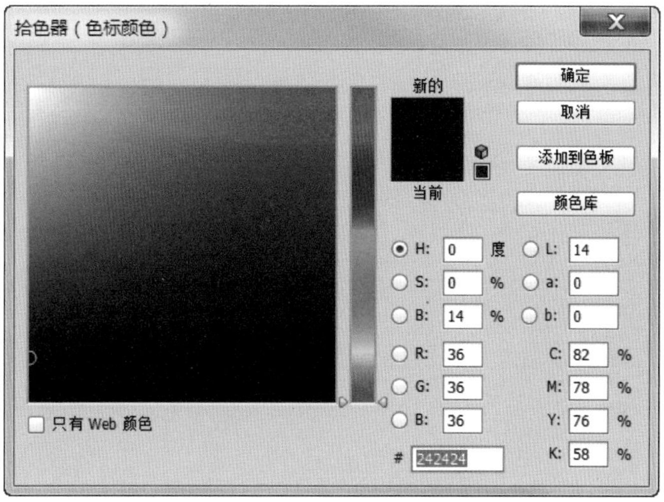


图 8-159　渐变终止颜色的设置

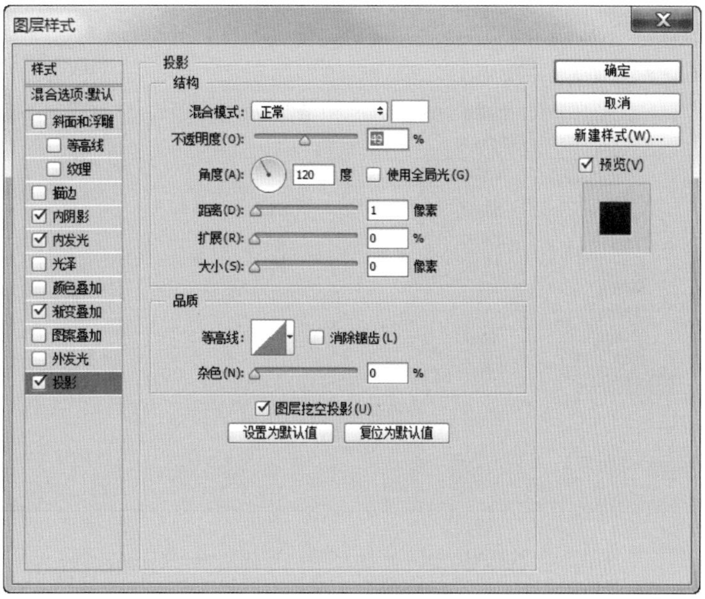


图 8-160　为图层添加“投影”图层样式

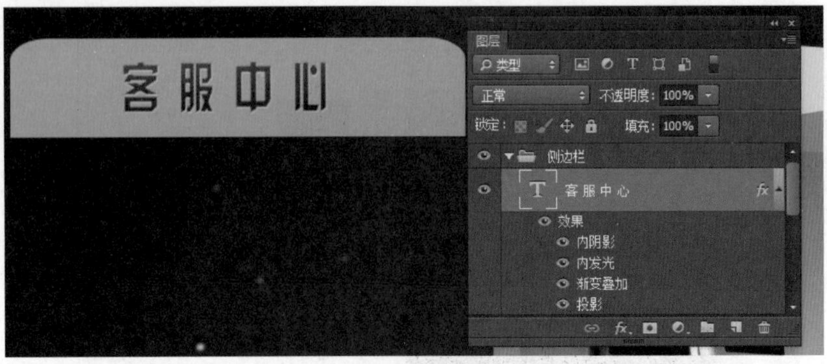


图 8-161　添加图层样式后的文字效果

(3) 使用“圆角矩形工具”绘制一个无边框的圆角矩形，打开“图层样式”对话框，为图层添加“颜色叠加”图层样式，如图 8-162 所示。这里，叠加的颜色使用白色。为图层添加“投影”图层样式，如图 8-163 所示。单击“确定”按钮关闭“图层样式”对话框，在“图层”面板中将图层的“不透明度”值设置为 10%，如图 8-164 所示。添加相应的内容，在“图层”面板中将图层放置到“客服中心”组中，如图 8-165 所示。

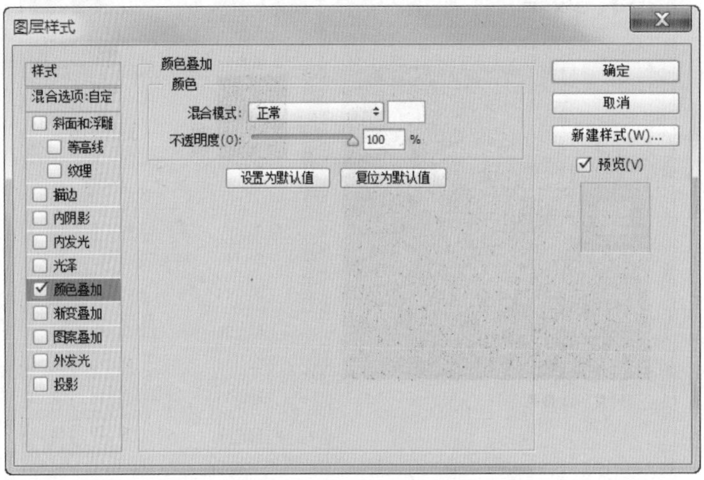


图 8-162　添加“颜色叠加”图层样式

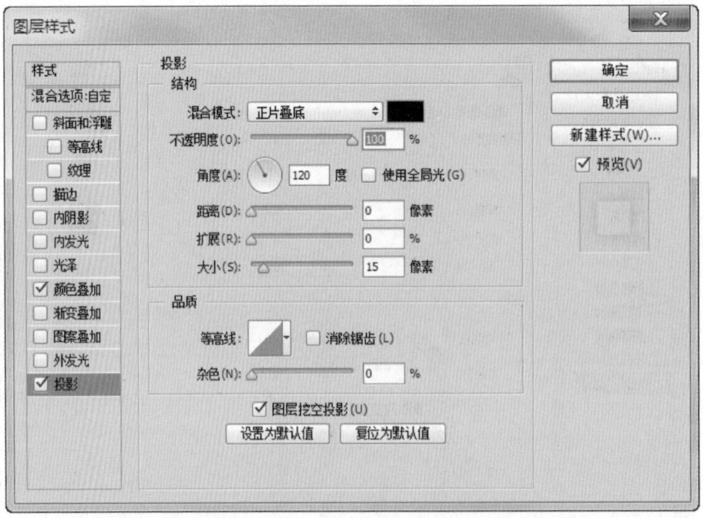


图 8-163　添加“投影”图层样式

(4) 在“图层”面板中复制“客服中心”组，删除除了“标签”图层、“背景框”图层和“客服中心”文字图层之外的所有图层。将这 3 个图层的内容在文档中下移，将“客服中心”文字图层中的文字更改为“宝贝分类”，增加“背景框”图层中图形的高度，如图 8-166 所示。

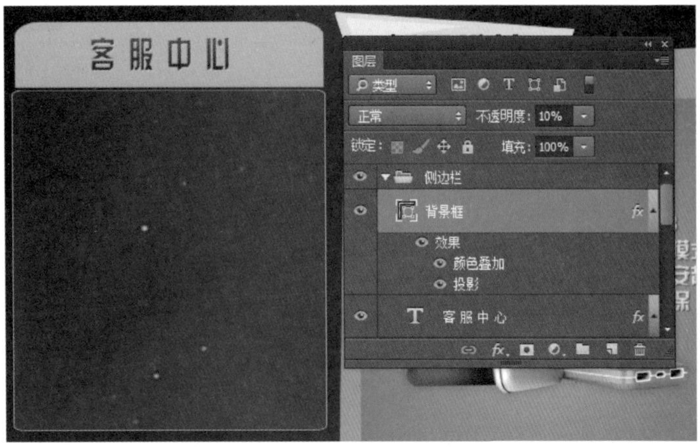


图 8-164 添加图层样式并设置图层的“不透明度”值

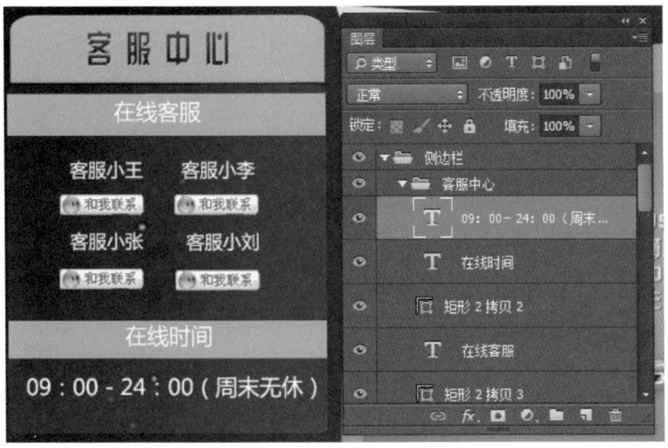


图 8-165 添加相应的内容

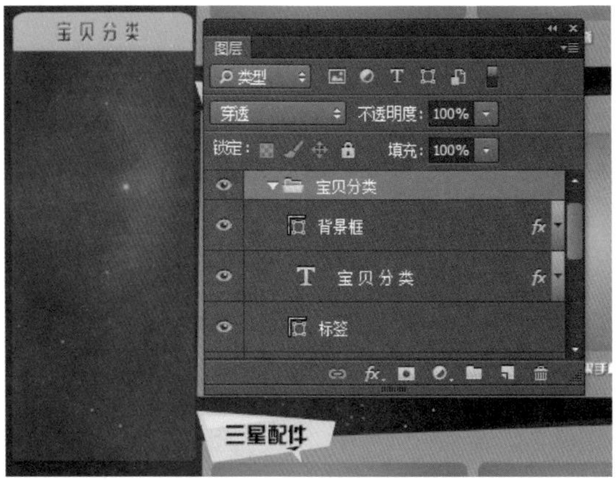


图 8-166 复制组并更改组中的内容

(5) 使用“圆角矩形工具”绘制一个圆角矩形，将图形图层更名为“按钮”。打开“图层样式”对话框，为图层添加“斜面和浮雕”图层样式，如图 8-167 所示。设置“等高线”效果，如图 8-168 所示。为图层添加“内阴影”图层样式，如图 8-169 所示。为图层添加“颜色叠加”图层样式，设置叠加颜色，如图 8-170 所示。添加“投影”图层样式，如图 8-171 所示。单击“确定”按钮关闭图层样式对话框，此时的图形效果如图 8-172 所示。

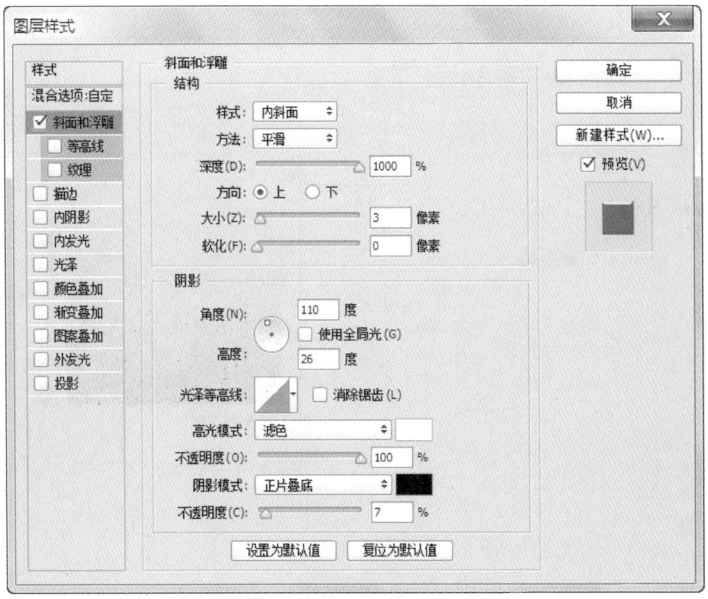


图 8-167 添加“斜面和浮雕”图层样式

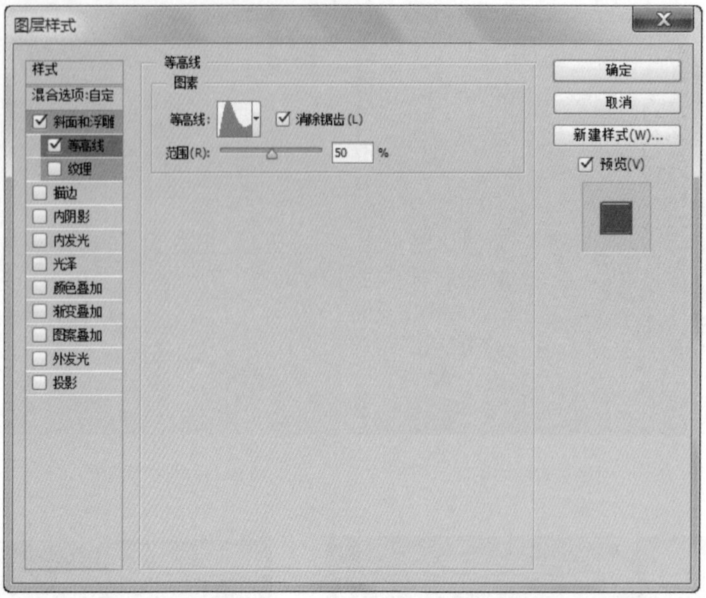


图 8-168　设置“等高线”效果

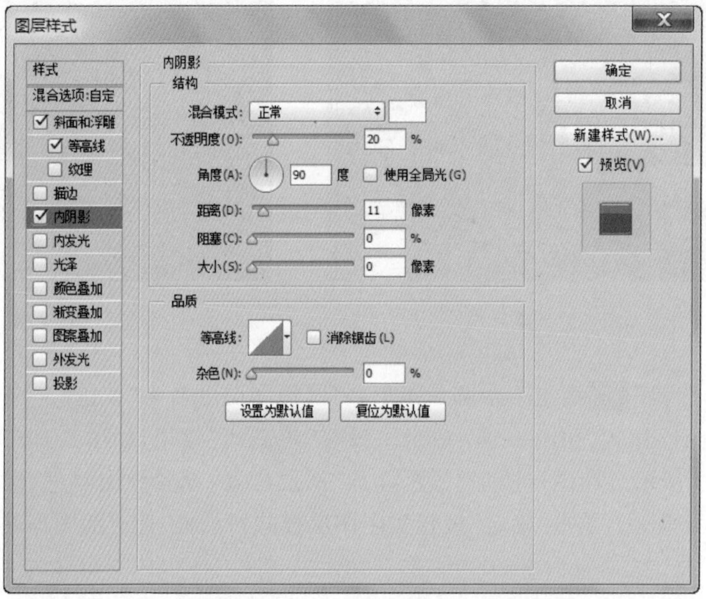


图 8-169　添加“内阴影”图层样式

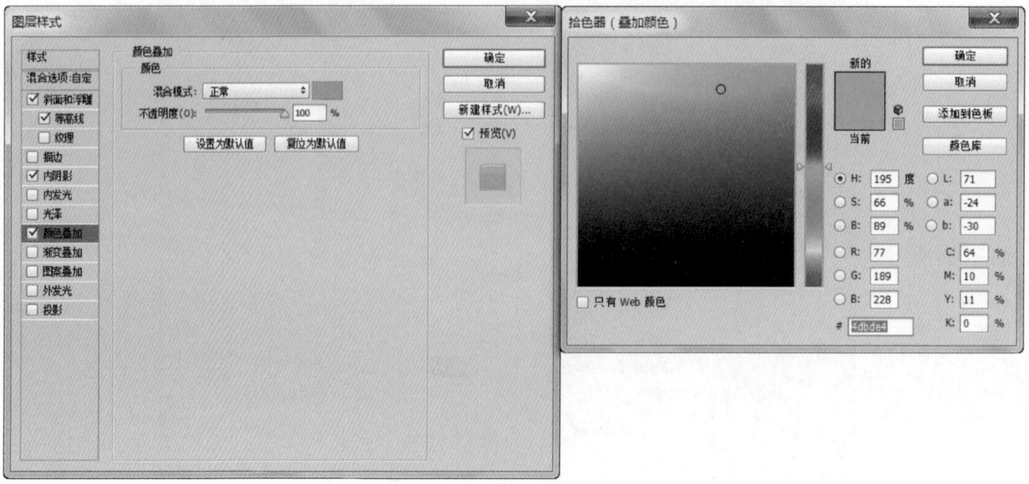


图 8-170　添加“颜色叠加”图层样式

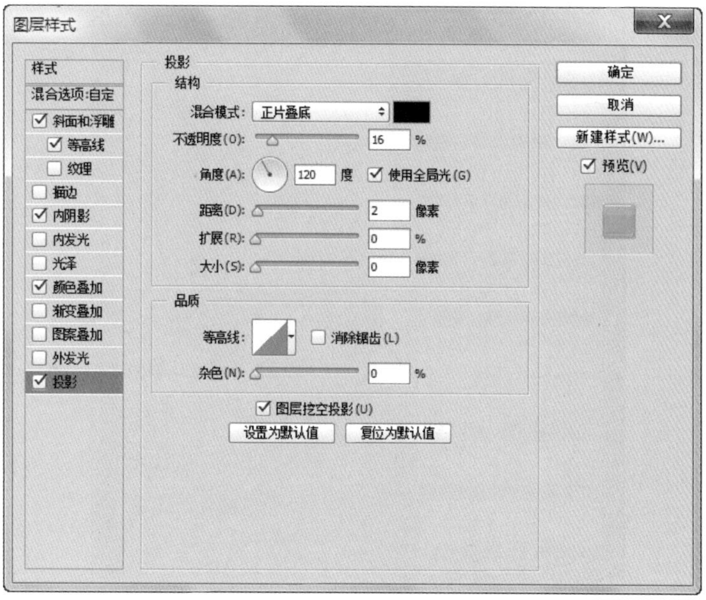


图 8-171 添加"投影"图层样式

(6) 使用"横排文字工具" 输入文字并设置文字样式,如图 8-173 所示。为文字添加"斜面和浮雕"图层样式,如图 8-174 所示。关闭"图层样式"对话框,复制按钮和文字所在的图层,更改文字图层中的文字内容,调整图层的位置。制作完成的"宝贝分类"按钮如图 8-175 所示。

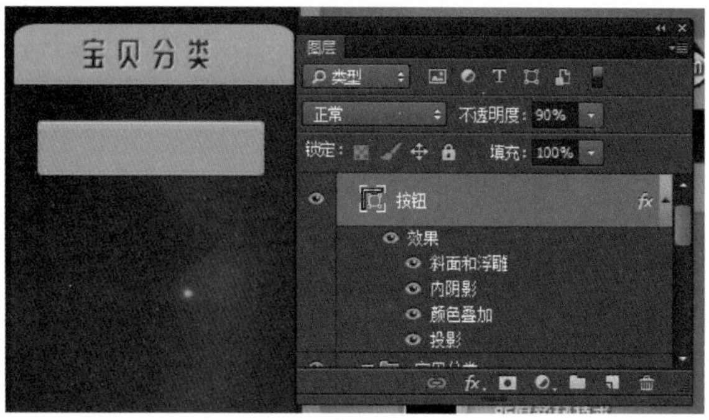


图 8-172 添加图层样式后的图形效果

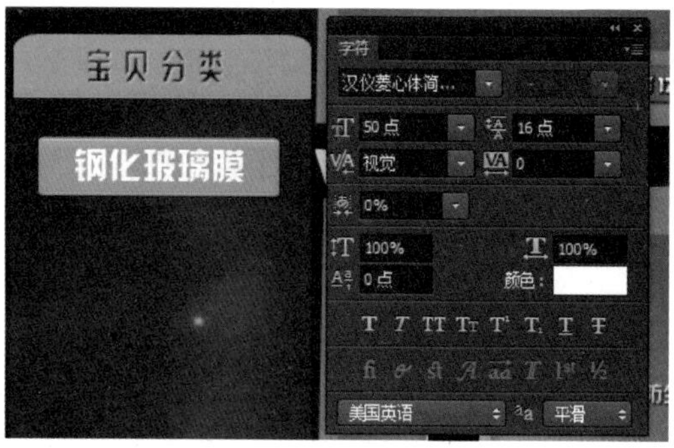


图 8-173 输入文字并设置文字样式

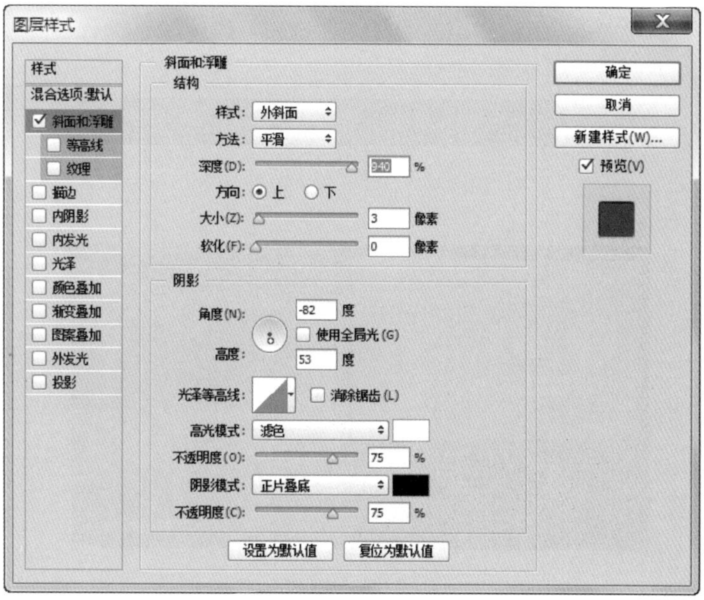


图 8-174 添加"斜面和浮雕"图层样式

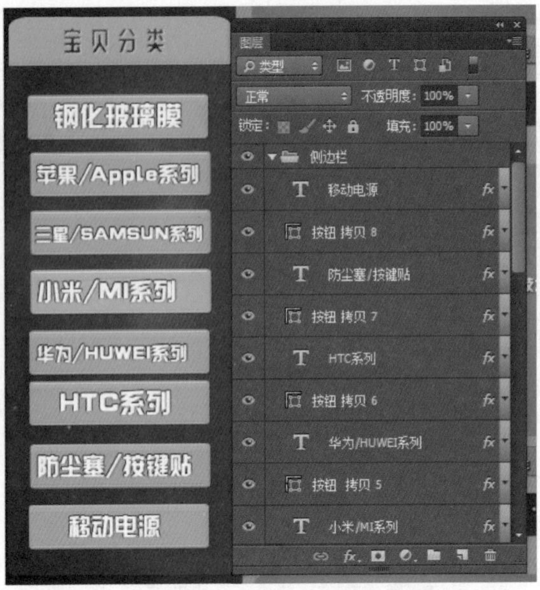


图 8-175　制作完成的“宝贝分类”区按钮

(7) 在“图层”面板中创建名为“收藏本店”的组，绘制一个矩形边框、一个圆形并添加文字，如图 8-176 所示。在工具箱中选择“横排文字蒙版工具”，在选项栏中对工具进行设置，如图 8-177 所示。在“圆”图层中单击，输入字符“!”，按 Ctrl+Enter 组合键确认输入获得选区。选择“矩形选框工具”，将选区拖曳到圆形的中心后按 Del 键删除选区内容，如图 8-178 所示。按 Ctrl+Del 组合键取消选区。

图 8-176　绘制图形并添加文字

图 8-177　对工具进行设置

图 8-178　删除选区内容

（8）在“图层”面板中复制“宝贝分类”组，将组名更改为“热销推荐”，删除组中不需要的图层，更改标签文字，如图 8-179 所示。在组中放置宝贝素材图片，绘制不同颜色的矩形框，在矩形框中放置说明文字，如图 8-180 所示。

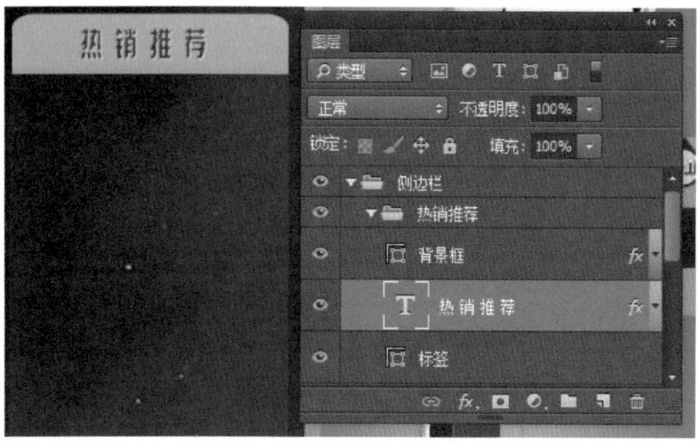


图 8-179　复制组并更改相关内容

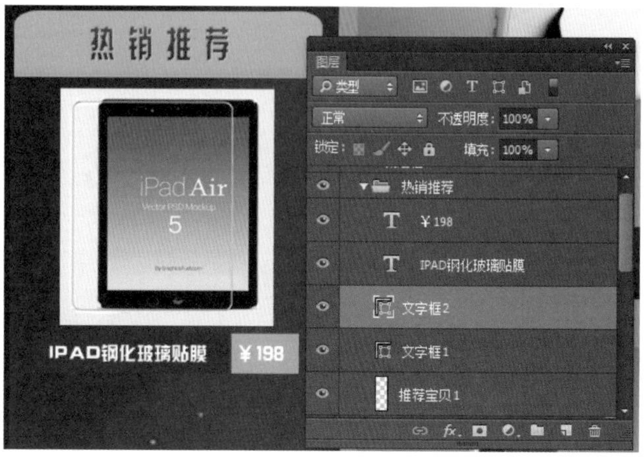


图 8-180　放置素材图像、图形和文字



（9）添加其他推荐宝贝内容，如图 8-181 所示。至此，本例制作完成。本例制作完成后的效果如图 8-182 所示。

图 8-181　添加其他推荐内容

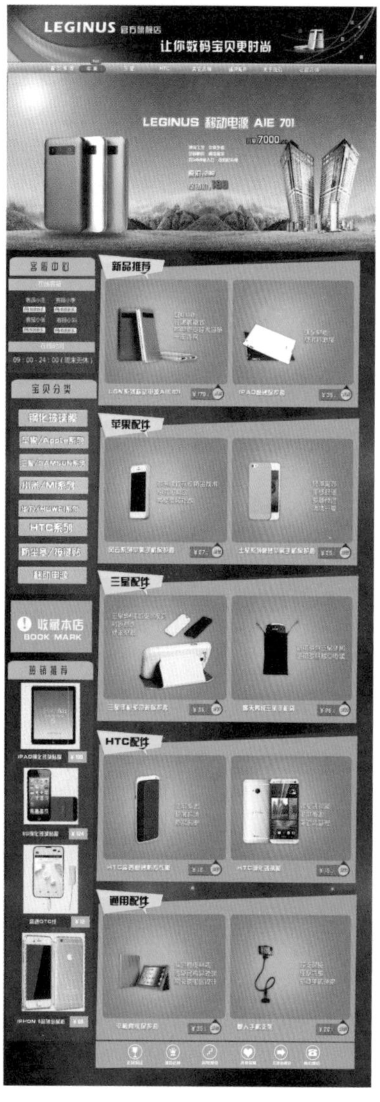


图 8-182　本例制作完成后的效果

# 图书资源支持

感谢您一直以来对清华版图书的支持和爱护。为了配合本书的使用，本书提供配套的资源，有需求的读者请扫描下方的“书圈”微信公众号二维码，在图书专区下载，也可以拨打电话或发送电子邮件咨询。

如果您在使用本书的过程中遇到了什么问题，或者有相关图书出版计划，也请您发邮件告诉我们，以便我们更好地为您服务。